民國建築工程期刊匯編

MINGUO JIANZHU GONGCHENG QIKAN HUIBIAN

38

《民國建築工程期刊匯編》編寫組 編

廣西師范大學出版社
GUANGXI NORMAL UNIVERSITY PRESS
·桂林·

第三十八册目録

河北省工程師協會月刊

河北省工程師協會月刊

第一卷

中華民國二十一年十一月出版　創刊號

河北省工程師協會月刊

張繼題

北甯鐵路行車時刻表

中華民國二十一年九月一日重訂

下行車

列車次數 ＼ 站別 開到時刻	北平前門 開	豐台 開	郎坊 開	天津總站 開	天津東站 到	天津東站 開	塘沽 開	蘆台 開	唐山 開	古冶 開	灤縣 開	昌黎 開	北戴河 開	秦皇島 開	山海關 到	錦縣	遼寧總站
第七次慢車各等	五•五〇	六•二四	七•四四	九•二六	九•三五	九•四五	一〇•四八	一一•二四	一三•〇五	一三•四八	一四•四三	一五•二四	一六•四四	一七•一五	一七•三五	—	—
第三次特快膳臥車各等	八•〇五	八•三五		一一•一六	一一•二五	一一•三五	一二•三三	一三•二六	一四•三〇	一五•〇五	一五•四五	一六•三七	一七•一六	一七•四〇	一八•〇〇		
第一〇五次特快膳車三等	一二•一〇	一二•二四	一三•〇六	一四•三四	一四•四三	一四•五三	一五•五六	一七•〇三	一八•〇九								
第九次快膳車各等	一四•二〇	一四•四三	一五•四七	一七•二〇	一七•三〇	一七•四五	一八•四五	一九•四五	二一•〇〇	二一•三四	二二•一七	二三•一〇	二三•四五	〇•一〇	〇•三八		
第五次特快膳車各等	一六•三五	一六•五五		一九•一六	一九•二五	停											
第二〇一次特快膳臥車各等	一七•一五	一七•四四		二〇•一二	二〇•二〇	二一•二〇	開	往	浦	口							
第一〇一次快膳臥車各等	二〇•一五	二〇•四八	二一•〇八	二二•四〇	二二•五〇	二四•〇〇	一•一〇	二•一三	三•三〇	四•一四	五•〇六	六•一七	七•〇九	七•三七	七•五九		
第一五次混合二等	二〇•四五	二一•一八	〇•二一	二•四〇	二•五〇	四•五〇	七•一七	九•三五	一四•四五	一六•三八	一八•四八	二一•〇六	二一•三三	二二•一五	二三•五[illegible]		

上行車

列車次數 ＼ 站別 開到時刻	遼寧總站	錦縣	山海關 開	秦皇島 開	北戴河 開	昌黎 開	灤縣 開	古冶 開	唐山 開	蘆台 開	塘沽 開	天津東站 到	天津東站 開	天津總站 開	郎坊 開	豐台 開	北平前門 到
第一〇六次特快膳車三等	—	—							七•〇五	八•二三	九•二三	一〇•一五	一〇•三五	一〇•四八	一二•二六	一三•五四	一四•一五
第一六次混合三等			三•三〇	四•一六	五•一五	七•一八	一〇•一二	一一•五五	一四•一三	一七•二五	二〇•二五	二二•二八	〇•一五	〇•二五	三•二四	七•一八	八•一七
第八次慢車各等			五•五一	六•二三	六•五三	七•四三	八•四九	九•四三	一〇•三三	一一•五三	一三•一二	一四•二二	一四•二四	一四•三五	一六•一五	一七•四七	一八•二〇
第二〇二次特快膳臥車各等			自浦口開來（七時到天津總站）									七•三三	八•〇〇	八•一二		一〇•四三	一一•〇九
第四次特快膳臥車各等			九•一五	九•三九	一〇•〇七	一〇•五五	一一•三八	一二•一八	一三•〇八	一四•〇五	一四•五六	一五•五〇	一六•〇〇	一六•一二		一八•四八	一九•一五
第十次快膳車各等			一一•〇〇	一二•二五	一三•一五	一四•一八	一五•一〇	一六•〇〇	一六•四五	一七•四五	一八•三三	一九•四五	二〇•〇〇	二〇•一二	二一•二五	二二•四八	二三•一五
第一〇二次快膳臥車各等			二一•五五	二二•一八	二三•〇五	二四•〇〇	一•〇〇	一•一三	一•三〇	四•三二	五•三三	六•三七	六•五三	七•〇六	八•二八	九•四三	一〇•一〇
第六次特快膳車各等												九•一五		九•二六		一一•四五	一二•一三

中華民國二十一年十一月出版

河北省工程師協會月刊

創刊號

河北省工程師協會啓事

一，本會爲增進會員互助及合作之精神起見特成立一職業介紹委員會凡本會各級會員欲謀相當工作或需用專門人材與其他機關工商事業欲聘適當專門人員者可逕函本會之職業介紹委員會接洽辦理其在本會工程月刊登揭求謀職業與招聘技術人員之廣告者一律免費

二，凡本會各級會員對於會務進行有何意見及通訊處如有更動之時請逕函本會會務主任王華棠君

中華民國二十一年十一月

本刊徵求投稿啓事

（一）本刊宗旨在闡揚工程學術，傳達會務消息，並贊助本省建設事業之發展。

（二）凡本會同人，與工程界同志，以研究及經驗或調查所得，撰成文字，惠寄本刊，無論創作或譯述，其性質與本刊宗旨相符者，均所歡迎。

（三）來稿不拘文言白話，但以國文爲限，並望繕寫清楚，加附標点。如有附圖，請用黑墨繪於白紙之上，以便作版。

（四）凡譯述之稿件，請標明原書名稱，作者姓名，出版年月，及地址。

（五）來稿請註明姓名，住址，以便通訊。

（六）本刊編輯部，對於來稿，得酌量增刪之。

（七）來稿無論揭載與否，概不檢還。但由投稿人預先聲明者，不在此限。

（八）來稿經揭載後，由編輯部酌贈本刊，以酬雅意。

（九）投稿請寄天津義租界東馬路六十五號本刊編輯部。

河北省工程師協會月刊

創刊號目錄

18965

民國二十一年十一月出版

18966

總理遺像

總理遺囑

余致力國民革命凡四十年其目的在求中國之自由平等積四十年之經驗深知欲達到此目的必須喚起民衆及聯合世界上以平等待我之民族共同奮鬥

現在革命尚未成功凡我同志務須依照余所著建國方略建國大綱三民主義及第一次全國代表大會宣言繼續努力以求貫徹最近主張開國民會議及廢除不平等條約尤須於最短期間促其實現是所至囑

河北省工程師協會成立大會撮影

太行之東渤海之西其間大平原是謂冀省有山有海有原百利待興而水利工程尤為首要此青年學者之責也

民國廿一年冬 張繼 為

河北省工程師協會月刊 題

工程師協會月刊題詞

古者建設　職重冬官
攷工之記　經緯萬端
千載而後　技精以詠
分科覼縷　陶鑄群材
探賾索隱　研幾入深
發皇宏議　風動藝林
雋辭晰理　大雅扶輪
周規折矩　燦然常新

于學忠拜撰

河北工程師協会月刊發刊紀念

繄維河北天府之邦貨棄於地寶藏潛光偉哉貴會建設南針扶輪大雅金玉爾音高山景行彰施鏡仰敬綴蕪詞中心嚮往

林成秀拜題

河北省工程師協會月刊紀念

般垂蔚起

史靖寰題

河北省工程師協會月刊創刊紀念

廣學甄微

摹武榮碑字

嚴智怡

發刊詞

編者

中華民國二十一年九月十八日，河北省工程師協會，當舉國同胞沈痛紀念國難之辰，開成立大會於天津；雖値草創之初，規模未備，然其意義，則至爲深永，其使命，則至爲重大。謹藉本刊發刊之始，畧弁數言，以敬告我河北父老及全國同胞。

溯自遼東失陷，瞬逾一載，唇亡齒寒，於茲云痛。本會同人，鑑於國勢阽危，禍迫燃眉，雖無武穆殲虜之力，實具墨翟拒楚之心。顧茲事體大，非羣策羣力，分工合作，難以期最大之效力。此本會同人團結之第一義也。

晚近學藝，科學爲盛；而科學應用，端賴技術。前者重理論，後者重實施。惟事業之成功，有賴學理之研究；而學理之闡明，亦恃實施之經驗。是二者固息息相關，不可強爲分離者也。本會同人，志在技術救國，尤期學與日進，因時致用。是則尤賴互通聲息，共同探討，裨於學術，得收集思廣益之效，於事業，可獲衆擎易舉之利。此本會同人團結之第二義也。

復查吾河北一省，連年受兵匪水旱之災，農村經濟凋敝已極。舉凡交通水利，以及農林等建設事業，諸待積極舉辦。至於礦產蘊藏之富，與夫各種原料之充斥，尤爲他省之所不及。亦應努力採冶，以興地利；提倡工商，以蘇民困。本會同人，或服務於公家，或獻身於社會，直接間接，對於桑梓各種建設事業，負有極重大之責任。尤宜黽勉以赴，力促本省各種建設計劃早日實現，各種實業基礎，日臻鞏固，庶不負吾全省父老之所期望。此本會同人團結之第三義也。

秉茲三義，本會同人誓精誠團結，矢慎矢勤，以完成其應盡之職守與使命。惟本會肇創伊始，心長力微，凡所謀劃，容有未周。諸賴政府及社會之促進與扶助，尤望海內外工程同志，鑒其愚忱，匡其不逮，則幸甚。

世界最長之弔橋

德國可侖埠郊外，常萊因河之下游，有世界唯一之長弔橋，於一九二九年冬竣工，計長凡四千呎寬九十呎，有三十七根之鐵索懸弔。此橋除火車外，一切車輛均可行駛云。（兆）

所望於本會及本刊者

李書田

凡欲求一種事業之成功，則必先有機關之組織。現本會組織，業經粗具，書田謬承不棄被舉爲執行委員會主席委員，則期望本會之心，自必益爲殷切。本會所負之使命，以聯絡工程專家，闡揚工程學術，發展本省建設事業爲宗旨。惟查吾河北全省工程專家，均散居各地，而各地應興之事業，復以情形之互異，而各各不同，則目前入手之初，自非各地之工程專家，羣起而分擔其責，組設地方分會，不足以圖發展，故本會目前之急務，實以從速促進地方分會爲前提。如各地工[illegible]家，能早日籌備進行，使地方分會，尅期成立，則本會組織，始爲完備。吾國民風樸塞，爲工業落後之國家。人民耕讀相安，於一切工程事業，均乏相當之興趣。欲得社會之同情與互助，俾建設事業，日臻發展，則發行刊物，實爲必要。茲定每月出月刊一册，以刊行著述，發揚學術爲職志，並傳佈本會進行之狀況，及各地會員之消息，於本年十一月，即開始發行。所望本會會員，及非本會會員，均慨予同情，多加贊助，將關於工程學術之著述圖稿等等，及國內外之工程消息，源源寄贈，俾資刊布，庶嗣後推行日廣，則社會工程興趣，當能日漸增高，裨益前途，必非淺鮮。河北地方遼闊，土地肥饒，民俗勤勞，礦藏豐富，祇以河流失治，田野荒蕪，道路不修，交通梗阻，故大利仍藏於地。如各處能有地方分會之成立，設法調查開發，並藉本會刊物，以爲之傳佈，引起人民之興趣，則各地應興之事業，爲數自必甚多，非特工程界無遺棄之才，即地方亦必有改觀之望。此則書田所昕夕盼禱，而期其實現者也。

蘇俄計劃開新運河

蘇聯政府擬於白海及波羅的海間開築運河一道，以一年完工。據政府計算，此運河造成後，在白海波羅的海間每年往來之貨物，可達一千一百噸。此運河將從索樂加起，至列寧格勒止，全程長一百四十英里。用以運輸木材，金屬礦物及煤，以救濟摩爾曼鐵路之擁擠云。

會務報告

(一)籌備經過

民國十七年八月，河北工程界同志李書田，高鏡瑩，宋瑞瑩，魏元光等，鑒於冀籍工程師向無組織，精神渙散，非徒對於本省建設事業，缺乏貢獻與協助，即於我省工程師之地位，亦不無影響。爰籌議組織河北省工程師協會，以求團結，而促本省建設事業之進展，并藉以解決共同問題。旋擬具簡章十七條，在河北省黨部正式立案，并擬定入會志願書格式，以徵求會員焉。

本會雖已於民國十七年粗具規模，嗣因發起人多赴省外就事，負責乏人，遂致中途停頓。迄民國廿一年，國難當前，冀省之需要建設，及工程師應負之責任，與相互間共同問題之解決，益感迫切。八月五日下午七時，李書田君遂召集同志，在法租界大華飯店屋頂集議恢復辦法，及進行方針。計到會者李書田，宋瑞瑩，王華棠，張蘭閣，李吟秋，魏元光，高鏡瑩，張錫周，呂金藻等九人。討論結果，均主張河北工程師協會早已成立，並即組織籌備委員會負責進行；自即日起，至九月十日止，爲徵求會員期間。並擬訂九月十八日下午，在黃緯路工業學院開成立大會云。籌備委員十一人：李書田，呂金藻，魏元光，張蘭閣，王華棠，高鏡瑩，李吟秋，石志仁，劉振華，張錫周，張潤田，担任之。幷公推王華棠爲幹事。

八月十三日晚七時，仍在大華飯店開第二次籌備委員會，到會者，李書田，呂金藻，張蘭閣，劉子周，宋瑞瑩，十人。議決積極分頭徵求會員，幷討論本會成立後，舉行冀省工程師總登記，及介紹部，諸問題。

九月十四日晚七時，在法租界小食堂，舉行第三次籌委會，到會者魏元光，高鏡瑩，宋瑞瑩，張蘭閣，王華棠，呂金藻，張品題，李書田，李吟秋，張潤田，十人。討論大會時，應辦一切事宜。

自徵求會員以來，工程界同志，莫不具有同情，熱忱贊許。是以入會者，頗爲踴躍。截至九月十八日止，已有二百五十餘人矣。

(二)成立大會

九月十八日，爲東省失招週年紀念日，而本會即於是日舉行成立大會，實有重大之意義。到會者，七十餘人。三時開會・歷三小時之久，全體精神奮發，始終不懈。閉會後・工業學院備置茶點招待。席間袁祥和君，以新購之飛機製造詳圖，贈置會中，以示提倡航空救國之意。并願會員積極研究，以期有所貢献云。

附成立大會紀錄

時間　民國二十一年九月十八日下午三時

地點　天津黃緯路河北省立工業學院中山堂

出席　陳靖宇　袁祥和　李振麟　李書田　孫鵬海（李振麟代）劉家駿　郝藎臣　雲成麟　陳汝霖　劉興亞　郭濟川　沈文翰（雲成麟代）梁崇德　孫桂元　門恩元　閻子書　閻履生　鞏廣文　沈恩蔭　王華棠　宋瑞瑩　雷永楨　張慶澧　李瑞芸　吳沛恩　張守訓　董榮年　王學奎　郝開田　李至廣　王志鴻　謝錫珍　孫英崙　李　璟　趙鴻佐　李開域　孟廣立　劉　焄　檀桂森　劉國鈞　張　鵬　劉朝弼　呂金藻　孔昭陞　崔炳廉　楊十三　高春芳　耿瑞芝　張潤田　孫振英　楊銘功　劉杰然　張厚統　秦永明　邊應棣　解承堪　王　鑫　劉潤身　張濬孚　劉錫彤（王華棠代）呂維宏　翟金書（張濬孚代）張蘭閣　臧贊鼎　孫玉剛　路秀三　王振鎧　靳學書　耽天國　李

吟秋（劉煥琛代劉琪）劉煒明　張恩第　魏元光

臨時主席　李書田　紀錄　宋瑞瑩

一，開會

二，臨時主席恭讀　總理遺囑

三，臨時主席報告開會宗旨

四，籌備委員會幹事王華棠報告籌備經過

五，討論會章案

決議　脩正通過（會章附後）

六，選舉執行委員案

決議　由籌備委員會繼續負責，先行審查會員資格，然後用通信方法，選舉，選舉結果，召集在津會員，當場揭曉。

七，臨時動議

（一）酌收臨時會費案

決議　到會者各收臨時費一元

（二）編印會員錄案

決議　照辦

八，閉會

九，攝影

附河北省工程師協會簡章

二十一年九月十八日成立大會通過

第一條　本會定名爲河北省工程師協會

第二條　本會以聯絡工程專家闡揚工程學術以發達本省建設事業爲宗旨

第三條　本會設總會於本省省會所在地遇必要時得設分會于本省其他各大城市

第四條　會務

一·集會通信刋佈會員消息以聯絡情誼

二·設立圖書館搜儲有關技術之書報圖型以便利研究

三·刋行著述以發揚學術傳佈新著

四·設各種委員會以策工程之進步而謀本省建設事業之發展及技術制度之劃一

第五條　本會設執行委員會處理一切會務委員十一人由年會推舉之

第六條　執行委員會設主席委員一人委員兼會務主任一人委員兼會計主任一人委員兼編輯

主任一人由委員中互選之

第七條　本會會員分為會員仲會員初級會員名譽會員會友五種

第八條　會員　凡土木建築機械電機礦冶紡織應用化學及其他專門工程學科工程師籍隸河北年滿三十歲確在國內外大學獨立學院或專科以上學校畢業有八年以上實地經驗曾擔負工程師責任三年以上者或名望素著成績昭彰之工程師已有十二年以上之實地經驗曾擔負工程師責任四年以上者經本會執行委員會審定認可均得為會員其充專科以上學校專科教員者得比照以上之資格由執行委員會酌定

第九條　仲會員　如第八條所載各科工程師籍隸河北年滿二十五歲確在國內外大學獨立學院或專科以上學校畢業有四年以上之實地經驗曾擔負工程師責任一年以上者或具相當之學識已有八年以上之經驗曾充擔負責任之工程師二年以上者經本會執行委員會審定認可均得為仲會員其充專科以上學校專科教員者得比照以上資格由執行委員會酌定

第十條　初級會員　凡籍隸河北年滿二十歲曾在國內外大學獨立學院或專科以上學校畢業者或由中學以上之學校出身而有四年以上之工程實習者經本會執行委員會通過認可均得為初級會員

第十一條　名譽會員　凡工程界領袖其學問精神爲人景仰而能贊助本會進行者由會員或仲會員十人以上之提議經執行委員會全體通過得爲本會名譽會員

第十二條　會友　凡在河北省內服務之工程師或非工程師而其科學事業足以協助本會者由會員或仲會員三人以上之提議經執行委員會通過得爲本會會友

第十三條　仲會員及初級會員至相當時期得函請執行委員會按章升級

第十四條　會員與仲會員有選舉權與被選舉權初級會員有選舉權

第十五條　入會費　會員三元仲會員二元初級會員一元會友二元須於入會時繳清

第十六條　常年會費　會員三元仲會員二元初級會員一元會友二元

第十七條　本會每年舉行年會一次其會期由執行委員會定之

第十八條　本會辦事細則另訂之

第十九條　本簡章如有未盡事宜得由年會議決修改之

第二十條　本簡章由本會成立大會通過後實行

(三)選舉執委

籌備委員會，根據成立大會議決案，於九月二十二日晚八時，在義租界華北水利委員會會議室開會，審查會員資格。到會者，張錫周，呂金藻，李吟秋，高鏡瑩，李書田，王華棠，張蘭閣七人。並決議，即日用通信法，選舉執委，限于十月十五日以前交齊，俾執委會得以早日成立，而籌會務之進行。十一時茶點散會。

用通信法，選舉第一屆執行委員，十月十五日，已屆收票截止之期。爰於十月十九日下午八時，召集籌備委員會，在華北水利委員會會議室開票。截至該晚止，共收票一八五張。開會結果如後（到會者李書田，魏元光，高鏡瑩，王華棠四人）

李書田	一六〇票
魏元光	一三六票
王華棠	一二一票
石志仁	八八票
李吟秋	七九票
張潤田	七五票
呂金藻	七一票
劉振華	六八票
高鏡瑩	六七票

張錫周　六一票
張蘭閣　五二票
以上十一人票數最多當選
劉家駿　三九票
劉子周　二八票
孔祥鵝　二七票
宋瑞瑩　二五票
張萬里　二五票
侯德均　二四票
滑德銘　二三票
劉煒明　二三票
雲成麟　二一票
王道昌　二〇票
楊本流　一九票
張仲元　一六票

以上次多數候補

上次開會以後，陸續收到志願書十一張，遂於開票後，審查資格，結果如後：

會員　楊頤桂　田志遜

仲會員　劉增祺　梁全林

初級會員　呼鳳池　翁世增　鄭炳　劉樹昇　劉成美　崔炳春　王榮科

又么文瑩，張厚統．張繼榮．先後來函對於級位及個人資格．有所聲明．擬請升級。復查結果，么文荃准予升爲會員。張厚統准予升爲仲會員。張繼榮則以資格不合．碍難准如所請。應即分別函復。十一時，茶點，散會。

(四)第一次執委會議

十月二十七日下午六時半．在小食堂舉行第一次執行委員會議。呂金藻，張錫周，王華棠，李吟秋，張蘭閣，魏元光，李書田，張潤田八人出席。議決事項如後：

(一)選主席委員，編輯主任，會務主任，會計主任，

結果：　李書田以七票當選爲主席委員

王華棠以五票當選爲會務主任

李吟秋以五票當選爲編輯主任
張蘭閣以五票當選爲會計主任
(二)審查新會員四人資格：
會員　袁祥和　閻書通
仲會員　遂　銅
初級會員　楊弼宸
(三)本會刊物定爲月刊，每月一日出版，以十一月爲創刊號，即第一卷第一號。
(四)即日成立職業介紹委員會，推定石志仁，呂金藻，張錫周，張萬里，張仲元，高鏡瑩，張潤田七人爲委員，由呂金藻負責召集。
(五)即日成立「河北省工程師協會天津分會。」推定魏元光，張錫周，高鏡瑩，宋瑞瑩，張潤田五人，爲籌備委員，由魏元光負責召集。
(六)本會應妥覓會址，並積極籌設圖書館議決爲經濟起見，與北洋大學畢業同學會合辦，由李書田張潤田二委員負責接洽。
(七)向各機關，各學術團體，各學校，廣事徵求書籍誌雜等。
(八)函黨部再行正式立案

18989

九時半散會

（五）第二次執委會議

十月二十四日下午七時，在法租界蓬萊春，舉行第二次執行委員會會議。到會者，張蘭閣，李書田，張錫周，王華棠，高鏡瑩，李吟秋，魏元光，呂金藻，張潤田九人。

（一）審査會員資格：

十月十九日通過梁全林爲仲會員，其志願書係他人代塡畧而不詳，日前接到梁君個人所塡者，茲更復行審查，決改爲會員。

通過梁錦萱孫家𤦺陳靖宇三人爲會員，門厚栽王燕季毛仁沛三人爲初級會員。

（三）加推魏元光李書田二君，爲職業介紹委員會委員。

（四）決定六月底爲本會會計年度終了，徵收會費，改選職員，均以此爲準。

（五）本會月刋，改定廿二年一月份爲第一卷第一期，新年以前特出一創刋號，藉示整齊。

（六）關於出版用費，由月刋編輯部作一預算書，交執行委員會于第三次會議時審核之。

（七）初級會員李士廉被實業廳革去工廠檢查員職，來函請本會呈請省府設法復職案，決由職業介紹委員會隨時留意，遇機推薦；至於來函所請各節，碍難照准。

（八）爲促進本省建設事業，提高本會地位，加重會員責任起見，凡屬本會一份子，對於各地建設事業，均須各就所見，著爲論文，（叙述批評計劃均可，並無限制，）交執行委員會彙集審查，再斟酌內容，或錄登月刊公開討論，或貢献當局，藉備採擇。

（九）通過推舉王景春、王正黼、彭濟羣、林成秀、史靖寰、汪申、陶景潛、嚴智怡，徐世大諸先生爲本會名譽會員。

天津大紅橋

天津大紅橋原係弓形。于光緒庚子年改建鐵橋，需費二十五萬兩，由直隸庫欵開支。嗣因橋空稍窄，忽於民國十三年，遭洪水冲刷塌陷河內。隨將李公祠前浮橋移該處暫維交通。

18992

整理海河治標工程及其效果

高鏡瑩

海河航運，關係華北繁榮。自民國十六年淤淺以後，其影響極鉅。政府因組織整理海河委員會，以實施其治標計劃。其目的蓋在引永定河挾有巨量泥沙之水流，沉澱於放淤區域，以減輕下游之淤塞也。現所計劃之各項工程，大致均已告竣，惟尚有引清水回歸海河（自放淤區域引回）之計劃，仍待進行。茲將已完未完各項工程，及其效果，分述於左。

甲　已竣工程

（一）進水閘基樁工程　該項工程於十九年十一月設計蕆事，於十九年十二月十一日開工。計打樁一千九百十四棵，取土七千英方。至二十年三月三十一日，全部工竣。

（二）進水閘工程　該項工程於十九年十一月十二日設計蕆事。其閘身共分六孔，每孔淨寬六公尺。閘墩寬一·六公尺，共全長四十四公尺。門高六·〇公尺，用十八英寸高之工字鐵六條，八分之三英寸厚之鋼板鋪面。門重十噸，依閘墩安置鉄滾軸，上下直滑。每孔備有起重機二架，安設於洋灰混凝土機架上，以司啓閉。閘墩岸墻及翼墻之混凝土，均摻以百分之十五石塊，以省工料。閘基用大頭直徑二公寸半，長十公尺之木椿，深入土層。閘門上下游，用洋灰混凝土築成閘底，以免上游之高壓水力滲漏，及地層下水力之上衝。閘墩上端，架設洋灰混凝土便橋一座，橋面寬四公尺。閘之上下游護岸工程，均用石料，以免冲刷。於二十年三月二十日開工，於九月十四日工竣。

(三)船閘工程　該項工程於十九年十二月中設計完竣。其閘之兩端，各有八字門一道。運用時，兩門緊閉，水由閘墻內涵洞放入或洩出，俟閘內外水位相等時，用齒輪機關開啟閘門。閘身全身八十公尺，底寬十一公尺，兩旁坡度用一比二。閘底高度在大沽水平線上一·三公尺墻頂高度八·五公尺，閘口寬八公尺·門為木質。最高水位約七·五公尺，尋常水位約四公尺，航行水深約二公尺。檣內用洋灰混凝土，摻以二成石塊。此外並築吊橋一座，以利交通。自二十年二月十九日開工，至八月二十四日全部工竣。

(四)新引河工程　新引河專為分洩永定河渾水達於放游區域而設·佔地寬二百公尺(即

河堤外邊距離，）河長四公里四百公尺。河槽掘土深度約〇・六公尺，掘出之土盡築兩堤。堤頂高度在新引河口爲大沽水平線上七・七公尺，並用二千分之一之傾斜度・直達北寧鐵道。該處以東即任水漫流。當春汛或大汛初起時，永定河流量在每秒五十至二百立方公尺，挾泥沙成分最大。故當此時期，北運河節制閘・應行關閉・導此渾水逕入新引河・而達放淤區域。洪水時期北運河容納最大，洩量四百立方公尺。（即屈家店以下北運河最大容量。）新引河最大流量，據推算可在七百立方公尺以上，較前北運河洩量四百立方公尺，加增甚多。上游三角淀之水患，當可減少。而放於區域亦得放淤之益矣。該項工程共分二段。第一段自二十年四月十二日開工至七月三日工竣。第二段自二十年四月三日開工，至六月二十三日工竣。

（五）北運河東西堤培修工程：北運河東堤由天齊廟至楊村一段，計長二九・五公里。西堤由唐家灣至屈家店一段，計長七・七公里。洪水位之記載，最高紀錄在屈家店約爲大沽水平線上七・五公尺；在北倉約爲七・二八公尺。三角淀內歷年最高水位爲七・九八公尺。將來洪水除一部份仍由北運河下注海河外，其他部份水量，即由新引河分洩。按水位推算表，三角淀最高水位，當不致超過七・七公尺。至於北運河水面之推算，最大流量時在楊村水位爲八・一公尺。倘永定北運同時盛漲，楊村水位亦不過抬高一公分，即高度八・一二公尺而已。故北運河堤應加高至大沽水平線上九公尺，頂寬六公尺，其兩旁坡度沿河一面用一比三坡，堤內用一比二坡，俾免潰決而策安全。東堤工程共分三段，第一段自二十年四月二十四日開工，至六月十三日竣工。第二段自四月二十三日開工，至六月七日竣工。第三段自五月五日開工，至七月十日竣工。西堤工程自二十年十月二日開工，至十二月十九日竣工。

（六）永定河南堤培修工程　永定河南堤自唐家灣至二十二號房子一段，計長十六・二公里。按照此次測量記載，三角淀歷年最高水位爲七・九公尺，據推算之結果，最高亦不過七・七公尺。故由唐家灣地方起，堤頂爲大沽水平線上九公尺，並用二萬分之一之傾斜坡度。至二十二號房子堤頂高度爲九・八一公尺，兩旁坡度亦爲一比三及一比二。該項工程共分二段，第一段自二十年四月四日開工，至九月十一日完工。第二段自二十年五月二十八日開工，至九月三十日完工。土方共十七萬四千餘立方公尺。九月間，復將二十二號房子附近堤頂增高至大沽水平線上十一公尺，計長七百餘公尺，土方一萬三千二百餘立方公尺。後於二十一年四月，添築青光村圍堤一段，計長八六七・四公尺，共土一萬一千餘立方公尺，於五月七日竣工

（七）平津汽車路混凝土椿橋工程　平津汽車路經過新引河之處，須建橋樑一座。該橋完

全用鐵筋混凝土打築，計長一七〇・七公尺，寬六・一公尺・共分二十八孔。橋柱爲一英尺方形，置於基樁之上。基樁爲一英尺四寸八角形・長四十英尺，打入土層・共一百〇八棵。橋柱每排四棵，其上架橫樑一道，厚一英尺九寸，再上即打築厚一英尺三寸之橋面。欄杆用鐵管裝設。該項工程於二十年七月四日開工，至十二月十七日竣工。

(八)永定河改道工程　永定河改道，計長一・七公里，掘土深度約三・三公尺，兩岸不築堤。洪水時，任其漫溢。舊河槽內築攔水土壩四道，掘出之土，亦盡量填入。並於舊道與北運河匯流處，築混凝土涵洞一座，以洩積水，共計土方二十二萬立方公尺。自二十年九月二十三日開工，至二十一年四月二十五日竣工。

(九)放淤區域南堤工程　放淤區域南堤，自北寧路二十五號橋起，至蘆新河洩水閘止，計長一八・七公里。堤頂高度爲大沽水平線上六公尺，堤頂寬爲六公尺・兩旁坡度爲一比三及一比二，共計土方八十八萬二千立方公尺。該項工程共分三段，第一段於二十年十月二日開工，至二十一年四月二十二日竣工。第二段於二十年十月一日開工，至十二月十日竣工。第三段於二十年十月一日開工，至十二月十五日竣工。

(十)洩水閘工程　放淤區域積水，須由洩水閘導入洩水河，再至金鐘河入海。閘身長三六・四公尺，計分十二孔，每孔淨寬・六公尺。上游最高水位爲大沽水平線上五公尺，最大洩量爲每秒二百立方公尺。閘墩用鋼架混凝土打築，門用木製，高二・九公尺。閘墻用洋灰混凝土，摻以百分之十五石塊。閘底洋灰混凝土，厚二英尺。閘墩之上，安設橋板，每孔備啟閉閘門機械一架，置於木樑之上。該項工程自二十年十月六日開工，至二十年一月十四日竣工。

（十一）洩水河工程　洩水河由洩水閘起，至金鐘河止，共長六・二公里。河槽底寬三十四公尺，兩堤距離平均一百公尺。東岸就筐兒港減河西堤，加高培厚。西岸則另築新堤。皆用河槽內挖出之土。堤頂高度爲大沽水平線上五・五公尺。兩旁坡度爲一比三及一比二。河底高度，在洩水閘爲大沽水平線上一・七公尺，用六千二百分之一坡度。至金鐘河爲〇・七公尺，最大洩量爲每秒二百立方公尺，共計土方三十六萬立方公尺。該項工程共分二段・第一段於二十年十月一日開工，至二十一年五月二日竣工。第二段於二十年十月五日開工，至二十一年一月四日竣工。

（十二）節制閘工程　節制閘專爲限制永定河渾水下注海河，並爲分洩上游清水之用。全閘共分六孔，每孔淨寬四・八公尺・全長四十四公尺。閘身構造與進水閘略同，惟閘門分上下兩部。上部閘門高四・七公尺。用十五英寸之工字鐵五條。下部閘門高．二二公尺，用十五英寸之工字鐵三條，皆用八分之三英寸鐵板鋪面。每門各備起重機兩架，置於混凝土架機架之上。啟閉時，上下閘門，兩不相妨。全部基樁共一千零六十四棵。該項工程自二十年十月一日開工，至二十一年五月十五日工竣。

(十三)北寧鐵路橋樑工程　新引河路綫由北運河東岸起，經由平津汽車道，至北寧鐵路，即達放淤區域。故北寧路須建橋樑一座。該項工程由委員會協款，而北寧路局代辦，現已工竣。

(十四)劉快莊木橋工程　劉快莊東南里許，跨筐兒港減河舊有木橋一座，為津埠通東北各地之大路，由來已久。洩水河挖成之後，此路勢將阻斷，故須於洩水河上，建橋一座，與筐兒港減河之舊橋相銜接，以利交通。該橋完全用木料修造，寬十五呎六吋，長三百一十二呎，分為二十四孔，每孔十三呎。橋樁用大頭直徑一呎之圓木樁，長計分二種，(一)二十五呎(二)三十一呎，因地形而異。打入土層，至相當深度。每排四棵，用3"×10"橫枚木釘牢。上有8"×10"橫樑一道。每孔間架6"×12"縱樑五道，橋板厚四吋。兩旁築有方木欄杆。該項工程自二十一年三月七日開工，至四月二十一日工竣。

(十五)放淤區域各村圍堤工程　放淤區域內，天津縣屬十八村，地勢窪下。放淤期間，汛水一至，則有浸沒之虞，非修築圍堤，不足以維持居民之安全。村境之毘連者，或二三村共一圍堤，計共圍堤十四道，頂寬四公尺・高度爲大沽水平綫上六公尺，堤內坡度爲一比二，堤外坡度爲一比三。共計土方七十六萬二千立方公尺。該項工程共分六段，第一段自二十一年三月十六日開工・至四月二十九日工竣。第二段自三月十六日開工，至五月二日工竣。第三段自三月十六日開工，至四月二十八日工竣。第四段自三月十七日開工・至四月二十九日工竣。第五段自三月十八日開工，至四月二十九日工竣。第六段自三月十七日開工，至五月十二日工竣。

（十六）放淤區域圍堤缸管涵洞工程　放淤區域各村，皆備有蓄水池，居民於夏秋際，導聚雨水其中・以爲終年之飲料。又有洩水溝渠，以資排洩積水・故放淤區域各村，每一圍堤，至少須築涵洞二座，一爲導引雨水者，曰進水涵洞。一爲排洩積水者，曰洩水涵洞。村境之大者，則築涵洞四座，皆用十二吋徑之套口缸管，管厚一吋，每節淨長二呎・套深二吋又四分之三，接口縫厚八分之五吋。管之接連處用充分一比二洋灰沙子灰抹切嚴密，其位置及高度，皆視該處地形或溝渠原址而定。進水涵洞每座設缸管一道，洩水涵洞每座設缸管二道，皆於堤內一端作護堤磚墻，及啟閉木門。缸管坡度向外傾斜，爲千分之五，以收冲刷之效。管基用素土打築，計共涵洞三十一座。該項工程・自二十一年六月十日開工，至七月九日工竣。

（十七）唐家灣桃花寺縐紋鉛鐵管涵洞工程　唐家灣之北，為永定河南流故道。桃花寺附近，亦有溝渠一道，皆為排洩積水之用。蓋北運河以西，地勢窪下，形同釜底，每當永定河汎溢或霪雨為災，即遭淹沒。北運河西堤，現已連成一氣，并將該兩處舊有橋樑拆去，非加築涵洞，積水無由宣洩。兩處涵洞均用五呎直經之美國 Armco 鉛鐵管修築。唐家灣用鉛鐵管三道，桃花寺用鉛鐵管二道，皆長十四公尺半。臨河一端安設 Calco 升降鐵門，以司啟閉。堤之兩面，皆有護墻及翼墻，用一・三・六洋灰混凝土打築。管口之外，堆砌塊石，厚半公尺。其外復攔以一公尺立方之鐵絲石籠一道，以防冲刷。地基則用一比三灰土打築。該項工程，自二十一年五月二十六日開工，至八月四日工竣。

（十八）二十二號房子縐紋鉛鐵管涵洞工程　永定河南堤二十二號房子以北，三角淀內，地勢窪下，每當永定河汎溢，積水無從宣洩。故自民國十三年以來，該地每遭淹沒。村民為生計所迫，即將南堤掘開，使水南趨入子牙河。茲為維持淀內村民生計起見，於歷年決口處，築涵洞一座，以資排洩積水。該涵洞用五呎直經之美國 Armco 鉛鐵管四道，長十二公尺，並於上游裝設 Calco 升降鐵門。其護堤墻及堆石等項，建築與唐家灣及桃花寺涵洞相同。該項工程自二十一年七月五日開工，至九月二日工竣。

(十九)北寧路第三十六號橋攔水堤工程：放淤區域西部，以北寧路爲其屏蔽。該路二十六號橋，適在其間。爲免除放淤區域內之倒流外出起見，故在該橋建築攔水堤一道，以資防護。該堤共土方三千七百立方公尺，砌塊石七百五十平方公尺。自二十一年六月四日開工，至六月三十日工竣。

(二十)改做船閘閘門工程：船閘上下游閘門，原爲八字式。嗣因汎水含沙量過大，以致阻碍閘門啓閉。故改做鋼鐵吊門，以資應用。該項工程自二十一年七月十八日開工，至八月十五日工竣。

(二十一)屈家店操縱機關辦公所工程：爲便於操縱及管理各閘起見，在節制閘西端坡頂空地上，建造西式平房一所，大小共計七間。地基用一三灰土打實，墻之外部，用機器甎，內部則用普通紅甎，屋頂重力以三角形美松木架載持，最上鋪西式紅瓦，四周並留深檐，以壯觀瞻。計自二十一年七月六日開工，至八月二十六日工竣。

(二十二)洩水閘辦公所工程：該項工程位於洩水閘旁北坡岸上，以地較偏僻，爲節省起見，建造普通平房五間。地基亦係一三灰土，墻則用普通青甎壘砌。自二十一年八月十九日起，至十月四日竣工。

(二十三)北運河石樾及永定河改道上游增培土壩工程：爲防止遇有洪水時冲刷永定河舊道土

起見，在永定河舊道與北運河匯流處，建築石楗一道。並將永定河上游舊道口土壩，增高培厚。該項工程自十月四日開工，至十一月三日工竣。

乙、未竣工程

平津汽車路北倉混凝土橋工程　平津汽車路在北倉附近，原有木橋一座，年久失修，現由本會改築鋼筋混凝土橋，以利交通。該項工程自十月二十日開工。截至十一月五日止，除鋪便道拆舊橋挖土及打築灰土等工作外，其餘橋墩及橋墻基礎之一•三•六鋼筋混凝土，及橋墩橋墻之一•二•四鐵筋混凝土，業已築完。現正進行設立橋面之木型中。

丙、續辦工程

本會原定之海河治標計劃，專為減輕海河下游之淤塞而設。顧航路之維持，尤須賴有充分之水量，故擬有進一步增加水量之計劃，即引放淤區域之清水回海河是也。其工程如下：

一、引水河工程　在放淤區域西南隅與北運河之間，開挖清水引河一道，由南倉附近流入北運河，使放淤區域內沉澱後之清水，大部份回歸海河，俾海河水量增加，以利航務。引河最大容量，暫定為每秒一百二十立方公尺，該項工程現在招標中。

二、放淤區域分水堤工程　在放淤區域南部，由北甯路而東，築分水堤一道，免致混水未沉

19003

澱前，流歸北運河。該項工程現在審標中。

三、二十五號橋附近土工石工工程　放淤區域引回之清水，須經過北寧路二十五號橋而入，故在該橋附近加築坡岸砌。石河底堆，石以資防護。該項工程現在審標中。

四、南倉引水閘及其基樁工程　在引水河口建引水河口建引水閘一座，以資節制。至於閘次建橋一座，以維持平津汽車路之交通。該閘基樁工程現在招標中。

五、放淤區域北堤工程　該項工程現據該當地人民等之請求，業經整理海河委員會議決，准予暫免修築。

本年伏汛期內放淤情形　本年伏汛期內，計共放淤三次。第一次由八月一日上午十時開閘起，至九月二日上午八時閉閘止。據測其總流量爲五萬零四百二十一萬立方公尺，總沙量爲一千二百九十三萬一千立方公尺。第二次自九月十日下午五時開閘起，至九月十三日中午十二時閉閘止，其總流量爲一千九百六十八萬六千立方公尺，總沙量爲十九萬八千立方公尺。第三次自九月十五日上半九時開閘起，至九月二十日中午十二時閉閘止，其總流量爲二千三百六十萬零一千立方公尺，總沙量爲十三萬五千立方公尺。綜上放淤三次，計共流量爲五萬四千七百四十九萬七千立方公尺，計共洩入放淤區域總沙量爲一千三百二十五萬四千立方公尺。設此一千三百餘萬立方公尺之沙量，依然下注海河，則本年秋季海河下游淤塞狀況，當不堪設想矣。溯自民國十六年以後，每年伏汛期間，海河淤塞甚重。凡吃水九呎以上之輪船，皆不得直達天津，須停泊塘沽，以待起卸。本年自海河治標工程大致完竣，實行放淤，將永定河混流導入放淤區域以後，海河工程局復積極疏浚下游，故現時吃水十三呎以下之輪船，皆可平安駛入津埠。嗣後若引清水入海河之計劃，能以如期完成，有利於航運，其效果當較此爲尤鉅也。

疏濬南運河下游委員會原起及其工程設計

李　蘊
呂金藻

查南運河貫通南北數省，又接連豫省衛河，關于冀魯豫三省水路之交通，至爲重要。其下游經天津入海，尤爲發展津市商業之重心。自下游逐年淤積，失于疏濬，以致壅塞日增，不但春夏失其運輸之利，即沿河人民飲料亦感困難，何遑云灌溉乎。且因宣洩不暢，汛期更增泛濫之虞。於是各界人士，咸焉憂之；雖屢有根本之治理方案，然當此民窮財竭，公私交困之際，欲求一最經濟方法，而能改善其現時狀況，則仍以疏濬之治標辦法爲最宜。是以迭經各界請求結果，乃蒙省府令飭由各關係機關組織成立南運河下游疏濬委員會，所有應需欵項由官民兩方平均分担，此爲南運河下游疏濬委員會之成立原起也。

19005

査南運河下游一段，由馬廠減河口至天津新三岔河口，計長八九・一二〇公里。其河床坡度定爲一與二三一七〇之比。即河床高度上端爲四・五二公尺，與減河閘龍骨相齊，下端爲〇・五〇公尺。査該河最大船隻，水深須在一公尺以上，方可通行無阻。如由馬廠減河口至楊柳青一段，挑挖河身兩幫均定爲一坡，假定水深一公尺三寸，河床寬度十二公尺，按齊氏公式規定之，則新河槽需要每秒流量五・一一立方公尺，水面寬度綽有餘裕。三隻大船可以平行。惟民國二十年水淺時期，馬廠附近之流量每秒不及五立方公尺者，達三十餘日。在此期內，縱不顧及小站營田之灌漑，將九宣閘完全關閉，亦不敷航運之用。是費欵多而收效少，有背工程之原理。今欲保持下游常年水深爲一公尺三寸，而並能灌漑小站之營田，似仍應于最經濟之範圍內，改定河床寬度爲八公尺。其坡度與兩幫坡度，均如上述而計算之。則河水深在一公尺三寸時，每秒流量當爲三・三四立方公尺。即在水淺時期，馬廠附近之每秒流量，如有四立方公尺，船隻仍可暢行。水之深度既定，而水面寬度尙能達到一〇・六公尺。如大船寬度按四公尺計算，兩船交錯而行尙餘二・六公尺。實無阻碍之虞。至由楊柳青至新三岔河口一段，河內水位因海潮之頂托關係，平常長在二公尺左右，即河面加寬水深當可無虞，且此段已漸入繁盛之區，河床必須加寬，以備各船裝卸之餘地。若將河床大加開寬，兩岸均須挖去數公尺，逼近臨河居住之人民，勢必發生阻撓，致礙進行。故擬由楊柳青起，至西營門之一段，將河床逐漸展寬，至十八公尺，由西營門迤下，至新三岔河口一段，即準此酌量開展。如下口水位達到四公尺時，水面寬度應有二十五公尺，五船並列，仍有餘地。至小站營田之灌溉，規定每日下午九時後，即將九宣閘閘門開放。至翌晨四時，復將閘門關閉，使全數水量，再入運河。並於開放時間，在九宣閘各孔底部放置小木閘板一塊，高一英尺半，以免運河下游乾涸。但運河水量，有關各方命脈，此項啟閉詳細辦法，似應由天津商會小站營田局，及南運河河務局，三方會擬呈由建設廳核定施行，以免有意見紛歧之虞。此疏濬南運河下游之設計原則也。

柏油築路各種做法之比較

李吟秋

（一）栢油之種類及其鑑別方法——（二）栢油路做法概要——潑油路面，灌油路面，炒油路面，及瀝青磚塊路面，——工料費用之估計——（三）結論，經濟及使用之比較。

柏油築路，在泰西各國，已有悠久之歷史，其成績極爲卓著。至於吾國各大都市，除租界區域外，向少用之者；其漸有以柏油作路面者，則晚近數年事也。就吾華北而論，如瀋陽，天津，北平三大城市，夙以碴石築路；近以石路灰塵過大，不宜於重要街道及高速交通，及漸改用柏油加築路面；始於瀋陽，次及天津，再次則爲北平。三市所鋪油路，做法略有不同，結果亦畧有差異，然遠優於原有之舊碴石路也。油路成績之優劣，首在油質之純良，及做法之合宜。茲擇重要柏油路之做法，分述特性與要點，以比較其經濟與效率。就油料而言，則有瀝青與臭油之分。就做法而言，則有潑油與炒油之別。茲先述柏油之種類與性質。

柏油之種類及其鑑別方法

柏油質(Bitumen)，乃輕養二氣之複雜化合物。其種類甚多，惟用於築路者，則以瀝青(Asphalt)及臭油(Tar)兩項，最爲最要，均以粘韌耐久，遇冷不脆，爲上選。瀝青來源，分天產與人造二者，臭油則純爲人造也。因蒸發煤氣而得者，曰瓦斯臭油。因燒煉焦炭而得者，曰焦炭臭油。因蒸發石油而得者，曰水瓦斯臭油。大抵皆須提製以後，方能使用。瀝青與臭油二者之成份逈然不同；其最顯著之性質，可按下列五項鑑別之：

一，氣味　臭油之氣味較瀝青爲强。

二，粘性　臭油較瀝青之粘性大。

三，溫度感應性　臭油遇熱則輭，遇冷則硬，其溫度之感應性，較瀝青爲銳敏。

四，毒性 (Toxicity) 臭油之毒性，較瀝青爲强。

五，游浮之炭質 就普通臭油而論，其所含之游浮炭質，較瀝青爲多。大抵瓦斯臭油，所含游浮炭質，又較焦炭臭油爲多。水瓦斯臭油，則游浮炭質甚少，平均不過百分之一左右。

以上就大體而言，至於詳細鑑別，以定其各種油料之優劣，須照下列各條試驗：

一，比重驗試 同在華氏計溫表七十七度之下，驗所用油料之重量，與水之重量相比較，所得之結果，爲比重。是可以辨明油料之類別。

粗瀝青之比重	一·〇四至一·四〇
瀝青細敏土之比重	〇·九六至一·〇六
粗臭油之比重	一·〇〇至一·二三
水瓦斯臭油之比重	一·〇〇至一·一〇
炭瓦斯臭油之比重	一·一〇至一·二二

二，浮沫試驗 是可以驗油料內所含水份之多少。水在油內相混，極不相宜。蓋當熬至沸點時，常發生浮沫。水份愈多，浮沫愈濃，其在運用上，殊爲不便。

三，濃度試驗 此足以定其油性之適合於某種用途與否。普通濃度試驗，約有五種。視所用之油料而定。

甲，濃度計（Viscosimeter）。自一定之漏孔內，驗其向外流出之油量，及所需之時間。此用於液體油質試驗。

乙，浮標儀（Float Apparatus）。將半固體式固體之油塊，置於一定溫度之水內，驗油塊融化所需用之時間。此法宜於試驗臭油。

丙，直透針（Penetrometer）法用一標準鋼針，置於油面之上，針頂壓相當重量，使之下揷。在一定時間之內，視針插入之長短。其計算法有以十分之公厘計者，有以度數計者，視所用之儀器而異。此法宜於試驗瀝青。

丁，軟化點（Softening Point）亦名融解點（Melting Point）柏油類固體變為液體時之「關節溫度」(Critical Temperature)，不甚顯然。故試驗油料之軟化點，每以折中法定之。大凡無論瀝青或臭油，用於潑油路面，炒油路面，與灌磚縫者，此種試驗，甚為重要。普通軟化點愈高，其物質愈脆。惟瀝青獨否，此其所以為上等鋪路之材料也。

戊，引長性（Ductility）將油塊置扁葫蘆形之摸型內，而引長之，驗其延長之大小。此法於試驗瀝青最為重要，可以窺其粘韌性。更可以驗其所受養化如何也。（養化若過則引長性減。）

四，熱度試驗　此可以定油料之是否適用。其驗法有三：

甲、燃燒點（Flash Point）是爲所試油料發火之溫度。可用以辨別油料之種類，更可以定熬油時之適當溫度。

乙、蒸發點（Volitilization）是爲油料加熱後，因蒸發而消耗之數量。大抵液體油質蒸發量大，固體油質蒸發量小。故此爲鑑別油質之善法，惟在蒸發之前後，須施行前項之丙丁戊三種濃度試驗，以資判斷。是法恒用以試驗瀝青。如驗臭油，則多用蒸溜法。

丙、蒸溜　此與前法大同小異。蓋蒸溜時，各級溫度下，油科重量之損失，皆須考定也。故此種試驗，對於鑑定臭油之性質，用途，及其煉製方法，皆極重要。

五，溶解試驗　前一法瀝青臭油皆可應用，後二法則限於瀝青。

甲、二硫化炭試驗　普通柏油質(Bitumen)皆可溶解於二硫化炭之內。石油瀝青，質最純故盡行溶解。天然瀝質，雜物太多，故次之。臭油又次之。其所含之不能溶解之有機物，爲自由之炭素，其成分約自百分之一以至四十。此法試驗應注重其不能溶解之成份與性質。蓋自由炭素，殊不宜於建路，如其量過大，並足證其熬煉過度也。

乙、那弗達試驗　法以石蠟那弗達（Paraffin Naphtha）爲溶液，以定瀝青之種類。大抵天然瀝青，溶解量大，而石油瀝青，則溶解量較小。

丙、四綠化炭試驗　法與二硫化炭試驗略同。惟瀝青熬煉過度者，則不易溶解於四綠化炭之內。故此項試驗於鑑定油質煉法之好壞，最爲適宜。

以上爲柏油試驗之大義，其限制條文，因築路之方法及油料之種類而異，當於後節分述之。至於試驗步驟，及應用儀器等項，亦關重要，惟因限於篇幅，不克備載，當另文論之。

柏油標準（普通應用者）

甲、瀝青標準

在攝氏二十五度時比重	○・九八九
燃燒點	攝氏一三○度
濃度（在攝氏五十度時用浮標試驗）	一二○秒
在攝氏一六三度之下煑至五小時後所損失之重量（餘渣須極粘）	百分之一五・九
餘渣之濃度（在攝氏五十度時用浮標試驗）	二分三○秒
溶解於二硫化炭之柏油質	百分之九九・九
不溶解之有機物質	○
溶解於八十六度那弗達之柏油質	百分之一○二

固定之炭質　百分之五・九

乙，臭油標準

在攝氏二十五度時之比重　一・二三

濃度（在攝氏五十度時用浮標試驗）　三八秒

游浮之炭質　百分之一八・〇〇

蒸溜試驗

蒸至攝氏一一〇度溜出　〇

蒸至攝氏一〇〇度至一七〇度溜出　百分之一・〇〇

蒸至攝氏一七〇度至二七〇度溜出　百分之二八・〇〇

餘渣　百分之七一・〇〇

又美國市政改進會所定之臭油標準

1. 臭油（由煤質煉出者）之成色一致，且不含水份，熱至攝氏一二一度時，須不起泡沫。

2. 在攝氏二十五度時，其比重不得小於一・一七，不得大於一・二三。

3. 用紐約浮標試驗下沈於攝氏五十度之水中，其時間不得小於四十秒，不得過於一百秒。

4，在室內溫度之下，其柏油成份，溶於二硫化炭者不得少於百分之八十五，不得多於百分之九十五。其餘渣滓，經燃燒後，灰燼不得過百分之〇•二。

5，蒸溜試驗

攝氏一七〇度以下蒸溜物．無

攝氏二七〇以下蒸溜物不得過百分之二十。

攝氏三〇〇度以下蒸溜物不得過百分之二十五。

6．蒸至三〇〇度以後，在水中之溶點（用方塊法試驗）不得過攝氏七十五度。

（註）上列各項試驗法待詳另文

柏油路做法概要

柏油路做法約分三種，其要點及其效率與經濟，可分論如次：

（一）潑油路面

子、特性與原起

潑油路面（Bitumenous Carpet）者，爲石渣路或他種路上．澆洒柏油，蓋加細沙或石屑而成之保護層也。其特性有五：（一）使原路面堅固不易起塵．便於掃除．適於衛生。（二）使空中飛揚之灰塵，沾於路面時，不易再行飛起。(三)其質堅靱，富彈性，利於車馬之行駛。(四)性柔輭，不易出聲，能減少市井喧鬧之音。(五)能保護原有路面。雨雪不易下滲，即其下層石碴，亦少受直接之壓軋，故能耐久。

按潑油路面，可用於各種土路，石路，及磚路之上。潑油之法，約分二種。一、潑油甚薄，以一層為度，略加油沙蓋之，用以止塵。一、潑油二次以上，厚約半寸許，並加沙或石屑，以成保護層。即現在吾國北部各大都會通用之法也。考柏油築路，遠肇於一八七一年，為法工程師弗蘭叩氏(Francou)所創始。但其方法簡畧，不甚完善。迄一九〇一年以後，經多方試驗，其法乃大昌於世。

丑、做法要點

普通碴石路，無論新舊，皆可潑油，但僅宜於行駛汽車及新式馬車，(路寬每呎每日約有汽車百輛，馬車十五輛，經過其上者最為適宜)。如行駛舊式窄輪大車，則極易損壞。潑油路面，臭油瀝青皆可應用，但所用油料，成色須佳，否則易於剝落，(在冰點以下尤易變脆，)愈速路面之敗壞，耗財費時，至不經濟。潑油路面，應注意下列各點：

(1)凡舊碴石路面，欲行潑油，須先將路面平治碾壓，成一定坡度，然後開放交通。又過數日，查驗所平治各點，完整無缺，再將路面加以掃除，盡去泥垢，然後潑油。其法與新修碴石路潑油之法同，詳於次。

（2）凡新修碴石路面，欲行潑油，其清水碴石路，照通常做法，砌磚基，或大石塊路基，上鋪徑約三吋之碴石，厚六吋。再上鋪徑約一吋至一吋半之碴石，厚約二吋，最上鋪二分小碴一層，碾壓堅實。

（3）路面做好後，即開放交通，任車高壓軋，並隨時査驗修補其鬆軟不平之處。過一月許，俟路面浮沙去淨，結構堅密，然後可以着手潑油。

（4）凡預備潑油之路面，須極堅密平實，並須用帚掃刷極淨，無灰塵沙垢，再視天時晴暖，相機潑油。

（5）潑油時之天氣須溫暖，路面須確極乾燥，每年以六七八九四個月期間，最爲相宜。以溫度在華氏七十五度以上爲佳。

（6）潑油之溶化點，須達華氏二百五十度至三百五十度方可使用。其澆鋪容量，第一層每一百平方呎約需六至十加侖（每加侖重約九磅。）如用噴犀潑油，則每一百平方呎僅需五至八加侖可也。潑油時，應平均，忌厚薄不勻。

（7）潑油或用鐵杓，或用噴犀均可。如工程浩大，則以潑油機爲宜。潑後，將油刷勻，然後鋪沙或小碴。計每層每一百平方呎，約需沙或小碴，約四立方呎。

(8)此項用沙，須純潔乾燥，沙粒須大而堅硬，不帶灰土。沙粒大小，以徑八分之一吋至半吋為宜。小礦以徑在半吋左右者為宜，亦應堅硬，不帶灰土。凡鋪沙時，須平勻，並用小碾軋壓堅實。通車後，仍須時時加沙，以資修理。遇必要時，且須另行澆油鋪沙，或以帶火爐之鐵磙礴，施行修碾。

(9)瀝青油面，可潑兩次，厚以三分之一吋，至二分之一吋為度，不宜過厚，否則易起縐紋。每潑一次，蓋以石屑一層，碾壓堅實，至石面透油為止。

(10)如潑油在二次以上時，每層鋪過後，至少須經八小時或十小時之後，再潑第二次，較為經濟便利。

寅、路面之經濟及其耐久力

普通潑油路面，如無舊式大車軋壓，可以延長一年至一年半，無甚損壞。如汽車行駛頻繁之路，每年須重潑油一度。其所用油量，較之新潑者，約省四分之一。平常養路之法，與新築路時略同，亦須待天氣晴暖，將壞處補平也。

潑油工費，隨時隨地地而異，原無一定標準，茲將天津及北平現時(民國二十一年十月)工料價目列後，以供參考。

(1)新修礦石路潑油做法及估價　先起道胎碾平，上砌紅磚路基。鋪徑二吋半至三吋礦石

19017

，厚八吋，用十六噸至二十噸重汽輾軋實。再以徑四分之一吋至半吋之小礶潑縫，軋實後，潑油二次，每方約需油九十磅，上蓋龍口沙一層，厚約半吋。用十噸小輾軋實。俟經過相當時期，再潑第二次油，其法與第一次同。下列價目，以每平方丈（一百平方呎）爲單位。

二四八紅磚七百塊，每千塊五元五角，合銀	三元八角五分
二吋半大礶，七十立方呎，每方價九元，合銀	六元三角
三分小礶，八立方呎，每方價二十元，合銀	一元六角
國產瀝青，一百八十磅，每百磅三元五角，合銀	六元三角
熬油薪炭費，計	
油一百磅需劈柴五斤（每十斤價八分）	
油一百磅需煤二十斤（每十斤價一角）	
熬油一百八十磅需薪炭費　合銀	四角三分

（註）美產瀝青，每百磅價約五元。國產瀝青與臭油價值約相同，每百磅約三元五角。

汽輾費（每個每日可碾碴石道四平方丈每日每個需費四元五角）每方工料費	一元一角二分
修路人工（每方約需六工工價約四角）合銀	二元四角

以上每百方呎工料費總計二十二元一角

(2)北平市瀝青油路做法及估價。先將路基刨起，碾平。鋪大礁石(徑一吋至三吋)厚四吋，碾壓堅實。再鋪小礁石(徑三分許)一層，約兩吋，再行碾壓，以極平極實爲度。然後加以掃除，上潑瀝青油(美產)，每百平方呎，需油七十磅，上蓋小礁加碾來回亂壓。再潑第二次油，每百平方呎，需油六十磅．上蓋小礁，碾至見油爲度。最後潑油面，每百平方呎，需油二十磅，上蓋沙子一層。按北平時價，其工費如下(以每百平方呎爲單位)

大礁石三十三立方呎，每方價十四元五角，	合銀	四元七角九分
小礁石三十立方呎，每方價十三元，	合銀	三元九角
沙子四立方呎，每方價十元，	合銀	四角
美產瀝青一百五十磅，每百磅價五元	合銀	七元五角
汽輾費，	合銀	一元二角
修路人工(每方約須六工)工價約三角五分	合銀	二元一角

以上每百平方呎工料費總計十九元八角三分

此法如在天津應用，需費當較此爲多，因津埠小礁甚昂貴也。(每方約二十餘元)。但此法築路，較前者爲耐久。

(三)灌油路面

子、特性與原起

灌油路面(Penetration macadam)者 係就普通渣石路，施用灌油方法將石隙滲滿，使之凝固。此法於一八二〇年，首創於倫敦，爲柏油路最古之做法。其優點在使路面適於車馬之行駛，較之潑油路，堅固耐久。餘若不起灰塵，宜於衛生，易於掃除，發聲甚低等特點，則畧與潑油路相同也。顧灌油較潑油費用大。油質若劣，易使路面過於光滑。又油料下滲程度，不易平勻，故路面凝固之情形，頗難一致。普通大車載重在兩噸以上者，不甚相宜。

丑、做法要點

灌油法僅應用於新修之清水碴石路。凡油料及碴石之限制(碴石徑一吋半至二吋半)，大致與前同。碴石路面，須碾壓堅實，方可灌油。普通皆用人工，以油斗或油杓潑灌即可。油料下攙之深度，自一吋半均至三吋，切宜深淺一致。路基用磚用石均可，其石塊經約二吋半。鋪厚八吋，碾實後約落六吋。路面石塊徑約一吋半，鋪厚四吋許，碾實落二吋至三吋。所用汽碾以重十五噸者，較爲相宜。路面之橫坡，每呎隆起，不可過於半吋，不可少於四分之一吋。

路面灌油多少，視石塊大小及碾壓之鬆緊而定，平均每方碼約需油二加侖。如用瀝青，其熱度須達華氏二百二十五度以上 三百二十五度以下。如用臭油，其熱度須達華氏一百七十五度以上，二百五十度以下。均視其油料之性質而定。灌油後，上鋪小碴（徑四分之一吋）一層，用輕輾軋壓。碾畢後，將餘碴掃淨，再潑路面之油，每平方碼約需半加侖。上蓋淨沙或石屑，使油料凝固。凡灌油時，路面須極乾燥，天氣須晴暖，溫度須在華氏六十五度以上。

寅、工費概算

茲照上述灌油路面做法，估計每平方丈之工料費如左：

徑二吋半大碴鋪厚八吋需七十立方呎每方價九元	合銀	六元三角
徑一吋半小碴石鋪厚四吋需三十三立方呎每方價九元	合銀	二元九角七分
灌油每平方丈的需一百八十磅每磅價五分	合銀	九元
徑二分碴鋪厚一吋需九立方呎每方價十三元	合銀	一元一角七分
潑油每平方丈約需五十磅每磅價五分	合銀	二元五角
鋪沙每平方丈需四立方呎每方十元	合銀	四角
熬油費每百磅費需二角二百三十磅	合銀	四角六分
汽輾費		一元二角
人工		二元一角

以上每平方丈總計工料費二十六元一角

19021

(三)炒油路面

子，特性及原起

炒油路乃將柏油炒熱，使與碎石(或石子)洋灰石粉沙礫等攙合，鋪軋而成。其表面與灌油路面大致相似。所用路基有磚砌者，有石砌者，亦有鋪洋灰混凝土者。凡路基均須平實乾燥，方可鋪以炒就之油料。按此法做成之路，亦名柏油混凝土路，其混合之成份約有三種。

甲、柏油與碎石摻合。其石質以堅硬爲宜，直徑約四分之一吋至一吋半。

乙、柏油與碎石(或石子煤渣等)石屑細沙洋灰石粉等攙合，成爲柏油混凝土。

丙、成份同乙，惟分兩層鋪築。

炒油路做法，係於一八四〇年，創始於英國之納汀甘 (Nottingham) 城。又二十餘年後，始倡行於美國。所用油料以瀝青最爲相宜。

炒油路之特點，可謂集潑油路與灌油路兩種路面之優點，兼而有之，且尤爲堅固經久。因用攙合方法，其成份亦較爲勻整。惟其短處在路面易失之過滑。故築路時須用熟巧之工匠，及適宜之設備。

炒油設備較爲複雜，須有專廠方爲相宜。普通用手工者，其廠內須有拌料盤一具，炒油鍋三四口，長柄鍬，長柄杓等數把。炒油鍋須易於移動，其容量約可盛油一百五十加侖。手工做法，用於小規摸築路最爲經濟。如大規模築路，則應有機器炒油之設備。廠內須置碎石機，拌料機，量料機，熱料機，其大小及佈置方法，種類甚多，茲不贅述。

丑、做法要點

甲種做法　柏油與碎石摻合。　將石料等堆置馬路近處，用鍋就地炒拌。石質須堅硬潔淨。炒時以長鍬攪之，使石塊各面滿粘油料，至每立方碼（二十七立方呎）石料，用油十五至廿一加侖爲止。其多少視炒時情形而定。炒好後，即用斗車（如鐵斗須烤熱）運至路上，施行鋪墊，（鋪時先將馬路分半鋪做）平均約厚二吋。先用鍬板平治，再以小火輾，自路邊向路心，徐徐軋壓，至不能下陷，不現壓痕爲度。其不能碾壓之處，須用燒熱之鐵硪打之。此層碾平晒乾，經測驗與原設計相符以後，再行清除，其上加潑柏油一層，（潑油溫度與下列者同）每方碼約需油一加侖。並蓋以徑四分之一吋之小礦一層，用小碾軋壓平實。凡鋪路時，天氣須晴朗，溫度應在華氏五十度以上。炒油時，瀝青最低溫度以華氏二百七十五度爲限，最高以三百五十度爲限。臭油最低溫度以華氏二百度爲限，最高以二百七十五度爲限。瀝青鍋與臭油鍋不可替換使用。此種路面鋪築後，非經二十四小時以外，確實乾硬，不可開放交通。

乙種做法　柏油與碎石細沙洋灰石粉等攙合。　此與前法大致相同。惟因成份多少及種類關係，以用機器摻合較爲便利經濟。其石料等須極乾淨，炒時之溫度須在華氏一百五十度以上。油料及石料須分器炒熱。熬油至華氏三百五十度，方可與石碴摻合。每立方碼之石碴，約需瀝青十六加侖。凡熬炒過度或不及之油料，均不可使用。

砂石成份標準

碎石碴　直徑自四分之三吋至一吋半

石屑　直徑約四分之一吋。

洋灰或石粉（即石灰石之細末）至少百分之七十五能通過二百號篩，百分之九十五能通過五十號篩。

以上石碴二、五立方碼需石屑一立方碼，需石粉三百七十五磅，柏油八十加侖。

路面潑油一層，每平方碼，約需油半加侖。其上鋪沙以便碾壓。碾後，至少須經二十四小時，方可開放交通。

附美國西威金尼亞省路局炒油路做法成份如下（百分比以重量論）

石碴（直徑四分之一吋至一又四分之一吋）……………百分之四十至六十

石屑（直徑四分之一吋以下）……………百分之三十至四十五

石粉（或洋灰）（全數通過三十號篩）．至少百分之六十六通過二百號篩……………百分之三至五瀝青……百分之六至八做時，先將石礅石屑攙好，熱至華氏三百度至三百五十度，再倒於他鍋，與石粉及油料等拌合。至炒透為止。

丙種做法 此法所成之路面，亦名分層瀝青油面（Sheet Asphalt Pavement）。一八六五年，美國城市有用此法以臭油鋪築便道者。一八七〇年，美京華盛頓用之修築馬路。又七年，改用瀝青築路。自是而後，各處仿效者日多。其法先在路基之上，鋪粘結層（Binder Conrse），由瀝青，石礅，及細沙等炒合而成。粘結層之上，又鋪表面層（Wearing Course），由沙礫，石粉，及瀝青等炒合而成。

丙種路面之特點，為光平，無聲，不滲水，不起灰塵，易於掃除，可行駛載重大車。（但如行舊式大車，則不若石道或磚道之經濟，）故於工商及住宅區之街道，咸為適宜。惟運輸繁重之路，坡度在百分之六以上者，則此種路面，每遇小雨微雪，輒失之過滑，是其弊也。

丙種油路，可分三層修築。下為路基，中為粘結層，上為表面層。路基可用一三六比例之洋灰混凝土，按橫斷面之設計鋪做，其厚薄視路胎之軟硬，及荷重之大小而定。普通路基，厚約四吋至六吋，宜平勻。又路基之上面，須平整，而不應抹光。

粘結層復有兩種做法，一為鬆粘結層（Open Binder），所用石礅直徑自四分之一吋至一吋，所用瀝青約居石碴百分之五至百分之八。(以重量作比)。此種做法之要點，不在將石碴之空隙，盡行用油塡滿，而在將石碴粘固，當其上部受壓軋之際，其內部尙呈空鬆之狀。是用於輕載道路之上，甚爲合宜。二爲緊粘結層(Close Binder)，所用石碴大約一吋，攙以砂礫，其混合體，百分之二十五至三十五，須能漏過十號之篩。砂石攙妥後，再加瀝青炒拌，用以鋪路。經輾壓後，其石縫須爲油料及沙礫等盡行塞滿塡緊，以期極爲堅固。是用於重載道路之上，最爲合宜。

表面層乃瀝青，沙礫，及石粉(或洋灰)三種之混合物，加油炒拌所鋪成。其材料之成份(百分比以重量論)，分析如下。

材料類別	重載道路用者	輕載道路用者
柏油	百分之一〇・五	百分之一〇・〇
石粉及沙礫二百號者	百分之一三・〇 百分之一三・〇	百分之一〇・〇 百分之九・〇
又一百號者	百分之一三・〇 （以上共百分之三九・〇）	百分之九・〇 （以上共百分之二八・〇）
又五十號者	百分之二四・〇	百分之二六・〇
又四十號者	百分之一〇・五 （以上共百分之三四・五）	百分之一二・〇 （以上共百分之三八・〇）

又三十號者	百分之八·〇	百分之二〇·〇
又二十號者	百分之五·〇	百分之八·〇
又十號者	百分之三·〇	百分之六·〇
	共百分之一六·〇	共百分之二四·〇

(註)表內所稱石粉及沙礫一百號者，即能通過一百號之篩，號數代表篩底每長一吋篩孔數目之多少。一百號即一百孔，餘仿此。

上列為一標準數目，施工時，可斟酌從簡，以便考察。

又施工步驟，以路基為先；須俟混凝土充分堅固之後，方可鋪築粘結層。此層材料，須在廠內用機器拌好，其溫度約在華氏二百七十五度至三百二十五度為宜。當運至工程地點時，仍須保持此溫度之限制。鋪時先以三噸小碾，橫豎往來軋壓，復以十噸汽碾壓至規定之厚度為止。輾時須速，以免油質變涼。碾好後，應立即鋪築表面層，至遲須在同日之內動工，方為合宜。面層油料之機合法，與前同，惟溫度須較高，約在華氏三百五十度左右也。均以瀝青之成色而定。其輾壓之方法，一如上述。

附上海市工務局炒油路面做法說明

(1)做法計兩種，其配合成分(以重量計算)如下。

(甲)瀝青油　百分之一〇·五

19027

洋灰　百分之一九．五
石粉　百分之二四．〇
砂子　百分之四六．〇

(乙)瀝青油拌洋灰　百分之一二．〇
石粉　百分之一一．〇
砂子　百分之七七．〇

乙種較爲經濟。路基用碴石，或綱磚。鋪築時，須先將路基，整理清楚。

(2)炒油砂路面所用之砂及石粉，須確實乾燥潔淨，按照成分配合準確，先行拌勻，置入鍋內，烘熱至華氏二百五十度至三百七十五度。同時將瀝青油另置一鍋，炒至華氏三百五十度，使之熔化，然後與石粉及砂等在混合機內拌勻。至少須經一分鐘之拌合．確已勻和，方得使用。

(3)炒油砂拌成後。即裝車運至工作地點，按照所需厚度(普通厚二吋)．用燒熱之鐵鏟鐵耙等鋪平。先以熱滾筒碾壓，再以十噸之汽碾壓軋至所需高度爲止(普通壓至一吋半)再撒鋪石粉或洋灰一薄層，每一立方呎之粉或灰，約鋪一百五十方呎，(或一立方公寸鋪五十方公寸)。但汽碾行動，不得過速，每小時以碾壓五十四平方呎爲度。碾壓後，如有不平及與路面式樣未合之處，均應再用熱滾筒壓修之。

(4)炒油之溫度，在鋪築時，不得低於華氏二百五十度。故當運輸時，車上須用厚布類蓋好。如溫度之降低過甚，當再經炒拌後，方可使用。

(5)凡反水井及澄瀲井等鐵蓋旁邊，及側臥石等處，均當用烙鐵燙壓平實。在側石邊起約一呎寬，且應另澆熱瀝青油一層。

(6)炒油砂路面之修築，須在氣候適宜之時，以夏初為佳。從事工匠，亦須有相當經驗。

寅，工費估計

炒油路做法不同，工費亦異。茲將天津市工務局通用之乙種做法估價，照列於後，用見其工料費用之一班。

做法說明	施工之時，先將路面刨至適當深度，砌築磚基。如係舊石碴路，可將舊渣石過篩，或加新渣石，用汽碾軋實，作為道胎。然後鋪以炒就之瀝青混凝土，厚七公分五，其成分依照下表之比例數混合。鋪平後，用火碾往來壓軋，然後再潑瀝青油一度，每平方公尺，約四公斤。隨鋪沙子一層，十六立方公寸。用汽碾往來軋平。				
每平	名稱	用途	量數	單價	共價
	一吋渣石	沙油混凝土用	二十八立方公寸	每立方公尺價五元一角八分	一角四分五厘

方公尺工料估計數目（僅計路面工料未計路基）

二分之一吋渣石	同前	二十七立方公寸	每立方公尺價六元二角五分	一角七分一厘
八分之一吋渣石	同前	六立方公寸	每立公尺價七元	四分二厘
沙子	同前	二十五立方公寸	每立方公寸價七厘	一角七分六厘
洋灰	同前	十立方公寸	每立方公尺價六十二元二角	六角二分二厘
美孚瀝青油	同前	十公斤	每公斤價一角四分三厘	一元四角三分
美孚瀝青油路面用		四公斤	同前	五角七分二厘
沙子	同前	十六立方公寸	每立方公寸價七厘	一角一分二厘
熬油費				一角七分
汽碾費				一元二角
工價				三角

以上每平方公尺路面需工料銀四元九角四分，即每平方丈約需工料銀四十九元四角。如用磚基每方須加工料銀約四元共計五十三元四角。

(四)瀝青磚瓦路面

瀝青磚塊路面，與炒油路面，大致相同；惟此則將瀝青之混合物，先製成磚塊，然後鋪路，是其異點耳。法以石屑，石礎，石粉，及瀝青等，在廠內炒合妥當置於高壓機內，製成磚塊。每塊厚約三吋至五吋，寬約五吋，長約十二吋。每磚所受壓力，自二十四萬磅，至三十六萬磅不等，故極爲堅硬。以此種磚塊築路，其成績較之分層瀝青路面，尤爲優良。蓋磚塊之成份，與炒製方法，均易於監督調治也。瀝青磚塊之成份如下，(百分數以重量論)。

油料(比重二、四三) 百分之七•〇

石料(粗細均在內)

經過一百號篩者 百分之二三•九

經過二十號篩而留於一百號篩上者 百分之一六•三

經過四分之一吋孔大篩而留於二十號篩上者 百分之五九•〇

留於四分之一吋孔大篩上者 百分之一•八〇

瀝青磚塊之鋪法，與普通磚路之鋪法，大致相同。其路基可用碴石，而以洋灰混凝土爲宜，厚約六吋。所鋪砌之瀝青磚，有坐於半吋厚之沙墊上者，有坐於半吋厚之沙子洋灰膠泥上者。將磚塊砌妥後，上撒沙子灌縫。餘沙須留路面上月餘，方可除淨。

查此種路面，與分層瀝青油路面，極爲相似，而尤爲經久耐用，且無過於光滑之弊，故極便於車馬之行駛。惟工費亦較之其他做法爲昂耳。

結論——柏油路面之經濟與使用之比較

比較道路之優劣，有三要素焉，首爲費用之多少，次爲經久之年限，再次爲使用之狀況。按此分析，而加以詳細之調查，然後可以下確實之斷語。此外如交通之密度，氣候之變化，俱與道路經濟有重要之關係，尤須有長久之統計，然後可以徵信也。吾國路政方在萌芽時期，此項統計尤爲缺乏，故欲作詳細之比較研究，尙有待於多方考察及統計也。

柏油路面各種做法之費用多少已如上述。至其美觀，衛生與適用各方面，亦分論於前，可資比擬無庸贅言。總之，油路之三種做法，以潑油之建築費爲最省，而養路費甚鉅。其耐久力普通約爲一年。炒油路之建築費爲最大，而養路費則較小，耐久力可延至十年上下，其載重力亦大，故以長時期計算，此法最爲經濟。灌油路之成績，則介於潑油與炒油之間。至若瀝青磚塊，則用者尙少，統計無多，惟確信其費用較炒油路尤爲昂貴耳。茲照錄美國道路學教授愛格氏(T. R. Agg)之比較表，如左，以作是篇之總結。

附各種道路優劣比較表

道路種類	建築費	耐久力	衛生	消聲	光滑	少塵	美觀	易於清除	運輸阻力	養路經濟
石子路	1	8	6	3	2	4	8	7	7	5
清水渣石路	2	9	6	3	2	4	9	7	7	4

柏油碴石路	洋灰混凝土路	分層石瀝青路	分層瀝青路	瀝青磚塊路	砌缸磚路	砌木塊路	沙成石塊路	花崗石塊路	柏油混凝土路
3	4	6	7	8	9	10	11	12	5
7	6	5	5	5	4	3	2	1	5
3	1	1	1	3	4	2	5	5	1
2	5	1	1	1	5	1	4	6	1
5	3	7	8	5	3	4	1	3	6
1	2	1	1	1	2	1	3	2	1
3	5	1	1	1	4	2	6	7	1
4	2	1	1	1	3	1	5	6	1
4	1	4	4	4	1	2	5	6	3
6	4	2	2	5	6	1	4	4	3

（註）表中數目指示等級，數少者為上選。

包工事業

劉鍾瑞

近來社會事業，日愈進步，而莫不賴分工合作，以收最大之經濟與效率。即以建設工程而論：則有運籌擘劃，職司設計之人焉；有經營實施，職司包工之人焉。對於包工制度之利害問題，雖言人人殊，苟能善爲指導，合衷共濟，終覺利多而弊少也。至於如何指導監督，方可達分工合作之效果，是則本篇之要旨，而願與諸同志共同討論者也。

包工事業爲一種合法之企業，其資本有獨資合資之分別，營業有繪圖監工包工等項目，人材有工程師以下至各項工頭之分配。玆所編述，乃僅就承包土木建築工程者，言其梗概。

通常在工程籌備事項既竣，近而求諸實施工程，在計劃者每以工程之本質爲立場，以求其應需之價格。如建築房屋工程，僅計及磚石木料之實量，或再加百分之若干，作爲補充，以定價格之預算，而此等預算之結果，往往失之過大或不及。蓋包工者對於工程之分析，除工程實量之外，尚有本應列入而爲計劃者所易於忽畧者。如前例之房屋工程之近行，須有多量之脚手木，脚手繩跳板等等，亦均應列入工程費用項下。次爲工程之步驟亦應預爲計劃。査工程用欵之省費，直接關係於包工人之盈虧。是以工程步驟如先後倒置，所費必屬不貲。如取土工程，多爲開始工作之初步．在開工之先，應先度土之多寡，與堆土之遠近．務求土方之移轉適合應用。一方面工人既免徒勞，工全程或可省時完成。故無論在監工上，或包工上着想，工程應取之步驟，宜事先籌備妥善，手續紊濫，多所掣肘也。

監工者既處於業主之地位，對於工程有絕對之責任，是以指揮工程，應特別注意工程之本質，而務求其完善。包工者受監工者之指揮，處於服從之地位，不宜有若何爭持，尤不應以意氣用事。惟監工者對於包工者，不作心悅誠服之論，或者對於工料上自甘暴棄，漫無稽考，或者圖拘於小節細目，而忽於大者遠者，或者毫不諒解工人之勞逸，材料之眞值，往往使包工者增加不快之感，遂致包工者故意以嬉戲手段，或施其取巧伎倆，以玩忽工程，秉可欺騙監工，而工程之本質，遂因之蒙重大之損失也。譬諸建築橋樑，當以基礎第一步工作；而基礎工程，實爲全體工程之主體。苟監工包工兩相合作，各抒經驗，互相參酌，則工作自屬穩妥。設監工者每事必取防禦手段，則包工者亦以報復手段相敷衍，則基礎難期鞏固，或材料之混合量不甚準確等弊，必因以發生。蓋包工者不如斯不足以抵償損失，且以爲工程之穩固與否，另有監工者負全責也。故著者絕對主張，監工包工，各用最誠懇之態度，以施諸工程，較之實用監工之監視主義，收效更宏。

全部工程之經費，除人工材料之確實價值外，在包工人眼光中之判斷，尚有利益及意外費兩種。二者之輕重，對於業主或監工人之財政信用，監工人之工程經驗，及合同之待遇，有直接關係。若業主之財政信用素著，即不但應付之工欵，如數照付，且對於付欵之日期，從不延緩，則包工人對於付欵問題，既有確實把握，則利益稍低，亦樂於効命。若監工人之工程經驗宏富，即對於包工人之各項困難，均應充分了解。例如美松方木，通常爲十二吋見方，若破成六葉二吋木板應用，則板葉之厚，必不足二吋，而包工者所付之代價，又確爲二吋，則對於工作應用上，自不能歧視之也。再次訂定合同，對於包工人不啻一張賣身文契，包工人除受相當之條件，享有領欵之權利外，均是義務職，如交保證押欵也，保固工程也，對於人工材料負責也，倘能在合同之中，使包工人，在應負之責任外，毋再多負，則包工者對於利益，亦可減讓。如合同載明，包工須付現金押欵若干，爲工程之保証；工程工竣，再有現欵若干之保證；工程逾期，再有若干之處罰；是不合經濟之原理，而包工者之利益不得不增加，以求抵償也。總之工程事業，于業主包工兩方面均應並重，任何方面均不應從中取巧。若夫貪污納賄，則罪在雙方，律有明文，非本篇範圍以內之論矣。

包工困難即如上述，然如何始能有分內之利益？曰包工人運用固有之資本，建築之機械，及商號之名譽，以求工程之進展。包工之資本既屬穩固，則鳩工取材，別具良好之機會；工人不虞工資之無着，多樂爲之助；材料家不虞料欵之恍惚，亦樂以低價出售，工料既已解決，工程自不生問題。包工人出資自置之機械，如水泵，鍋爐，拌洋灰機，升降機等，在工程之本身上・僅負担機械之一部分，而工程之價格，因此可以低減。包工者既可連續工作，則由機械之運用，亦可多出一部分之利益，且機械之養護，管理等費。均可藉溢利以資浥注。

統觀包工事業，多賴與業主之合作，庶可產生合理之工程價格。如背道而馳，必得相反之結果。故當某項工程承包未定之前，其先決問題，在對於包工者之選擇，如能以包工人之財力經歷技術三者相準衡，則工程本身必護得良好之成績。否則監察者將窮於術，而包工者窮於財，工程結果不堪問矣。

測量風速之簡法

美國農業部森林組，因森林着火時經驗得知風之速度與吹來之力量成正比例。現爲輔助無量風儀器之人，制定法則如下：

一小時七哩的微風，祇能輕掃地面枯葉。

一小時八哩至十哩的小風，能使樹葉微動，旗幟畧能振顫。

一小時十三至十八哩的風，能捲起塵土，搖動小枝。

一小時十九至二十四哩的風，能使池水生浪。

一小時二十五至三十八哩的風，能使電綫作響。

一小時三十九至五十四哩的風，能使小枝斷折。

一小時五十五至七十五哩的風能吹倒樹木。風的速度過於每小時七十五哩是爲颶風。

（中）

19037

中華書局出版

社會政治參考書

社會學概論……陳翊林……一冊……七角
社會主義的理論與實際……周佛海……一冊……一元
社會問題總覽……李達……一冊一元二角
社會問題概觀……周佛海……二冊……八角
社會問題綱要……劉炳藜……一冊……六角
人口問題……吳應圖……一冊……二角半
歐洲政治思想小史……高一涵……一冊……五角
近代政治思想史畧……鐘挺秀 李卓……一冊一元二角
最代世界各國政黨……顧樹森……精裝一冊五元 並裝四冊四元
盧騷民約論……馬君武……一冊……五角
市行政學綱要……董修甲……一冊……三元
殖民政策……吳應圖……一冊……三角半
華盛頓會議小史……周守一……一冊一元五角
國防與外交……謝彬……一冊……一元
中美關係紀要……蔣恭晟……一冊……四角
中德外交史……蔣恭晟……一冊……四角
中國喪地史……謝彬……一冊……四角
國恥史……蔣恭晟……一冊一元二角
收入及郵貨政策……馬君武……一冊……八角

教育參考書

教育心理學大意……廖世承……一冊……八角半
教教心理學……廖世承……一冊一元四角
學習心理學……朱定鈞 夏承楓……一冊……六角
個性論……舒心城……一冊……二角
幼稚之意義……王克仁……一冊……一角
幼稚園課程研究……唐毅……一冊……三角
兒童與教材……鄭宗海……一冊……一角
設計教學法精義……曹芻……一冊一元二角
初等教育設計教學法……沈有乾……一冊四角半
導爾頓制概觀……舒新城……一冊……八角
導爾頓制討論集……舒新城……一冊……四角
導爾頓制研究集……舒新城……一冊……八角
個別作業與導爾頓制……舒新城……一冊一元二角
葛雷式學校組織概觀……芮佳瑞……一冊……三角
施行新學制後之東大附中……廖世承……一冊一元二角
青年職業指導……王文培……一冊……四角
中學訓練問題……陳啓天……一冊一角半
教育通論……舒新城……一冊……八角
教育原則……余家菊……一冊……五角
法國教育概覽……周太玄……一冊……二角
中學以上作文教學法……梁任公……一冊三角半
教學觀察法……施仁夫……一冊……三角
圖書館簡說……蔡瑩……一冊一角半
近代教育家及其理想……唐毅……一冊……六角
美國教育徹覽……汪懋祖……一冊八角半
美國鄉村教育概觀……古楳……一冊……三角
學校教育指導法……杜定友……一冊……八角
家庭教育與兒童……徐松石……一冊四角半
教育概論……莊澤宣……一冊一元二角
收回教育權運動……舒新城……一冊……六角
中國新教育概況……舒新城……一冊一元二角
近代中國留學史……舒新城……一冊一元四角
幼稚教育概論……張宗麟……一冊……四角
兒童心理學……葛承訓……一冊一元五角
兒童心理與興味……葛承訓……一冊……三角
教育行政大綱……常導之……二冊……二元
比較教育……常導之……一冊……一元

天津北馬路本局電話二局二二三三

19038

工程消息

交通鐵道部北方大港籌備委員會近聞

◎委員會議◎　北方大港籌備委員會，直轄於交通鐵道兩部，由兩部會派委員五人（交通部二人鉄道部二人主任委員一人）組成，照章每年舉行委員會議四次。十一月九日，該會在天津舉行第六次委員會議，出席者主任委員李書田，鉄道部鄭委員華，交通部李委員雲璞。龍委員支五，會期一日，對於工作進行方案，有所決議。

◎視察港址◎　北方大港，在樂亭縣境大清河口以東。該會為測驗港址氣象潮位，前在穆檏村，建有測候所，早經竣工。近復從事建築自記水尺高架，以期精密觀測潮位。十一月十日，該會主任委員率同工程人員，前往港址一帶視察，并指示高架工程之進行。

◎專家來會◎　該會近約張含英氏擔任主任工程司職務。張氏曾遊學美國，專攻土木，並曾任葫蘆島港務處主任工程師，學識經驗，兩俱豐富，張氏到會後，對於港務籌備，必有長足進展。

天津市建設近聞

◎金鐘廢河疏濬之近況◎　天津市內一段金鐘河，自海河裁灣取直以後，久已廢棄。嗣因恢復內河航運及救濟沿岸農民灌溉起見，始循民衆之請，設立金鐘廢河疏濬委員會，由前港務處及工務局，負責辦理。後以欵項關係，另行改組，由市政府聘定陶幫辦叔仁，李幫辦逸蓀，周秘書裕如，李技正吟秋，張科長伯勉，萬國賽馬會代表李律閣，華商賽馬會代表蔡國葆，紳商代表王曉岩，紀仲石，財政局代表潘秘書德霖，工務局代表陶局長菊畦，白技正紹蓮，王科長劍峯，徐科長斗南，民衆代表蔣志林，許化周，梁起發，王允文，汪春齊等十九人為委員，關於工程方面，並推定委員七人，負責設計。迄今已完工程，有金鐘河口進水閘一座，計需工料洋一萬四千六百餘元。又排樁木橋一座，計洋四千七百元。均為前會所完成。現時正在進行中之工程，有挑挖金鐘河河身，及河口打板樁，重修賈家大橋，錦衣衛橋，等項。已於本年十月二十五日開標，由德盛成公司以最低數得標承作，現已開工。計河口板椿投價一千五百三十元，賈家大橋投價三千四百六十九元，錦衣衛橋投價二千九百一十元，挖河投價一萬二千一百八十元。至鉄道外金鐘廢河河身，則由民衆代表會，負責挑挖云。

○籌辦特別一區自來水○ 天津市特別第一區自來水，向由特一區與英租界工部局訂立合同，由英租界工部局供給。迨至本年五月間，合同期滿，英租界工部局，以水量不足，不再續訂，僅允該區用水供給至一九三三年十二月底止。天津市政府，鑑於該區華洋雜處，自來水關係中外居民飲料至爲重要，英租界工部局既定期停止供水，自應迅速籌辦自來水廠以免該區飲料有中斷之虞，爰設立特別一區自來水籌備處，負責積極進行，現正設法籌欵，一俟工欵有着，即行次第施工。

○市營公用汽車○ 天津市之公共交通，向惟電車是賴，而電車未經到達之區，尚居什八，其餘全市繁榮，影響甚大。天津市政府有鑒於此，爰設立天津市公共汽車經理處負責籌辦一切。費時數月，現已籌備就緒。並於二十一年十月十七日開始行車。行駛路線，暫時分爲三路。第一路，自北寧花園起，至官銀號止。第二路，自甯家大橋起，至金華橋止。第三路，自東浮橋起，至自來水後街止。俟後營業暢旺，再行體察情形，隨時擴充。現在行駛者計有威利斯牌長途汽車拾輛。開行以來，乘客極爲踴躍，成稱便到云。

○籌備重建金湯橋○ 天津市公安局前之金湯橋，建於前清光緒三十一年，現已年久失修，早逾保固年限，其橋身已現傾斜狀況，鉄質亦多銹鉄之處。而該橋行駛電車及大車，交通極繁，是爲海河東西兩岸運輸要道。倘有疏虞，其影響於生命財產，寧堪設想。是以該市工務局特呈請市政府，設法籌欵，重修該橋，並擬加寬加固，以利交通而期經久云。

海州闢港

鉄道部及隴海鐵路局，對海州闢港問題，視爲隴海路繁榮上之唯一出路，故數年來，努力籌劃期待完成。惟曩昔擬定大計劃，企圖造成青島香港之第二現模，感於國家無此財力，因之無形停頓。現第一步完成港埠，故先建築新浦至老窰一段新路線，由該路自行建築，動工數月，預計明春當可完成。一方在老窰建築海港碼頭，以備載重輪船，可以傍岸，與鉄路銜接。惟該海港，工程匪易，且我國無此築港機械，故由鉄部在滬公開招標，十一月三日在鄭州路局開標，鉄部派技正吳啓猷前往監驗，結果由德商西門子洋行以百餘萬元得標承辦。該行並派洋員工程師到鄭，十四日赴海州親往勘海測港務工程，由路局派工務人員，陪同嚮導，閱勘視畢，即返滬報告，定本年十二月內開始動工。

北寧路自製機車

北寧鉄路唐山機工廠，規模宏大，成績夙著。自去歲九一八事變後，該路對於唐廠更加擴充，增添機車製造部，曾造出米卡度式運貨機車四輛，成績頗佳。乃繼續添造太平洋式大型客運機車，近已造成兩輛，裝配完竣，編爲一八八號一八九號應用。玆將新車內容照錄於下(一)汽缸之直徑爲二十吋，衝程爲二十六吋，(二)採用華氏閥動機關，(三)蒸汽壓力每方吋一百八十磅，(四)鍋爐係磚拱管式，而無燃燒室，(五)徑五吋三分，長十九呎一吋之焰管，共三十四條，又徑二吋，長十九呎一吋之焰管，一百五十九條，(六)受熱面積，火箱一四六方呎，焰管二二一六方呎，總數二三六二方呎，(七)過熱面積，五〇八方呎，(八)爐篦面積，四一．四方呎，(九)主動輪直徑，五．六呎．(十)前轉向輪，直徑三．一五呎，後轉向輪直徑三．七呎，(十一)牽引力，二四一一〇磅，(十二) 機車最高度十五呎一又十六分之一，(十三)鍋爐中心距軌面，高九呎四，(十四)機車全長，六十八呎．九又八分之一，(十五)機車空重，七〇．〇八噸，上水時重，七九．七五噸，(十六)煤水車容水量，五千加侖，容煤量八．五噸，(十七)煤水車空重，二三．〇四噸，裝載時重，五三．八六噸云。

中央廣播電台開幕

中央廣播無線電台，十一月十二日上午十時開幕。中央國府及海內外名流專家，到會者達數千人。陳果夫主席致開幕詞。中央及國府各要人，均有懇摯演詞。該台電力七萬五千瓦特，音浪北達蒙古，西至西藏南迄愛威夷，南洋羣島及美洲等處，爲亞洲第一大電台。南京各重要街市，均裝公衆收音機。該台為便利南洋僑胞及外人收聽起見，特添設英語及粵語報告云。

西北航空近訊

歐亞航空公司西北航線，本年十一月十二日，作第三次試飛。如成績優良，將於下月初，正式開航。歐洲郵件將在赤塔與俄機交換。由滬寄柏林郵件，一週可達。計全線共長四千公里。該公司所定之客票價及分段之里數如下。由北平至洛陽七〇〇公里，一〇〇元。由洛陽至西安三二〇公里，七五元。由西安至蘭州五七〇公里，一三〇元由。蘭州至肅州六二五公里，三〇〇元。由肅州至哈密五五〇公里，二七五元。由哈密至迪化五〇〇公里，二五〇元。由迪化至赤塔五二五公里，二七五元。甲上海至南京二七〇公里，五〇元。由南京至洛陽六九〇公里，一〇〇元。北平至赤塔三七九〇公里，一五〇五元。由上海至赤塔四〇五〇公里，一五五五元。

七省公路會議路線

豫鄂皖三省剿匪總司令部，本月在漢上召集豫鄂皖贛四省公路會議，出席者為四省建設廳長，及專門委員，嗣因蘇浙湘三省均派員參加，故又有七省公路會議之稱。該會議決全國十一大幹線之原則，並擬定各線名稱：一京滬線，二京陝，三汴粵，四京黔，五京川，六洛韶，七歸祁，八京魯，九京閩，十海鄭，十一滬桂。各省支線，分最要次要兩種，規定逐段完成期限。此係就剿匪有關之七省，分別緩急劃定，至於全國尚不只此十一幹線也。

電廠借款成立

建設委員會，為建築南京電廠，及戚墅堰電廠，曾向中英庚款委員會，商借十四萬磅，已於十一月十七日正式簽字。

導黃入江

現豫省建設廳，及水災會，兩方擬共同負責，引導黃河之水南入長江。其計劃係導黃河至周家口，入賈魯河，引賈入晶河再入沙河。復引沙入淮，引淮入於長江。計工長共五百里，工費一百一十萬元。經費由地方及水災會雙方担任云。

恢復閘北

上海市政府，為復興閘北江灣及吳淞等戰區計，向英商借款六百萬元，以上海公益捐為担保，合同已於十一月十四簽字。

燒炭代油汽車試驗成功

吾國公路日漸發達，汽車用油，多係舶來，每年漏巵，何止萬萬！湘人湯仲明氏，發明木炭代油爐，用以抽水，復改裝汽車，在湘秦兩省先後試驗，成績頗佳。其利國福民，挽回利權，實非淺鮮。倘望全國工程專家努力合作，爲吾國工藝界創一新紀元也。

記者識

湘人湯仲明氏，留學法國，研究機械，實習於汽車火車飛機各工廠。十五年回國後，就職隴海鉄路。爲改良內燃發動機減省消費適合國內應用起見，乃潛心研究木炭代油爐，展轉數載，去年始告成功。並於實業部立案。今年八月湯氏被陝西楊主席約定去陝，遂製代油汽車前往。並建設廳撥車一輛，給楊氏裝配代油爐，以備試驗。在裝配汽車前，先試驗抽水機，抽水六馬力，每小時需木炭一斤半，每日可灌田百餘畝。九月二十八日，在民政廳訓政樓公開試驗燒炭代油汽車，到者百餘人。此次試驗，汽車代油爐裝置車後，（據湯云亦可置前方或兩旁）左爲風扇，右爲水箱，濾接汽管通濾清器經輸送管至圓壓機，後爲發動部份。各部之效用，初生火時，搖動風扇，約八分鐘，水箱滴水入爐下層，發蒸氣助爆發力，經濾清器至圓壓機，轉送入發動機車遂開行。此爐重有六十餘斤。據湯云，「利用木炭燃燒所發生之二養化炭氣體，與炎炭相遇時，其一部分養氣被炭吸收，而受爲一養化炭。當水蒸氣遇炎炭時，亦被炭吸收而受爲一養化炭與輕氣。此等氣體與空氣混和燃燒之，可生爆發力。生火時以紙燃火入爐之底口，搖動風扇約八分鐘，車即開動，毫不假借汽油之力，亦不需長久時間。」後由建設廳長趙友琴親駕代爐汽車，由民政廳訓政樓至東大街，繞新城一週，口稱汽力充足，開駛自由，眞能抵汽油，極好極好云云。此次試車重一噸半，裝配三十四馬力之代油爐，盛木炭四十八斤。每裝炭一次，可行二百餘里；平均每小時燃燒木炭十餘斤。按該處木炭每百斤價四元，每小時消費約四角。如燃燒汽油，則每小時消費三加侖，以西安市價計，約合五元，直成一與十二之比。如中國全用木炭代油爐，則每年挽回國家之損失，當不在少數也。又湘省亦於十月十二日舉行長途試車，主席何健與各處代表等分乘煤汽車六輛及汽油車五輛出發，去長沙至益陽，往返計程四百里，需時約五小時，所有速度，上坡能力，及駕駛方法均與汽油車無異。中央實業部及各省代表均極滿意，認定煤氣代表替汽油已完全成功云。

本會名譽會員王兆熙博士

王兆熙博士，名景春，河北省灤縣人，現年五十歲。曾肄業北京匯文書院，後赴美留學，於一九○八年受耶魯大學工程師學位，一九○九年，受碩士學位，轉意諾大學，攻鐵路管理科，受博士學位。民國二年至七年，歷任京奉京濮鐵路局長，交通部會計司長等職。民國九年至十一年，歷任中東鐵路技術部中國代表，交通部路政司長。民國十一年至十三年，任中東路督辦。十四年任巴黎國際電報會議中國總代表，十五年至十六年，任英國退還庚欵保管委員會委員，交通部郵政司司長，及華盛頓國際無綫電會議中國總代表，並發明注音字母電報碼。十七年以後，任鐵道部留美學生監督，至民國二十年，改任鐵道部駐英購料委員會委員，現任該會委員長。著有「英國鐵路財政法規之評論」等書。

19045

中華民國二十二年一月出版　一卷一期

河北省工程師協會月刊

張繼題

北甯鐵路簡明行車時刻表

中華民國二十二年一月一日重訂

下行車

站別 / 開到時刻 / 列車次數	第七次慢車各等	第三次特快車膳臥各等	第一〇五次特快車膳三等	第九次快車膳各等	第五次特快膳各等	第二〇一次特快車臥膳各等	第一〇一次快車臥膳各等	第一五三次混合三等
北平前門 開	五・五〇	八・二五	一二・一〇	一四・一〇	一六・二五	一七・二五	二〇・一五	二〇・四五
豐台 開	六・二四	八・五五	一二・四四	一四・四一	一六・五五	一七・四四	二〇・四八	二一・一八
郎坊 開	七・四四		一三・〇六	一五・四七			二二・〇八	〇・二二
天津總站 開	九・二六	一一・一六	一四・二八	一七・二〇	一八・一二	二〇・一一	二三・四二	二・四〇
天津東站 到	九・三五	一一・二五	一四・四三	一七・三〇	一九・二五	二〇・二〇	二三・五〇	三・五〇
天津東站 開	九・四五	一一・三五	一四・五三	一七・四五	停	二〇・三〇	二四・〇〇	四・五〇
塘沽 開	一〇・四八	一二・二三	一五・五六	一八・四五		開	一・一〇	七・一七
蘆台 開	一一・四四	一三・二六	一七・〇三	一九・四五		往	二・一三	九・五三
唐山 開	一三・〇二	一四・二四	一八・〇九	二〇・五三		浦	三・二四	一四・四五
古冶 開	一三・四八	一五・〇五		二一・三四		口	四・〇四	一六・三〇
灤縣 開	一四・四三	一五・四五		二二・三三			五・〇六	一八・四八
昌黎 開	一五・五四	一六・二七		二三・一〇			六・一七	二一・〇六
北戴河 開	一六・四四	一七・一六		二三・四五			七・〇九	二二・二三
秦皇島 開	一七・一三	一七・四〇		〇・一〇			七・三七	二三・一五
山海關 到	一七・二五	一八・〇〇		〇・三五			七・五九	二三・五〇
錦縣								
遼寧總站								

上行車

站別 / 開到時刻 / 列車次數	第一〇六次特快車膳三等	第一六一次混合三等	第八次慢車各等	第二〇二次特快車膳臥各等	第四次特快車膳臥各等	第十次快車膳各等	第一〇二次快車膳臥各等	第六次特快車膳各等
遼寧總站								
錦縣								
山海關 開		三・三〇	五・五一		九・一五	一三・〇〇	二一・五五	
秦皇島 開		四・三五	六・二二		九・三八	一三・二五	二二・二八	
北戴河 開		五・二一	六・五三		一〇・〇七	一三・五一	二三・〇五	
昌黎 開		六・四四	七・四三		一〇・五一	一四・二八	二四・〇〇	
灤縣 開		九・〇三	八・四九	自	一一・二八	一五・一六	一・〇五	
古冶 開		一〇・四四	九・四一	浦	一二・二五	一六・〇〇	二・一〇	
唐山 到		一一・五三						
唐山 開	七・三五	一四・三三	一〇・二三	口	一三・〇〇	一六・四五	三・二〇	
蘆台 開	八・二三	一七・二三	一一・五三	開	一四・〇七	一七・四五	四・三一	
塘沽 開	九・二三	二〇・二五	一三・一二	來	一四・五五	一八・二三	五・二三	
天津東站 到	一〇・一五	二三・二六	一四・一二	七・三五	一五・五五	一九・四〇	六・二〇	九・一五
天津東站 開	一〇・二五	〇・二六	一四・二四	八・〇〇	一六・〇〇	二〇・〇〇	六・三五	
天津總站 開	一〇・四八	〇・三六	一四・三三	八・一一	一六・一五	二〇・一二	七・〇〇	九・二六
郎坊 開	一二・二六	三・一四	一六・一六			二一・二六	八・二六	
豐台 開	一三・二四	七・一八	一七・四七	一〇・四三	一八・四四	二二・四四	九・四三	一一・四四
北平前門 到	一四・二五	八・一七	一八・二〇	一一・〇九	一九・一五	二三・二五	一〇・一〇	一二・一三

河北省工程師協會月刊

一卷一期目錄

民國二十二年一月出版

19049

河北省工程師協會啓事

一，本會爲增進會員互助及合作之精神起見特成立一職業介紹委員會凡本會各級會員欲謀相當工作或需用專門人材與其他機關工商事業欲聘適當專門人員者可逕函本會之職業介紹委員會接洽辦理其在本會工程月刊登揭求謀職業與招聘技術人員之廣告者一律免費

二．凡本會各級會員對於會務進行有何意見及通訊處如有更動之時請逕函本會會務主任王華棠君

中華民國二十二年一月

本刊徵求投稿啓事

(一)本刊宗旨在闡揚工程學術，傳遞會務消息，並贊助本省建設事業之發展。

(二)凡本會同人，與工程界同志，以研究及經驗或調查所得，撰成文字，惠擲本刊．無論創作或譯述，其性質與本刊宗旨相符者，均所歡迎。

(三)來稿不拘文言白話，但以國文爲限，並望繕寫清楚，加附標点。如有附圖，請用黑墨繪於白紙之上，以便作版。

(四)凡譯述之稿件，請標明原書名稱，作者姓名，出版年月，及地址。

(五)來稿請註明姓名，住址，以便通訊。

(六)本刊編輯部，對於來稿，得酌量增刪之。

(七)來稿無論揭載與否，槪不退還。但由投稿人預先聲明者，不在此限。

(八)來稿經揭載後，由編輯部酌贈本刊，以酬雅意。

(九)投稿請寄天津義租界東馬路六十五號本刊編輯部。

論壇

迎二十二年並祝河北省工程界進步

李書田

本刊一卷一號問世之時，即二十二年新歲起始之際。惟本刊之編行，不自一卷一號始，乃自二十一年冬之創刊號始。本會之產生，亦不自二十二年之歲始，實自二十一年九月十八日成立。不過二十一年歲暮，爲本會降生時期，二十二年歲初，始達發育時期。此發育時期，將與時俱進，靡有止境。地球永動轉，人類文化永進展，本會亦永遠與時發育。迎二十二年者，即所以迎本會之發育時期，與迎本會之一卷一號，以及將來之億萬斯卷億萬斯號也。

我河北省，當大中華民國海疆陸疆之中央，背山面海，沃野千里，物產豐饒，實東亞天富之區，惟地尚未盡其利，物尚未盡其用，貨尚未暢其流。際此二十世紀科學昌明時代，非人盡其才，更盡工程師之才，無以盡地之利，物之用與暢貨之流也。此河北省工程師所以共組協會，集中闡揚學術與促進建設之力量，以補官署之不足，并濟非工程師之所不逮也。

盡河北省之地利物用，責在工程師，而河北省籍之工程師，負責尤重。試觀我國已開採最大之煤礦，不在河北省乎？其礦利之幾何？利我河北省同胞，而又幾何？利英比之資本家又復幾何？我河北省工程師局亦計及耶！天津至大沽之海河，爲華北貨物出海之門戶，外人爲我謀疏濬者，三十餘年于茲矣，糜金千餘萬，反成海輪不能進口之景象，我河北省工程師亦曾推究其所以致此之由乎？天津市民所乘之電車，與所用之電燈，非外人所經營乎？天津市民所飲之自來水，非外人所代爲管理乎？其影響於市民之安全便利與經濟，又奚若者？雖然，此特指其大者而言耳。其餘吾人日常生事所需，仰給於舶來品者，又何祗千百萬計？吾全國同胞，吾河北父老試一瞑想，其危險又何若也？吾河北工程師此時而不盡其才，以闢地利，以暢物流，誠恐其物其地終有人起而代爲之謀者。往者已矣，今而後，吾同志須努力於新生路，新事業！

今日我河北省工程界同志之責任，較前尤爲艱鉅。自遼東失陷，熱邊告急，不旋踵而榆關之變起，平津震動，危及全省以及華北！當此大難當前之際，我河北省工程師應一致團結，各盡其國民之責任，及工程界之天職，以救危亡！願本會同仁，一致努力，與歲更始焉。

希望河北工程師協會做成一個生業之源

張蘭閣

協會開成立會的那一天，討論中，曾經談到會員職業問題；一時振起在場人員興趣不少。近來時有會員通函協會請求維持職業；看來，會員對本會的觀念，是把牠當作一個職業介紹機關看待了。這個觀念有兩種解釋：

一　輕視：就是把牠看成一個普通職業介紹所。會員入會，交會費，然後等着介紹職業。除每月收到會刊尋覓職業消息外，與協會蓋無其他關係發生。大會既不能常開，聯絡何能緊密。因無職業而掃興，而失望，最後演到會員不交會費，會中經費無着會刊停印，會亦與之俱亡。會員對於協會的觀念決不希望屬於這種『輕視』的解釋。

二　重視：我國地大物博，人口衆多。發展經濟之兩大原素，物質與人力，造物者很慷慨地賦予我們。可惜我民族本性，個性太重，不善團結，祗求苟安，鮮思進取。世界列强已演進到思想科學化，生活機械化，社會經濟學化，生產事業合作化的時期，我們尚昏昏庸庸散沙般地過我們中古時代的樸質生活。爭飯碗，搶地盤，尤爲現在司空見慣的社會怪現象。結果是飯碗愈爭愈破，地盤愈搶愈糟，從前以『有飯大家吃』相號招的，現在大多數無飯可吃。即就農礦製造，各種生產事業而論，那一種有點起色！簡直可說舊有的快毀了，新生的快絕望了。在此種悲慘狀況之下，試問我們當工程師以生產爲業的人們，能夠支撐的什麼？能夠不失業麼？區區的工程師協會，能有何力去救濟呢？縱然有少數的幸運兒，憑特殊的關係，得有飯碗，珍保一時，但等到國民經濟總破產的那一天，還不是同歸於盡嗎？

然而不然。話又說回來啦，「人定勝天」「事在人爲」，我們協會的會員如肯「重視」協會，把牠看成一個生業之源——職業製造所，不僅是爲會員製造職業，是爲民衆製造職業；不是會員向協會要飯碗，是大家團結起來，使協會爲民衆謀飯碗，求生路。民衆有職業，有飯碗，有生路的時候，協會的會員自然地不愁失業了。其生活問題自然地可以解決了。

河北工程師協會是以發達本省建設事業爲宗旨，協會章程曾經明白規定。這個宗旨的意思，就是要以協會的力量，來提倡領導促進本省建設事業的發達，使人人有職業有飯碗。協會會員散居全省，各人對於當地建設事業上的情形比較知之最詳。如能個個負起責任，抽出餘暇，以工程師的眼光去作切實調查研究的工作，製成應興應革的生產計畫，交由協會共同審核；如其可行，即以協會全力提倡實施。如此做法，本省建設事業定可次第舉辦無疑。這樣看起來，把協會做到生業之源的程度，亦非無望。協會執行委員會第二次會議，決議「爲促進本省建設事業，提高本會地位，加重會員責任起見，凡屬本會一份子對於各地建設事業，均須各就所見，著爲論文（敍述批評計劃均可並無限制）交執行委員會彙集審查，再斟酌內容，或錄登月刊公開討論，或貢獻當局，藉備採擇。」（見本刊創刊號會務報告），就是希望會員確定「重視」協會的觀念。由會員全體心理上起始，將本會的地位抬高。然後人人自勵，肩起責任，將協會做成一個有靈機，有生氣的團體；以會員爲耳目爲手足，以會刊爲神經爲血脈。消息靈通，步驟一致，羣策羣力，向建設路上邁進。那麼民衆的生產事業，自然的可以發達，大家的職業自然的都有出路了。

考工紀餘

倫敦地下鐵路，每年用栗，重量在二百噸以上。

在哈德森河上之喬治華盛頓橋，有主要橋拱，長凡三千五百呎。

德國救火隊用石棉製傘，用以防止焚毀建築物火燄之波及。

19055

中華書局出版

社會政治參考書

社會學概論……陳翊林……一册……七角
社會主義的理論與實際……周佛海……一册……一元
社會問題總覽……李達……一册一元二角
社會問題概觀……周佛海……二册……八角
社會問題綱要……劉炳藜……一册……六角
人口問題……吳應圖……一册……二角半
歐洲政治思想小史……高一涵……一册……五角
近代政治思想史畧……鐘挺秀 李卓……一册一元二角
量代世界各國政黨……顧樹森……精裝一册五元 並裝四册四元
盧騷民約論……馬君武……一册……五角
市行政學綱要……董修甲……一册……三元
殖民政策……吳應圖……一册……三角半
華盛頓會議小史……周守一……一册一元五角
國防與外交……謝彬……一册……一元
中美關係紀要……蔣恭晟……一册……四角
中德外交史……蔣恭晟……一册……四角
中國喪地史……謝彬……一册……四角
國恥史……蔣恭晟……一册一元二角
收入及郵貨政策……馬君武……一册……八角

教育參考書

教育心理學大意……廖世承……一册……八角半
教教心理學……廖世承……一册二元四角
學習心理學……朱定鈞 夏承楓……一册……六角
個性論……舒心城……一册……二角
幼稚之意義……王克仁……一册……一角
幼稚園課程研究……唐毅……一册……三角
兒童與教材……鄭宗海……一册……一角
設計教學法精義……曹芻……一册一元二角
初等教育設計教學法……沈有乾……一册四角半
道爾頓制概觀……舒新城……一册……八角
道爾頓制討論集……舒新城……一册……四角
道爾頓制研究集……舒新城……一册……八角
個別作業與道爾頓制……舒新城……一册一元二角
葛雷式學校組織概觀……芮佳瑞……一册……三角
施行新學制後之東大附中……廖世承……一册一元二角
青年職業指導……王文培……一册……四角
中學訓練問題……陳啓天……一册一角半
教育通論……舒新城……一册……八角
教育原則……余家菊……一册……五角
法國教育概覽……周太玄……一册……二角
中學以上作文教學法……梁任公……一册三角半
教學觀察法……施仁夫……一册……三角
圖書館學說……蔡瑩……一册一角半
近代教育家及其理想……唐毅……一册……六角
美國教育徹覽……汪懋祖……一册八角半
美國鄉村教育概觀……古楳……一册……三角
學校教育指導法……杜定友……一册……八角
家庭教育與兒童……徐松石……一册四角半
教育概論……莊澤宣……一册一元二角
收回教育權運動……舒新城……一册……六角
中國新教育概況……舒新城……一册一元二角
近代中國留學史……舒新城……一册一元四角
幼稚教育概論……張宗麟……一册……四角
兒童心理學……葛承訓……一册一元五角
兒童心理與興味……葛承訓……一册……三角
教育行政大綱……常導之……二册……二元
比較教育……常導之……一册……一元

天津北馬路本局電話二局二二三三

會務報告

第三次執委會議

二十一年十二月二十六日下午六時半舉行第三次執行委員會會議。到會者李書田李吟秋高鏡瑩張潤田王華棠張錫周呂金藻魏元光八人。

(一)審查會員資格

(a)通過梅貽琦爲會員，張松齡爲仲會員，魏壽崑爲初級會員，劉創漢爲會友。

(b)以前審查通過之臧贊鼎韓殿楹應爲會友，應即更正。

(二)本會會計事宜，每三個月應在月刊公布一次。

(三)議決于十二月三十日晚六時半在六國飯店舉行在津全體會員新年聯歡聚餐大會，每人餐費一元。

(四)此次南京內政會議，對於全國土地之整理，頗具決心，此種工作最爲綦重，工程師責任亦最大，本會決即成立土地測量研究委員會，專門研究實施土地測量問題，以期將來有所貢獻。

（五）規定本會月刊每期在六十頁左右，每年由本會津貼編輯部經費六百元。

（六）呈請省政府轉呈內政部發給出版月刊執照，然後據以函請郵局掛號作爲新聞紙類。

新年聯歡大會

根據第三次執委會議決議案，於二十一年十二月三十日晚在六國飯店舉行新年聯歡大會。到會者有以下三十一人。

劉子周　呂金藻　滑德銘　劉介塵　郝藎臣　張仲元　翁世增　張萬里　張恩第　閻書通

李吟秋　劉　珙　孫玉剛　劉　熹　尹贊先　王華棠　蘇佑昌　王燕季　張珍玉　雲成麟

馬守謙　馬龍章　沈文翰　孟廣立　陳靖宇　林成秀　劉家駿　劉煥琛　張蘭閣　李書田

張潤田

聚餐後由主席委員李書田君致詞，略謂本會所負使命最重要者兩項：（一）係促進本省建設事業，須工程師努力造成一種環境，俾主持建設行政者，易于實現其一切計劃。（二）係闡揚工程學術，科學發達日新月異，研究一切，絕非臨陣磨槍所能辦到，必須平時有相當準備，方能于施用時措置裕如。現屆二十一年歲終二十二年歲始之時，凡本會同人均宜向此兩點努力，以期于本省建設有所貢獻云云。繼由唐山交通大學敎授方頤樸君講演「土地整理問題」（演詞另錄）。方君專攻測量學有年，在江蘇土地局服務甚久，關於此項問題，學問經驗均極宏富，故聽衆極感興趣。繼本會名譽會員河北建設廳長林成秀君，本會會員天津商會會長張仲元君相繼致詞，至晚十點方盡歡而散。

會員消息

內政會議議決冀魯兩省會同整理衛河一案，現正積極進行，第一步實地查勘後再定詳細計劃。華北水利委員會正工程師王華棠，河北建設廳技正滑德銘，已於一月八日赴濟南，偕同山東建設廳人員辦理一切。王滑二君均係本會會員，大約一月底方能返津云。

又本會會員張錫周（建設廳技正）奉派調查冀北金礦已於上月下旬返津。華北水委會工程師劉錫彤奉派調查潮白河上游情形，迄今已兩月餘，不久亦將公畢回津云。

學術討論

天津市內各河水文測量之商榷

劉　熬

水文測量，爲改良河港之初步，其精確與否，關係航運安全，影響工程設計至爲重大。是故管理河道或港務機關，多擇地設水標站以誌水位之漲落，設流量站以查水流之巨細，更設雨量站以記雨雪之多寡。至如河形之關係水深，沙量之影響河床·以及其他水脈地質等之自然現象，均須一一詳審·精密統計·復歷多年之考驗，集變化之經緯，始可據爲工程之準則。顧如是之測算·雖類皆平淡無奇，然測算人所費之心力則恒較其他測量，如地形·水準等爲多也。蓋往往一數之微，恒求之數十年，繼續不輟，惟恐或誤。特其耗時費力，雖若此，至其結果則又恒出乎意料之外。其悠久之成績，又每因時異勢殊，致失效用，全功盡棄，宜乎其不爲飽學碩士之所齒目也。

19061

邇者海河淤墊，吃水十五呎之輪船，不能駛入市內，華北唯一之天津港埠，駸駸乎日淪荒廢。中外專家競言治理，而實則欲覓一完全詳實之市內水文記錄，而不可得，其將何以收治河之效哉。天津市秉港諸公有鑑及此，爰就市內之北運河，西河（子牙河），新開河，南運河，海河，五大河流，設立水文站於北洋橋（北洋工學院前），大紅橋，旱橋，金鐘橋，津浦橋，金鋼橋，金湯橋，七處，釘立水標，購置儀器。復鑑於氣象之影響於水文也，因設氣象臺於金鋼橋畔，以求水象與河流之關係，可謂識高慮遠明切周至；惟以機關屢事緊縮，迄未得完全其計畫。竊以爲凡事貴慎其始，況在水文，其施測方法每不容多事更張者乎？不佞從事津市水文測量有年，稍有疑難，輒加揣摹，藉求有所改進。茲就管見所及，略舉數端，藉用質之高深云爾。

甲　津市各河之特殊情況

水文站址之選擇，其所需用之器械，施測之方法，每依河流所具之情況以爲轉移。津市各河，與其他一般河流不甚相同，茲就其特殊情況之有關於水文者，分述於左：

一　潮汐　津市各河，受潮汐之影響至巨，一漲一落，每日發生兩次；高低水位每日常差至四呎以上。其受朔望及春分秋分之影響，一如其他潮河，而海口之奇異，河形之灣曲，氣象之影響，益使其變化，趨於繁複。

二　閘壩　主要者如南運河之九宣閘(馬廠)及大夥巷迎水壩，北運河之洩水閘，節制閘，船閘(屈家店)，墻子河之洩水閘(特一區)，金鐘廢河之節制閘，新開河之船閘，洩水閘，(恒源紡紗廠旁)，西河之迎水垻(邵家園子)，水閘之功用不同，開閉之時間亦異，其影響水流當非淺鮮。

三　船舶　天津當五河下游，爲華北唯一之吐納場所。以故帆檣林立，河道爲塞，尤以金湯橋以上，船隻擁擠爲最甚。

四　碼頭　沿河碼頭，形式既不統一，邊線參差不齊。如特三區開灤碼頭，退後至二十公尺，而福中公司碼頭則凸出數公尺餘。特一區南段碼頭係虎皮石斜坡泊岸，而北段則係鐵筋洋灰板樁等等。

五　橋梁　北運河之北洋橋，子牙河之大紅浮橋，南運河之大夥巷浮橋，金華橋，金鐘橋，海河之金鋼橋，金湯橋，萬國橋，因通過之船隻太多，開關時間，約需一小時左右。

六　渡口　津市河流既多，橋梁不敷應用，遂不得不藉渡船以過河。繫船之法，冬季打冰開河，行船船繫於過河纜上；夏季則投錨河底，船以繩繫於錨上。

七　水線　水線多於河底通過，或爲自來水管，或爲電用導線。

八　垃圾　津市居民衆多，沿河住戶多以河身爲堆棄垃圾場所，且經年不行運除，以致積累如半島，旣礙觀瞻，復害衛生，其於水流及交通尤多障礙。

乙　津市各河之系統

天津市內各河之系統，及其分合之地點，與經過之橋梁，甚爲複雜。茲以表標明如左：

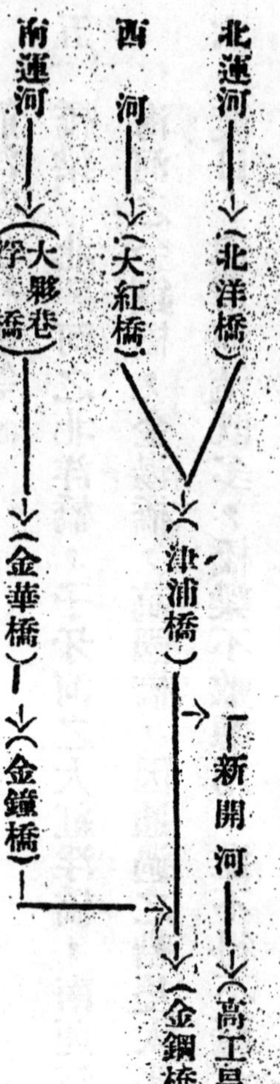

丙　水文站址之選擇

站址之選擇，爲水文測量之始基。施測之難易，成蹟之優劣，莫不以此爲斷。鄙意以爲市內設站，無論其爲水標站或流量站，皆不宜設於橋墩之上，其理由如左：

(一)大凡有橋之處，其水較深，其流較急，試深測速，均感不便。即其測驗結果，亦難代表一般情形。

(二)港內船舶櫛比，首尾相接，橋下立標，河中投器，均易受損壞。

(三)河流爲橋墩所阻，易生回流，斜流及漩渦，爲水文測量所最忌。

(四)大凡有橋之處，其河身較窄，泥沙旋淤旋刷，變化無定，亦爲水文測量所忌。

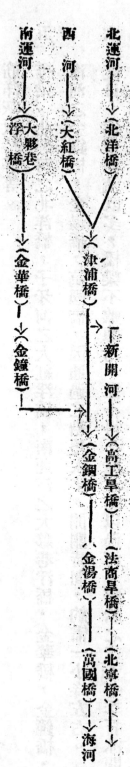

（五）天津市內各橋，兩旁多設便道。惟便道寬度，最多不過四尺，一人行走，已感不裕。施測者幾無佔立之地。

（六）橋墩上安置水標，學者多以下游一面為佳。蓋上游水多被激起，使水位記錄不能精確也。然在天津市內各河，水流之速，每秒恆逾六呎，橋墩之前後左右，皆不能保持平穩，茲錄本年八月三十一日金鋼金湯兩橋下之水位記錄如左，其混亂情形可見。

（水位以大沽水平基點起算）

金鋼橋（平均流速每秒鐘五、一三呎）	左墩	上游 一三、九呎	下游 一二、九呎
	右墩	上游 一二、六呎	下游 一三、一呎
金湯橋（平均流速每秒鐘三、九八呎）	左墩	上游 一二、七呎	下游 一二、一呎
	右墩	上游 一二、四呎	下游 一二、一呎

七　橋上車輛衆多，聲音雜沓，流量計之耳機，使用困難。

根據以上理由，斟酌各河情形，姑擬定各站地址如左：

河名	地点	站址
北運河	北洋橋	水標站——商借北洋工學院自記水標 流量站——橋上
南運河	金鐘橋	水標站——橋北首近大王廟轉電房 流量站——橋上
西河	航運局	水標站——航運局旁 流量站——孟家渡口或柴廠以上（距迎水壩至少千呎）
新開河	畢橋	水標站——橋旁 流量站——橋上
海河	市立師範北	水標站——左岸．市立師範北 流量站——回水，站

（注）表內流量站皆在河身直順河槽平滑至少長五百呎之處

丁．器械之選擇

一．水標（Gage）　用自記水標。（Continous-record Gages）理由：

（1）精確　潮汐關係船舶安全．其高低及時間．均極重要。惟以其變化複雜．故必須晝夜觀讀，始可明了其消長，標夫觀讀．恐未必守時。故以自記水標較爲可靠。

（2）經濟　普通水標，如晝夜觀讀，至少需用標夫三人（每人每日工作八小時）每人以月薪二十元計，每月共需六十元，二年之經費已足自記水標之費。（儀器及建築物在內不過九百元）。

二、試深　試深之器，有尺有錘。（Rods, Weight & line）尺宜於淺水，錘宜於深水。津市各河，深度多在十五呎以上，試深尺不適於用。鄙意以二十磅之錘爲佳，繫錘之繩，或鉛或蔴。如以鉛絲，則須絞車，（Sounding Reels）以其滑手不便提取也。如用蔴繩，鄙意以半吋徑之禹州蔴爲適宜，尺度之標誌，至不可忽視，務須束以各種色布，以免舛誤。

三、流速　測流速之儀器，以流速計（Current Meter）與浮標（Floats）爲最適宜，汎期急流，可用浮標；冬季借用渡口，打冰量冰之器，自可不備。浮標不宜於冬季，施測之器，只有流速計。渡船施測，船篙可用測深，欄杆可代絞車，河纜無須另設，至爲方便。

四、試泥　試泥之器，以取水器爲最重要。普通用者，盛水太少，至不足以作詳細之檢定。鄙意以 W. H. Wheeler 所用者爲最適宜，其器以鋅爲之，高七吋半徑五吋，盛水可半加侖。（其詳細做法，可參氏之 Tidal Rivers 頁三二三）

戊、施測之方法

一、試深　（Sounding）　水文測量中以試深爲最難，然亦最關重要。凡斷面，航路，及流量之測量之成績如何，皆以所得深度之精確與否，以爲判斷。天津市內各河，深度多在十呎以上，水流湍急施測至感困難，汛期以內尤甚。

（1）擲錘之人，必須體壯目強，誠實耐勞。

（2）水有冲繫之力．入水之錘，隨流而下，故必逆流投錘．錘觸地時，繩已垂直．始能得精確之深度。言之似易，而施行則綦難。據敝人經驗，逆投之距離，應與水速水深有關，水愈速，則錘之投也愈須遠，水愈深亦然。一年以來，以左表中所列之數．爲投錘之最低常數（VHD之單位相同即可，故不註明單位因曰常數）似覺不無小補。D代逆投之距離（自水面上量之）V代水之表面速度（以目估料）H代臆斷之水深（參照以前所測結果）。

D　H＼V	1	2	3
2	1	1.5	3
4	2	3.5	5
6	3	5.5	7
8	4	7.5	9

（註：）所用試深錘重二十磅；繫之之繩，爲半吋徑之禹州麻作成。

二、流量(Discharge Measurement)應注意事項如左：

(1)津市各河，受潮汐影響，水位與流量之關係不定，不能求得 Rating Table。

(2)春冬旱期，上游水小，受潮汐影響，河水時生逆流，常至每秒〇．五呎。

(3)施測方法並不固定，要須因時制宜。如夏季流湍，測之宜在水面，可用流速計就水面量之，或用浮標法，(須檢河之長直之處行之)冬季氷堅，可就渡口爲之，無打冰量冰之苦。

(4)施測務須迅速，實以潮之漲落太快，船之來往過多。如用流速計測速，每一測點約需時六十秒，最寬之河不逾八十公尺，以每五公尺一測計，全河計十六測，需時不得過二十分鐘。

(5)市內各河之潮，每日兩漲兩落，施測流量，最感困難，每站每日每潮均測算之，時所不許，勢所不能。姑妄擬一月施測之次數如左：

(甲) 高低水位測法

高潮時	高水位	一次	每月共計四次
	低水位	一次	
低潮時	高水位	一次	
	低水位	一次	

理由：上游之水量，變化極小，差別惟在潮汐。一日之中，擇其最高最低量之而求其平均之數，以爲一月之平均。其結果雖不甚確，殆近之矣，蓋其一月之變化係作有規則之曲綫也。普通之計算氣溫，以每日之最高最低之平均數，爲一日之平均氣溫，其法與此相同。

（乙）半漲落水位測法

高潮時……{半漲……一次；半落……一次}

低潮時……{半落……一次；半漲……一次}

每月共計四次

理由：流量既係斷面與流速兩者之乘積，則河流最速之時。其流量亦最大。詳考凡受潮汐影響河，其流最速之時，在潮落適半之際（Half ebb）。最遲則在潮漲適半之際，（Half flood）此係根據 Wheeler 氏之說，因擬施測方法如右。

上述兩法，係就旱期而言，若在汛期，次數仍須增加。有時每日多至四次，尚恐不能得其詳況，要在因時制宜．不可拘泥。

(6)流速計測流量．用「十分之六深度法。」(0.6 depth Method) 氷期就渡口施測，亦應用之。

謹按氷期測流，學者多主採用「十分之二及八法。」然津市各河，可就渡口爲之，以無氷河視之，測算較便。

(7)自屈家店三閘告成，北運河之流量，遂受其影響．開閘放淤，多在汎期，其影響尤大．金鐘廢河之節制閘．影響海河　恒源旁之耳閘，影響新開，凡此皆必須注意者也。

三試泥——海河之患，在於泥沙．其量其質．皆須精細確定。矧津市各河．面寬水深．潮汐汛旱，變化至爲繁複，普通試泥之法．嫌其太簡，茲擬酌用下法：

(1)取樣之地點—採用美國米西西比河之「三三」取水法，其法．就站之附近一斷面內，擇取三點．兩點近河岸，一點在河心，每點各就其水面河底，及中部取三次．共計九次，

(2)水樣之存儲—所取之樣．既較普通河流者多，則存儲之法，不可不審愼規定，以防差誤，擬採用 Whoo er 方法，其儲水之瓶．分大小兩種，大者徑四吋高十吋半，小者徑二吋高四吋，口頸廣敞．水易注入，大小各十二個，共盛於一木箱之內，箱蓋箱底，

各鑿以適能容瓶之一孔，以防震動。瓶上并須註明河流名稱，斷面地名，取水地點，潮汐狀況，以及風速風向等等。

(3)試泥之步驟——此分室內室外兩部：

甲，室外——多在船上爲之，所取之水，先存於大瓶，俟其泥沙沈澱，去其清水，注入小瓶。

乙，室內——小瓶所存之水，沈澱時間至少兩週，澄清之水，可以吸虹管抽去之，取沙之法，或以「乾鍋」蒸發，或用濾紙隔別。

(4)表示之法則——含沙量所以表示水與沙二者之比，求之之法，不外左列兩種，以萬分率表示之：

甲，以體積爲準——水之體積與泥沙體積相比

乙，以重量爲準——水之重量與泥沙之重量相比

專載

青島市建設實況

張銳

青島在昔德管時代，經德人苦心經營籌劃，市政規模業已大備。而其土地政策，城市規劃，上下水道之設置，分區計劃之推行，尤爲一般治市政學者所樂道。不佞蓄意遊青已久，迄未如願。最近南大張伯苓校長由青歸來，爲言青島現在市長沈成章君之政績，印現良佳。因囑不佞前往，對於該地市政，加以研究考察。在青勾留雖祇一週，而蒙當局開誠接待，給予種種便利，所得材料不少。今擇要草成此文，對於青島市政作簡畧之介紹，或亦讀者所樂聞歟。

青島市所轄全區陸海總面積爲一，一二八，二五三公方里。其中領海面積佔二分之一有強，除市區陸地外，尚有二十五島散處海中。人口在德人租借前，不過六萬餘人，數十漁村，散處於蔓草荒烟之內。德人經營之後，荆榛日闢，戶口漸繁。我國接收青市政權之後，人口亦復年有增加，近年尤甚。據最近調查，全市華洋人口已逾四十萬人。青島貿易進步之速，爲國內都市所罕見。當開埠設關之始（西歷千九百年）輪船貿易總額僅得八十萬兩。至一九〇九年，增至四千餘萬兩，較之初年，加五十倍矣。一九二九年增至六千七百餘萬兩，至一九二九年青市輪船貿易總額已達一億六千七百餘萬兩之多。青市進口商品，以機製品佔十之六七，出口貨，則以原料品佔十之七八。出口貨中以花生，棉花及棉製品，蛋及蛋製品，絲及絲製品，牛及副產品，煙，烟煤及焦炭，草帽辮，鹽，與乾鮮菓蔬爲大宗。進口貨中以棉貨糧食，紙張，煤油，糖，顏料，人造絲，鋼鐵，機器，火柴材料等項爲大宗。

青島市直隸於行政院。現行組織，市政府之下，有六局，一台，一所。六局爲社會，公安，財政，工務，港務，教育，一台爲觀象台，一所爲農林事務所。市府中復設若干委員會處理特殊事務。有購備委員會，司市政各機關之大宗購辦工作，其意蓋師國外各市集中購辦之原則。國內首採斯制者爲漢口。青市各機關購辦物件逾五百元者均須經由購辦委員會購辦。其逾一千元者，應以公開招標辦法處理。據云成績頗佳，每年市府可省十餘萬元之多。有地方自治籌備委員會，刻下注重調查工作。有自治訓練所，爲訓練自治人員之機關。此外尙有市政設計委員會，土地房產整理委員會，籌備地方公益委員會，增建碼頭基金保管委員會，及風俗改良委員會等。組織龐大，人員冗多，爲國內各市政府之通病，青島固不外是，惟青市各機關多富朝氣，具有「前向幹」的精神，是則不可不紀。

國內市行政組織本無各局之設，有之自民十三廣州市始，此後其他各市因仿行之。廣州市行政組織效法於美，固非惡制，惟中美市政工作之繁簡不可以道里計。現行市政組織，國外爲合理，在國內則嫌過於龐大，市政收入泰半均用於供養災官之資，建設費絀，成績自鮮，而市民苦矣。故欲求市政有成績，必自縮小組織，裁減行政費，增加事業費始。青市主政者能明此理．近來對於建設費及教育費均有增加，殊堪讚揚。如能循此而行，再加努力，則青市政績，不難駕他市而上之矣。

青島市預算，二十一年度爲五百四十餘萬元。支出方面以公安，教育，港務，工務數局爲多。公安局經費經臨合計約一百一十萬，數不爲少，然較之國內其他各市，亦不爲多。收入方面以港務收入（碼頭費等）爲大宗，其次則爲地租，地稅，租權金，營業稅，屠宰稅，車捐，衞生費等。此外因港務局代辦若干海關工作，中央政府每年由關稅項下補助青市六十萬元。港務收入因輪運發達之故，年有增加。而年來商務日盛，船舶日增，碼頭船位，遂感不敷分配。青市原有碼頭四個，第四碼頭本爲德人之船塢，有一百五十噸之起重機一架。現增建第五碼頭專作煤鹽碼頭，以應需求，此項工程費約四百萬元，由碼頭費附加項下支應。業於本年七月開工，預計四年工竣。完成後同時能容二千噸之商船四艘，一萬噸之商船五艘。青市歲收之特點有二：（一）青市基本市稅爲碼頭及土地收入，苛捐雜稅較他市爲少，而所謂碼頭稅者，間接轉移於購主，青島市民所負担者不過一極小部分，故青市市民之捐稅担負較他市爲輕。(二)青島德管時代之土地政策，蜚聲中外，至今青市仍受其利。簡單言之，德人經營青島時將城市計劃中業已繁榮或將來勢必繁榮之土地收歸官有，人民可以領租，每年繳納租金。於是，市民雖得自由使用土地而其所有權則永屬諸政府。市政改進，土地價格日增，此後增價仍歸政府，私人無與焉。此種土地政策推行後成績極佳，不特爲國內所僅見，國外市政學者亦莫不交相稱贊，稱爲善策。近來英國合作社園市運動中之土地公有政策大致與此相同，惟青市土地屬諸政府，而英國園市土地則爲合作社所公有而已。青島市內繁盛區域之土地泰半均屬公有。德管時代因市面繁榮尙未達有相當程度，故領用公地概不收費，惟領用後每年繳納租金，是爲地租。民十六年後，領用公地始有租權金之設。所謂租權金者，即領用土地時取得租權一次繳納之欵。租期三十年，期滿租權即行取消，期內每年仍須繳納地租。刻下市區公有土地租權金因地之等級而異，每公畝由二十元至五百〇八元。實際上且可超過此數。自去年四月起改用競租方法，以認繳價格最高者爲取得該地租權之人。歷次競價大致可以高出定價三倍。地租按土地等級每公畝每年徵收二元四角至二十五元四角。領用土地者既有增加，地租自然亦年有增加，故土地一項，實爲青市川流不息之財源。而租權金一項又最富伸縮性。放地多則租權金收入多。近來青市新增之建設費及敎育費類多藉租權金挹注，即其例也。爲將來計，最好能以租權金之收入購買鄰近市區之鄉區土地，將來市區繁榮地帶向外推廣時，公有土地政策亦可隨之進展也。

德人規劃青島道路系統，以青島市及李村二地為中心，幹道須由此二點向外放射，復因地制宜，以棋盤式補其不足。此後新道路之修築，新市區之規劃，亦多以棋盤式為準繩。其實棋盤式有其利亦有其弊，新市區之規劃，正不必拘泥此式也。青市現有各項道路約共三百八十三公里，面積共計約三百萬平方公尺。其中沙石路最多，約佔百分之九十。柏油路次之，約佔百分之九。三合土路及小方石塊路最少，不過佔百分之一耳。青市道路之特點，為路旁有車輪石之設備。所謂車輪石者，即專備獨輪小車及雙輪運貨大車行駛之用，以免其他路面被其輾壞。此項石料多取自嶗山，長一公尺，寬半之，厚二十公分。青市共有單行車輪石十四萬餘公尺，雙行車輪石八萬餘公尺。目前青市當局對於道路及一切工務建設頗知注意，新增建設費約有四五十萬元之譜。

青島處山東半島之西南，負山懷海，山脈起伏，地勢頗不平坦，德人經營時期，對於道路系統之設計，分區計劃之規定，上下水道之設備，商港之建築，公私園林之點綴等等，靡不適用近代市政技術，煞費匠心。闢埠之初，先行規定全市道路統系，將五項重要公共建築物之地點加以指定，繼將全市區域依照近代分區之原則，因地制宜，劃分為若干不同之建築區域，有商業區，有工業區，有住宅區，有頤養區，更以匯泉一角，劃為特別警備區域，禁人往來，藉以供建築砲壘，儲藏軍實之用。德人在青經營十數年，嗣經日人佔踞，我國收回，前後數十年間，治權雖經兩次之更動，而青市之發展仍能井井有條，秩序不紊者，實最初之分區計劃有以使然。刻下匯泉礮台，已成廢墟，齊河大學等路，因有青島大學之設，已成青市教育中心，而年來市面發達，各區域均有相當推展。青島現行建築規則，大致取法於滬，復經相當之修改，尚稱允當。惟對於分區規定 Zoning Ordinance 似尚闕如，未免遺憾。蓋刻下青市各區之發展，雖承德人分區之餘蔭，而事過情遷，勢不能不有相當之修改。且既無縝密之分區規定，建築取締，只能依建築條例辦理，對於各區之特殊限制，並無根據，殊難執行。長此以往，德人分區之精神，或且銷磨殆盡，而青市將來之發展，是否能如前之有條不紊，有疑義矣。分區之重要，國外各市類多知之；而國內則否。首都建設委員會顧問古之治茂菲二君爲南京之設計，曾草擬首都分區條例，惜未能盡洽國情，備而未用。津市方面前經不佞等擬具天津市分區章程經前設計委員會通過，旋以委員會工作中輟迄未見諸實行。竊意分區條例之推行，最易莫過於青島，規模具在，限制匪艱。青市設計委員會及工務局對此似應加諸意也。（最近青市規定榮城路一帶爲特別建築區域，此亦分區規定之一種，惜整個分區條例未見頒行耳。）

青島地多砂磧，罕見潴水。德人租借以後，深感飲水之困難，先於市內鑿井一百六十餘處，未能適應需要。旋於海泊河間，闢爲第一水源地，創設自來水廠，供給全市用水。嗣後商務日興，輪船輻輳，海泊水源供不應求，一九〇六年時德人復在李村增設水源地一處，民三德日之戰，日軍死亡極多終不能克青島，及十一月四日日軍奪取海泊河水源地，青市飲料斷絕，德人始降服。海泊河水廠之戰蹟，至今猶歷歷可觀。日管時代，復在白沙河左岸，闢爲第三水源地。故青市目前之自來水來源，計有海泊河，李村河，白沙河三處。遠者距市區約二十二公里，近者亦五六公里。長度較之紐約市水源地固尚瞠乎其後，而在國內則已爲奇觀矣。水源地取水多在河旁鑿井，各升水機直接由各井吸水送入集合井，以供主機吸送至市區內。以地層及井內構造關係，井水不必再經澄濾。青市雖有水源地三處，而夏季水量仍有供不應求之勢。以前各廠升水，均用舊式蒸汽機，費多效少。刻已一律改用電機。白沙河方面且有柴油機一架。然以電力低廉之故，（每瓩二分一釐五）仍以電機比較合適。三水源地合計每日最大送水量可達一萬八千噸。青市自來水廠每年收入六十餘萬元，開支近三十萬元，除去折舊等費，實無餘力可圖，而水廠水道復亟待擴充，在在需費。青市水費，因使用性質之不同，刻分三種給水。如能將水費價格劃一，行政費用酌予低減，則實在收支當可相抵也。

青島下水道有分流者，有合流者。水管有博山陶管及三合土管二種。博山管係陶土燒製，堅固耐用，惟口徑均在五十公分以下。口徑較大之管均係三合土管。管形以卵形爲多。雨水管依地面自然傾斜坡度，自高下流，以入於海。汚水排洩，則因地勢分爲四個集水區域，各於其最低處，設沉澱池及唧筒。汚水流入沉澱池，濾以鐵格，俾固體穢物，得以沉澱，留下所餘汚水，即用唧筒抽出，送入較高幹管內，再沿自然坡度流入遠海。此種下水處置方法固已陳舊，然較國內其他各市下水道，根本不加處置任其排洩入河者已高明遠甚矣。青市近年人口增加，下水量亦隨而增多，故排水站大有擴充之必要。如限於經費，一時未能觀成，竊意最好莫如規定此後市區內新建築物內必須自備小型沉澱池（Septic Tank）一個，汚水流出時必須經由此沉澱池再至街心下水管，功效與擴充下水排洩站相彷彿，而所費由各家分担，比較輕而易舉也。

青市警政井井有條，尤以戶籍登記，辦理最稱妥善。對於各街戶口，各派出所均有簿册可稽，全市人口調查當然亦較簡易。青市公安局指紋警犬以及無約國人之登記，均由特務督察長德人安德何君管理。指紋在華因各地無劃一之分類方法，中央又無集中之指紋登記，用途自有其限制，然在青市方面，對於積犯之考察，頗有效用。警犬因訓練得宜，亦曾迭建奇勳。安氏功績，固不可沒也。

青島在德日租管時代，對於各項物質設備，雖均盡力籌劃建設，而對於市內華人之公益教育等事業，則漠不關心，鄉區居民生活狀況之改善，更談不到矣。我國接管後歷任當局之振作有爲者亦多偏重市內物質方面之改進。沈成章君就任市長以來，其施政方針，凡所以化民養民利民保民者，莫不盡力以赴之。對於鄉區建設之推行，教育行政之整飭，尤足一新觀聽，予人以良好之印象。茲擇其成績昭著者數端述之如下：

（一）鄉區建設辦事處之組織　歷來鄉區居民對於市稅有負擔，而對於市政權利之享受則異常薄弱。沈君對此極爲注意。自本年四月十一日起，於李村，滄口，陰島，薛家島，九水五地各設鄉區建設辦事處。每處置主任一人，其下分社會，教育，公安，工務，農林五股。所有職員均由市府及各局所抽調，各支原薪服務。故實在開支，每辦事處每月不及百元。各股負各股責任，通力合作，而以主任總其大成，頗似一小規模之市政府。各辦事處與市府及各局息息相通，爲市府及各局所之耳目喉舌手足，將市政之作推向民間。負責人員多係經驗學識兩俱豐富者，且對農村工作，均有興趣，故興辦未及一年而成績確有可觀。今將其工作計劃與其工作方法，略述於下。

關於社會方面者：

1. 查禁毒品　青島鄉區居民之吸食毒品者，每百人中，約有三人以上。刻由各村街長，負任檢舉，由辦事處免費代爲戒除，其屢戒仍犯者送感化所。

2. 厲行防疫　各辦事處附設醫院，鄉民就診者極多，醫院有亟待擴充之必要。

3. 提倡兒童衛生　對於學校兒童擬施體格檢查。

4. 訓練舊式產婆　已設產婆講習所，六週畢業，聽講者異常踴躍。

5. 辦理中醫登記　尙無特殊成績。

6. 漁業調查　正在着手辦理。

7. 食物取締　夏日沿街兒賣小販，應各備紗罩，否則不許叫賣。

8. 捕蠅　此點極重要，似應備欵收買。

9. 籌備農村家庭工業　青島市社會局附設民生工廠一處，由各鄉區保送二百人至廠學習各種家庭工業，此項學徒下月一號即可開始訓練。據濰縣經驗，農民於農暇織布，每架布機每年可獲利八十元左右。

10 提倡鄉村自治　刻正籌備成立村公所街公所。

關於教育方面者：

1. 創辦中心小學校　青島鄉區小學校數目本不爲少，例如李村區內即有小學三十所。惟以前辦理未盡妥善，刻正作整理工夫。

2. 普及民衆教育　每小學附設民衆補習學校一處。

3. 建設校舍　由辦事處會同村民籌欵辦理。

4. 調查學齡兒童　鄉民子弟多有不願入學者，故小學校中往往空額甚多。自學齡兒童有詳細之調査後，兒童入學含有强迫教育性質。經辦事處通知入學而無故不遵者，得處家長以一元至十元之罰金。入學後罰金仍得退還。刻下成績極佳，各小學均告滿員，而罰金條例亦備而又用。刻下各鄉區兒童入學者佔學齡兒童百分之五十，將來可至百分之七十。

關於公安方面者：

1 査禁賭博。

2 査禁纒足。

3 厲行鄉村淸潔　村街各戶應依照編定次序，輪流担任掃街，違者科以罰金，充本村淸潔費用。

4 各鄉村籌設堆積糞土場所。

5 取締遊民。

工務方面：

1 建設村道網。築路人工由各村酌量攤派，利用農閑時民夫，各村重要幹道多已完成，交通較前便利多矣。民夫年齡自十五以至五十，各帶鍬鍤一伴，無故不到者，每日罰洋一元。

2 修築橋樑涵洞。

3 改築不良道路。

4 展寬道路 鄉村建築物佔用官道者頗多，以致道路狹窄難行，刻正從嚴取締，俾道路得以寬展。

5 改良水井 各井修築洋灰井口，並加木蓋以防穢物侵入。

6 提倡海河修濬。

農林方面：

1 禁止亂伐山林。

2 栽植行道樹。

3 荒山造林。

4 指導防止害虫 李村一帶產梨頗多，今歲梨樹患赤星病，損失幾二十萬。明春擬教農民以噴霧器噴灑硫酸石灰液以止虫害。

5 指導農業 改良家畜口各鄉區設置農事試驗場，散佈良好種籽及畜種。

總觀各辦事處之組織與工作成績，有二點最堪注意者：(一)曰行政經濟。各辦事處職員均由市府及各局所原有人員調用，每處辦公費每月不過百元而收效極大。二曰鄉民福利之增進。各辦事處與鄉民異常接近。辦事處門前無崗警，門內無傳達，鄉民有事接洽，直入室內。辦事官民合作，羣策羣力，頗得鄉民之信仰。李村辦事處且設村民陳述事由簿，代鄉民排難解紛，息事寧人，手續簡便，收效頗宏，洵善策也。

(二)保衛團之組織　青市最近組織保衛團，由公安局保安隊中抽調一百五十人，由各鄉區保送壯丁二百人混合教練。畢業後全數分發各鄉區服務，再由此畢訓練各區保衛團。刻下保衛團教練正在進行中，將來各鄉區保衛團之組織略如我國以前保甲之編製。如此不特平時鄉民可有自衛能力，且民衆武裝起來對於應我國難尤有重大之意義也。

(三)農工銀行之籌劃　青島市政府刻正籌劃與當地商民合辦一小規模之銀行，資本預計十萬元，其中商股約佔十分之七八，官股不過十之二三。而一切經營管理之權，將咸操諸商民之手，政府處於監督輔助地位。銀行設立之旨趣有二：一曰發行角票統一青島市鄉區內之幣制。目前青島市輔幣及銅元票種類繁多，頗不統一，而官方監督亦感困難。將來設行之後，可以逐漸改善。二曰平民貸本。青市經營小農工商業者，缺乏適當之貸本處。小規模投資既一經各小銀號自由操縱，重利盤剝之事自所難免。將來銀行成立後又各鄉區將分設辦事處，俾一般平民可得利息輕微之貸本處，可輔助小規模農工商業之發展，法至善也。

(四)教育行政之整飭。青島市政府未成立前，教育經費有限，每年不過十六萬元有餘。市府成立後，教育經費年有增加。本年度預算增加至五十萬元左右。現任市政當局對於教育事業頗知注意，於正式預算之外，復增加教育事業費至三十萬元之鉅。復徵前南開大學訓育主任雷法章氏爲青市教育局長。青市以前教育行政，不無可以訾議之處，小學校舍類多敗舊不治，校長亦有不稱職者。雷氏就任後，銳意整頓。對於不稱職教職員曾有更換。舉行小學教員登記，對於資格，加以審查，合格者留，不合者去。並開辦小學教員暑期補習學校鄉村師範班及速成師範班，訓練健全師資。市內小學新建三處。四方及滄口二地刻正籌備兩大規模中心小學，每處校舍約需五萬元，亦已指定的欵，不日興修。青市教育於量的增加及質的改進，近來均有相當之努力。惟青市小學教職員待遇，較他市爲低，小學教育發展重質，似較要於重量耳。青市學齡兒童約四萬人，入學人數二萬餘人，已逾百分之五十。全市小學共有一百餘校。來年華北運動會決在青島舉行，青市當局刻正計劃建築一大規模之運動場，需費當在十萬元左右云。

(五)建築平民住宅。貧民住居問題爲近代市政工作中極重要問題之一。青島市貧民住所因陋就簡極不合乎衛生。近來青市府建築平民住宅數處，廉價出租，市民稱便。

青島不特為國中有數之良港，亦華北要市之一。位置優越，背後市場又廣大厚重，如治理得人，經濟事業有軌可循，則青市之日趨繁榮，蓋意中事。中國事不難辦，苦於不辦耳，吾於青島見之矣。

河北省之鎢礦

鎢用以製電燈內之線絲，愛克斯光之陰極，內燃機之電接觸点，發動機之汽閥。是為製造高速工具鋼必要之合金。鎢之化合物，可製染料及化學藥品。鎢礦出產多在太平洋兩岸，以西岸為多。據一九一八年調查，中國出產一萬一千六百六十二噸，為世界第一。就中國產鎢區域而論，可分河北，江西，福建，湖南，廣東，廣西，六區。河北鎢礦藏於遷安臨榆尚待開採；而粵桂湘贛諸省所產，專從香港出口，常受英人之壟斷也。

天津中國油漆公司精製

飛龍牌各種油漆廣告

本公司意在振興實業以關利源抵制外貨而塞漏卮特設大規模工廠聘請專門技師採集國內上等原料以機器製造各種油漆質地精良遠超舶來品之上當茲提倡國貨之際定價格外從廉並爲便利用戶起見除自設營業部推銷外其各大五金行顏料莊皆有代售如蒙惠顧極表歡迎

出品要目

各色亮光漆
各色磁漆
各色揩漆
各色鉛油
車輛蓋面亮油
耐水亮油
速乾油
砂質底漆
特製魚油
地板漆
木器漆
外用漆
內用漆
防銹黑漆
防銹紅漆
金漆
銀漆
除膜劑

本公司備有價目表用法說明書函索即寄

製造廠 東營門外新唐口　電話（三）一七四七號

營業部 東門北東馬路　電話（二）三八三七號

經理處

遼寧衛生行　汕頭永義成五金號　曲陽縣天發德
唐山同興合顏料莊　鄭洲開封振泰源五金行　德晉恒
太原祥記公司　漢口長沙沙市宜昌湘和公司　唐縣豐聚號
北平內務部街生昌行　張家口宣化府大同府陽高縣　保定景升裕五金行
濟南達武商行　豐鎮縣綏遠西包頭增盛源　定州務本號
烟台龍口新昌行　青島河北路益成五金行　山台福生號

工程消息

冀省河務會議之結果

河北省建設廳爲討論各河道之改善起見，於二十一年十一月三十日舉行全省河務會議。開幕時，計到會者有冀省主席于學忠，民政廳長魏鑑，教育廳長陳寶泉，實業廳長史靖寰，省委嚴智怡，建設廳長林成秀，各河務局長，各監防委員，總稽核，主管科長，技正，技士等七十餘人；頗極一時之盛。會期共三日，議決案件甚多。茲擇其重要者錄之於下：馮文洵提議「疏浚蘇莊近水閘上下游河底案」，議決「由該局勘測設計報廳核辦」。又提議「在北運河下游西岸龍鳳河口建設閘門案」，議決「通過」。孫慶澤提議「開闢新海河案」及「擬具黃河治本詳細計劃請指正撥欵興築案」，議決「由廳另行召集專家會議解決」。蕭慶斌提議「令各河堤岸內坡插柳，以固河防案」，議決「由各局勘查情形酌量辦理」。南運河務局長汪德森提議「擬請通令本河沿河各縣取締人民在堤坡種麥，河灘堆垛，以防淤墊案」，議決「通過」。黃河河務局長提「擬請規定臨時相當地段，歸河務局歷柳掛游案」，議決「通過」。河上船捐征收處提「各河土劣，巧立名目，勒索船戶，妨害捐務，請嚴令各縣，負責取締案」，議決「由廳嚴令各縣遵照成案，負責所締」。其餘案件甚多，從略。

整理海河委員會續辦工程

海河委員會原定之海河治標計劃，專爲減輕海河下游之淤塞而設。顧航路之維持，尤須賴有充分之水量，故擬有進一步增加水量之計劃，即引放淤區域之清水回海河是也。其工程計：（一）引水河工程。在放淤區域西南隅與北運河之間，開挖清水引河一道。由南倉附近流入北運河，使放淤區域內沉澱後之清水，大部仍歸海河，俾海河水量增加，以利航務。引河最大容量，暫定爲每秒一百二十立方公尺。該項工程，在招標中。（二）放淤區域分水堤工程。在放淤區域南部，由北寧路而東築分水堤一道，免致混水未沉澱前流歸北運河。該項工程，現在審標中。（三）二十五號橋附近土工石工工程。放淤區域引回之清水，須經過北寗路二十五號橋，而入引水河，故在該橋附近加築坡岸砌石河底堆石以資防護。該項工程現在審標中。(四)南倉引水閘及其基椿工程。在引水河口建水閘一座，以資節制，並於閘次建橋一座，以維持平津汽車路之交通。該橋基椿工程在招標中。(五)放淤區域北堤工程。該項工程現據當地人民等之請求，業經大會議決，准予暫免修築。又為該會績辦工程問題，前由行政院長宋子文來電，派員赴京接洽。當由該會推定韓麟生楊豹靈兩氏南下。聞接洽結果大致當屬圓滿云。

北方大港籌備委員會近聞

整理測驗資料　北方大港籌備委員會，在北方大港港址附近，設有水標站及測候所各一處，以便搜集當地潮位、暨氣象之變遷實況，藉充各項設計之根據。現在該會業經開始整理民國二十年全年資料，將次編校竣事，擬於最近期間，印行北方大港港北氣象潮位彙報一種云。

觀測港址結冰情形　北方大港籌備委員會，以港址一帶海面結冰情形，對於港渠之規劃，至屬重要。本年特規定表格一種，飭令駐港人員，隨時前往大清河及祥子河河口一帶，視察海面結冰情形，填註具報，俾使比較研究云。

華北水委會近聞

內政會議之提案　內政部於二十一年十二月中旬，召集第二次全國內政會議，除各省民政廳長，省會公安局長，及行政院直轄各市政府之公安衛生土地社會局長等，屆時應往出席外，並規定國府直轄及內政部所轄水利機關，各應派代表一人出席。華北水利委員會，前經迭奉部令，準備提案，暨會務報告，限期寄部，仝時復奉令發推進水利建設各要點，飭即預為研究，以作出席會議時討論之準備。該會已將提案報告，分別編擬完畢，並派秘書長李書田前往出席。其提案五項，為(一)擬請建議內政部劃一全國各流域地形測驗之標準，以收分工合作之效，而期全國大地圖之湊成案。(二)擬請建議內政部從速編訂水工名詞，通令應用，以資劃一而便明悉案。(三)擬請大會建議內政部分全國為十水文區，積極普遍進行全國水文測驗案。(四)擬請大會轉請內政部積極籌設中央水工試驗所，並先促助華北水工試驗所之成立，以利水工學術之研究，而資改進水利工程案。(五)擬請大會建議內政教育兩部，注重培養水利人才，並設立水工博物館案云。

常務委員李耕硯返津

常務委員兼曾秘長李耕硯氏，上月初赴京出席全國內政會議，業於上月二十四日晨返津。據談此次內政會議，除對於改革縣政，促進地方自治，整頓警政，統一水利等各要案，均議有具體辦法，即由內政部切實實行外，併對於整理全國土地亦議有進行步驟。李氏以整理土地，必先之以土地測量。如全國同時併舉，非祗一大行政問題，亦一大技術問題也。深盼本會會員對於土地測量切實預先研究，以應最近將來之需。更望河北之地土，河北工程師能負責測量並整理之。

京市府擬即整理八卦洲農田水利

南京市以東長江中之八卦洲，有地約十萬畝，本屬旗地。現在十之九，均未開墾，僅生蘆葦，年收有限。石市長衡青認為須即整理，化荒蕪為膏田，特於十二月十八日邀請中大及金陵大學兩農學院長及水利專家須君悌（導淮委員會副總工程師）孫楳忱（太湖流域水利委員會常務委員）及李耕硯（華北水利委員會常務委員）前往視察，幷擬具整理計劃。李氏等于北返前，業草擬改進計劃，送京市府矣。

天津市建設一班

特三區修築河埧

天津特別三區十經路至十一經路間海河埧，年久失修。天津市工務局，為整理河岸，便利船隻停泊起見，特擬定兩種修建方法，一為洋灰混凝土碼頭，一為木樁綑磚河埧，已呈准暫照第二項做法修築，以保河岸。該河埧計長四百零八呎，約估洋二千七百餘元，業由工務局招標承做。其第一種洋灰混凝土碼頭，於停船及起卸貨物，最為便利。惟工費浩鉅，一俟工欵有着，方可興工云。

決定開挖老河

關於金鐘河疏濬事宜，疏濬委員會，奉周市長命令，推派王曉岩紀仲石李律閣等三人，向中國銀行接洽借墊工欵，俾繼續挖取北寧鐵道以外一段河身，刻中行方面，已允借一萬元，明春賽馬收入時，全部歸還。故鉄道外河道，俟鉄道內工事將竣時，即繼續挖疏。預計明年二月，（古曆）必可開隄放水入內，不誤農事。惟鐵道內外河水流暢後，祗可灌溉園地作物，因沿岸土質極鹹，白堿層層，平日草木不生，荒野無垠。故疏濬委員會，刻經實地勘測之結果，擬具施工頭三步計劃，集合北鄉四十餘村村民，並地方當局，定於明年秋間開工，挖深老河河道。按老河又名金鐘河支流，在津北大畢莊地方分支斜行迄賈家沽道，長約十里。此河因金鐘河之淤廢，致連帶淤涸，河身幾與地平。老河兩岸之田，既屬鹼地，而鹼質苟有清水河之吸引，可全部宣洩入河。蓋河道淤涸時一遇天雨，則流被於地面者，均爲鹼質，得有河道之流換，即可日少一日。若老河濬通後，則兩岸城地千頃，可全成肥沃良田云。

宜昌附近發現巨大水力發電場

長江上游水利勘察團，係建設委員會，國防設計委員會，揚子江水道整理委員會，三機關組織而成。目的爲遵奉總理實業計劃利用長江天然水利，以發展中國之實業建設。出發勘察者，計有全國電氣事業指導委員會主任委員惲震（陸棠）揚子江水道整委會工務處長宋希尙，技術員陳晉樸，測量總工程司史篤培（美人），山東建設廳水利專家曹瑞芝等。近已發現長上游之葛州壩，有巨大水電量。爰即回京，作成總報告，以供當局之採擇。據惲氏談話，謂此次溯江西上，經安慶蕪湖九江南昌漢口漢陽武昌長沙沙市宜昌萬縣重慶合川諸地。總合長江上游之水力，既多且大。在宜昌重慶之間，可以發展四百萬匹馬力，確爲中國唯一之巨大天然動力。因宜昌西上地勢，高度比率爲五千份之一（即每過五千尺增高一尺），水流東下，漸次激增。中國當局及實業家，能合力圖謀建設，則此處爲巨大富源。前途不可限量。在宜昌上游四里英，地名葛州壩，發現巨大水量之集点，即每秒鐘之水流最小量，有三千五百立方公尺，最大量有六萬九千立方公尺（每一立方公尺合水力量一噸）水頭最少有四十二尺高，合三十萬基羅瓦特之動原力，確可在此建築巨大水電廠。廠設於江心，廠南築成壘石壩，使上流之水，集中水電廠東下，以爲發電之原動力。廠北築成滾水壩，使洪水之際，水量過大不能完全容納於水電廠時，即由滾水壩東下。而船隻之往來，經壘石壩以南之船閘，使中水量在必要時低落放平，船隻得溢水下降，以免危險。而建築三十萬基羅瓦特之水電廠時，共分三時期，即平均每一時期爲十萬基羅瓦特者。第一期之經費須三千五百萬元，以次遞減，至第三期完竣時，共合六千五百萬元。惲復謂，此廠成立，在宜昌四圍即可成爲全國重要工業區。而最適合於興辦者，厥惟化學工業。特電量之供給，不宜輸送過遠，以減經費，因四川與湖南二省工業動力，儘多水流量可供與力也。勘察團刻正積作報告，先行報告建設委員長張靜江及國防設計委員長蔣介石，以採擇，在最近當能脫稿，屆時苟得實現，則確為中國前途富強之基云云。

南京自來水廠之近況

京市自來水工程，自民國十九年三月，開始籌備以來，迄今已及二年有餘，祇以市庫支絀，工程進行，不無遲滯。二十一年四月，石市長接任後，深鑒於本市飲料之不潔，及用水之缺乏，特令工務局，加緊籌備，務須於本年年底，能局部出水，以應急需，並一面責成財政局，設法籌款，以利水程進行。故雖在庫款萬分困難之際，此項工程仍在積極辦理。茲經採悉各項工程，已大致告竣。除清水機室，動力室，儲貨棧，碼頭等工程，已全部完成外，其他各部工程，現正在加緊進行中。爰將其詳情，彙誌如次：

一　混水機室　按混水機室，為送江水於沉澱池之主要建築，約一星期後，即可全部工竣，開始裝設機械。

二　裝設錶管水表　按錶管水表，為計算總出水量之器，現已定購，一俟運到，即行裝設。

三　沉澱池　按沉澱池為氯化澄清之主要設備，除鋼骨水泥項工程，已經完成外，其內部各機械設備，業經定購，一俟運齊即行裝置。

四　冰水設備　查水廠動力室，所用柴由發電機，與冷機水有密切關係，俾機械得以經久耐用，發電不可少緩之設備，現正積極辦理。

五　臨時蓄水池　查清涼山臨時蓄水池，前經變更計劃，招工興築，現已竣工。

六　裝設電傳水位儀　按此項電傳水位儀，為視察清涼山蓄水池水位之重要設備，業經定購，一俟運到，即行裝置。

七　裝設廠內水管　查廠內水管，為連接各管送水之脈絡，前經詳細計劃，招商承辦，現已全部運到，本月二十日，即可開始裝製。

八　裝置廠內電力線路　廠內各項機械，全恃電力而發動，所有動力室，以達各處之電力線路，極關重要，現正在計畫裝設中。

九　埋設進城及清涼山上山總管　查進城：達清涼山上山總水管，為由水廠送水至蓄水池之重要幹道，業已招工埋設，現正在積極進行中。

十　建築總管橋　查自來水廠進城之總管道，須經過江東護城兩河，前經工務局，擬定建築木架式橋梁二座，以便裝設總管，現土木工程部分，業已完工，日內即裝設總管。

十一 埋設城內外各幹路水管 前爲儘先供給城內局部用水起見，擬將城內各幹路水管，埋設就緒，以便早日出水。各項計劃，業經分別擬就，除中華路水管，已經裝設完成外，所有從中路，中山東路，白下路太平路中正路中山路中山北路，國府東街，國府大馬路，大倉園，至中山路中央黨部前馬路，下關，石橋，南永寧街，鮮魚巷，鄧府巷，成賢街，保泰街，至鼓樓健康路，朱雀路，貢院東西兩街等水管，亦經分別招工埋設，現正在積極進行中。

十二 裝設給戶管及水表 給戶管及水表，爲各用戶必需之件，現已招商承辦，日內即簽訂正式合同。

十三 計劃建築售水站 自來水將來局中出水時，爲救濟普通平民無力裝接水管起見，工務局擬於水線經過各路，擇要建築售水站，以便市民隨時購用，現正計劃中。

十四 試水 工務局擬俟自來水工程，大部完成後，即先行試驗出水情形，如有不妥之處，以便隨即改善。

十五 開始給水 工務局擬俟試驗之後，如全部工程，毫無窒碍，即通告用戶接管裝表，以便正式供給用水。至開始給水之期，如無意外阻碍，三十一年年底，當可出水云。

發展基本工業滬經營造酸廠

上海開成硫酸廠已於國慶日非正式開爐。廠址在軍工路殷行區，面積約五十畝。東連黃浦江，西接軍工路，北與閘北水電廠相距約三里。廠中建築，除辦公室材料庫堆棧機器修理所及化驗室等通例設備外，其特殊之廠房，爲爐房，除塵房鉛房，及蒸濃房，此外尚有除砒房，方在建築中。又有碎礦房，因碎礦機毀傷，僅築地脚未建房屋。担任工廠設計者爲高丽若及方履熙。現廠房地面，僅及全廠積六分之一，其餘閒留爲建設硝鹽二酸工廠及擴充硫酸廠之用，原料之硫化鐵礦石，購自諸暨及閩安兩處已各到數百噸，堆放爐房之前。輝光閃閃，幾若滿地鋪金。至其出品，聞暫定爲三種：一爲各鉛室中每日所造之室酸，比重爲步梅五十度，約合純硫酸百分之六十二；一爲經蒸濃爐蒸濃之步梅六十六度濃酸，約合純酸百分九十五；一爲兩者混合之步梅六十度硫酸，約含純硫酸百分七十八。此外隨各廠家之需要，可配與各種成分之稀酸或濃酸。現市上硫酸，皆來自日本，僅有六十六度一種。使用稀酸之工廠，既加水冲稀，既不經濟，又費手續。開成出貨之後，市上可有各種商品，於使用廠家，殊多便利。年來國內新設工廠頗多，而如開成工廠，由本國資本經營，用本國原料製造，聘本國技師設計者，實不多見。以故各國駐華商務參贊，對於該公司甚爲重視，先後前往廠中參觀者，已有數起。硫酸一物，除與實業有極大之關係外，對於軍事上亦極重要也。

下關浦口間渡輪實行在卽

京滬津浦兩路之間，隔以大江，行旅往來，多感不便。前此本有建築江橋之議，嗣以此舉對於船舶通行，江防布置，均多防碍，而浦口江岸沙土較鬆，施工亦非易易，遂作罷論，另籌良策，最後乃歸宿於「車渡」之辦法。蓋即以火車裝載輪船之上，而往還於下關浦口間是也。此項輪船，須有特殊構造，經鐵道部二十年會議結果，決向英國施晃士廠訂造，歷時約十五閱月，頃接倫敦我使署來電，業已造成，聞此竣事，開駛來華，本年十二月底可到南京。聞有定於今年一月間開始車渡之說，此亦交通上之一福音也。至該船構造，參預訂購者能言其略。計全船長三百七十二英尺，寬五十九英尺，載重一千二百三十七噸半。船內安置鐵軌三條，每條可載火車全列，以每列七輛計之，共可載火車三十一輛。車外並設寬廣洞廊，藉資遊客散步，兼置椅位若干，供送客之用，以免擁擠車內。此外一切設備，宜寒宜暑，莫不完全。而最妙者，則莫如輪岸脚接之處，以四個馬蹄式之鐵擊，（上加軟木）供其轉運，如推貨入棧者然，乘客於不知不覺間已入船中，毋須一下一上之勞矣。至輪岸間之準確水平線，雖經測驗有圖，寄往該廠，俾資依據，然該廠仍恐或有參差，並防此後不無變遷，故對此四個馬蹄式之鐵擊，附裝有一種小小機械，俾截高或低，在一英尺內可以臨時伸縮。其用心洵極細密。聞該廠製造此船，經四度之修改而後臻於完善。其著名工程師裘倫者，年七十五，退休已久，今因此事，亦特請其至廠指導云。

全國鋼鐵業之籌劃

中央煉鋼廠

實業部與德國財團擬在華創辦煉鋼廠一處，資本八千萬元，聞合同已簽字。款項分配，以一千萬元作爲開採烈家溝煤礦設備費，以其餘七千萬元之三成開採益華裕華兩鐵礦，七成爲建築廠址及設備機械之用。此項資本籌措，決撥庫劵四千萬元，其餘四千萬元，則由實業部將烈家溝產煤之欵向德國抵押。估計該礦穴深一千尺，即可得煤二千五百萬噸，約值洋二萬五十萬元。蓋華裕華兩處鐵礦，合量爲六成，可供二十年繼續開採。將來鋼廠開工後，每日可得純鋼五百噸，約合全國消費量五分之一。廠址在浦口或在蕪湖馬鞍山尚未決定。

○晉省煉鋼廠○　晉閻委任鄭永錫爲鐵路鋼軌專門委員會委員長，鄭以陽泉（正太路一大站）所產鋼鐵之富，爲華北之冠，若在該處設廠製造，將來出品除供同蒲西山兩路修築之用外，尚可向外銷售。閻已令鄭詳密計劃一切，約於今春即可興工開辦云。

全國鐵路建設

○通海鐵路○　蘇省當局，爲發達本省農業，便利交通起見，決建築通海（即由南通至海州）鐵路。路線，以南通爲起点，經過東台，如皐，鹽城，阜寧，漣水，灌雲，以達東海。俾江北物產，由北方可藉該路與隴海路接軌，轉運至華北各省；由南方可藉該路，運至南通與長江啣接，轉運至華南各省。全路共長四百七十里，現正着手測量。預計二十一年十二月中測竣，即辦理土地及接洽購買材料等事，二十二年春三月開工。省方已籌備七千萬元，爲興築該路費用。期以二年中完成云。

○粵漢鐵路○　粵漢鐵路，爲我國貫通南北之幹線，其間尚有二百七十公里未能啣接。現在湘粵兩省積極籌備，以促該路之完成。全路預計需費約三百餘萬磅，聞鐵道部擬發行公債，從事進行，以期早日完成通車云。

○欽渝鐵路○　欽渝鐵路，係由廣東經廣西雲南貴州四川五省，關係西南交通極鉅，各地情勢，須由各當地長官及民衆協力帮助，始克成功。西南政務委員會自決議建築該路後，並令專家審查擬議，以求完善。近爲實施建築起見，特於二十一年十一月三日分電關係各省政府，迅將當地情形具報，及派鐵路專門人材赴粵，參加欽渝五鐵路五省會議。查該路雖決定以最短期間建築完成；惟需費浩大，擬先行採用輕便方法舉辦。決定建築路基後，即先行駛電車。一方可增收入，一方籌集鉅資；敷設路軌枕木，並購置車輛，然後行駛火車云。

○包寧輕便鐵路○　綏遠爲西北富庶之區北西接臨蒙新寧青諸省故該省包頭爲西北重鎭之一。往日貨品聚散，多用駱駝或汽車，頗感供不應求。現在該省決擬先修包（頭寗（夏）輕便鉄路，暫築包頭至臨河一段，以應急需。建築費正在估計中，材料力求使用國貨。太原已籌備設立兵士實習所，招額爲四百人，專爲完成晉北之輕便鉄路而設置，同時並幫修包寗輕便鉄路，以貫澈其生產救國之宗旨。聞臨時駐軍亦擬幫同建築該路云。

北寧鐵路之建築

北寗公園，自民國二十年七月興建以來，需時一年有餘，現已大致工竣。樓厦富麗堂皇，山水清幽淡雅，點綴匀稱，極有匠心。內設游泳池，滑冰場，及各種球戲場等，甚爲周備。是於枯燥平淡之津門，實宜首屈一指。已於本年元旦開幕。又該路東車站站台車棚，修建業已數月，亦已竣工，行旅咸稱便利云。

中華民國二十二年二月出版　一卷二期

河北省工程師協會月刊

張繼題

北甯鐵路簡明行車時刻表

中華民國二十二年一月二十日重訂

下行車

站別 / 開到時刻 / 列車次數	第七次慢膳車各等	第三次特快膳隊車各等	七點加車三等	第九次快膳車各等	第五次特快膳車各等	第二〇一次特快膳隊車各等	第一〇一次快膳隊車各等	第一五次混合三等
北平前門 開	五•五〇	八•二五		一四•一〇	一六•二五	一七•一五	二〇•一五	二〇•四五
豐台 開	六•二四	八•五五		一四•四二	一六•五五	一七•四四	二〇•四八	二一•一八
郎坊 開	七•四四	—		一五•四七			二二•〇八	〇•二二
天津總站 開	九•二六	一一•二七		一七•二〇	一九•二七	二〇•一一	二三•四二	三•四〇
天津東站 到	九•三五	一一•三五		一七•三〇	一九•三五	二〇•二〇	二三•五〇	三•五〇
天津東站 開	九•四五	一一•五五		一七•四五	停	二〇•三〇	二四•〇〇	四•五〇
塘沽 開	一〇•四八	一二•三三		一八•四五		開	一•一〇	七•一七
蘆台 開	一一•五四	一三•二六		一九•四五		往	二•一三	九•五五
唐山 開	一三•〇二	一四•二四	七•〇〇	到 二〇•三三		浦	三•二四	一四•四五
古冶 開	一三•四八		七•二六			口	四•一〇	
灤縣 開	一四•四三		八•一九				五•〇六	
昌黎 開	一五•五四		九•一九				六•一七	
北戴河 開	一六•四四		九•五六				七•〇九	
秦皇島 到	一七•一三		一〇•一八				七•三七	
山海關	—							
錦縣								
遼寧總站	—							

上行車

站別 / 開到時刻 / 列車次數	十二半点加車三等	第一六次混合三等	第八次慢膳車各等	第二〇二次特快膳隊車各等	第四次快膳隊車各等	第十次快膳車各等	第一〇二次快膳隊車各等	第六次特快膳車各等
遼寧總站								
錦縣								
山海關 開								
秦皇島 開	一二•三六		六•二二				二一•二八	
北戴河 開	一三•〇〇		六•五三				二二•〇七	
昌黎 開	一三•五七		七•四三				二四•〇〇	
灤縣 開	一五•一二		八•四九	自			一•〇〇	
古冶 開	一五•五八		九•四一	浦			二•〇〇	
唐山 到	一六•三三							
唐山 開	停	一四•二三	一〇•三三	口	一三•〇〇	一六•四五	三•二〇	
蘆台 開		一七•二三	一一•五三	開	一四•〇六	一七•四六	四•三二	
塘沽 開		二〇•三六	一三•一三	來	一四•五六	一八•五三	五•三三	
天津東站 到		二二•三五	一四•二一	七•三三	一五•五五	一九•四六	六•二七	
天津東站 開		〇•一五	一四•二四	八•〇〇	一六•〇〇	二〇•〇五	六•五五	九•一五
天津總站 開		〇•三五	一四•三三	八•一一	一六•一三	二〇•一一	七•〇五	九•二六
郎坊 開		三•一四	一六•一四			二一•三五	八•二八	
豐台 開		七•一〇	一七•四七	一〇•四二	一八•四八	二二•四八	九•四三	一一•四五
北平前門 到		八•一七	一八•二〇	一一•〇九	一九•一五	二三•一五	一〇•一〇	一二•一三

河北省工程師協會月刊

一卷二期目錄

民國二十二年二月出版

19101

河北省工程師協會啓事

一 本會爲增進會員互助及合作之精神起見特成立一職業介紹委員會凡本會各級會員欲謀相當工作或需用專門人材與其他機關工商事業欲聘適當專門人員者可逕函本會之職業介紹委員會接洽辦理其在本會工程月刊登揭求謀職業與招聘技術人員之廣告者一律免費

二 凡本會各級會員對於會務進行有何意見及通訊處如有更動之時請逕函本會會務主任王華棠君

中華民國二十二年一月

介紹

本會會員劉鴻賓君年三十一歲在國立北洋大學採冶科畢業歷充遼寧省農礦廳技士及北票煤礦採煤工程師等職自九一八事變後入關現擬於礦廠或實業機關服務如欲聘用者請逕函滄縣西門外缸市街恒益號與本人接洽可也

職業介紹委員會啟

本會啟事

根據第四次執委會議決本會應製徽章案先向會員徵求設計式樣限期彙齊再行選製茲定五月十五日爲截止之期應徵者務請于期前寄交本會會務主任王華棠君爲盼

論壇

軍事時期中之工程師

李吟秋

溯自暴寇侵凌，已愈一載。吾舉國上下，含垢忍辱，委曲求全，日爲國聯是禱，以爲和平之呼籲。殊不料國聯經年會議，即求一紙主張公道正義之報告，亦不可得。反至一再遷延，徒爲敵人製造機會。於是錦州榆關，隨遼瀋相繼淪陷，而熱河與平津一帶，且益瀕於危急。由是知倚賴外人者，必終不能以自保，惟鐵與血，方爲公理正義之後盾也。當茲敵軍壓境，禍迫燃眉之際，吾四萬萬同胞，惟有努力奮鬬，誓復國讎，始可以轉危爲安，而使公理正義重見光明於天下。顧衛國雪恥乃國民人人應盡之天職，而吾爲工程師者，其責任尤爲艱鉅，是不可以不言。

現代戰爭之背景，有兩種要素。其在國民方面者，爲有組織，有訓練，有愛國之熱忱，及大無畏之精神。其在物質方面者，爲物產之豐饒，交通之便利，軍備及武器之充足，與技術之精奇。吾國現時此兩種要素，優劣如何，姑不具論。然就其大體而言，吾所最缺乏者，確爲軍事之器具。或謂是可以金錢購買也，但此特一時救急之計耳。借刀自衛，終非長策。必須能自己製造發明，獨出心裁，日求精進，且能自己訓練大批使用人員，庶可游刃有餘，而可以爲持久之奮鬬。凡此皆攸賴於技術與科學之進步者也。是則吾國所有之軍事家，科學家，與工程家，均應負相當之責任，而應一致努力者也。夫需要乃發明之母，觀夫歐洲大戰，許多利器應時而出。雖其平時已有準備，然其在軍事期內所發明改進者，不知凡幾也。邇者外患已深，吾爲生存而奮鬬，吾爲奮鬥，而努力精研攻守之具，攻守之法，將來必且有驚人之成績，可立而待也。

復次，現代戰爭，關係全體民族，影響整個領域。過山重砲，强爆飛機，以及毒氣火箭等等，新奇凶狠之武器，能以極速時間，對於一切重要城市，工商中心，以及鄉野村堡等，施以極强烈之摧殘。他如農作物品，製造場所，以及人煙薈萃之所在，無不爲其轟炸毁壞之目標。其意蓋謂不若是，不足以拔毛連茹，趕盡殺絕，而使敵國之民與土，一掃而空也。現時爲自衛起見，除軍事當局，爲抵抗準備而外，吾儕非關係軍事之工程師，應有下列最少限度之工作：

一、爲減少飛機之轟炸效力，應於重要市鎮各空曠地點，搆造多數掩蔽部，俾居民得以臨時躲避。此項掩蔽部之做法：應由工程師研究勸導施工。

二，毒氣作戰，已爲不可避免之事實。凡我隣近戰線之居民，皆有置備防毒面具之必要。此項面具，及防毒衣服，與呼吸補助器等之設備，吾工程師等，皆有研究與提倡製造之責任。

三，各大城市之消防衛生與救濟自衛等事，均應有特別組織及訓練，吾工程師等應盡量參加，協助一切。

四，成立研究及實驗機關，對於高射快砲，高射機槍，探照燈，聽音器，及其他化學藥品之製造，與使用，均加以嚴秘之探討，以備實用。

上所述者，要爲自衛策劃之一端而已。吾同仁率服務於建設事業，及生產事業，對於國防，或謂不直接發生關係，對於軍事，或謂素無知識與經驗。予所云云，何從着手？殊不知自衛之術，乃天賦之本能。捍國守土，乃國民之義務。有志者事竟成。要在吾人之努力而已。當歐戰時，歐美各大學教授，多致力於科學戰具之研究；各大工廠工程師，多從事於武器之製造，其先例殊可法也。

更有進者，吾同仁等或献身於工藝，或服務於農礦，或從事於水利，道路，以及市政工程。當茲國難期間，非但不應使各項工事歸於停滯，尤宜加緊工作，以謀建設事業之進步，生產事業之發達。蓋所以求國民經濟之充實者，即所以延長戰鬥之能力也。

時人有提倡尊崇禹墨之勤儉者。吾謂當茲國難期間，吾工程界同人，均應奉此二聖爲準繩。大禹卑宮室，菲飲食，公而忘家，以實行其治水計劃；墨子摩頂放踵，以利天下；其救宋也，公輸子之攻具已盡，而墨子之守備有餘。是二聖之堅苦卓著之精神，不畏艱險之精神，吾儕工程同仁，皆應躬行而實踐者也。

白山黑水，
鐵血猶腥！
榆關塞北，
烽火連天！
事急矣！
河朔健兒，盍速興起！

我所望於河北省水利工程家者

朱延平

(一)人非水火不能生活，自古以來，是人人知道底。就廣義解釋，火就是日光，水就是雨雪。日光關係天氣冷暖，是地理的限制：不易以人力爲增減。至於雨量，雖不能加多減少(現在人知尚未到此地步)，但是使水量不致流於廢棄，一滴一滴由空中落下來底水，使之全部得其所用，這種事情，水利家大概是責不旁貸罷？前幾年陝西省鬧旱災，然而黃河渭水不仍是有水流往下洩嗎？倘若先事有備，於有水時將水儲起來，無水時洩之於地，以供其灌漑之用，那會還有旱災呢？美國西部，多數省分全是冬天落雨夏天晴，要是不設法潴水，資以灌漑，那會有現在底興旺？近來美國加省計畫水利工程，不但築地蓄水，並且擇地使水漫佈其上，令其滲之於地內，提高地下水之水面，以減少旱災之機會。元朝時有一位虞集先生，明朝時有一位徐有貞先生，他們兩位鑑於南漕轉運之艱，均擬於河北省地方開闢稻田。以爲南方可以植稻，北方爲甚麼不可以植稻，提倡了許多時，終究沒有成功。沒有成功底原故，因爲他們只知道闢田，而不知道潴水。我以爲工程家對於北方水利工程，除去維持航運之水量不計外，所餘數量，均須設法潴之，以備灌漑之用，要不如是，不算成功。

(二)一件事業有一件事業的歷史，又有牠的環境。外來底人，不加細察，遽下評斷，鮮有不錯誤底。從前李鴻章奉命辦理黃河，他請了一位外籍工程師盧法爾。這位盧法爾先生，將下游三省境內的黃河，查看了一次，寫了一篇很長的報告書。他說水位若河觀記，地形水平流量若何施測，含沙量若河試驗·振振有詞。自今觀之，號稱水利專家底，也應無異言。可是他對於黃河埽土的批評，就有點外行了，他說埽工不應分段，應做成一個。又說埽面土為壓稭料使不為風吹散，殊為可笑云云。不知埽工分有段落，防護才有伸縮；若統作一段，河流衝陷一部分，此部分藉他部分之力，不遽至底，無從廂做，而水透堤底，不免有崩潰之虞了。又埽雖用稭料廂做，實仍以土為主。土藉料之力以禦水，料藉土之力以穩固，二者未可偏廢。而謂壓土為防被風吹散，一何可笑。舊河工家講求工上之五種原素，為繩樁料土水，如人之有筋骨皮肉血，缺一而均有碍其生命。想研究過埽工者，不能不深有味乎其言。某前水利委員會·研究治理河北省河道，用欵一千數百萬元，經過十幾年底功夫·工程師請過了好幾國底，不能說不是人材濟濟了。而草成底計畫，只有一個永定河·這永定河底治理計畫，又只將來到永定河之水三千三百立方公尺，大部分由盧溝橋及金門閘二減水河分洩於小清河，而餘一千一百立方公尺之水主其下游，再整治之使不為患，一若小清河一帶之地·有類於海可不為患也者。似此以鄰為壑之大計畫，何必費欵一千數百萬元之多，費時十餘年之久。中國古代白圭先生，早已就發明過了。余之爲此言，非對何方有所不滿。蓋以爲河北省底水利工程，河北省內底工程家，應當豎起脊骨來，自己去研究。斯賓塞爾有言，民智愈淺，其責人也彌重。這話是應當力加猛省底。河北省底工程家，生於河北，長於河北，於水之利害之認識，自較任何外籍爲深切，而籌思之法，自亦較任何外籍爲切於實際。河北省在歷史上有兩個著名水利家，一是元代底郭守敬，一是清代底陳儀。郭是邢台縣人，陳是文安縣人，全是於水之利害有關係底地方。時勢造英雄，余所望於河北省工程同志，不要迷信外人，要以郭陳爲法，自己豎起脊骨來，研究個河北省水利根本計畫才是。

(三)從前中國政界，弊病最多而最爲世人所詬病者，一爲鹽務，一爲河工。鹽務自抵押外債，經外國人帮助整理，已經較之以前好得多了。河工上雖亦多所改革，而習俗移人，仍未能徹底澄淸。本來想着澄淸一件事，牠的歷史，牠的環境，均應當去研究一下，再爲設法，方有根本辦法。要不然，總是枝節，不能收十分底效果。中國數千年來，政治上總是人治，沒有辦到法治。國家用人辦事，有如包工性質，好也由他，壞也由他，在上者不過就表面上底觀察，畧施賞罰，事務做不做，與有甚麼缺陷，到不在乎。當此國家存亡之秋，主事者總應當破除情面，打開此種局面，才有生機。這事並不難，試看鹽務，自改革後，稅收增多數培。究其實在，也沒有甚麼奧妙；不過用人愼重一點，用後皆有保障，不以長官好惡有所去留，只此而已。中央現於工程方面事業，有擬採用工程師制之說，大概也許是這個意思。我所希望於當事底，在打破環境，另成一種局面，不以成敗利鈍爲前提。要是畏首畏尾，有所顧忌，那可就變成患得患失，無所不至了。對於不當事底，我也有一種希望。外國政治比較良善，因由於當事者之努力，而人民監督之嚴，也是一種最要緊底事。從前某部有一外籍顧問，任某收稅機關要職，他居然也利祿薰心，賣官鬻爵起來。後來查出，請他回國，他於將到本國之頃，怕見江東父老，蹈海死了。這可見社會底制裁，比法律底制裁大底多了。從前底河工，可以說是一種神秘底事，外人知道內容底很少。現在工程成了一種專門之學，工程人員對於河工上事，可以一目了然。以後對於河工上事，各河流域之工程家，應提倡一種組織，於各關係河道，稍加研究；若有逾越常軌之事，應即加以糾正，以固河防而護地方。如從前工程家均不欲干預政治，去年工程學會在天津開會，已發見其爲錯誤。蓋欲國家政治良善，一方須從當事者方面下手，一方須從提倡民衆演成社會制裁下手。不知同志以爲然否？茲就管見所及，畧爲陳述，有不對底地方，還請諸位同志指教。

調查

河北省礦業概況

旭齋

旭齋君服務河北礦業多年，對於本省礦產現狀知之極詳。茲就其經驗所得，復廣爲探討以成斯篇，實爲研究礦業者不可多得之資料。原文甚長，現分期披露於本刊，以饗讀者。

編者誌

河北省礦產首推煤藏，其他如鹽，水泥，鹹，硝，石灰石，石材，石棉，研磨料，硫礦，陶土，滑石，白雲石，苦土，石墨，及重晶石等之非金屬礦產，以及金銀銅鐵錳鉛之金屬礦產，莫不俱備。據民國十四年統計，硝鹹及石棉，佔全國第一。煤，水泥，及研磨科，居全國第二。鹽第三，石材第四，硫第八。該年度全國礦產之總價值，約爲三百二十四兆八十七萬有奇。河北約爲五兆七十六萬有奇，佔鑛產總值百分之十八，位列全國第二。

煤之儲量，約爲三千一百四十一兆噸，居全國第八。其中煙煤最多，約爲二千一百三十八兆噸，次爲無烟煤，約爲九百六十一兆噸，泥炭約二兆噸。大部份佈於太行山一帶，沿太行東麓，自南和，磁縣，經臨城，井陘，以至陽曲，皆有斷續之煤田。次爲臨榆灤縣，成開灤柳河之煤田。再次爲宛平房山一帶，成齋堂長溝峪諸煤田。

河北省人口約爲三十四兆十八萬有奇，以人口配儲量，每人可得煤九十餘噸。現在河北城市人民平均每人每歲用煤可五百斤，依此率計算，河北儲煤僅可支持三百餘年之用。若工業發達，用煤增多，煤之供用年限，勢必減少。就實際言之，河北省煤之儲量，不可謂豐。

河北全省產煤每歲約五六百萬噸，而出口之煤每歲約二三百萬噸，故全省用煤，現僅在三四百萬噸之間。

非金屬礦產，除煤而外，以食鹽爲最重要，次爲水泥，又次爲自然堿，石炭，硝及石棉等，最末爲研摩料。據民國十四年之統計，該年度各種礦物之價值，鹽爲四兆三十九萬餘元，水泥爲二兆九十八萬餘元，自然堿爲一兆元，石灰爲十萬餘元，硝爲八萬餘元，石材爲五萬餘元，石棉爲一萬餘元，研摩料約千元。鹽產於渤海。水泥產於唐山。自然堿產於各地湖沼。其人工製成者，以永利製堿公司所出爲最多。石灰以西山及周口店爲主要產地。石材有花崗岩，大理石，頁岩，及板岩數種。硝以硝酸鉀爲多，產於濕窪之地。石棉產於密雲，淶源，獲鹿各縣。研摩料最著者爲平山之剛玉砂。其他如唐山磁縣及房山之陶土，昌平之滑石與重晶石，秦皇島之石英品，利用漸廣。

金礦有線金及砂金二種，多在昌平，密雲，遷安，撫寧，遵化，興隆，盧龍諸縣。銅礦有三處，一在宛平西齋堂，二在淶源大南山，三在完縣紫陽坡。鎢礦有二處，一在遷安之鵝鴿山，一在撫寧各處，賦質尚佳，但爲量不多，錳礦有硬軟二種，出於昌平。昔曾有人試採，因運輸困難，銷路不暢，遂至停止。鉛礦在昌平之化塔，其脈甚狹，無大價值。

河北省礦業之具有規模者，厥爲煤礦，大別可分爲二：即中外合資各礦，及國資經營各礦。茲僅就十九年之調查，約略序列如下：

河北省中外合資各礦

(甲)開灤礦務局，

(乙)井陘礦務局，

(丙)門頭溝中英煤礦公司，

(丁)楊家坨煤礦公司，

河北省國資經營各礦

(甲)臨城礦務局，

(乙)怡立公司

(丙)中和公司，

（丁）柳江煤礦，
（戊）長城公司，
（己）正豐公司，
（甲）開灤礦務局

一，略歷

開灤煤田，當明代時，已有土人開採。清代光緒初年，直隸總督李鴻章，派道員唐廷樞，募資設局，官督商辦，先從唐山著手開採，是爲開平礦務局之始。光緒廿六年，拳匪亂作，該礦督辦張翼模託庇外人藉保礦產，該礦遂爲英人騙佔，稱改開平礦務有限公司。所有前開平礦局產業，均無條件移轉於新公司。後經北洋大臣與英人幾經交涉，磋議收回，迄無結果。當時官商憤國權之喪失，外人之强橫，亟謀抵制，遂於光緒三十二年，有籌辦灤州煤礦之舉，至宣統二年，規模畧備，與開平成對峙之局，因營業上競爭劇烈；雙方相持，勢均不支，於是有聯合之議。民國元年六月一日，聯合合同正式簽字，是爲開灤礦務總局。

二，位置及交通

開灤五礦，位乎東唐山及開平一帶，介於天津山海關之間，有北寧路及北塘河之便。由唐山至秦皇島已敷設雙軌。又據有秦皇島碼頭，運輸極便。玆將礦廠所在地，及交通狀況，列表如左：

礦廠所在地	交通狀況	附註
唐山	唐山車站北約三里距河約七八里	屬開平公司
馬家溝	開平車站北約七里	屬灤州公司
林西	古冶車站東北約四里	屬開平公司
趙各莊	古冶車站北約十二里	屬灤州公司
唐家莊	古冶車站東北八里	屬開灤兩公司

三，煤層

開灤煤田共有煤十四槽，其第一第二及第四三槽，原不逮尺，均未開採，餘列表如左：

煤層厚度表

礦井／煤層	唐山	馬家溝	趙各莊	唐家莊	林西
三	三尺	二尺	五尺	三尺	三尺

19115

五	五尺	二・六尺	五尺	三・六尺	三・六尺
六	二尺	一・六尺	二尺	二尺	二尺
七	二・六尺	一・六尺	一・六尺	一・二尺	二尺
八	八尺	五尺	六・六尺	六尺	四尺
九	一〇尺		十六・六尺	一二尺	十四尺
十	三尺				
十一	七尺	十二尺	三・六尺	六尺	五・六尺
十二	三〇尺	二〇尺	三一尺	二・三尺	
十四	五尺			六尺	九尺

四，煤質

五礦煤質各有優劣，唐山馬家溝之煤灰分較少，尤以第五層煤爲最佳，含灰不過百分之五。林西煤則灰分最多。趙各莊及唐家莊二處，煤質甚佳，所出塊煤亦較多。茲將分析結果列表如左：

五，煤層傾斜度

煤層	水分	揮發分	定炭	灰	硫
五	〇・六二	二九・四九	六五・一〇	四・七八	〇・六八
九	一・二三	二三・四九	六六・六九	九・六九	〇・五二
十	〇・六	二九・四〇	五二・八〇	一七・二〇	〇・五五
十一	〇・九	二二・六〇	五八・六〇	一八・〇〇	一・二九

唐山	東	二十度至八十度
馬家溝	南	二十度至七十度
林西	北	八度至二十五度
趙各莊	南	十五度至三十五度
唐家莊	南	二十五度

六，動力

各礦均用電力，惟井口升降機，間有用汽力者。發電機以林西爲最大，除供本礦需用外，并供給唐山趙各莊・馬家溝，唐家莊等處之用。（每礦設一轉電處）唐山馬家溝二礦，亦有發電機，但馬力少不敷應用。

林西電機設備

(子)交流發電機兩座每座

K. W. =3,000; Volts= 2200; Phase=3, Amp=1,050

(丑)交流發電機兩座每座

K. W, =6000; Volts= 2200; Phase=3; Amp=1,970

除唐家莊全用電力外，其餘各礦均設鍋爐房，而以林西爲最大，內有 Bobcook & Wilcox 式鍋爐十二座裝煤出灰，概係自動。

七，礦井捲揚機及井架

礦廠	礦井	捲揚機	井架	鋼繩直徑
唐山	一號	汽力	鋼架	二吋
	二號	電力	鋼架	一又八分之五吋
	三號	汽力	鋼架	一又八分之五吋

	風井			
馬家溝	一號	汽力	鋼架	一又八分之五吋
	二號	汽力	木架	一又八分之一吋
	三號	電力	鋼架	二吋
	斜井			
林西	三號	汽力	鋼架	一又八分之五吋
	四號	電力	木架	一又二分之一吋
趙各莊	一號	電力	鋼架	二吋
	二號	汽力	鋼架	一又八分之一吋
	三號	汽力	鋼架	一又八分之一吋
	四號	電力	鋼架	一又八分之五吋
唐家莊	一號	電力	鋼架	一又八分之一吋

	二號	電力	鋼架	一又八分之一吋
	三號	電力	鋼架	一又八分之一吋
	四號新井			

八，採煤方法

由井底緣薄煤層開鑿、運道由運道每隔六百尺或八百尺，開一切巷，直穿各槽煤層．於切巷煤層相交處，順煤層走，分開大平巷，大平巷間，每隔百五十尺，向上開升巷，兩升巷間，每隔五六十尺，復開小平巷，如是將煤柱分作小塊，由上向下，依次開採。其煤層較厚，一次不能採完者．升巷平巷均沿底板分層採取。下層採完，上層以壓力關係，聽其自然崩陷，或用長杆擊之使落。

九，巷道及運道之大小（以英尺〇計）

巷別／層別	運道	切巷石門	主要平巷	小平巷
一	7×8	6×7 7×8	6×7	4×5
一・五	7×8	6×7 7×8	6×7	4×5

二	8×9	7×8	6×7	4×5
三	8×9	7×8	6×7	4×5
四	8×9	7×8	6×7	4×5
五	8×10.5	—	6×7	4×5
六	9×10.5	—	—	4×5

十，支柱

井下運道，石門泵房，馬廐等處，有持久性質者，均係磚圈。各平巷升巷等地，多用木柱，松柳楊榆兼用，來自日本者居多。

十一，挑水

各礦挑水均用電泵，分級汲出地面。茲將電泵數目，裝置地點，及每分鐘挑水量，表列於左：

礦別	電泵數目	每個挑水量	裝置地點
唐山	八	六立方公尺	四道巷
	三	六立方公尺	六道巷

	五	六立方公尺	八道巷
	三	二·五立方公尺	九道巷
	四	一·五立方公尺	十道巷
馬家溝	二	六立方公尺	二道巷
	三	二·五立方公尺	二道巷
	二	二·五立方公尺	四道巷
	一	四·五立方公尺	五道巷
	一	二·五立方公尺	五道巷
	二	五〇〇公升	六道巷
林西	六	六立方公尺	四道巷
	?	?	?
唐家莊	五	二·五立方公尺	一道巷
	二	二·五立方公尺	二道巷
趙各莊	六	四立方公尺	四道巷
	五	二·五立方公尺	二道巷
	?	?	?

十二，通風

各礦通風均裝置通風電扇，茲將電扇數目，及每分鐘風量列左：

礦別	電扇數目	每分風量（立方公尺）
唐山	一	三五〇〇
	一	五〇〇〇
馬家溝	一	三五〇〇
	一	五〇〇〇
林西	一	五〇〇〇
	一	三〇〇〇
唐家莊	一	三五〇〇
	一	二五〇〇
趙各莊	一	六〇〇〇
	一	三五〇〇

19123

十三，佈光

井口運道，泵房馬廐等處，均裝置電燈。工人所用者，有電石燈，安全燈，及手提電燈三種，以後者爲最多。

十四，撤運

井下運道石門及平巷中均鋪設雙軌，小平巷內多係單軌，平巷與小平巷之間，備有馬路，裝置廻輪煤車。由採煤廠，經小平巷至馬路口，用人工推送。由馬路口至平巷，賴廻輪自動轉送。由平巷經石門運道，以至井口，用騾拉運。平均每騾拉車五輛。趙各莊運道已改用電車，每次可拉車三十五輛。各大巷間設有暗井，或馬路大巷之不與鑛井相通者，可由此送至他巷，再用絞車運出地面。煤至地面，先經篩煤台，次入選煤帶，再分別裝入火車。

十五，井下明用軌道種類

巷別	每尺軌重	軌距
馬路	二·五磅	一呎八吋
平巷	一·五磅	一呎八吋

石門	一．五磅	一呎八吋
小平巷	一，二磅	一呎八吋

十六，五礦車輛騾馬約計數

礦別	煤車數	騾馬數
唐山	一四五〇	四一〇
馬家溝	一三〇〇	三二〇
林西	二六六〇	四六〇
趙各莊	二〇〇〇	四五〇
唐家莊	一三〇〇	二五〇
合計	八七一〇	一九七五

十七．工人及產量（十九年五月）

礦別	每日產額	每日平均工人數	每工產煤量	每日最高產量
唐山	一九〇〇〇噸	六五〇〇名	〇．三四噸	三〇〇〇噸

馬家溝	二〇〇〇至二三〇〇	五〇〇〇	〇・四六	三五〇〇
林西	三四〇〇	六五〇〇	〇・五二	四〇〇〇
趙各莊	四五〇〇	一一〇〇〇	〇・四〇	七〇〇〇
唐家莊	三六〇〇	六〇〇〇	〇・六〇	四〇〇〇
合計	一五四〇〇	三四一〇〇	〇・五一平均	二一五〇〇

十八，工制

井下採煤地面搬運及選煤等項，均係包工。機廠各部多屬裏工。工作時間，井下八小時每日三班。井上十小時或九小時，分晝夜兩班。

十九，產煤統計

年別	噸數	年別	噸數
元年	一・六三七・〇八五	十	四・三二〇・二七四
二年	二・〇三六・九六七	十一	三・六五七・三四四
三年	二・七九八・九三二	十二	四・四九五・九六三

年別	運銷額	年別	運銷額
四年	二·九七八·九三二	十三	四·三四六·四七八
五年	二·八四四·六一〇	十四	四·〇〇三·〇〇〇
六年	三·一七六·四六九	十五	三·五八二·〇〇〇
七年	三·二六二·六五七	十六	四·五四七·二一八
八年	三·七六二·七六三	十七	四·九五八·〇〇〇
九年	四·四一六·〇〇九		

二十，銷路

開灤煤斤銷路，爲北甯路西段，津浦北段，平綏路一部，平津兩市，及塘沽一帶。大部分則由秦皇島出口輸往日本，南洋羣島，長江各埠，及廣州汕頭等處。

二十一，銷額及盈餘

年別	運銷額	盈餘	純利
十五年	二·八九八·三五三噸	[illegible]	二，八三九·二九〇元

十六年	三·七九〇·三五三	九·五〇四·七一五元	六·〇〇四·〇九三
十七年	四·五一一·〇〇〇	一二·五五四·五五五	八·三六八·五五八

據上列銷額及盈餘，累年遞增。十五年股息為百分之十。十六年股息為百分之十五。十七年則達百分之二十五矣。

開灤煤田總儲量，據地質調查所估計，約為七五七·〇四八·〇〇〇噸。其已採之煤，若按七千萬噸計算，則現儲量為六百八十七兆噸。設每年產額為五百萬噸，則儲煤尚可供百三十餘年之採掘。

二十二，組織大綱

總局設議事部，由開平灤州兩公司，各舉議董三人組成。協理由議董選舉，協理二人，中英各一。歷任總理均係英人。我國政府派督辦一人，名義上可監督一切，實際毫無實權，形同虛設。總局設稽核，漢文，總務，採買，售品，運輸，及北方售品處各部。其醫院，俱樂部，礦地處，教育處等，亦歸總協理節制。工程方面，設總工程師一人，歷任均係比人，副工程師一人，工程稽查一人，總管五礦一切事宜。各礦均設礦師，副礦師各一人，秉承總礦師之意旨，辦理各礦事宜。

二十三，開灤之附屬事業

一，耀華玻璃廠　在秦皇島車站附近，民國十五年成立，股本百五十萬元。

二，磚瓦窰　總廠設唐山，餘四礦均有分廠。

三，鍊焦廠　廠設林西，每月產焦約四五千噸。

四，貧民教養院　收養各廠之殘廢工人及孤苦無告者。內分地氈，裁縫，洗衣，紡毛線，及製圖造胰等部。出品甚多，而地氈一項，大部運銷海外。（本章完全文待續）

德國國家鐵路中央試驗所調查記要

石志仁

此處係一研究及指導機關，範圍甚大，美國除 Pennsylvania R.R. 自有一試驗所外，政府無此種機關，英國亦無此設備。

現在該所主要試驗如下

（一）一千二百磅高壓機車

（二）廢汽汽輪推進機車

廢汽汽輪裝於煤水車下，利用機車前部之廢汽，當開車時作推進補助器用，並可省煤；但汽輪所用乏汽，不當過多，致使大箱內風力不足，燃燒受不良影響。

(三)汽缸油類試驗　近來汽車設計，爲增加效率起見，汽之過熱程度(Super-heating Temperature)愈見增高，惟因此，而汽缸之滑潤劑遂發生問題。以普通汽缸，油一遇高溫則蒸發過速，或漸漸分解，而失其滑潤功用。汽缸汽室面之損壞，遂因而隨之。故該試驗所對此問題，特作長時期之試驗。

該所內試驗汽筒油法，用一電動機，帶動二个筒汽閥，其速度能隨意節制，汽之熱度，油之熱度，及油量多寡，均能隨意變換，以符實際行車狀況。

當實地試驗時，蒸汽之溫度須特別詳記。在總汽門已關閉，機車仍在行動時，其情形尤當特別注意。

(四)漲圈漲力試驗

各種漲圈在一特製之機架上試驗，每次試驗一種。試驗時，架子旋轉，漲圈面緊靠一導桿，此導桿即將漲圈面所受之不同壓力記錄於上。

(五)風泵，射水器，暖水器試驗。

試風泵用汽多少。

用低壓汽力考查射水器之動作及管口開放之多少。

(六)林慈 (Lentz) 汽閥試驗

19130

行車試驗各種記錄，皆於機車試驗上得之（Dynamometer Car）。

此項汽閥方在各國試用，其形狀與從前之考立士汽閥（Corliss Valve）大概相同。其優點在無磨擦，面阻力損失甚小，且汽閥開閉異常靈活。此項機車汽閥，在歐洲大陸與各國用者日漸增多，與葛不老梯式者大同小異（Gabrotti）。英國用者甚少，美國則尚未試用也。

（七）機動潤油器試驗（Mechanical Lubricator）

（八）機車試驗室

設備非常完全，較美國之波杜大學，意利諾大學，及盆雪泥宛尼亞鐵路（美國機車試驗室以此為最完備）各試驗室完備甚多。茲將試驗之主要項目列下，以供參考。

機車牽引力　Draw bar pull.

機車搖動　Vibration.

機車各軸之牽引力　Tractive effort of each axle or wheel.

爐烟分析　CO_2 recorder.

汽缸馬力　H P of engine.

錯汽門研究　Valve Setting Checking up.

速度試驗 Speed test

煤水試驗 Water rate fuel consumption.

(九)該所有試驗車三：(中國尚無)，南滿由捷克國 Rinhaffer 廠購一個，中東路亦由該廠購一個。車由該廠作，內部機器係 Amsler 廠(瑞士)及西門子廠(德國)者。

青島市政調查實況

沈觀準

本年一月六日，余率領河北省立法商學院政治考查團，先後赴濟南青島兩市，考查市政。往返計十一日，所搜集之材料，不下數十餘種。特別在青島市，地方當局招待尤殷，實深感激。青島市，自沈鴻烈市長蒞任以來，不特對於市內設施，力求進步，即對於鄉區建設，亦極努力。茲將所得之材料，畧加整理，草成此文，以供關心市政者之參考。

青島市之人口 青島在德人未租借以前，不過爲數十漁村。當時之人口，僅有六萬餘人。迨德人經營青島以後，人口逐年加增。一八九七年時，人口已有八萬三千餘人。至一九〇五年，人口則增至十六萬一千餘人。至一九二四年，人口增至二十八萬九千餘人。據一九三二年六月間，青島市公安局之調查，人口則有四十萬七千餘人。又據公安局最近之調查，全市戶數，爲八萬一千零一十一戶，人數爲四十二萬二千八百八十一人。目下青島市之外僑，總計約有四萬餘人。其中日本人，則約佔四分之一。

青島市之工商業　青島工廠，計有織染工業三十餘家，化學工業五十餘家，機械器具建築等工業六十餘家，飲食品工業三十餘家。織染業工廠，以日本大康紗廠爲最大，資本爲五千二百萬元。化學業工廠，以中日（商人）合辦之電氣公司爲最大，資本爲二百萬元。機械器具建築業，以膠濟鐵路四方機廠爲最大。飲食品業，以中國精鹽公司爲最大，資本爲三百二十萬元。

青島商店，大小共四千二百餘家。出口貨物，每年計一二八〇八三三噸。入口貨物，每年計一〇〇三〇〇四〇噸。出口貨物，以原料品占十之七八。入口貨物，以機製品占十之六七。入口船隻，每年約一千九百七十一艘，共三六四〇九六八噸。出口船隻，每年約一千九百七十二艘，共三六六四四三〇噸。

青島市政府之組織　按民國十九年五月二十日，國民政府所公佈市組織法之規定，市有兩種：第一種爲直隸於行政院之市，第二種爲隸屬於省政府之市。青島市，則爲上述之第一種市。青島市政府本身，設參事室及秘書處兩部。秘書處設秘書長一人，及秘書二人至四人。秘書處分爲三科。第一科掌理文書，銓叙，審核，庶務，會計等事宜。第二科掌理市府所屬各機關之行政事宜。第三科掌理外事，編纂宣傳，統計等事宜。此外尙有下列七種委員會：（一）購辦委員會，（二）地方自治籌備委員會，（三）設計委員會，（四）土地房屋整理委員會，(五)增建碼頭基金保管委員會，(六)籌備地方公益委員會，(七)風俗改良委員會。在市政府之下，設有六局，一台二所。茲將其名稱，述之於下：(一)社會局，(二)公安局，(三)工務局，(四)財政局，(五)教育局，(六)港務局(七)觀象台，(八)農林事務所，(九)自治訓練所。青島市之衛生行政事務，由公安局兼辦。公用事業行政事務，則由工務局兼辦。

青島市之財政狀況　青島市地方財政之來源，就其名稱與性質而言，可分為下列十二種：(一)田賦，(二)契稅，(三)營業稅，(四)屠宰稅，(五)賽馬稅，(六)車捐，(七)地方財產收入，(八)地方事業收入，(九)地方行政收入，(十)地方營業收入，(十一)補助欵收入(十二)其他收入。除營業稅，屠宰稅、賽馬稅，車捐，為單純收入外，其他如地稅，地租，租稱金，及雜項租欵，皆屬田賦登記費，及濕照費、契稅，市產，房租，及各項息金，為地方財產收入。港務之各項收入，及農林畜產之變價收入，為地方事業收入。衛生費執照費，各項罰欵，採土砂石費，查驗費，手續費等，為地方行政收入。水費及水道工料費，為地方營業收入。國庫補助費，為補助欵收入。他如售品收入，糞便收入，廣告捐，測繪費，電汽公司與屠宰公司之報效金，均屬其他收入。財政局直接收入，以田賦為大宗。二十一年度預算，列為一百一十萬餘元。其次為營業稅三十七萬元，屠宰稅三十五萬元，衛生費十三萬元，車捐十三萬元，賽馬稅十萬元，房租四萬元，契稅二萬元。合之其他收入，約計二百三十餘萬元。其他非財政局直接征收之間接收入，則以港務收費為大宗。二十一年度預算，列為一百九十餘萬元。其次為水費及水道工料費六十二萬餘元，國庫補助六十萬元，市產整理費十萬元。合之其他收入，約計三百四十餘萬元。總計直接間接兩種收入，年為五百七十三萬餘元。

歲出方面，以公安局，港務局，工務局，及教育局為最多。市政府，財政局，及社會局之歲出數目，比較為少。至農林事務所，自治訓練所，及觀象台之歲出數目，則比較尤少。

青島市之治安設備　青市保衛治安之設置，大體言之，可分為下列數種：(一)警察，(二)保安隊，(三)保衛團，(四)特務隊，(五)消防隊，警察共有二千七百餘名。內分治安警察，交通警察，及衛生警察三種。青市之保安隊，原分兩大隊，人數共有七百餘名。現在保安隊之第一大隊，一部份已改編為特務隊，又一部份已改編為保衛團。保安隊之人數，今已減至三百餘名矣。

青市消防隊之組織，較為完備。救火機之設置，亦甚完全。茲將該市主要之救火機，列之於下：(一)德國新式嗎機盧司唧筒汽車一部，(二)日式葛斯賃汽油唧筒汽車二部，(三)德式蒸汽唧筒一部，(四)日本製造之人力唧筒二部，(五)德國製造之大梯車一輛。消隊人員之訓練方法，共分三種。第一種為操體訓練。第二種為機器訓練。第三種為學科。學科之內，分下列各種：（一）消防服務章程，（二）消防學，（三）機器保管使用法，（四）黨義，（五）精神講話，（六）警察學。

此外，青市公安局內，尚有數種特殊設備與登記方法。所謂特殊設備者，乃指警犬與訊鴿而言。所謂特殊登記方法者，乃指罪人指紋登記與外僑登記而言。因此類設備與登記，在吾國他市，最為罕見，故用特殊二字，以表明之。現在青市之警犬，共有十七條。據云每條警犬之價值，均在二千元以上。外僑抵青後，須於一星期內，赴公安局報告，否則即加以處罰。

（未完）

會務報告

第四次執委會議

二十二年二月六月下午七時，舉行第四次執行委員會會議。到會者：李書田，王華棠，李吟秋，張錫周，魏元光，張潤田六人。

(一)決議：根據第三次執委會議決案，成立土地整理研究委員會，公推李書田，高鏡瑩，李吟秋，王華棠，耿遹之，劉子周，袁熙綬七君爲委員。由李書田君主席，負責召集之。

(二)決議，函請河北實業廳轉飭河北工業試驗所，積極從事研究製造軍事化學用品，以期於國防上有所貢獻。如本會會員，有所發明或研究，在該所試驗時，希予以協助。

(三)決議，成立國防工事研究委員會，公推雲成麟，李吟秋，孫家璽，袁祥和，華鳳翔，石志仁，王翰宸，張錫周，張蘭閣九君，爲委員，由雲成麟君主席，負責召集。

（四）决議由本會發起聯合中國工程師學會天津分會，河北省工業學院，南開大學理學院，北洋工學院，河北工業試驗所，合組國防研究委員會。

（五）初級會員門厚栽來函提議捐欵等案，議决除所提議捐欵，研究所，及編輯事項，已次第舉辦外，其所提本會應籌製徽章一節，决先向會員徵集設計式樣，限期彙齊，然後擇尤選製分售會員。

會員消息

尹會員創辦電業社　本會會員尹贊先君，專攻電學有年，學識經驗，均極豐富。近爲提倡發展吾國電氣事業起見，特聯合多數電氣技術專家，成立二九電友社。社址在天津法租界三十五號路，舉凡一切關于電氣工程，均可代爲計劃佈置。如外界需用電氣用品及材料，亦可代爲製造推銷云

劉會員組織帆線廠　帆線及線團，爲皮革廠皮鞋業絕不可離之物品。就天津一市而論，每年消耗不下廿萬元之譜。徒以盡係舶來品，利權外溢，極爲可痛。本會會員劉琪君，有鑒于此，對于此種事業，有長時間之調查及研究。現已製成小模範環錠紡機架，屢經試驗，成績極佳。此外尙有彈梳伸三種機器，亦已計劃成功，正在集合同志籌劃進行製辦中。其通信處爲天津河北昆緯路駿騤里十四號。有志此項事業者，亟應聯合組織，當於社會生產前途，不無小補也。

主席委員眞除院長

本會執行委員會主席委員李書田君，去冬代理北洋工學院長數月，積極整頓，院務蒸蒸日上。代理期滿後，教育部方面，以國難期間，深資臂助，業已正式眞除矣。

滑王兩君勘查衞河

會員滑德銘，王華棠二君，於一月初，會同山東建設廳人員，查勘運河衛河，以爲將來整治之張本。其視查範圍係四女寺減河，德縣至臨清之運河一段，及臨清至大名之衛河一段。關於歷年水患原因，業已極爲明瞭。至于將來整理計劃，亦已有所根據，二君已於一月底返津，俟計劃完成，即可進行整理工作云。

滑會員又率隊出發

滹沱河疏濬工作，早已決定舉辦，二月九日，由建設廳技正，本會會員滑德銘君，率測量隊前往工作，預計一個月可以蕆事云。

考工紀餘

美國最長鉄路綫，從紐約至舊金山，長三千一百八十哩

紐約七十八層之克里斯勒巨厦，爲世界最高之建築，計一千〇三十呎，已於一九三〇年五月落成。

世界最大銅像爲英國臨近杜菌(Turin)之有翅勝利之神像，高凡六十呎。

工程消息

河務近聞

○金鐘廢河○ 市府疏濬金鐘廢河委員會，對於疏濬工程積極進行。現在重修賈家大橋，錦衣衛橋等木橋，及修築河口迎水垻板樁工程，均已次第告竣，而挑挖鐵道內一段河身工程，最近亦已完成。該會第七次大會議決，對於鐵道外之廢河提前挑挖。俾春間得以放水灌溉，以利田園。所需工款，除由中國銀行借款五千元外，另由李委員律閣代借五千元。該段工程，已責成東鄉民衆代覓工包作云。

○疏濬滹沱河○ 河北省建設廳疏濬滹沱河，決定自春末動工，至伏汛以前完竣，以期本年夏季，該河不至再行出險。惟去秋勘查之時，因積水未落，當時只勘測大畧形勢，本年興工以前，須先派員詳細勘測，以爲興工之根據。該廳已派定技術處滑德銘技正，偕技士六人，會同子牙河務局崔科長組織測量隊，前往安平饒陽，該河沿線各處詳細勘測，不久即可完竣云。

○衛河勘查完竣○ 關於疏濬衛河及防止水患計，自冀魯兩省建設廳奉內政部令後，即由雙方分派技士於上月三日，開始赴該河上游臨淸管城淸河故城各縣實地勘查。費時二十餘日，辦理完竣。冀建廳之勘查委員滑德銘，由濟南返津，談話畧稱，衛河位於魯省臨淸各縣，每當夏秋之交，洪水爲患，附近十餘縣之農田，迭遭淹沒，無一幸免。魯省當局，爲消弭未來巨患，而保民命，以防水患計，故特於內政會議提案，請求會同本省早定防水大計，經由內政部責交本省及魯省先行派員勘查，其將來測量工作，則由華北水利委員會負責進行。此次出發勘查，對於衛河歷年發生水患之原因，及年來上游先修，沿河堤埝之坎塌，詳親無遺，於日後防止水患之實際工程，得有確切之根據。至測量之工作，刻正由華北水利委員積極進行中。一俟測量工作告竣，當與魯建設廳及華北水委會共商防止水患與夫日後疏濬之具體辦法等語。茲將咨河北省政府文，照錄於下。案，去年第二次全國內政會議，所有議決各案其已採擇者，業已陸續呈報，或通令在案。茲查有山東省民政廳長李樹春提議，請由內政部令飭河北山東兩省，積極籌劃整頓衛河案，據原提議案內稱，竊查衛河源出於河南，至山東臨清縣，匯流入運，流入河北省，蜒蜿曲折，為冀魯二省巨川。自康熙間引漳入衛後，漳河淤塞，全漳之水，盡歸於衛，又兼灣曲太多，每遇洪水，輙決口氾濫為災。現在山東雖已規定整理計劃，籌備施工，惟查下流冀境，灣曲亦多，若不通盤籌劃，難竟全功，請由內政部分行冀魯兩省，會同籌劃，同時舉行。辦理，限期竣工。並將辦理情形，詳細呈報等語。經大會議決，由內政部核辦，紀錄在卷。查衛河整理，關係冀魯兩省船排運洪，至為重要，自應會同籌劃，以策進行。除令行華北水利委員會，負責向冀魯兩省接洽，並分咨外，相應咨請查照．轉飭建設廳知照為荷．等因，省府以事關重要，當即訓令建設廳，並飭所屬，一體遵照辦理云。

疏濬南運河

疏濬南運河下游問題，建設廳現正積極籌備中，測量隊將於日內出發。據建設廳負責人員談，關於疏濬工欵，需洋二十五萬五千元，由官商公攤。惟商欵迄今尚無着落，官欵預定由農田水利基金項下照撥。省府之意，以為南運關係本省商務與津埠繁榮甚鉅，尤宜早日開始，商欵既無成數，擬先由官欵撥充第一步工程，俟完竣後，再於此時期籌集商欵，總期於本年開始辦理。又聞測量隊需欵共達三千元，日內即可撥發云。

墻子河問題

市工務局近查墻子河淤積日甚，將不利於舟楫，亟須動工疏濬，準備即行勘估工價，呈請市政府候核，三月間解凍後可望動工。又駐津英總領事，前曾一度倡議，由中國工務局，及英法日各租界當局，於轄境範圍內，分段管理墻子河，勤加宣洩，俾免淤積。繼函局方徵求同意，由局呈請市府核示，決保留操縱水閘之權，其餘均可接受，業已函復該領事查照。該領署原定年前遴集工務局及各租界當局技術人員，開會切實研商，旋又擱置。茲以仍有磋議之必要，擬再開會討論，共同管理方法，工務局已準備派第二科科長王毓銳，技正白汝璧，屆時前往出席云。

重建大紅橋

省市當局，為興修大紅橋事，本月一日在建設廳會議。到會者有，海河工程局總工程師哈德爾，馬工程師，市工務局白技正，王科長，及建設廳呂技正，共同討論。僉以大紅橋應即興修，以利交通。建設地点，應在公義斗店地方。至建橋之材料，如用舊萬國橋改建，因其修理需物甚鉅，且不能延年耐久，決議另建新橋。用洋灰鉄筋建設，在一端附設吊橋，以便水漲時啟開放船。橋長八十四公尺四五寬十二公尺估計建築需款二十二萬兩。決由省方暫行墊撥，再請中央核准延展津海關征收萬國橋附捐，爲大紅橋修建用欵，至征足爲止。該項修橋附捐，期限於本月二十八日屆滿，決即請中央飭期轉令津海關繼續征收。並定日內再行開會討論與築辦法云。

冀北金礦

冀北遵化與隆密雲等四縣金礦，自實業廳宣布准許商人自由開採後，近據實廳統計，月餘來，各礦商紛紛呈請開採，不與冀北金礦公司合作。該四縣之金礦，現已被商人承辦者約數十處。業經實廳分別批准，並發給執照。據廳方表示，目下冀北公司，正積極進行開採各礦之工作，已分派專員計劃一切。，至於商人承包，官家決不估梗，以防再起糾紛云。

北方大港工程

關於北方大港籌備工程，近以交通鉄道兩部，迅圖完案之故，對於籌委會方面要求恢復國難期前預算經費一節，特予照准，並飭該委員會造具進行程序，以期於一定期內完成。茲悉，該會有進行工作之便利計，對港址氣象，水象及潮位，刻已開始觀測。至於鑽探海岸及海底之地質，則準備於二月進行。同時並擬試驗沿海地基之荷重力量，俾便從事建築碼頭設計事宜，統決六月底鑽驗蒇事。據關係方面表示，該項港址籌備工程，定五年內結束。一般以爲大港落成之後，津市之繁榮將被攫奪，但實際情形，或不盡然。不過年來海河淤積益甚，商輪進口至感困難，離选經疏濬，實亦天然情勢使然。且就環境論，北方大港新經勘定之港址，確較津埠口岸爲佳，將來工程完竣，華北商務決可發展。備該地陸路交通，尚不甚便利，故已準備敷設北港至唐山及古冶鉄路線。其外修築北港至灤縣之汽車路，亦屬必要，刻正在規劃之中云。

連雲海港工程

隴海路終点之連雲港開闢以來，港路設施，逐漸進展，商業隨之俱進。按隴海路局對於築港問題，初採取西門子圖案，預算為華銀一百八十万兩。嗣又改用丹商計劃，先行建築連雲港第五號碼頭，預算工費較少。頃經決定由丹商行承辦，限二十二年年底竣工云。

實業部舉辦硫酸錏廠

實業部前以我國工商各業，所用硫酸，大都仰給於舶來品擬籌辦國營硫酸錏廠，以塞漏巵。惟因國庫奇絀，乃改由中英德三國合辦，並規定經費一千一百萬元，由我國資六百萬元，英德合出五百萬元。我國之六百萬元中，招商股三百萬元。日前部長陳公博，親自赴滬，與滬上各商接洽，已得具體結果。茲悉該部為獎勵商界投資起見，特擬定招商投資合辦條例，已於前日呈送行政院鑒核，俟下次院務會議通過後即可着手招股。至廠址問題，實部已派周則岳赴河南水廠測驗該處硫酸出產數量，是否敷用，然後再行決定採用與否。

建造中南海游泳池

北平市府方面與楊潤之合組北平市中南海公共游泳池，即在中南海岸嘉禾軒院內，業經開工，全院約佔十數畝。松栢叢密，幽雅異常。池長五十公尺，寬十六公尺，深自一公尺至三公尺。底為斜坡式。全部用鋼骨洋灰築成。池口四周，鑲嵌漢白玉石。淺處有石階三層，深處有鉄梯兩面。跳板分一公尺至三公尺三層，設計建造係採世界最新式樣。池外並設男女浴房，更衣室，厠所，整容室，機器房，發電室（加電燈水泉）。全部機器均由自己磨電機發電動作。並有美國慎昌洋行定製過濾殺菌器。此器面積較大，凡池內之水無論如何渾濁，一經機器洗淋，即清潔可視，該機購價兩萬餘元。全部建設費除公有物料不計外，約計八萬餘元。擬定本年五月內完成，六月一日開幕。游泳票價每人四角，（另收公園門票一角）。游泳池管理處已經組成。其規模設備，為華北之創舉。

整理海河委員會續辦工程

海河委員會續辦工程，最重要者為挽清水還入海河計劃，及放春汛問題。嗣以津北農民，以農事關係，極力反對，昨（二月十七日）委員大會，特議決對於挽清入海計劃，須另行研究妥善辦法。至放春汛一節，則僅限於本年，以後擬在永定河上游另覓放游區，專放春汛，下游區域專放伏汛，俾人民得收一水一麥之利。至於本年如放春汛，農家秋麥若受損失，亦酌予賠償，以示體恤云。

中華民國二十二年三月出版　一卷三期

河北省工程師協會月刊

張鋆題

19145

北甯鐵路簡明行車時刻表

中華民國二十二年一月二十日重訂

下行車

列車次數 \ 站別 開到時刻	北平前門 開	豐台 開	郎坊 開	天津總站 開	天津東站 到	天津東站 開	蘆台 開	塘沽 開	唐山 開	古冶 開	灤縣 開	昌黎 開	北戴河 開	秦皇島 到	山海關 開	錦縣	遼寧總站
第七次慢車各等膳	五•五〇	六•二四	七•四四	九•二六	九•三五	九•四五	一一•二四	一〇•四八	一三•〇二	一三•四八	一四•四三	一五•五四	一六•四四	一七•二三	—		
第三次特快車各等膳臥	八•二五	八•五五		一一•一六	一一•二五	一一•三五	一三•二六	一二•二二	一四•二四								
七點加車三等									七•〇〇	七•三六	八•一九	九•一九	九•五六	一〇•一八			
第九次快車各等膳	一四•一〇	一四•四二	一五•四七	一七•二〇	一七•三〇	一七•四五	一九•四五	一八•四五	到 二〇•五三								
第五次特快車各等膳	一六•二五	一六•五五		一九•一六	一九•二五	停											
第二〇一次特快車各等膳臥	一七•一五	一七•四四		二〇•一二	二〇•二〇	二〇•三〇	往	開	浦	口							
第一〇一次快車各等膳臥	二〇•一五	二〇•四八	二二•〇八	二三•四二	二三•五〇	二四•〇〇	二•一三	一•一〇	三•二四	四•一〇	五•〇六	六•一七	七•〇九	七•三七			
第一五一次混合二等	二〇•四五	二一•一八	〇•二〇	二•四〇	二•五〇	四•五〇	•五五	•一七	一四•四五								

上行車

列車次數 \ 站別 開到時刻	遼寧總站	錦縣	山海關 開	秦皇島 開	北戴河 開	昌黎 開	灤縣 開	古冶 開	唐山 到	唐山 開	蘆台 開	塘沽 開	天津東站 到	天津東站 開	天津總站 開	郎坊 開	豐台 開	北平前門 到
十二半点加車三等				一二•二〇	一三•〇〇	一三•三七	一五•一二	一五•五七	一六•三三	停								
第一六一次混合三等										一四•三〇	一七•三三	二〇•二五	二一•三八	二二•一五	〇•三五	三•二四	七•一〇	八•一七
第八次慢車各等膳				六•二三	六•五三	七•四三	八•四九	九•四七		一〇•三三	一一•五三	一三•一五	一四•二二	一四•三四	一四•五四	一六•一五	一七•四七	一八•二〇
第二〇二次特快車各等膳臥							自	浦		口	開	來	七•三〇	八•〇〇	八•一一		一〇•四三	一一•〇九
第四次快車各等膳臥										一三•〇〇	一四•〇五	一四•五六	一五•五〇	一六•〇〇	一六•一三		一八•四八	一九•一五
第十次快車各等膳										一六•四五	一七•四五	一八•五三	一九•四五	二〇•〇〇	二〇•一一	二一•二五	二二•四八	二三•一五
第一〇二次快車各等膳臥				二二•二八	二三•〇七	二四•〇〇	一•〇五	二•〇〇		三•二〇	四•三一	五•三三	六•二七	六•五〇	七•〇六	八•二八	九•四三	一〇•一〇
第六次特快車各等膳														九•一五	九•二六		一一•四五	一二•一二

河北省工程師協會月刊

一卷三期目錄

民國二十二年三月出版

河北省工程師協會啓事

一　本會爲增進會員互助及合作之精神起見特成立一職業介紹委員會凡本會各級會員欲謀相當工作或需用專門人材與其他機關工商事業欲聘適當專門人員者可逕函本會之職業介紹委員會接洽辦理其在本會工程月刊登揭求謀職業與招聘技術人員之廣告者一律免費

二　凡本會各級會員對於會務進行有何意見及通訊處如有更動之時請逕函本會會務主任王華棠君

中華民國二十二年一月

介紹

本會會員劉鴻賓君年三十一歲在國立北洋大學採冶科畢業歷充遼寧省農礦廳技士及北票煤礦採煤工程師等職自九一八事變後入關現擬於礦廠或實業機關服務如欲聘用者請逕函滄縣西門外缸市街恒益號與本人接洽可也

職業介紹委員會啟

本會啟事

根據第四次執委會議決本會應製徽章案先向會員徵求設計式樣限期彙齊再行選製茲定五月十五日爲截止之期應徵者務請于期前寄交本會會務主任王華棠君爲盼

論壇

救濟農村經濟應積極提倡建設事業

李吟秋

中華爲世界古國，文化最早，即以農業而論，亦在世界經濟史上，居最燦爛光明之一頁。蓋吾國土壤膏腴，氣候適宜，自四千六百三十餘年以前，神農氏教民稼穡，三代而還，進步極著。歷代君主，舉視農爲立國之本，恒藉田自耕以勸天下，故庶民無不躬親南畝。及周之世，且設草人稻人司稼等官，以監督田圃稼穡之事，更講求蠶桑之教，溝洫之利，施肥之法，田賦之制，舉凡農業之學術工藝，莫不燦然以備。降及秦漢，廢井田，開阡陌，興水利，塞河決，鑄田器，輸種子，用牛耕，更設代田之法，養苗之術，而田野益闢。後世相沿，代以勸農爲要政。晉之明勸課，祀先蠶，倡均田，興水利。隋之開河渠，勸紡績。唐之重蠶桑，考畜牧。宋之立制限田，提倡灌溉，推行經界，搜集農書。元之注重桑棉，蓺茶除蝗。明之詳荒政，講水利。滿清入關，拓土開疆，耕田大增，講林牧，廣桑棉，治水患，防虫災，均能積極以求治。因之歷代衣食得以自給，而絲茶出口，且能執國際貿易之牛耳。凡此皆吾先民孝悌力田，慘淡經營所賜，而後世所當效法，且力求精進者也。然夷考近今之吾國農業史。則不禁啞然若喪，悄然以憂矣。

溯自海禁大開以來，外受列强之侵略，內苦政治之紊亂，兼以兵革擾攘，天災流行，而農業本身之學術及技藝上，亦無顯著進步。因之舉凡生產之道，於焉幾絕。以致自古以農立國而自給自足者，迄今則凡衣食等生事之所需，泰半須仰賴於舶來之品。據民國十八年貿易統計：是年穀米麪糖進口，價值達二萬六千五百八十餘萬兩，約合進口貿易總數百分之二十一有奇；棉花紗絲進口，價值達三萬五千四百四十餘萬兩，約合進口貿易總數百分之二十八有奇。是衣食所需之來自外國者，已超過入口總額百分之四十九矣。斯誠吾國目前最大之危機也。推究其所以致此之由，農業之衰頹，實爲最大之原因。茲述其病態之最著者如次：

(一)農村之崩潰　連年政治不甯，水旱頻仍，兵匪遍於全國，農民不勝轉徙流離之苦，貧富幾於同歸於盡。是以閭里荒墟，田野廢棄。其能旦夕苟延性命者，非苦於苛稅，既困於窮乏，籽種無着，施肥無由，甚或車馬被徵，壯丁拘役，而農民之生產力，乃日以消微矣。

(二)交通之破壞　戰爭結果，首害交通。昔日之御路漕運無論矣，即晚近特別發達之鐵路，亦被軍隊所掠奪破壞，以致車輛缺乏，費用增加，運輸極感不便。而普通舟車所至，亦恒爲匪盜稅卡所阻撓，民咸視爲畏途。因之水陸交通，幾爲斷絕。於是食粮之分配調濟，極爲困難。生產過剩者，固無利可圖；生產不足者，亦難以爲繼矣。

（三）副業之衰退　吾國農家，於稼穡之外，多從事於種桑養蠶植茶畜牧及紡織等種種之小手工藝，以爲農產之副業。先哲以此敎民，百姓以此相勸，過去四千餘年之農業社會，殆均以是爲生活基礎者也。洎乎晚近，外族勢力侵入以後，此種經濟的活動乃受莫大之打擊。農民副業，日就衰落。其最著者，例如農村婦女之紡織，已爲新式紡織所代替。舊式燃料油料，已爲新式煤炭石油所代替。舊式自製之鞋襪，已爲新式機製品所代替。他如手工製糖造紙亦莫不被機製糖機製紙所代替。更若蠶絲茶葉，在吾國農產副業中，本佔極重要之地位，亦終被帝國主義者所戰敗，而一蹶不克復振。凡此種種，不勝枚舉。而其影響之鉅，實足以搖動吾國經濟之根本。

（四）農戶之減少　自吾國舊式農業經濟爲現代工業經濟所破壞之後，連年加以天災人禍，社會政治之不寧，於是大農變爲中農，中農變爲小農，而庸懦者多流於遊惰，狡黠者或甘爲匪盜。即稍受初級敎育之靑年，亦多不樂事生產，而視躬耕爲畏途。是又不盡由於外界之影響，而實國內惡思潮之所激動者也。卒至現時鄉間良農減少，生產之能率日以低落。考之中國年鑑之統計，農戶與農田均逐年減少，良可慨也。

年次	農家戶數	農地(畝)	園地(畝)	共計畝
民三	五〇·四〇二·三一五	一·三九四·一四六·四一八	一八四·二〇一·五〇七	一·五七八·三四七·九二五
民五	五九·三二二·三〇〇	一·三八四·九三七·七〇一	一二五·〇三七·七六〇	一·五〇九·九七五·四六一
民七	四三·九三五·四七八	一·二一七·二七九·一九八	九七·一九二·八九二	一·三一四·四七二·一九〇

（五）食糧之缺乏　吾華自古以農立國，而現在農業之生產力，日就衰微。於是民生必需之食糧，亦不能自給，而每年須仰賴於外國之接濟。試觀下列海關統計，數年來進口食糧數額之增加，殊可驚也。

糧食類別		民國十三年	民國十五年	民國十八年
米	量數	一三，一九四，一〇三担	一八，五三六，五三四担	一〇，八二二，八〇五担
	價額	六三，二六二，一五六兩	八九，五一二，九四二兩	五八，九八一，〇四五兩
麥	量數	五，一六七，二四三担	四，一五六，三七八担	五，六七七，四四七担
	價額	一七，七六五，六六九兩	一七，九六五，一九四兩	二一，四六九，五九三兩
麵	量數	六，六二二，七三六担	四，二六八，〇九三担	一二，九三五，二九六担
	價額	三〇，一一九，三五五兩	二三，五二二，九九三兩	六二，九〇三，八六三兩
雜糧	量數	七四，〇五〇担	一，三六二，八一二担	六五，九三三担
	價額	三四三，〇〇五兩	三，五四九，八三八兩	三八九，三四二兩
雜粉	量數	八八，〇五〇担	六六，〇〇五担	一八五，四六三担
	價額	四七二，五七九兩	四三九，八一三兩	一，一〇四，四九四兩
總計	量數	二五，一四六，一七八担	二八，三八九，八六二担	二八，六八六，九四四担
	價額	一一一，九六二，七九四兩	一三四，七九〇，二四八兩	一四四，八四八，三三七兩

比較上表所列之數量及價額，可知吾國每年所用之外來食糧，爲數極鉅，且逐年增加，而民國十五年以後食糧輸入之價額，直達一萬三千四百餘萬兩。迨及十八年乃增至一萬四千四百餘萬兩之多，是足以示吾國如何之窮乏，吾國農業經濟之如何衰微矣！

（七）技術之退化　吾先民對於樹藝畜牧農作之法，除蟲施肥之術，以及排水灌溉之道，累代均有發明與供獻。惟大多數民衆，均泥於積習，憚於改革，以是迄今尚無顯著之進步。洎乎晚近，對於農田水利，且多廢弛不究。以是技術方面，且較昔日尤爲退化，更無論其不能與泰西之科學農業相頡頏也。至於畜牧不講，林業不振，良田之廢棄，而競藝烟苗，農具沿千年之故物，施肥播種襲遠古之陳法，尤罕進步之可言。邇來大農困於兵匪，小農苦於流離，竟此故物陳法，亦不得安於用矣。嗟夫！又奚怪吾民之生事日敗，產量日微哉。

夫吾國農產之瀦富，與農業之衰微，已如前述矣。苟欲足我民食，鞏我國基，非及早振興農事不爲功。其道雖首在抵抗帝國主義之侵略，以脫離種種經濟上之桎梏；然尤在整飭內政，培養民德，以起發民族勤苦儉讓之美俗，提倡建設事業，以開闢我土地磅礴鬱積之富源。其術有六：

（一）政治之清寧　夫文化盛於治平之世，而進步肇於自由之政。故歷代當鼎革之後，首貴安民，次在簡政，省刑罰，薄稅歛，以蘇民困。吾國值此多事之秋，凡百建設皆須以社會安寧爲基礎。其要在於樹立廉潔政府，清明政治，掃除積弊，提倡儉約，肅匪患以安閭閻，闢路政以利交通，庶幾吾民衆以萬刧之餘生，可以速離水火而登衽席，以各事生產。是經國百年之大計，不獨於農業爲然也。

(二)技術之改進 振興農業之第二步，爲生產能率之提高。此分兩種問題：一爲增進農民之知識，一爲增加土地之產量。約言之，是蓋農業技術之改進問題也。凡此均須賴推廣農校，普設農場，以灌輸農民實際之科學知識。對於引用新農具，新肥料，改良作法，改良種子以及考察土壤之所宜，均應加以特別獎勵。至於排水灌漑，植林除蟲等重要問題，政府尤應與以相當之協助，以期易於舉辦。

(三)農村生活之改善 吾國農村之組織，向爲宗法社會，而以大家庭爲組織之基本。其所以爲繫此社會之生活者，爲歷代傳統的孝弟力田，禮節讓儉之思想。故農村經濟之基礎，以安定爲主，以自給自足爲目標。其結果爲守土重遷。及其弊也，爲生活枯窘，文物簡陋，而罕進取維新之旨趣。此在閉關自守時代，尙可維持其生活。及海禁大開，外有異族之侵畧，內有兵革之擾攘，於是思潮丕變，農民經濟，大有根本動搖之勢。其最顯著者，爲大家庭舊禮教之漸次淩夷，以及城市人口之集中。於是力田者少，游惰者增，而奢侈之風，日甚一日，卒致生產愈銷，而欲求向之自給自足者，已不可得矣。當今急務，救濟之策，惟促進鄉野交通，改良農村娛樂，使農業爲科學化，性趣化，及經濟化；使農民各樂其生事，而保其固有勤儉質之美俗，更有現代勇於進取之精神，庶乎有豸矣。現日本盛倡新村運動，歐美鼓吹合作運動，歸田運動．吾國農衆雖未如泰西離散之甚，然其政則殊可法效也。

(四)副業之提倡　農家於稼穡之外，尤重副業，其意在利用餘時餘力餘地，以補生產之不足。故自昔農桑並重，而政及於林漁畜牧，其敎誠至善也。現時河北之種桑，編筐，造紙，江南之養蠶，造絲．植茶，均爲最重要之副業。惜皆爲外貨所排擠，銷路日微矣。均應力加改良整頓，以恢復其固有之市場，他如養蜂，飼鷄，榨油，釀酒，植桐，樹漆，及一切漁牧園藝之術，舉應設場試驗，以期增加生產，而改善其質量。至於紡棉織布，及其他農間之小手工藝，亦宜加以獎勵保護，以裕民生。

(五)荒政之講求．自古大有之年，史不常書，而天災流行，國家代有，堯有九年之水，湯有七年之旱，而不聞困窮之難者，備荒至也。蓋古者三年耕，必有一年之食；九年耕，必有三年之食；以三十年之通制國用，雖有水旱螽蝗，而民無流離之苦。呂祖謙曰『大抵荒政，統而論之，先王有預備之政，上也。修李悝平糶之政，次也。所在蓄積，有可均處，使之流通，移民移粟，又次也。咸無焉，設糜粥，最下也』。其餘先朝備荒之政，言簡而意賅，大可法則。晚近吾國水旱蟲災，每年皆有，無地幸免．廣者亘數省，狹者及數縣。受災農民，常自數百萬，以及數千萬。西北一帶，災況尤重，迄未復原。故現今荒政極應講求，其要有六：曰廣植林場，涵養水源，藉生材木，一也。曰講求水利，鑿井開渠，修堤浚河，以防旱潦，二也。移民實邊，獎勵開荒，提倡墾植，三也。整頓禁穀條例，限其出入，取締奸商操縱，四也。恢復常年倉制，節其斂散，以備荒年賑貸，五也。發展運輸，剔除苛捐雜稅，以利民食之有無相通，六也。凡此皆所以備荒歉也。昔周官既有荒政，又置遺人，收諸委積，為待凶施惠之法。更設廩人，歲計豐凶，為嗣歲移就之法。未荒也，預有以待之。將荒也，先有以計之。既荒也，大有以救之。是以上古之民，雖災而不害。其遺意，良可引為準繩。

（六）墾務之促進　吾國均民開墾之政，攸來已久。自漢以後，以迄明清，無代無之。先哲倡斯說者，亦史不絕書。原諸省地形各異，肥瘠不同，人口密度，與生事難易，自有顯著之差別。約而論之，旱地農田，非二十畝以上，不足以活八口之家。而水田區域，每戶能得十畝，即能辛苦度日，又各省耕地比較甚不平均，如山東福建廣東等省，人多而耕地少，故出外謀生者多。關東三省，獎勵開墾，地廣人稀，食粮充裕，乃有多量米穀，運輸他處。故欲改良中國之人口，與土地之分配，對於移民開墾二者，尤應注意。更考吾國荒地，不僅邊徼有之；即本部各省，荒蕪之地，亦所在皆是，均應加以整理。據民國八年中國農商統計，吾國有未墾荒地八億七千萬畝（蒙古除外），更就東南大學教授唐啓宇氏之計算，中國現有已墾地十四億七千三百萬畝，未墾地二十六萬四千萬畝，其大部分在東三省甘肅雲南蒙古等地，如能開墾，即可變爲普通土地十六億九千二百萬畝，足以收容現在人口三倍以上。如此，則地力可盡，農業可興．而中國之食糧問題，易於解決矣。

綜上所述，吾國之農產潛力豐厚若彼，而民食民生困難至此；探其致病之原，而謀救濟之策，則區區所議．或不失爲當務之急。

金鋼橋

金鋼橋有舊橋新橋之分。舊橋係於光緒庚子年後，兩宮回鑾，建設行公（即今省公署）開闢大經路時所建設。需費三十五萬兩。由直隸庫欵開支。金鋼新橋因舊橋破壞不堪，異常危險，且行人甚多，橋面狹窄，不敷於用故於民國十三年改建新橋．十四年夏季工竣。橋價計美金二十二萬元，安裝費十五萬兩．折成銀幣統需洋七七萬元。該欵由天津縣地方自經費項下審給。

河北省礦業概況（續）

旭齋

（乙）井陘礦務局

一、井陘礦務局之略歷

清光緒廿四年，德人漢那根氏，服務於北洋海軍，深得直督李鴻章之信任。因德人聶訶芬氏著支那一書，於井陘煤田多所注意，漢那根氏遂派技師亞克德實地測勘，並勾通井陘縣文生張鳳起結十個月之探礦契約，請駐京德使轉請外部及路礦總局准予備案。值拳匪事起，議遂中止。而漢那根氏仍着着進行，至光緒廿八年設立井陘礦務公司，由德使照會總理衙門咨請外務部核准立案。其契約內容，事務主權雖屬中國，而其礦業實權俱歸德人掌握。適袁世凱升任直督，知契約內容失權過鉅，飭地方官勘明礦區四至，繪送詳圖，並就原訂契約查照定章飭令更正。復因張鳳起與漢那根改議條欵，仍多未妥，遂參照臨城煤礦辦法，特設井陘礦務公司，訂立合辦合同，以經營之。當議約時，津海關道梁敦彥及工程師鄺榮光提出大綱並附加條件數項，井陘公司未能同意，因之事經二年，尚無成議。光緒卅四年，楊士驤督直，改派津海關道蔡紹基及津浦鐵路北段總辦李德順氏接續前議，核訂合同十七條規，定礦務局與井陘公司之產業共作為股本銀五十萬兩，其餘還本付息及應行繳納稅厘各節，與臨城礦務局之合同無大差異。經雙方簽押後，由直督楊士驤入奏批准，合辦合同始得成立。自是漢那根銳意經營廠務均歸其掌握，省委總辦徒擁虛名。嗣因歐戰陡起，德商在該礦股份盡歸我國接管。歐戰告終，中德成立協約，井陘礦務由直省與德商另訂合同，取銷合辦名目，將該礦主權收爲省有，局內事務完全歸省長監督管轄。原有股本及財產，德商得四分之一，其餘四分之一，德商承認讓歸直隸所有，作爲德國戰事賠償之一部，即省方應得金數四分之三。當時全礦財產估計値洋四百五十萬元，德商應得一百十二萬五千元，省方應得三百三十七萬五千元。并聲明此項合同，自十一年九月起，以廿年爲期，期滿，由直隸省無條件收回。

二、位置及交通

礦在井陘縣城東北之崗頭村南，距正太路之南河頭車站廿里。有自築輕便鐵路，直達該站。南河頭距石家莊約四十四公里。總局設天津。

三、礦區面積　三十八方里有奇。

四、煤層　已知煤層有六。現採一·二·四·五·各層其厚度如下。

第一層	〇·九
第二層	二公尺

第三層	○・六公尺
第四層	二公尺
第五層	八公尺
第六層	○・五公尺

各層傾斜平均十三度。

五・煤質　各層均係烟煤，性宜煉焦。據井陘礦務局分析如下表。

煤層	定炭	揮發份	灰份	水份	硫磺	熱量
第一層	五九・六七	二九・三二	十○・五八	○・四三	一・八三	七七五八
第二層	五八・六六	二七・九四	十二・五六	○・八四	二・三七	七八七九
第三層	六一・四七	二九・○二	八・七一	○・八○	二・八三	七八八九
第四層	六七・三七	二四・七六	七・○四	○・八三	三・八四	八五九七

六・產額　已採及未採煤量

井陘礦廠自開辦至今，每日產煤最多時爲一千六百四十四噸，最少時爲卌九噸，平均爲一千三百四十噸。每月最多時爲七八〇三五噸，最少時爲一五七二二噸，平均爲四〇二〇四噸。每年最多時爲六〇〇二三二噸，（在十二年因當時局平靜）最少時爲三三九三四九噸，（在十五年因交通停頓）平均爲四八一四五三噸。自光緒卅四年中德合辦起，至民國十七年九月止，其已採煤量爲七一三四四二八·四三噸，其未採煤量估計列表如左（噸數）。

煤層	坑道實測量	探鑽証明量	推察估計量	共計
第一層	一九八六八〇〇	五〇〇二四〇〇		六九八九二〇〇
第二層	四五九二九〇〇	一一五六八〇〇		一六一六〇九〇〇
第四層	五八五三七〇〇	一四七四五九〇〇	二九六四〇〇〇	二三五六三八〇〇
第五層	二四八八九〇〇	五一一二五〇〇	一〇一四〇〇〇〇	八六一五一四〇〇
共計	三七三二二五〇〇	八二四三八八〇〇	一三一〇四〇〇〇	一三二八五三〇〇

按上表煤藏總量，以每日產三千噸計之，當可採一百廿餘年。

七•礦廠產煤成本及售價

每月產煤量按六萬噸計算，每噸成本約在二元左右。至礦廠售煤則僅售另供給支木商本商。煤廠有三處：一曰上廠，與礦毘連，因無運費，每噸售價二元八角。一在新井，距礦廠約四華里，售價三元。一曰下廠，在長崗村附近，距礦廠約廿華里，以輕便火車運送，每噸售價三元二角。至石莊及他處之售煤價格，則按照運費多寡及其他費用之有無臨時定價。

八•工人數目工資工率工作時間及工制

總數約四千。在井上工作者，每日九小時；在井下者，每日八小時。

採煤工資，平均約四角三分。每工工率，約合〇.七噸。採煤仍用包工制；惟將工頭包工制，改爲合夥包工制。工頭須實際工作，工價與工友平分，不得坐分工友紅利。

九•礦井

直井五口。出煤井三口：曰南井，北井，新井。南北井相距四百公尺。北井與新井相距一千五百公尺。風井三口，一在北井旁，一在新井東南四百五十公尺，一在南井西五百公尺。

各井之大小及深度列表如左：

井別	口徑（公尺）	深度（公尺）
南井	四・五	一八四
北井	二・六	一八四
新井	五	二五〇
一號風井	二、五	一五〇
二三號風井	二	一八五

十・巷道

第一二三層開平巷八道，第四層開平巷九道，第五層爲主要大巷，開平巷十五道。井下平巷總長約九千九百公尺。主要巷道，在地面下一百八十四公尺。

十一・動力

鍋爐共廿四具，馬力共一五六一，每日需煤八八・五噸，每小時能發蒸汽四二七〇〇磅。鍋爐房三處，分設於南井北井新井。蒸汽引擎三座，共馬力六五〇。其用途，司捲揚機三座，風扇兩架，水泵五座，壓氣機一座，發電機三座。

發電機四座：一座爲一五〇基羅瓦特二三〇〇弗脫・二座各爲七二基羅瓦特二三〇〇弗脫，一座爲二〇基羅瓦特二二〇弗脫。

壓汽機一坐，每分鐘壓汽一七五〇立方呎。氣壓力每方吋八十五磅，馬力四百，用於井下捲揚機水泵風鑽等。

十二・捲揚

地面捲揚機三座，分設於南北新三井。原動力均爲蒸汽引擎。南井及新井捲揚機均爲一五〇馬力，北井捲揚機爲三五馬力。井下捲揚用電力者三處，用壓氣者三處。

十三・井架及纜索

井架均爲木質，高約四十二呎，纜索爲一吋四分之一鋼。

十四・抽水通風及佈光

北井下設水泵四座，內有立泵一座，挑水量每分鐘二七四加侖，臥泵三座，內一座挑水量每分鐘爲三四〇加侖，其餘二座每分鐘爲一三七加侖。新井下設水泵一座，每分鐘能出水三立方公尺。以上均用蒸汽引擎發動。坑道內有電泵四座，風泵三座。

一號風井在北井旁，爲上風井；二號風井在新井之東南，爲下井；風三號風井，在南井之西，亦爲下風井。設有抽風機兩座，每分鐘出風八五〇〇〇立方呎。

廠內井上下用電燈共一五五〇盞，交流電二二〇弗脫；井下電燈三百餘盞。井下工人用愛迪遜礦用安全燈。

十五・採煤

一二四各層用變狀區劃法，五層用諸統崩落法。窰木取自井陘靈壽新樂檢次壽陽太原等處，木種多爲楡楊槐松之類；小道木則來自天津。窰木用煉焦廠自產臭油塗抹防腐。

十六・運輸

井下坑道內鋪有十八磅鋼軌，總長約三萬七千公尺。容量。六五噸之鐵製小車，有六五〇輛。坑內各號所採之煤，均用工人推至一百八十四公尺之主要大巷．然後用騾馬運至井底。井下騾馬約七十四，有馬房二所。大平巷以上及以下各煤，由滑車或絞機高車運送之。地面運輸，自井口至正太路南河頭車站，有自築輕便鉄路廿四里。軌重五十磅，軌距，九公尺。有小車頭十一架，每架重十噸，馬力一百。煤車爲木製，每輛載四•七噸。現有煤車約三百輛。車站爲新井北井馬棚南正長崗南河頭。養路費年約一萬九千元。每日運輸能力爲二千三百五十噸。

十七•選煤

南北井口均設有篩機。原煤，可析爲四種。茲將各種煤之百分數及篩孔大小分列如下。

名目	百分數	篩孔大小
大煤	二〇•五	$2\frac{5}{16}$" 以上
二煤	一四•五	$1\frac{1}{16}$" 以上
三煤	二五•〇	$\frac{7}{16}$" 以上
末煤	四〇•〇	$\frac{1}{4}$" 以上

十八•洗煤

礦井之旁設洗煤機一座，供石家莊煉焦原料，每日能洗煤一百廿五噸。洗煤費每噸一角六分。

十九・石家莊煉焦廠

資本由礦局供給。民初創立，由包商承辦；十二年礦局改組，始設立專廠，以董其事。十四年十月新式捕集副產品煉焦爐落成升火，是為廢熱式爐。蓄熱式爐殿基，於十二年，以交通阻滯，運料困難，至十九年底始竣事。廢熱式日產焦四十噸，蓄熱式日產六十噸。廠分三部：曰煉焦部，曰煉油部，曰製肥部，煉油部。設煤膏分溜釜一座，分溜為輕油中油綠油紅油及瀝青。製肥部產品為硫酸錏。

丙）中英合辦門頭溝煤礦公司

一 公司略歷

光緒九年，礦商段益三，開辦通興煤礦。光緒廿二年，改歸中美礦商合辦事業，旋又完全租與英商。至光緒卅四年，復改為中英合辦，總經理為吳懋鼎，始正式開採。及民國三年，日可出煤五百噸。民國六年，患水停正。又裕懋公司，位溝之東部，成立於民國二年初，為中比合辦，資本十萬元。民國四年，改歸中英合辦，旋與通興合併，是為中英合辦門頭溝煤礦公司。

二　礦區面積　九千二百五十六畝七分。

三　位置及交通　廠在平門支路門頭溝車站西南八里，有支路連接礦廠，及門頭溝車站。

四　煤層　現採煤層有三。自上而下，其次序如左：

第一層　（子兒槽）　厚一。七至三·五公尺

第二層　（里煤二碯）　厚一·三至一·公尺五

第三層　（里煤大碯）　厚一·二至二。三公尺

五　煤質　中級無烟煤分析結果如下：

水分	揮發分	定炭	灰分	發熱量
二·三	六·五	七五·二	一五·〇	七〇五七

六　礦井

現有直井四·一號井為裕懋舊井，現因以通風，口徑六公尺，深約三百尺。一號井之南二百六十五公尺為二號井，口徑六公尺，深三百廿尺，為出風上下工人材料之用。二號井東七十一尺為三號井，即出煤大井，口徑六公尺，深六百公尺。井筒用洋灰圈成。二號井南一百八十公尺為小風井，深二十公尺，與大井下深三百二十尺之大巷相通。

七 巷道

三號井下南十八度，東爲大巷，長四百公尺。又北大巷方向爲北七十度，西長亦四百公尺。在北大巷之橫巷，方向爲西南，東北長六百八十公尺。蓋該處煤層爲一向斜層。北面煤層傾向東南，傾角約三十度。南面煤層，傾向東北，傾角約七十度。礦井位於中心，在地面下三百二十尺處，開大巷南北行。北行四百公尺，遇第一層煤，又九公尺遇第二層煤，又二百六十公尺遇第三層煤。大巷與煤層相連處，均開橫巷，均各長四十餘公尺。又大井在深四百五十尺處，及六百尺處，均向北開大巷。

八 採煤法

採煤用房柱法，大巷高二公尺，上寬二公尺，下寬三・五公尺，是爲雙軌巷。單軌巷上寬一・五公尺，下寬二公尺。橫巷斜高五層五寸上寬三尺五寸。橫巷相距各廿公尺，縱距五十公尺。再將此煤柱分開，成實廿公尺之煤柱。

九 支柱

窰下支柱多楊柳榆等木，長六尺至八尺。

十 佈光

廠面用電燈，井下用菜油燈，及電石燈。

十一　運輸

井下大巷橫巷地面均敷設九磅十一磅十三磅等小鉄路，用人力推進，裝入火車，運門頭溝。

十二　選煤

原有煤篩四架，利用傾斜度，將煤傾過。共分爲塊末兩種。十八年，復築選煤機一座，用電力發動．馬力爲三十五。將原煤分爲四種：計有七吋以上者，三吋以上者，一吋以上者，及一吋以下者。

十三　儲煤及裝煤

井之南下坡，即儲煤廠，可容廿萬噸。井口之南，築裝煤天橋一座，接於選煤機之南。橋下爲鉄路，原煤及選煤，均可由此橋上傾入火車。儲煤廠中間，亦築裝煤站台，用人力裝車。

十四　動力

拔伯當鍋爐二具，馬力二百，小臥爐三具馬．力八十。

發電機二座，七百五十基羅瓦特五千二百五十弗脫。供電家電燈及篩煤機之用。

十五　捲揚及井架

捲揚機二座，分設於二號三號井口，馬力一百廿。井架二具，高十三公尺，寬九公尺。

十六　纜索

三號井纜索爲一吋鋼絲繩，二號井爲七吩鋼絲繩。

十七　抽水

設電泵八個，每分鐘抽水量五百加侖者三具，一千加侖者二具，二千加侖者一具，二百五十加侖者二具。俱設井下，需電力一一〇〇基羅瓦特。

十九　壓氣

設壓氣機三座，用蒸汽發動者一座，每分鐘壓氣九百立方呎。用電力發動者二座，每分鐘壓氣三百立方呎，八百磅。

二十　產額

該礦設備，每日可產七百噸。但近年產運未充其量，每歲本平產額約七萬噸，銷量稱是。

廿一　價格

鑛廠煤價按十八年十月每噸塊爲九元四角，末爲五元八角。

廿二　工人

出煤最多時工人約一千名，平均工資四角五分，最低工資三角五分。

廿三　營業

近年國運銷奇滯，及小窰壓迫，兼以水禍，三年之中產煤不過九閱月，故歷年虧損，入不敷去。

廿四　公司及礦廠組織

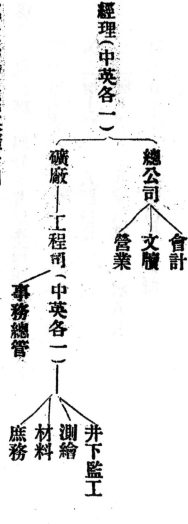

- 經理（中英各一）
  - 總公司
    - 會計
    - 文牘
    - 營業
  - 礦廠——工程司（中英各一）
    - 事務總管
    - 井下監工
    - 測繪
    - 材料
    - 庶務

（丁）宛平縣楊家坨煤礦公司

一　公司略歷

原為土窰，自民國五年，日本投資，改為中日合辦，擴充設備，資本八萬元。中國商股與日資各佔半數。

二　位置及交通　礦在門頭溝車站東北十五里之楊家坨村北，西南距軍莊三里。軍莊至三家店有龍烟鐵礦公司所修之支路，連接平門支路。

三　礦區　面積一千九百卅一畝。

四　煤層　現採煤共四層，其層序種類厚度如左：

第一層六呎六吋
- 一號黃煤　一呎二吋
- 八號白煤　五呎四吋

第二層上部……八號白煤　一呎六吋

第二層下部……八號白煤　一呎八吋

第三層……八號白煤　三吋

第四層五呎六吋
- 七號石煤……一呎二吋
- 八號白煤……一呎
- 二號白煤……一呎九吋
- 八號白煤……一呎一吋
- 二號白煤……六吋

五　煤質屬無烟煤，質甚劣。

六 礦井

斜井二口，東西相距卅尺。井口高八尺十，寬六尺，下寬八尺。東井爲出煤井，即入風井，斜遠一千零十六尺，平均斜度爲廿八度，方向爲北八度。東井底直深四百七十三尺半，又西距二千尺處，尙有斜峒一口，爲土窰。

七 巷道

東西共開平巷六道，西北最遠處至一千二百尺，東南至九百尺，巷寬六尺，高五尺半。

八 採煤法

房柱及長壁法均用之。

九 原動力

五節臥鍋爐七具，共有二百廿馬力。

十 捲揚機

捲揚機一架，馬力卅六，井峒設單軌。

十一 抽水

設七吋出水管泵三個，九吋者一個，五吋者四個，二吋者兩個。出水能力共爲二一，五立方丈。

19175

十二 通風

自能通風。

十三 支柱

窰柱多爲楡柳等木，購於昌平及本地一帶。

十四 佈光

用電石及煤油兩種。

十五 井下運輸

各大巷均敷設十二磅小鐵路，橫巷則鋪設木軌。

十六 選煤

有煤篩曰架篩，孔一吋。分原煤爲二種，然後用人工擇選分爲十五種。

十七 煉煤

該礦以煤質甚劣，故將一部白煤，燒煉出售。法將煤裝入爐中，下以煤悶燒之，越三晝夜，所得之煤，即不爆炸，亦無烟無臭，而火力强，是謂之爐煤。現有爐十五座，每爐容煤十噸

十八 成本

每噸約二元五角（按日產三百噸計算）。

十九　產額

近數年，年產約五萬噸。

二十　礦工

工人分永久及臨時兩種，均爲裏工制，按日開資無包工，

廿一　營業狀況

民國十二年尚可獲利，十三年以後，運銷不暢，歷年虧損。

廿二　公司組織大綱

- 正副經理
  - 採礦部主任
    - 測繪
    - 選煤
  - 機械部主任
  - 營業部主任
  - 會計部主任
  - 庶務部主任

（本章完全文待續）

飛龍牌各種油漆

純粹國貨　價值克己

保護銅鐵木器　不畏日曬水洗

飛龍　（飛龍）　商標

本廠最近新發明

烘乾金色漆

烘至熱度攝氏表一百五十度能使白鉄變成黃銅

製罐業及各種五金小工業之福音

出品要目

各色亮光漆
各色磁漆
各色墻漆
各色鉛油
車輛蓋面亮油
耐水亮油
速乾油
特製魚油
地板漆
外用漆
防銹黑漆
防銹紅漆
金漆
銀漆
砂質底漆
除膜劑

本公司備有用法說明及樣品函索即寄

製造廠東營門外新唐口電話(三)一七四七號

天津中國油漆公司謹啓

營業部東馬路東門北電話(二)三八三七號

青島市政調查實況（續）

沈觀準

青島市之分區計劃　德人租借青島之後，即將全市劃分爲若干不同之建設區域。其宜於商業者，則劃爲商業區；宜於工業者，則劃爲工業區；宜於建築住宅者，則劃爲住宅區；宜於潛居頤養者，則劃爲頤養區。此外，更將匯泉一角，劃出於全區之外，成爲特別警備區。德人在青經營二十年，一切建設工作，莫不依據分區計劃，次第進行。結果青島市之各種建築，遂有條而不紊。嗣經日人佔踞，又由我國收回，前後十數年間，治權之轉移，雖經兩次變化，然分區建設之成規並未受若何影響。所不同者，僅有三端：第一，匯泉之砲壘，已成廢墟。第二，齊河，大學等路，已爲青市學校之中心。第三，德人原定之區域，已有相當之擴充。茲將最近規定之各區，述之於左：

（1）商業區—在德人租借時代，商業區僅以大鮑島及小鮑島兩處爲限。現因市廛發達，大小鮑島已不敷，遂將大淸水溝，四方，滄口等處之一部，亦劃入於商業區之內。

（2）工業區——工業區，原以滄口，四方，及召東鎮之西北部爲範圍。年來因工業進步，甚爲遲滯，原有之工業區域，尙敷應用。故現在青市工業區之範圍，仍以滄口，四方，及台東鎮三處爲限。

（3）住宅區——住宅區，向僅限於台西鎮，前海沿觀象山，貯水山一帶。現以人口激增，住宅區之範圍，遂不得不加擴充。所有伏龍山，福山，太平山等處，均已劃入於住宅區之內。

（4）學校區——在德人租借時代，青島並無學校區之劃分。迨我國接收之後，遂將大學路齊河路一帶，劃分敎育建設區。

（5）頤養區——匯泉以東，經太平角，湛山，而至浮山所一帶，風景最佳，故劃爲青市之頤養區。

青島市之道路　青島市之道路制度，係兼採中央放射式與棋盤式兩種。以道路之舖砌材料而言，青市道路，可分爲下列六種；（一）柏油路，（二）沙石路，（三）土路，（四）混凝土路，（五）小方石路，（六）磚路。市內衝繁地帶，十分之九，爲柏油路。其在近郊偏僻之處，則多爲沙石路。茲將各種道路之長度與面積，列述於左：

道路種類　長度　面積

柏油路	四二〇四四・〇九公尺	二七四六〇六・七八平方公尺
沙石路	三五四〇八一・〇〇公尺	一九八・八七〇七，〇〇平方公尺
小方石路	二八一四・四七公尺	一七三九七・七〇平方公尺
磚路	四三九・五〇公尺	一九七五・八〇平方公尺
混凝土路	九六三五・八四公尺	三七一三四・〇二平方公尺
市內土路	八五八七・九九公尺	九一三四六・一八平方公尺
鄉區土路	一五二一二五・五〇公尺	五三五五四九・〇〇平方公尺

青島市之自來水　青市自來水事業，爲市有市辦者。自來水工程，由工務局計劃。自來水營業部，亦附設於工務局內。工務局自來水廠，有李村，白沙河，及海泊河三水源地。各水源地之湧水井經吸水幹管，接於集合井。吸水幹管最高處，與眞空機相連。管中空氣排盡，各井水即由唧虹作用，流於集合井。升水機吸管，直接由集合井吸水壓送至市內貯水池。然後再由配水管，分布全市。

李村水源地，爲德管時代所開闢。在一九〇四年時，該處自來水廠，僅有汽機三架。迨至一九一七年時(日管時代)，又增設電機三架。汽機每日所供給之水量，計爲五千噸。電機每日所供給之水畫，計爲七千噸。白沙河水源地，爲日人於一九七年所計劃。迨至一九一九年，工程始竣。該處自來水廠，有電機三架，每日可供給水量八千噸。海泊河水源地，亦爲德管時代所開闢。該處自來水廠，有火油機四架。兩架爲二十五馬力，其他兩架爲五十馬力。此項火油機每日所能給供之水量，計爲二千五百噸。

青市水源，均係取自井水。雖無濾清池之設備，然以井之構造，含有濾清作用，故水之品質，甚爲優良。茲將青市自來水化驗結果，述之於下：(一)溫度一六·〇〇，(二)味無，(三)色無，(四)混濁度五·〇〇，(五)固體物一三五·〇〇，(六)浮游物二三·〇〇，(七)阿毋尼亞〇·〇一四，(八)養氣消費量〇，五六〇，(九)硬度三一·一〇，(十)酸性二二·五〇，(十一)綠素五三·一〇，(十二)黴菌數八三·〇〇，(註：由色至綠素，均表百萬分之數；黴菌係一立方公分水內所含之數。)

青市自來水管，有鑄鐵製造者，亦有熟鐵製造者。水源池送水幹管，及各馬路配水管，均用鑄鐵製造。至各用水戶之專用水管，則多用熟鐵製造。

青島市之他種公用事業　青島市之公用事業，除自來水而外外，其較重要者，乃爲電燈，公共汽車，及電話。電燈與公共汽車，皆爲商辦。電話由交通部直接辦理。全市公共汽車，總計六十九輛。電燈廠，祇有中日商辦之膠澳電汽公司一家，電汽廠每日平均所發之電量，爲八四八二六度。每日平均售電量，爲六四六六六度。市政府對於該公司，設置監理一員，以資督察，並由工務局公用股，隨時監督之。

青市路燈之數目，在接收之初，僅六百八十五盞，共計四萬八千一百三十五瓦特。現已增至一千六百一十七盞，共計十二萬三千八百一十五瓦特。路燈之式樣，大別之可分為下列五種：(一)鈴蘭式，(二)柱頭式，(三)對綳式，(四)伸臂式，(五)曲柄式。路燈每月之開支，約在八百元左右。

青島市之下水道　青島全埠下水道之建設，共分雨水，汚水，及混合三種。雨水管。專為宣洩雨水而用。雨水在私地內者，由小管流入公路下之雨水管，其在公路面者，則匯流於各水斗，而至雨水管。然後再循次達於各附近之海岸。汚水管內，有汚水流通，匯至各排洩處。混合管，在平常時，汚水由管內流通。在降雨時。雨水亦該由管內流通。至最近之海岸外溢，由雨水出口，流入於海。大港一帶之下水道，皆為混合管。西鎭一帶之下水道，亦以混合管，比較普通。至其他各地，則皆採用分流制。

青市下水道，就地勢之高下，畫分四區。每區設排洩廠第一處，專為吸收本區之汚水。汚水流入各廠之後，再由各廠分別排洩。第一排洩廠在廣州路。該廠內有抽水機四架，兩架為十馬力，兩架為四十馬力。第二排洩廠，在樂嶺路。該廠內有抽水機兩架，皆為三十馬力。第三排洩廠，在太平路。該廠內有抽水機兩架，皆為五馬力。第四排洩廠，在會泉路。該廠僅有五馬力抽水機一架，第一第二兩廠之污水，統送至第一廠。第一廠之供用，除吸本區內之污水外，復收容二三兩廠之污水。然後再由第一廠，用電力將污水提至高處，使之順地勢自然坡度，而流入海中。第四排洩廠，因地勢較窪，且距市內稍遠，污水不便送至第一排洩廠。故現在之辦法，乃將第四區之污水，送至會泉角之東部，而入於海。

青島市之碼頭　青島市共有碼頭四座，均爲以前德人所建築。四碼頭之位置，皆在大港。第一碼頭，長約三千餘呎，寬一百米突。第二碼頭之面積，與第一碼頭，約略相等。第三碼頭，規模較小。其長度尚不及第一碼頭之半，寬度僅爲四十餘呎。第四碼頭，靠船處長一千二百米突。上有一百五十噸之起重機一架。各碼頭之用途，畧有不同。第一碼頭，一部份作爲卸煤之用，一部份作爲裝卸普通貨物之用。第二碼頭，專爲裝卸普通貨物之用。第三碼頭，專爲裝卸火油及其他性易燃燒貨物之用。第四碼頭，專爲裝卸煤鹽貨物之用。現於第二與於第三兩碼頭之間，增建第五碼頭。工程費爲四百萬元。去歲七月間，業已開工。預計四年始能竣工。據聞將來第五碼頭，則專爲裝卸煤鹽之用。

小港爲沿岸貿易小船及帆船碇泊之處。其位置在大港之南。面積雖有六十萬方里，然規模與設備，則遠不及大港。

青島市之公園　青島市之公園，大小約有十二處。茲將其較重要者，述之於左：

(1)第一公園——第一公園，即中山公園。在會泉跑馬場之北，面積約一百萬平方公尺。該園內，廣植花木果草，並畜有禽獸數種，以廣遊人之觀覽。

(2)第二公園——第二公園，在登州路之旁。除植樹栽花稍有可觀外，尚未佈置完備。

(3)第三公園——第三公園，在上海路之下。該園所占土地，雖不甚廣，然佈置尚稱完善。

(4)第四公園——第四公園。在中山路之中段。園內各種佈置，尚爲合宜。惟該園地址，現已出租，改作建築土地。

(5)第五公園——第五公園，在費縣路青島車站之東。該園之面積，並不甚大。園內所種植之花木，亦不甚多。

(6)第六公園——第六公園，在安徽路之中央。該園係利用原有窪地，稍加佈置。靠湖南路一端，則植有楓樹一株，甚爲偉觀。

(7)海濱公園——海濱公園，在萊陽路海岸。自海陽路以西至海水浴場一帶，地形狹長，海岸曲折，頗富天然風景。

(8)市府公園——市政府大樓之西南二面，原屬荒地。近年來，始加整理，並植樹栽草。地雖不廣，而點綴風景，足壯觀瞻。

青島市之平民住所　青島市自十九年以來，即着手籌建平民住所。所規定之辦法，計有兩種：(一)由公家建築，廉價出租，(二)指定地點，由平民領地自建。至公共設備，則由公家撥欵興築。茲將大概情形，述之如下：

(1)四川路平民住所，係公家建築。工程於民國十九年十月始竣。該處房屋，共計二百六十八間。公共設備，有厠所，灰池，污水池，浴池，公共洗濯池等。

(2)台西四路一帶，四川路辯土溝，上下馬虎窩，挪莊等處，共建平房二千四百間。此項房屋，係由平民領地自建。在各該處之公共設備，計有圍牆四百九十公尺，洗濯池三個，灰池三十個，汚水池十六個。

青島市之公墓　青島市之公墓，計有下列數種：(一)華人公墓，(二)萬國公墓，(三)日人公墓。華人公墓有二：一為台東義塚，二為滄口義塚。台東義塚，在青市台東鎮利津路，為旅青華人叢葬之所。現因該處墳墓將滿，故社會局又於湛山及五號砲台之間，開闢公地數十畝，作為華人公墓之用。滄口義塚，為華新紗廠所創設。在滄口劉家山之後。該義塚，最初僅有地四畝餘，專供華新紗廠職工暫時厝葬之所。在民國十三年時，復於原地點，增購土地十畝，作為公共義塚。現在滄口一帶之貧民死後，皆叢葬於此。萬國公墓，在青島山之東南麓。其四周環以短垣，禁止樵蘇踐踏。市政府現派有專員，管理墓地。凡住居青市之歐美僑民皆准在此埋葬。日本公墓，在青島山之東北麓。面積約四畝有餘，專供日人厝葬之用。此外，在中庸路東側，則尚有日人所設備之火葬場一處。

青島市之慈善事業 青島市，原有官辦之乞丐收容所一處，教養局一處，育嬰堂一處，及官商共同辦理之貧民習藝所一處，濟良所一處。今則將已有之三所一局一堂，依據中央法令，改組爲救濟院。院內共分四部。第一部爲殘老所，專以收養老弱殘廢爲主旨。第二部爲貧兒所，專爲收養一般貧苦兒童。第三部爲婦女習藝所，專收養無依婦女，且授以相當職業。第四部爲借貸所，專以款項貸給平民，俾能小本經營。

此外，青市尚有平民工廠一處，專爲收容殘老及貧兒，而授以相當職業之用。

青島市之教育事業 青島自市政府成立之後，教育事業，始漸發達。現在青市之學齡兒童，總計約有四萬人。其已入學者，已有二萬餘人。全市市立小學，共一百一十五校。市立中學校有二，一爲男子中學，一爲女子中學。市立初級中學僅有一校。私立中學校有四，二爲男子中學，二爲女子中學。

青市市立圖書館，以前由教育局直轄，但今則改由黨部直轄。市內有講演所一處。其內部組織，分爲三部。第一部爲圖書，第二部爲游藝，第三部爲科學。

青島市政府之鄉區建設 青市自沈市長主政以來，對於鄉區建設，極爲努力。自去年四月間起，已於滄口，李村，九水陰島，薛家島，各設鄉區建設辦事處。每處設主任一人，其下分為下列五股：(一)公安股，(二)工務股，(三)社會股，(四)教育股(五)農林股。一切辦事人員，皆由市府及各局之職員兼任，並不另支薪水。市長及各局所長，按月下鄉輪流巡視。茲將現在進行辦理之事項約略述之於左：

(1)公安事項：(一)分駐陸戰隊於即墨各處，(二)分駐軍艦於外海各處，(三)分配警察及保安隊於本區各鄉，實行巡查保護，(四)設置巡船於薛家島滄口等處，以鞏固沿海治安，(五)查察各區戶籍以防奸宄之潛入，尤注意冬防，以保持全境安寧，(六)添設各區衛團，於農隙時，訓練人民，切實編制，養自衛能力。

(2)工務事項：(一)分鄉村道路為幹道支道村道三種，未有者即時興修，已有者設法改良，務期各鄉四通八達，農工商轉運均臻利便(二)各處水利橋樑，各壩等均由公家籌款，利用農隙民力，分別興修，(三)新闢自來水源，以充裕市民飲料，(四)規定建築方法，以期整理舊村。

(3)社會事項：(一)嚴禁鴉片，以期肅清毒物，(二)抽查婦女纏足，俾免戕害身體，(三)戒除游惰奢靡，提倡勤儉進修會等，以崇節儉，(四)鼓勵善良風俗，(五)查禁不良戲曲，以期改良風俗，(六)提倡家庭副業，如養豬養鷄等事，皆需擴充，(七)振興工商實業，。

(八)調查漁業，以期改良漁具及銷售製品等，(九)設立鄉區分醫院，(十)訓練鄉區產婆，俾產婦嬰孩得以保全健康，(十一)檢查鄉村井水，改造井台，俾人民飲水得以清潔衛生，(十二)散發預防傳染病傳單及衛生淺說，俾人民知所預防(十三)督促各村掃除村道，不得堆積糞土以重衛生，(十四)籌備青島市鄉區農工銀號以備人民借貸，藉謀生計而資周轉。

(4)教育事項：(一)視察各校教學成績，以便分別整理，(二)調查學齡兒童人數，俾便補充各學校之缺額，(三)籌畫建築校舍，免令借用民屋及祠廟等，以示整齊，(四)實行平民補習教育，俾平民不至失學，(五)各鄉私塾應歸併設立小學，以昭劃一，(六)李村浮山所，登窯，仙家寨，法海寺等處，設立規模較大之小學以期為教育模範。

(5)農林事項：(一)改良農業種籽，以期增加農產，(二)改良菓品樹苗，並消除羊毛疔，赤星病等，以謀繁殖菓品，(三)禁止砍伐山木，以期保護民林，(四)提倡鄉村種樹，以期推廣林業，(五)調查農村經濟，以期村民生計之充裕，(六)各鄉區添設農園，就近提倡農林及指導供給各事。

(6)財政事項：(一)力防徵收租稅之舞弊，(二)規定地產移轉登記，不收登記及任何費用，並由財政局派員在鄉區事處辦理，以免人民往返之勞，(三)規定驗契辦法，俾之民於銀行借款時得以證明產權，(四)嚴禁外人收買土地及租領農地，以保主權而免糾紛。

結論　十餘年前，當日人將青島交還吾國時，某外報曾有一種評論，略謂「青島經德人慘淡經營之結果，始成近代一新市。後由日人繼續管理，然對於德人所樹立之各種標準，毫未使之降低。現在青島已由中國收回，誠恐不出十年，青島退化至數十年前之漁村狀況。」吾國收回青島，迨今已逾十載矣。然青島之建設，不但不見退色，反而甚有發展，足見以前某外報之謬論，毫無價值也。

青島市政，因經德人經營多年，故諸事頗有條理。惟自吾國接收以來，一面既能將德人所遺之良好成績，竭力保存，而一面又能得以前所未進行之事務，次第興辦。譬如教育及鄉區建設，在德管日管時代，均未注意，但今則不遺餘力以發展之，誠堪慶幸之一事。論及現在青島市政府，余認為有可稱道者三點，即注重人才，講求效率，及市政公開是也。（完）

考工紀餘

一　製造普通安全火柴之木材，須爆乾十五月之久，方可使用。

一　白金一立方寸引長爲幾乎不可見之細絲，可繞地球兩週。

一　法國化學家發明蓄電池一種，以磁爲發動原料。

會務報告

會計報告

謹將工程師協會由上年十一月至廿二年四月四日收付欵項列下

由王科長處移來

原接收洋壹百元

三十八位每位六元

收會員會費洋貳百貳拾捌元

十二位每位四元內有劉君來五元

收仲會員會費洋肆拾玖元

二十位每位二元內有呂君來一元

收初級會員會費洋三拾玖元

以上四項共計洋肆百拾陸元

付寰球印務局洋壹百貳拾玖元玖角　另有單據

付 通知各會員買郵票用 洋壹元肆角柒分　另有單據

付寰球印務局洋貳拾肆元　另有單據

付 通知各會員買郵票用 洋伍角陸分　另有單據

付寰球印務局洋肆拾玖元　來信爲據

付 各會員交會費來郵票 洋拾肆元

以上六項共計洋貳百拾捌元玖角叁分

此欵如數存通成公司往來戶

除收付兩抵淨存洋壹百玖拾柒元零柒分

又存郵票值洋拾貳元貳角

以上二項共存洋貳百零玖元貳角柒分

民國二十二年四月四日

會計主任張蘭閣

工程消息

南運河河工

冀省測量隊已出發

疏濬南運河，委員會以河水融解，正可及時興工，俾伏汛前蕆事，以弭水患。經呈請河北省建設廳後，該廳即飭技術處委派員司，組織南運河下游測量隊。該隊已由技正滑德銘技士閻鴻勛王瑞爾顧兆鵬王秉誠楊振川等六人，率同工役等，於本月二十九日出發，其測量應用儀器，及日用物品等，則於二十七日僱用民船兩隻前往。至測量地点，則由南運河第五工巡段西岸靜海縣上口子門起，經第四工巡段東岸青縣城北二十里屯，西岸鮑家咀村南，第三段東岸滄縣捷地鎮迤北，西岸上河沿村，第二段東岸東光縣油房口村，西岸南霞口村，第一段西岸景縣寶貝村河堤，東岸迄魯境德州屬邊境。分工合作，預計須一個月工夫測量完竣。關疏濬施工，四月中旬即可於測竣地方開始進行，不必俟全部測量完竣，然後施工云。

魯省整理南運情形

山東對整理南運河，正在籌備，一俟工款有着，即先修治由黃河南岸至台兒莊一段。第一步先恢復舊日航運。建設廳在去年曾查勘魯南各水道，汶水與大清河交流處，在東平有戴村垻一道。在前時，汶河水流入蜀山湖，以濟運河。自戴村垻壞，汶水遂漏入大清河約五分之三，歷年來不特運河水量因以減少，而大清河水勢汎濫，東平縣境受災甚重，故決意修築該垻。興利與除害並舉，計算需七萬元。由省建設廳購料，由濟南元陞包辦，現已開工云。

河北工業學院卅週年盛況

紀念會盛況

河北省立工業學院，於三月十九日，在該校中山堂舉行三十周年紀念會。全體教職員學生，除參加各部表演人員外，一律到會。來賓有教育廳陳廳長，民政廳魏廳長，財政廳魯廳長，建設廳王科長，嚴慈約委員代表參加。濟濟一堂，頗極一時之盛。由該院魏院長主席並致開會詞，繼由來賓等演說，主席答詞，攝影散會。」

展覽會內容

該院藉此周年紀念之日，籌備展覽，定期爲十八十九兩日。展覽會共分十五大部，計爲(一)行政圖表陳列室，(二)染織科圖案展覽室，(三)物理實驗室，(四)化學實驗室，(五)洋灰實驗室，(六)製革廠，(七)油工廠，(八)染工廠，(九)織工廠，(十)成品展覽室，(十一)市政水利系圖表教材展覽室，(十二)圖書館，(十三)機械工廠，(內包含翻沙鍛鉄木工機械四廠)，(十四)熱機及電機實驗室，(十五)機電系機工科教材及成績展覽室。此外並設一臨時售品處，專售該院出品及當日陳列各廠家委託之售品，觀衆爭購，咸稱物美價廉。統計兩日觀衆，不下六千餘人云。

北方大港鑽探工作順利

關於北方大港籌備工作，業定五年完成，並經該籌備委員會擬定工作程序，呈准交通鐵道兩部以便進行。該會頃查港址(按港址勘定在大清河口灤河口之間)，海岸及海底性質之情形，與規劃港埠一切建築物之基礎，有深切之關係，自應加以鑽驗，特於上月間，向北寧路局借到鑽探機器，惟檢查機件，頗有缺損，遂由該會設計一簡易人工鑽探機器，遴派技術專員監督製造，需費僅百八十元，備有魚尾式及錐子式鑽頭各一個，空鑽頭二個，(直徑皆爲五英寸)及其他一切附件。製就後，即招選工人，前往港址開始工作。鑽探程序，先陸地以求得港埠土層之概況，然後再探碼頭船塢等地址之地質。目前進行極爲順利。第一孔(在測候所東側)業已探畢，土樣亦已送會。經鑒定其地質如次，地平面以下二公尺八爲黑砂土，三公尺七爲黃砂土，六公尺一爲灰細砂，八公尺爲灰細硬砂，八公尺七爲灰色絞粗砂，十二公尺三五爲灰細硬砂，十一公尺八五爲深灰黏土，十三公尺四五爲灰細硬砂，十三公尺七零爲深灰黏土，十九公尺四五爲灰細硬砂，十九公尺八零爲褐黏土，二十公尺七零爲灰細硬砂，二十三公尺爲褐黏土，二十七公尺爲黃灰砂土。現在測候所之東北，鑽第二孔，至地平面以下二十餘公尺時，即發現岩石，殊屬好現象。第三孔在其西北。據該會人員談，鑽探港埠土層預擬共鑿十數孔，俾由鑽探成績之總結論中，明確鑒定地質。關於鑽探海底之工作，頃已責成駐在該地之技術人員，於最近期內雇船進行。港址所在地，屬樂亭縣境，該處海水，兩公里外，在最低潮時，深達十公尺以上，河泊巨船。大港如築成，

可吐納華北十餘省區之貨物，其在商務地位之重要，定高出天津數倍云

海珠鐵橋落成

開幕盛況 横跨廣州市珠江南北岸之海珠鐵橋，爲粵省巨大工程之一，經營數年，業於二月十五日工竣開幕。舉行開幕禮前，由市政府在北岸橋端，布置禮台兩座，南北橋口各搭偉大牌樓一座，橋欄滿綴生花，禮台位於北岸東隅，西隅爲與開幕禮之耆老座位。是日上午，市民魚貫前臨參觀，南北兩岸，肩摩轂擊，橋之附近有各校童子軍及憲兵維持秩序，至下午一時，市長劉紀文，及黨政機關代表，紛紛齊集禮台，奏樂行禮，首由劉紀文致詞，畧謂「衣食住行，爲民生四大需要，而交通尤爲經濟發展之先決問題，所以建國大綱裏對於開闢道路，再三致意。本市自辦市政以來，河北一帶，已積極進行，惟河南一地，以有珠江橫亘，雖有航行交通，惟每遇風雨，交通時患梗阻，當時市政當局有感於此，即毅然興築海珠鉄橋，以利珠江南北兩岸人民之來往。築橋工程，由前任林市長（雲陔）開始慘淡經營，後任復接手辦理，直至今歲，始克全橋工竣。此橋築成後，對於南北岸交通經濟，文化，均有莫大影響。今日開幕，得百齡以上之耆老爲先導，尤爲難得。各位耆老，平日修養有素，故克享遐齡，在此高呼強種救國滿雪病夫恥辱當中，吾輩青年，應一致興起，繼着耆老足跡前進，實行救國工作云云。」詞畢，鼓掌與砲竹聲大作。劉氏旋步至覆幕處，用金剪將欄橋之紅綢帶剪斷。海珠橋遂開幕，由耆老黃偉（一百歲前清道光甲午年九月十五日誕生）領導渡橋，次爲黃鄧氏、劉麥氏，（俱一百歲）以次爲雷伍氏、梁達樵，鄺超康，鄧李氏，馬蘇伍，黎鴻福，黃中理，連劭道，陳李懷修等，（壽俱在九旬以上）由北岸策杖步行至南岸，旋乘汽車，環遊各馬路一週始返。黨政人員由南步步返北岸後，始行散去。是日，市民絡繹渡橋，擁擠異常。茲將該橋籌建之經過概況，及該橋之形勢與工程，分誌如次。

形勢與工程 海珠橋之測勘與設計，始於民國十八年六七月間，由市政府城市設計委員會登報徵求圖則，應徵者三家，一爲德人，預算建築費約四百萬元，一爲中國機器界中人，未擬價目，一爲美人馬克敦公司。三家之中，以馬克敦所擬價目爲最廉，市府遂召之詳細研究多次，然後審定圖則。圖則決定後，以中幣大洋一百零三

萬二千兩而成議。原定合約二十五個月完工，但十九年二十年兩歲，雨水時間過多，不免阻延工程，且中間橋躉又經一度改建，故延至今年二月始告完竣。馬克敦公司承建工程後，即在天津烟台等處，雇用工人二百五十餘人來粵工作，在二十五個月內，因在橋底工作遇險溺斃者七人，病沒者五人，此十二名為橋工而犧牲者，均由該公司酌量撫卹。

橋樑材料

橋樑採用上等鋼鐵，首尾兩節橋面，用三合土築成，並鋪二寸厚膠青，中間開合之一節，用有減閩力之木塊鋪成，上蓋以膠青板，橋躉四座，用三合土凝結，外砌以白石，橋身同時能負二十噸之貨車二輛，又每平方尺負重一百磅，震動力照路面所負重之百份三十五計算，橋之保固，以三十年為限。此橋共分四躉，第一第四兩躉，貼近南北兩堤岸，第二第三兩躉在旁中，全橋長六百英尺，寬六十英尺，除兩旁各留十英尺為行人路及手車路外，中間汽車路，闊四十英尺。首尾兩節為固定式，中間活動之一節，能向上分開，大船來往，即於此處掀起。每掀起一次，僅費時五分鐘，即過每句鐘吹五十英里之南北向颶風，橋之啓閉，效力並不失消。

橋南北端，築有拱橋式之斜坡，斜坡底至堤岸路面，高度有十三英尺，北端達維新路，南端達河南廠前街馬路，北端斜坡跨長堤而過河北長堤，往來車輛從斜坡底經過，不能直入鐵橋，但自五仙門馬路與迴龍路開闢後，長堤車輛，可以改道五仙門路及廻龍路而入橋，路程並不遠。北岸斜坡為合成公司承建，建築費十二萬四千八百元，南岸斜坡，為馬克敦公司所建，合堤路建築費共十五萬七千元。

鐵路建設

粵漢鐵路

粵漢鐵路由株州至韶關一段長凡四百五十公里，以時做時停，迄未修竣。現在韶州至樂昌一段已將竣工，不日即可通車。由樂昌至湖南株州一段，計長約三百八十四公里，業經測量完竣，現正積極規畫，由兩端對向開工。關於全部建築經費，係撥用英庚，工款不成問題。惟此項工程浩大，該路工務處，已向京滬津漢各報登載，廣為招投建造云。

通海鐵路

江蘇省政府去歲所定之開發江北五年計劃，以交通為首圖，故決定興築通海鐵路，並明定路線，由南通經東台，如皋，鹽城，淮安，淮陰，漣水，灌雲以達海州。開工期定今春五月。該路全長計四百七十里。共需經費七千二百萬，購買地畝費約二百二十萬元，材料費三千五百萬元，工程費三千五百萬元。由該省官督商辦之江北墾殖專區籌備處承担經費四千萬元，所餘則蘇省府籌措。該路計劃經過江北墾殖專區，將來完成後，該區內出產運輸．有極大之便利，故該籌備處樂予承担巨數經費也。

蕪乍輕便鐵路

貫通皖浙交通之蕪乍輕便鐵路，經長期間之測量，不久即可實現。聞關於路工事宜，交江南汽車公司辦理；關於沿路物產經濟等項，則責成中央建設委員會經濟調查所職員，分赴皖浙各縣調查，已粗具規模。決先就寧湘路基敷設鐵軌行車。惟該段路基，僅由蕪湖至灣沚間為國有餘，由灣沚至宣城段路，係宣蕪廣汽車公司所有，鐵部已派員接收，以為該路之用。一俟辦有成績，再以盈餘逐漸興修興城，廣德，湖州，嘉興，乍浦段，工程漸次延長，直達乍浦東方大港為止云。

雜俎

雪廬漫鈔

樂野山人

喜峯及古北兩口，爲河北重要門戶，槩朔北番有事，均爲必爭之地。邇者熱河失守，兩繫鏖兵，極爲激烈，而宋哲元將軍，扼守喜峯，出奇制勝，尤爲全國所欽敬，誠一喜也。偶閱淸高士奇松亭紀行，及塞北小鈔，載兩口之征戰故事，頗饒興趣，爰轉錄於次，以饗國人。

喜峯口之「喜」

喜峯口，古松亭山也。奇峯削下，腰有洞，高二丈餘，深倍之。遼史爲松亭關，隸中京留守司。開泰中，置澤州俘蔚州民，立寨居之。王沂公曾行程錄亦云，松亭嶺甚嶮險。今喜峯口東北，有小城，曰徐太傅城，爲明徐中山達所築，歲久彌堅，遠望如碧玉，懸崖斗聳，人迹希邈。昔有人久戍不歸，其父來尋，適遇此山下，相抱大笑，喜極而絕，遂葬於是。俗因謂之喜逢口，後訛爲喜峯。元許有壬書塘集載之頗詳，兼有詩述其事云。兒寒解衣重撫摩，兒饑推食孰忍訶。長成與國遠負戈。一去不返當如何。去時云出東北鄙，直出榆關度遼水。白頭耶罷與影俱，豈憚山川千萬里。天敎此地適相逢，父曰從天墜吾子。笑疲樂極俱殞身，誰謂情鍾遽如此。官家開邊方未已，同生又別寧同死。山雲濛濛風颸颸，山頭雙塚知幾秋。當時不忍一朝喜，今日翻成千載愁。猶勝貞女化爲石，終古孤身雙不得。淸江寒影日悠悠，行人一去無消息。

明宣宗實錄，宣德三年八月丁未，車駕發京師，渡潞河，九月庚戌入薊州，至石門驛。喜峯口守將遣人馳奏兀良哈萬衆侵邊，已入大寧，經會州，將及寬河。宣宗覽曰，是天遣此寇投死耳。遂駐蹕石門之東，召問諸將。咸請擊之，亦有請益徵兵者。宣宗曰，此出喜峯口，路狹且險，單騎可行，若俟諸將幷進，慮緩事機。遂決策親征，簡精銳騎士三千人，人二騎，自持十日糧。命文武扈從者，悉留遵化，惟太子少傅楊榮從。乙卯出喜峯口，軍士銜枚斂甲，韜戈而馳，昧爽至寬河，距敵營二十里，分鐵騎爲兩翼，夾擊之。宣宗親射其前鋒，殪三人。敵望見黃龍旗，悉下馬羅拜請降，皆生縛之。獲生口駝馬牛羊輜重。丙辰，駐蹕寬河，分命諸將搜山。明日移營前進，至冷嶺。又明日，駐會州，大饗將士，親製詩歌，慰勞之。又數日班師。（松亭行紀）

古北口之「古」

古北口兩崖壁立，中通一車，下有深澗，巨石磊砢，凡四十五里，爲險絕之道。亦曰虎北口。五代史，唐燕樂縣，有東軍古北二守。梁乾化三年，晉將劉光濬攻劉守光，克古北口。石晉開運二年，契丹主入寇，還至古北口，聞晉取泰州，復南向。宋宣和三年·金人敗遼兵于古北口。金史古北口，國言曰留斡嶺。嘉定二年·蒙古侵金兵至古北口，金人退保居庸關，元致和元年·泰定帝子阿速吉八·立於上都，遣兵分道討燕鐵木兒于大都。時脫脫木兒守古北口，與上都兵戰于宜興。上都兵敗走。宜興，元興州屬縣也，在古北口外。明洪武二十二年·命燕王出師古北口 襲乃顏不花于迤都，降下之。永樂八年·塞古北口小關口，及大關外門，僅容一人一馬，宋王沂公曾，富鄭公弼，使契舟，亦由斯徑。王沂公行程錄云·古北口兩旁峻崖，中有路，僅容車軌。口北有鋪，彀弓連繩，本范陽防扼契舟之所，最爲隘束。今聖德所被·遠邇來歸，口隘之間，徼堠櫜韣，皇上親奉太皇太后避暑宸遊，開城布公，內外一體。蒙古諸部落，拜迎道左甚恭。謹撫綏之道，實前代所希覯也。口內蕭寺，刻宋蘇文定公轍古北口道中詩云，亂山環合疑無路，小徑縈廻長傍溪，髣髴夢中尋蜀道，興州東谷鳳州西。宋史元祐間，轍嘗代軾爲翰林學士，尋權吏部尙書，使契舟。館客者侍讀學士王師儒·能誦洵軾之文，及轍伏苓賦，按此則奉使時所題也。

夜光木考

夜光木生絕塞山間，積歲而朽，月黑有光，遇雨益甚，移置殿上，通體皆明，白如螢火。迫之可以燭物。以素甆貯水投之，水光澄澈。雨露日遠，則光漸減矣。考之群書，眞誥良。常山有螢火芝，大如豆形，紫華，夜視有光。述異記：東方朔謂帝曰，臣遊東流至鍾火之山，有明莖草，夜如金燈，亦名洞冥草。拾遺記：祖梁國獻蔓金苔，色如黃金，置漆盤中，照耀滿室，名曰夜明苔。若夜光木，未有載者。惟黃金志載有放光木，殆其類歟。（塞北小鈔）

民國二十一年，熊式輝主席巡行江西，得奇木，能發光，後送中央研究院以備參考。據云其放光由於木內寄生放光菌，非由於燐云。嗣以庋藏不當，室內乾燥，菌漸死去，光亦漸減，殊爲可惜。錄此可與古夜光木參考。

太乙卜年

中華民國二十二年，歲次癸酉，太乙入庚子元，三十四局，居四宮卯位，與客大，始擊，地乙，直符同宮。主大在六宮。與太歲同宮，主算二十六，客算四。文昌與君基民基同在未宮。僅按太乙之術，略推國運盛衰如次。

一　卯位，地乙與値符同宮，其分大旱，兵盜土工興，人民病，五穀不成，農人受困。

一主大爲我，臨陰宮，値陰數，是爲不和。四六爲絕氣之宮，尤爲不祥，疑有水災及陰陽之變。

一卯酉相衝，東西兩國兵興，冲太歲者不利。

一客大爲敵，居絕氣之宮，與太乙並居。夫太乙爲政治之神，如臨無道之邦，恃干戈，恣侵伐，則兵喪水旱饑饉流亡，以行其罰。樂產云，能使日月無光，飛星流孛，山崩地裂，水湧河竭，是也。

一太乙者，本神也。東方歲星之精，受木德之正氣，日之堅將，主乎帝旺，應在春之三月。然太乙與始擊同宮爲掩。客大與太乙同宮爲囚。掩者猶日之蝕焉，君弱臣强之象。囚者物繫而執立之義，以下犯上之謂也。如在絕氣之宮，其凶倍常。

一主大與太乙相對爲格，格者變革也。宜與民更始。其在易絕之地，大凶。歲計遇之，不利有爲。

一客算四，爲無天之數，更加囚掩，必有天災，海嘯山崩，彗孛飛流，霜雹爲患，如興兵革，主將不利。

一太乙在四宮，太歲居酉，爲格。其歲，當有奇星及太白星出西方，同助太歲。犯之者凶。又主革兵流亡疾疫，以相格在絕氣之宮也。

19201

統觀全年大勢，主客皆不利於有爲。主憂水，而客憂旱，天災流行。主應革政維新，而客憂臣民跋扈。至於勝負，則卯辰之月，敵強，酉月以後，彼弱。究其極，則兩國交困而已。

欒野山人，曾雲遊海外，自謂精古星命太乙長短之術，偶亦有驗者。壬申除夕，爲癸酉卜歲，作預言。識之者，咸以讖言譏之。山人以慈悲爲懷，亦謂幸其言之不中也。

編者誌

河北省之石棉

石棉以絨長而柔者爲佳，短而脆者爲劣，故其用途之廣狹亦因此異。石棉不傳熱，不能燃燒，故可取佳良石棉之絨，織成救火人員之衣服及手套等。石棉與水泥混合，用於建築，可以防熱，可以避火，可以避雨，可以隔絕聲音。粗劣石棉可用以包裹汽鍋汽管。石棉有阻電性，故在電器有防傳電及傳熱者悉用之。吾國產石棉區域，有河北遼寧熱河綏遠晉鄂湘陝諸省。河北省則在密雲縣銀冶嶺，淶源縣東北一帶，分佈甚廣。

中華民國二十二年四月出版　一卷四期

河北省工程師協會月刊

張繼題

北甯鐵路簡明行車時刻表

中華民國二十二年一月二十日重訂

下行車

列車次數	北平前門開	豐台開	郎坊開	天津總站開	天津東站到	天津東站開	塘沽開	蘆台開	唐山開	古冶開	灤縣開	昌黎開	北戴河開	秦皇島到	山海關	錦縣	遼寧總站
第七次慢各膳車等	五●五〇	六●二四	七●四四	九●二六	九●三五	九●四五	一〇●四八	一一●四四	一三●〇一	一三●四八	一四●四三	一五●三四	一六●四四	一七●一三	—	—	—
第三次特快各膳臥車等	八●二五	八●五五		一一●一六	一一●二五	一一●三五	一二●三三	一三●二六	一四●二四								
七三點加車等									七●〇〇	七●三六	八●一九	九●一九	九●五六	一〇●一八			
第九次快各膳車等	一四●一〇	一四●四二	一五●四七	一七●二〇	一七●三〇	一七●四五	一八●四五	一九●四五	到 二〇●五三								
第五次特快各膳車等	一六●二五	一六●五五		一九●一六	一九●二五	停						⋯					
第一〇二次臥特快各膳車等	一七●一五	一七●四四		二〇●二一	二〇●三〇	二〇●四〇	開	往	浦	口							
第一〇一次快各膳臥車等	二〇●一五	二〇●四八	二一●〇八	二二●四二	二三●五〇	二四●〇〇	一●一〇	二●一三	三●二四	四●一〇	五●〇六	六●一七	七●二九	七●三七			
第一五三次混合等	二〇●四五	二一●一八	〇●二〇	二●四〇	三●五〇	四●五〇	七●一七	九●五五	一四●四五								

上行車

列車次數	遼寧總站	錦縣	山海關開	秦皇島開	北戴河開	昌黎開	灤縣開	古冶開	唐山到	唐山開	蘆台開	塘沽開	天津東站到	天津東站開	天津總站開	郎坊開	豐台開	北平前門到
十二加車半三点等				一二●三〇	一三●〇〇	一三●三五	一五●一二	一五●五五	一六●三三	停								
第一六三次混合等										一四●三〇	一七●三三	二〇●三六	二三●二八	〇●二五	〇●三六	三●二四	七●一〇	八●一七
第八次慢各膳車等				六●三三	六●五三	七●四三	八●四九	九●四七		一〇●三三	一一●五三	一三●一三	一四●二二	一四●三四	一四●三九	一六●一六	一七●四七	一八●二〇
第二〇二次臥特快各膳車等							自	浦		口	開	來	七●三〇	八●〇〇	八●一一		一〇●四三	一一●〇九
第四次快各膳臥車等										一三●〇〇	一四●〇八	一四●五六	一五●五〇	一六●〇〇	一六●一三		一八●四八	一九●二五
第十次快各膳車等										一六●四五	一七●四五	一八●五三	一九●四五	二〇●〇〇	二〇●一一	二一●二五	二二●四八	二三●一五
第二〇一次快各膳臥車等				二二●一八	二三●〇五	二四●〇〇	一●〇五	二●〇〇		三●二〇	四●三一	五●三三	六●二七	六●五〇	七●〇六	八●二八	九●四三	一〇●一六
第六次特快各膳車等														九●一五	九●二六		一一●四四	一二●二二

河北省工程師協會月刊

一卷四期目錄

民國二十二年四月出版

19205

本刊徵求投稿啓事

(一)本刊宗旨在闡揚工程學術，傳達會務消息，並贊助本省建設事業之發展。

(二)凡本會同人，與工程界同志，以研究及經驗或調查所得，撰成文字，惠擲本刊，無論創作或譯述，其性質與本刊宗旨相符者，均所歡迎。

(三)來稿不拘文言白話，但以國文為限，並望繕寫清楚，加附標点。如有附圖，請用黑墨繪於白紙之上，以便作版。

(四)凡譯述之稿件，請標明原書名稱，作者姓名，出版年月，及地址。

(五)來稿請註明姓名，住址，以便通訊。

(六)本刊編輯部，對於來稿，得酌量增删之。

(七)來稿無論揭載與否，概不檢還。但由投稿人預先聲明者，不在此限。

(八)來稿經揭載後，由編輯部酌贈本刊，以酬雅意。

(九)投稿請寄天津義租界東馬路六十五號本刊編輯部。

介紹

本會會員劉鴻賓君年三十一歲在國立北洋大學採冶科畢業歷充遼寧省農礦廳技士及北票煤礦採煤工程師等職自九一八事變後入關現擬於礦廠或實業機關服務如欲聘用者請逕函滄縣西門外缸市街恒益號與本人接洽可也

職業介紹委員會啓

本會啟事

根據第四次執委會議決本會應製徽章案先向會員徵求設計式樣限期彙齊再行選製茲定五月十五日為截止之期應徵者務請于期前寄交本會會務主任王華棠君為盼

論壇

化學為建國典要論

美國化學會會員雲成麟編譯
劍橋大學化學教授百普原著

近代化學分理論與實用二方面

吾人倘欲盡量疏解晚近化學對於當代文明之影響，必恍然覺悟此學純粹抽象方面，宜與其技術實用方面，互有嚴密之關係，其復雜混淆，萬不能判然分立。

人造靛青是因有機化學之進步

近年來，上述旨要，顯例甚多。試考五十年前，因有機化學之孟晉，於是化學領袖，遂提議靛青有人造之不能。而此項提議，果也証定，而功歸實用。於是理論臆想，遂與實用技術，洒拂成驚奇之功業。蓋由煤膠產品中，卒能產出人造靛青。 然同時其純粹科學方面 ，亦進行研究不遺能力。至其終也，綜合的靛青製造，用費甚屬低廉。於是乎植物製造之靛青，幾乎絕跡矣。然苟於植物靛青之培養，加以特殊研究，則天然靛青之價值，自然可以降落，而恢復其固有之重要地位。最可惜者，斯種彰明之事，乃絕少人注意也，於是德國工廠，於一九一三年，遂製造值二百萬磅之靛青，而製造公司，遂獲年利百分之三十焉。

化學工業為一種財源，不負軍事嚴酷之責任

近年來，因戰事之殘酷，世人不查，往往多指摘化學須負戰事悲慘之責任。殊不知，此種信仰，乃大誤也。蓋此人多不能了解化學之如何開濬財源，及如何增進人民幸福之故耳。不知昌盛之化學工業，不徒為國家永久之財源，而亦為改進人生千輅萬略之淵藪。國民既蒙改善之利益矣，欲以此限定始終而不變也可乎？彼惟化學產品之不得善其用，是則責有攸歸。固不能專指摘化學工藝，負慘酷戰事之責任也。

國家繁榮有賴於粗重與精細之二種化學品

夫討論化學對於國家昌盛之關係，則應研究化學工業之枝派。茲為簡便計，姑將採冶工業，陶磁工業，一併割愛。

二者固屬純正化學部份，但欲作美滿研究，能單提論文，不爲功也。今僅從化學化合物品，爲開宗明義。斯項化學化合物，約分作百二。一曰粗重化學品，供作它項化學工業之原料者也。二曰精細化學品，此爲昂貴之成品，如染料藥品，照像化學品，均是也。

粗重化學品爲製造精細化學品之原料

粗重化學工業，包括一切低價材料而言。若硫酸也，硝酸也，鹽酸也，洗鹼也，苛鹼也，磠精也，漂粉也，以及其餘無量數之有機與無機物品，均屬之。粗重化學工業，第一主要效能，即在設備原料，以供給精細化學工業。然而各項精細化學工業，迅速間出脫於英人之手，而發現於德意志。其程度鉅大，罕與倫比，在一九一五年之初期，伯林之葛縷斯曼教授，估定每年德國精細化學品之產額，計九千七百五十萬錢。而精細化學品之獲利，遠勝於粗重品。由是可以推知，德國之所以容納英國粗重化學工業者，純爲合其便利也。

造胰工業爲炸裂品製造之母

按胰子之製造，本以植物或動物油，參加脂肪，而與苛鹼熬煮而成者也。於此不僅產生胰子，此外仍有甘油，於以產生。甘油若以硫酸硝酸之混合品，處理之，則即變成硝性甘油。此實佔英國軍事炸藥之五成。此種炸藥，實爲杜丸爾勤士與阿貝爾勤士二人合作而發明。是故從事歐戰國家，無論其爲聯盟，或協約，其間所用之子彈與砲彈，罔不以此爲根基。由此觀之，動植物油之供給，以製甘油，輾轉變成硝性甘油，而製成標準炸藥也。即炮彈壳中猛烈炸藥之炮信子，亦非此二品不可也。

水力對於化學工業之關係

硝酸亦爲製造標準炸藥之要品，英國則由智利硝石而製成。其法以此項粗糙硝酸鈉，再取硫酸而蒸溜之，即成矣。但此項來源，對於日耳曼亦一併封鎖。於是政府不得已，復行召集化學師動員，以資補救。德國在歐戰數年前，思想利用水力由空氣中聯合淡養而產生硝酸。自從戰事開始以來，德國已將此法，推致完善。先用淡輕大宗直接集和之法，以製安母尼亞。然後再進一步，復籌畫一方法，使安母尼亞如何遵循經濟策畧，變成硝酸。由是可知德國化學師，如何盡瘁於國，俾製造硝酸，絕不依賴外國原料也。

煤焦液工業

近五十年來，德國煤焦液製造染料工業，已發展至於盡美盡善之程度。完全建築於科學根基之上。於是英國天然出產之染料，遂因之而失勢。蓋此項商業，若靛青，丹參，蘇木等，素日統操於英人之手也。不料大英群島由來已古之工業，一旦遂爲德人所敬取矣。

高等炸烈品之製造

在近二年來，綜合藥品問題，尙不爲發生化學問題之最切要者。在此方面，眞實優越者，則爲高等炸烈品之製造。此宗炸烈品，凡文明國家，莫不賴之，縱形狀有變，而其爲需要則一也。其中所通用者，爲苦酸三替而已。苦酸製造之法，則先由煤焦液，或先由煤焦液(本眞)中提出石炭酸來，而參和以硝硫二酸。三替亦由煤焦液類，用同法製造之也。在德方均用大批硫硝二酸，在德國所有煤膠顏工廠方面均可迅速改變，變更其本來造染料宗旨，而謀作前述高等炸裂品之製造。

和平之工業化學師，一變而爲猛烈之侵畧化學工程家

綜合前方之所論議，不過竭力單簡敘述最爲和平職業之工業化學師，儘可倏然變爲兇猛侵畧軍事工程領袖。或謂德國之精細化學工業，所有提倡之方法，寔均以此視綫爲集中要点。故有驚人之發明焉。是故立國於大地，苟能循此而行，以爲自衛之準備，恐終難免於他人之侵凌也。

濫始之化學研究

在衆多化學發明之中，其初絕似只有純粹哲學之意味。其後迅速一變而爲新化學工業之基礎者，前已屢言之矣。雖然斯項之化學發明也，只可由選手，在安靜中獲得之。是故各專科學校，及大學，亟宜提倡化學研究，以資進步。凡有既經證明特別合於純粹學工作者，國家須資之以津貼。爲是則可完全專心於科學發明工作也。國家所以預備多數科學學生之故，乃專爲揀選之以適合於特別之試驗探討，此則爲近百年來世界福源最巨大之貢献也。爲首創製碱之駱卜卽克，以貧乏而自殺。又如彌秋德爾台，對於化學工業，貢献極多。在其晚年，因得國家給養，甚屬舒泰。秉國政者，對此應加注意焉。

按此篇爲雲君在本會之演講稿，全文甚長，本刊限於篇幅，特爲擇要披露。編者誌。

改良舊式大車

蔭桐

我國大車，笨重遲緩，費力傷路，國人徒知墨守舊法，不知改善，相傳概有數千年之久。去歲太原綏靖主任閻錫山君，有改良舊式大車之徵求，擬定條件，限期試驗。(一)每車駕中等騾一頭，(二)載重一千五百斤，(三)在汽車路行駛，每日行十小時，進行一百里（飼養時間在外）(四)每車製造費，不得過一百二十元。應徵者約六十餘處，而真正做好與賽者，不過四人，但均經預賽失敗。茲將最後失敗之張文治君與呂世明兩人計劃改良之車，照錄於後（見北洋周刊六十五期）

(一)為添硬膠皮於輪之周圍，以減少輪與道路之磨擦力。如是則車行於石子不平道上之磨擦力，約為五十磅，（按Mark's Hand Book）

(二)為應用滾軸（Roller bearing），以減少軸與軸瓦之磨擦力，按 Mark's Mech.

Hand. Book 其磨擦系數爲.0018 則軸與軸瓦之磨擦力爲

$$.0018\times\frac{1500}{.75}=3.6\ \text{lb}$$

如是則三者之磨擦力，爲50+3.6=53.6 磅，按上之條件，騾之牽力爲

$$\frac{3}{4}\times33000\div\frac{100\times\frac{5280}{2.8}}{10\times60}=79\ \text{lb}$$

現騾之牽力，大於磨擦力，79—53.6=25.4 磅，故此車經改良後，能便平常之騾，載重二千五百斤，十小時內，行百里無疑。其車不惟合乎徵求之條件，且超過之。其所大之 25.4 磅，可以行於有坡之道路，但此坡度不可過於 $\text{Sin}\ \frac{.75\times25.4}{1500}$ 或百尺高 1.27 尺之坡度。

(三)爲應用彈簧，以減少車之震動，保護滾軸之耐久，且助車之行走。普通火車或

汽車之彈簧，可分爲二種，一爲綱板彈簧．一爲鋼圈彈簧。若作鋼質彈簧，担任一千五百斤時，其價目至少八十元。此車以限於車價（一百二十元），不能用鋼質彈簧。經呂君之試驗，以應用膠皮彈簧爲最宜。但膠皮之彈力有限，使其担任一千五百斤，尙發生充足之彈性時，必須增加壓重之面積。但滾軸套之被壓面積有限，後經勞心研究．分其被壓面積爲六處，如是彈力甚爲充足矣。

（四）爲應用駕駛人之力，以助車之上坡。法於駕駛人之坐處，按裝脚蹬子，用練輪以通於車軸，人蹬脚蹬子，則練輪旋轉，以帶車軸旋轉，如自行車然。如是憑駕駛人之力，可帶動六百斤前進。故此車行於較高坡度時，騾馬並不特別費力。

（五）變化車輪與車軸之聯絡，使車轉灣自如。舊式大車，輪與軸之聯絡，可分二種。一爲輪在軸上旋轉，一爲輪與軸死於一處，俗稱爲連軸轉。前者轉灣較後者爲易。此車以按裝練輪，必須使一輪軸死於一處，以收人力之效。爲轉灣便利計，使其他輪在軸上旋轉。

張呂二君根據以上五個原則，從事製造，逾月完成，需費約八十元。競賽結果共七小時零二十七分，計行七十六里。成績尙佳，但歸途中。軸套忽斷，終至失敗，其原因由於估價限制，車軸畧細所致。嗣後張君仍擬設廠製造．從事改良云。按該車雖非盡美盡善，然依理改良，頗著成效，苟能繼續研究，不難普遍應用也。

復查天津市載重大車有三：曰馬拉載重大車，人拉二輪大車（重載式）俗名車扒車，人拉二輪大車，（輕載式，）均屬笨重。非特損害路面，妨碍交通，且常發生危險。市工務局因之改訂取締載重大車規則九條，加寬輪瓦，限制載重，並擬訂改善大車辦法，茲照錄如後，以與張呂二君之計劃，互相參攷。

「就本市通行馬拉載重大車，加用橡皮墊，及橡皮車輪，藉以增加彈力，減少衝動力，及磨擦力。其車輛寬度，仍定爲十公分，車貨共重二〇三〇公斤（二噸），計每公分載重二〇一．五公斤（二百二十四磅），輪外加以寬九公分，厚四公分半之死橡皮一週，軸上亦加橡皮墊，以生彈力。木軸上架一生鐵箱，箱之兩側，設二長槽以擋軸瓦，架箱之上面設一深一公分，直徑十一公分之圓槽，槽內裝圓橡皮二塊，每塊直徑四寸，厚二寸，二塊之間，夾一厚二公厘直徑十公分八之熟鐵眼圈鐵墊。橡皮墊之上，蓋以鐵箱。此箱釘於車身上，其形狀及大小，與下面之鐵箱相似，惟兩側不作長槽。橡皮墊及鐵墊用半寸直徑螺絲釘貫穿之，其下端與鐵箱相連。上端在車木架身內，可以上下移動。軸瓦架爲五公分見方，長二公寸三之木料作成。內面鑲以鐵板，以增加磨擦抗力。軸瓦架之兩旁，支五公分見方長二公寸三之支木。一端連於軸瓦架上，他端連於車上。支木之兩邊，亦鑲以鐵板。約計每車共需洋二百七十元。橡皮一項即需洋一百八十元。地扒車軸輪改善辦法，與馬拉大車相似，惟橡皮墊只用一塊。軸瓦架可稍短，軸間置一木塊。鉄軸桿穿過之。輪瓦皆用寬九公分厚四公分半之死橡皮一週。其每車製造價，與上項馬拉大車相差無幾。」

津市工務局就現在大車加用橡皮車輪，固屬改良，然以橡皮昂貴，不易實行。津市府已指令該局按照改善計劃，用光面鐵輪瓦試造一輛。一俟試驗妥善，再行公佈，以期市民仿造推行。是改良之中，尤寓以經濟之理也。

附天津市限制載重大車規則

第一條　凡裝載較重物品之牲畜大車，及人力所拉地扒車，均為載重大車。

第二條　載重大車，車重及貨重全數不得超過一五五〇公斤（三四一〇磅或二五九六斤）。

第三條　人力地扒車，車伕不准超過五名，牲畜大車只准單套。

第四條　載重大車，只須在規定路綫及橋上，分別上下行走，不得希圖便利，致違定章。

第五條　載重大車，每輪輪瓦之寬度，至少須十公分（四英尺），並須光滑整節，不得有凸出釘子等物，並須隨時修理。

第六條　本規則公佈後，各車戶及各造車廠，須將載重大車，分別寬輪窄輪，呈報公安局備案，並隨時將改善之車數呈報，以備查考。

第七條　本規則公佈後，半年內所有載重車輛之捐費仍照舊章征收。公佈一年內，凡改善寬輪車輛之捐費，仍照舊章征收。其未經改善者，其車捐按照舊章增加百分之三十征收之。公佈一年後，所有車輛均應改善。其未經改善之窄輪大車，一律不准使用。

第八條　凡違背本規則者，由公安局按照違警法辦理。

第九條　本規則自呈准公佈之日施行。

速凝的細敏士

李吟秋

普通之細敏士為泡提藍細敏士(Portland Cement 如啓新馬牌洋灰等)其凝固期間，往往須十數日以至二十餘日之久，在工程上殊為缺憾。因是有速凝的細敏士之製造，亦有改良舊式細敏士，使其初凝後之抵抗力加大者，故亦名"High Early Strength Cement"其製造法有二：

一、改變其成份，而加入其他材料。

二、加細研磨，並考究煉法，(有煉至兩次，磨至三次以上者)

其改變成份之最顯著者，爲多鋁質之細敏土，"Alumina Cement" 是在法國當一九一二年時，業已應用．其名甚繁．如"Ciment Fondu" "Ciment Electrigue" "Cilment" 等是。其在美國製造者，則曰 "Lumnite" 其成份如下

養化鋁(Al_2O_3) 百分之四十

養化鈣(CaO) 百分之四十

養化鐵(Fe_2O_3) 百分之十五

養化鈫及錳 百分之五

製造 Lumnite 之原料爲石灰石及鋁礦石，(Bauxite) 其製造法有二：(一)爲普通製造泡提藍細敏土之乾煉法，(二)爲電爐之鎔煉法。大抵美產之Lumnite較泡提藍洋灰色稍黑而較細．其中僅百分之五至百分之八，不能通過二百號之篩也。

速凝細敏土與泡提藍細敏土(普通洋灰)之比較，前者初凝較緩．但結硬甚速，放熱尤大。故用時須多注水，一週之內，且應時常洒水，不使乾燥．以免皺裂。又以其放熱甚大之故，用於冷季甚爲便當。惟在濕季，其漲率則較大也。然其最大之伏點，則爲

一，初凝後抵抗力甚大。

二，可省凝固時間，及建築時間。

三，可省模型材料。

四，對於海水及鹼質之抵抗力甚大。

因有以上之便利，故雖其價值倍蓰於普通洋灰，現在重要工程如欲縮短時間，亦恆以為必需之材料。將來可望發展。

美國材料試驗學會，對於速凝細敏土，曾擬訂以下之限制：

一，所含無水硫酸（SO_3）最多可至百分之二，五。（泡提藍洋灰以百分之二為限）

二，用一三比洋灰沙泥作抗引力試驗，二十四小時後，每方吋至少應為二百七十五磅。七十二小時後，每方吋至少應為三百七十五磅。二十八日之後，其抗引力至少應與七十二小時之抗力相等。（普通洋灰之抗引力，七日後每方吋二百七十五磅，二十八日後三百五十磅。）

速凝細敏土之抗力，過七十二小時之後，有減少之趨勢，故使用時，對於其抗力及耐久性，均應加以注意也。

調查

河北省礦業概況

國資經營各礦

（甲）臨城礦務局

略歷

一、與蘆漢公司借款合辦　查臨城礦務局，於光緒三十一年二月，與蘆漢公司代表比人沙多，訂立借款合辦合同十八款。第一次借比金三百萬佛郎，又續借二百萬佛郎。宣統元年後，歷年復有墊款。始則墊付借款利息，繼則墊付墊款利息，礦局負担遂日益加增。

二、蘆漢公司與蘆漢銀公司權力移轉　民國八年，比人因歐戰影響，無力顧及東方事業，蘆漢公司代表馬楣，致函礦務局，要求依照合同第十款於十五年期滿停辦。（九年三月廿一日期滿）當經省署令行臨城礦務局復函照准。一面預備查賬手續，一面籌議集資償還比款，對曹汝霖，李晉，柯鴻年等，組織蘆漢銀公司，與蘆漢公司訂立權利移轉合同。事前礦局及省署均未問知，事後省署依據原約，不予承認。至十年十二月，始由省長曹銳批准立案，而省議會則始終未予通過。至蘆漢公司與臨礦往來賬目，省署自九年一月間，即派員組織查賬委員會，着手清查，延岩四年，始於十二年三月，呈報查賬節略。其內容對於臨城礦務局、所欠蘆漢公司借墊法郎，仍按歷年册報，每法郎以四角折合現洋。省署以蘆漢公司十五年期滿之時，正值法郎跌價，每法郎僅值銀洋七分，而賬畧所列，仍按光緒三十一年之價值核算，出入之間，相差遠三百餘萬元，未予認可。

三、協豐公司包銷臨礦產煤　蘆漢銀公司董事曹汝霖，李晉，丁士源等，於九年一月八日自行代表臨城礦務局，與協豐公司代表陸宗輿訂立包銷臨礦產煤合同九條。訂明礦局所出煤斤，除售給京漢路及自用外，全歸公司運銷，每噸按三元五角計價，以過京漢路磅秤為交清。合同以十年為期。按當時出煤成本每噸約在四元三角左右，前項合同於礦局虧損甚鉅。

四、河北省政府派委清理　臨礦因受種種壓迫，及管理失當，新舊大非，相繼淹沒（十六年）。十七年經戰地委員會派員維持。旋經河北省政府派委胡哲如，溫文燦，黃大恆，清理。據稱該礦失敗原因，一為外債之壓迫，一為包銷合同之束縛。

五、河北省委會處理本案之經過　該清理委員等呈報結束後，由建設廳長提經省委會決議收回省辦，交農礦廳妥籌辦法。後經省委會議決，委派正副局長進行恢復計劃。現時石崗新井已出煤。惟以省庫支絀，工程進展未能如期完成。

（乙）磁縣怡立公司

一、公司略歷及礦區面積

怡立公司成立於光緒卅四年，用土法開採。初因礦界與北洋官礦關係，礦區面積未能確定。至宣統二年十一月，始呈准承領礦區一方里四百卅畝四千四百一十方尺。民國元年，改用新法開採。該礦礦權者兼該公司總經理楊以儉兼充官礦總辦，漸將原區一方里餘增至十二方里六十畝六百八十方尺。迄民國十四年，復增至十三方里四百八十畝五千零九十方尺，而資本亦逐漸增加。重要股東，除礦權者楊以儉外，為李晉，寧子源諸人。民國六年，七八號礦井完成。八年，十五號礦井完成，均陸續出煤。繼集資本修築由礦廠至馬頭鎮車站之輕便鐵路。九年七月，通車。資本復增至三百萬元。元年，復呈請開採京漢路礦區九方里餘。十年，擬展修西佐至彭城鎮之輕便路。後因與官礦糾葛。數年不能解決，至十四年，始興修路基。十六年，磁縣會匪蠭起，該礦礦廠初被紅槍會佔據，繼因天門會將紅槍戰敗驅走，遂於是年八月，將該公司一切建築機械，肆行焚燒。該礦損失近七十萬元。會匪退後，遂漸修理，雖能勉強出煤，力圖恢復舊觀，但一時頗為不易。

二、位置及交通

礦廠在磁縣城西北五十里之西佐村，東距平漢路之馬頭鎮車站四十里。由廠至馬頭鎮，有自修之輕便鐵路，由馬頭鎮復可順滏陽河至天津，春秋兩季可用舟運。

三、煤層

現已知者，其煤層凡九，自上而下如左：

（一）小煤層　厚一尺　未採

（二）大一煤　厚九尺　採

（三）二　煤　　厚九尺時與大煤合爲一層　　採

（四）一座煤　　厚三尺　　採

（五）赤青煤　　厚四尺　　採

（六）山青煤　　厚五尺　　採

（七）小青煤　　厚二尺半　　未採

（八）大青煤　　厚二尺半　　未採

（九）下架煤　　厚八尺　　未採

四、煤質

據北平地質調查所化驗結果如左：

種類	水分	揮發分	灰分	定炭	熱量
大煤	〇•一九	一八•八五	一一•五五	六九•四二	七•七二二
二煤	三•三四五	一一•一八	一四•八〇	七三•六七五	七•四〇五
一座	〇•四一	一二•五九六	一一•七三	七五•二七四	七•六四八
赤青	〇•一五	一一•八六	五•九〇	八二•〇九	八•一四七

各層均係烟煤，可煉焦。

五、礦井

新大井，共有兩座。斜井一口，現已淤塞。土井原有廿，深三百尺。井下平巷兩層，與七八號井相通。七號井深二百七十尺，口徑八尺，八號井，深三百八十尺，口徑十二尺。但下面亦爲八尺。現七八號井，均未出煤。新大井，在十五號井東北約三百公尺，口徑十三尺半。自十三年開土打至三百餘尺，尚未透煤。以經濟困難停工。此外各土井，均爲本地人小窰，由公司抽煤，每年冬季始行開工。巷道以十五號井爲中心，南北長七千五百尺，東西四千尺。

六、動力設備

礦廠有鍋房三處，一在十五機井口附近，內設五節單火管臥式鍋爐七具，共約三百馬力，供十五井絞車水泵之用。一在七八號兩井中間，內設鍋爐三具，馬力共約六十，專供絞車之用。一在新大井附近，內設七節雙火管臥式鍋爐三具，馬力共約四百。又有水管式臥爐兩具，供新井捲揚機，及機器之用。

七、捲揚機

七號井架　高廿五尺，木製，鋼絲繩粗六吩。捲揚機馬力八十。十三年，每日曾產煤二百噸，現停。

處，現存四五處。現出煤之井，爲十五號井。口徑八尺半力八十。十三年每日曾產煤一百噸，現停。十五號井架 高廿八尺，木製，鋼絲繩粗一吋。捲揚機馬力一百廿。十三年，曾日產煤一千噸，現日產約二百五十噸。新大井架。高三十二尺，木製，捲揚機馬力未詳。

八、電機

電機一座，十六年被匪搗毀。

九、採煤方法

採煤用區劃法，其煤層厚者，用變形房柱。區劃法，由鋪軌平巷，向上下將煤先劃分為十五公尺之柱煤，然後依次向回採取，任其塌陷。煤柱較大，則為變形長壁區劃法。

十、支法

用三木架法，高六尺，上寬六尺，下寬八尺。架距尺半，至二尺不等。每噸煤，架木成本約合三四角。木料係由附近各縣採購，每招價洋約四角五分。

十一、搬運

井下工作處較高者則用小鐵車推送，低處則用荊條筐背負，大巷則鋪有鐵軌。

十二、挑水

八號井架 高二十五尺，木製，鋼絲繩粗四吩。捲揚機馬力各井之水，均匯於十五號井底，設水泵三座，平均每小時挑水約七噸。

十三、通風及佈光

因該礦煤氣甚少各井下並係天然通風。工人用普通煤油燈，職員用電石燈。

十四、產額

該礦產額以民國十三年為最旺。十六十七兩年，因遭匪患，產煤最少。近來亦因交通阻滯，每日僅產四五百噸。

十五、成本及售價

每噸煤工料約合洋一元二角，至一元五角。加以事務費，總計每噸約合洋三元有奇。本地售煤，每噸價約三元三四角沿釜陽一帶，市價約四元。

十六、工人

最近裏工約五百人，採煤包工約五百餘人。工資最小者二角五分，平均四角。採煤工按出煤數量給價。

十七、公司及礦廠組織

- 總經理
  - 協理
  - 工務經理……總工程師
    - 副工程師
    - 工賬科……科長
    - 鐵路管理處……處長
      - 事務科——科長
      - 養路科——工程師
      - 測繪科——主任
    - 礦務管理處……礦師——副礦師
    - 機務管理處……機器師
    - 井上工作科……科長
    - 化驗科……主任
    - 鍊焦廠
    - 製磚廠
  - 事務經理……總務處 處長
    - 副處長
    - 材料科——科長
    - 文牘科——科長
    - 會計科 司賬 出納
    - 庶務科……科長
    - 收發科……科長
    - 駐磁分局

(丙)磁縣中和煤礦公司

一、公司略歷及礦區面積

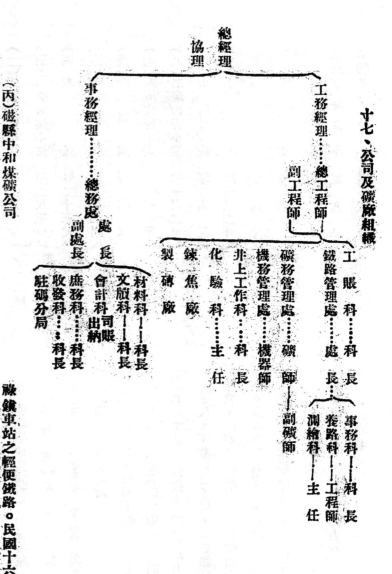

該礦係由怡立公司經理李翰章於民國二年十月創辦、四年請領採照，礦區面積六方里三百三十畝十五方丈七十五方尺。惟固純用土法開採，無甚進步。六年以後。漸有起色，迭經拓充，於民國九年開大井一座，產煤漸多。十二三年間，煤益旺，資本增至四十八萬元，並修築峯峯村至光祿鎮車站之輕便鐵路。民國十六年，增加礦區四百八十一畝廿一方丈，連原區共為七方里二百七十一畝三十六方丈七十五方尺，然自是時局不靖，會匪騷擾，交通阻滯，營業停頓，迄於今日，僅支殘局而已。

二，位置及交通

該礦位於磁縣城西北四十餘里峯峯村之南街兒莊之北，西依鼓山，地勢西高而東低。南距滏陽河源七里，東距平漢

19223

路光祿鎮車站二十五里，築有十二磅輕軌鐵路。

三，煤層

共十五層，自上而下，次序如左：

(一)頭層大煤小炭	厚一尺	
		距九尺四寸
(二)二層大煤小炭	厚八寸	
		距十二尺
(三)三層大煤小炭	厚二尺五寸	
		距七十一尺一寸
(四)大煤	厚二十三尺	
		距九十二尺四寸
(五)一座煤	厚三尺二寸	
		距廿五尺
(六)野青炭	厚七尺	
		距廿一尺
(七)頭層山青小炭	厚一尺	
		距十九尺
(八)二層山青小炭	厚一尺二寸	
		距六十二尺八寸
(九)山青炭	厚六尺	
		距三十尺
(十)小青炭	厚一尺二寸	
		距廿六尺
(十一)小青炭	厚八尺	
		距七十三尺七寸
(十二)大青炭	厚六尺	
		距十六尺
(十三)下架炭	厚十二尺	
		距三十一尺
(十四)頭層蓋斗	厚八寸	
		距十尺
(十五)蓋斗	厚一呎二寸	

總計厚八十二尺一寸

四，煤質

各層均係烟煤，可煉焦。據該礦分析報告如左：

水分	揮發分	灰分	定炭	硫磺	熱量
〇・八〇	三三・四三	六・二〇	五九・五七	微量	八〇〇〇

據北平地質調查所分析如左：

水分	揮發分	灰分	定炭	熱量
〇・四八	二七・三七	八・二四	六四・〇四	七九六八

五，礦井及巷道

主要直井有二，曰泰安窰，曰尚基井。現時產煤者為泰安窰，日可產煤三百四十噸。井係圓形，用石灰岩砌築，深三百三十三尺，直徑十二尺。窰上分上下兩巷，上巷長三千七百尺，下巷長三千尺，兩巷相距二百六十尺，其餘小窰林立，達四十餘處之多，作輟無常，均為土井，由公司收煤。大井井架為鐵製，高卅尺。罐籠引軌為十八磅小鉄道。共有大小捲揚機十三座，供提煤水之用。

六，原動力

鍋爐共十八具，約四百馬力。

七，挑水

19224

有水泵廿三架，四吋水管泵六架，餘均爲一吋二吋水管。此外又用牛皮包打水。計有打水井三處。全礦二十四小時，平均出水一百萬加侖。

八，通風

係用自然通風。

九，佈光

因無煤氣，用普通油燈。

十，採煤方法

該礦採煤，係用變形房柱區劃法，先將層劃分爲五十方尺之煤柱房，寬約八尺，然後再行採掘煤柱。

十一，支柱

該礦各層煤頂，大半堅固，支柱頗少。其支柱用三木支柱法，多用楊柳，購自磁縣，臨漳成安等處，長六尺，徑五寸者，價約洋三角。

十二，運輸

井下舖十二磅小鉄路，用人力推挽。出井後，裝入小車，用人力順輕便路推至光祿鎮，每日能運四五百噸。

十三，產額

每日產額約三百噸。

十四，成本

該礦每月材料薪資，共開支一萬二千餘元。每噸煤成本合計約爲二元四角，現在光祿鎮售價四元上下。

十五，銷場

平漢沿綫，南至新鄉，北至高邑。

十六，公司性質及組織

商務，其組織如下：

- 董事會—總理—
  - 總公司
    - 庶務科
    - 會計科
    - 交際科
    - 文牘科
  - 礦廠
    - 工程部（礦師）
      - 測繪
      - 機務
      - 井下監工
    - 事務部
      - 文牘
      - 會計
      - 交際
      - 庫房
      - 峯光路
  - 稽查
  - 分局（光祿鎮）
    - 會計
    - 營業
    - 稽查

(丁)臨榆縣柳江煤礦鐵路公司

一、公司略歷及資本

民國三年，由發起人李治等，呈領礦區，組織直隸柳江公司，招股十萬元。先就第五槽煤，開斜井，至四年二月，出煤，因運輸不便，續招股本廿萬元，建築輕便鐵路，幷開採第三槽。嗣因缺乏流動資本，於民國六年曾與中日實業公司，訂立借款草約，後經上海煤商杜家坤，劉鴻生，韓耘耕，祝伊才等加入新股四十二萬，始將中日實業公司草約取消改組華商柳江公司。復於民國十一年，礦充工程，增加股本七十二萬元，實收六十八萬元，共計股本一百四十萬元，官利八厘。

二、位置及交通

柳江煤礦位臨榆縣柳江村，及黑山窰村附近。南距秦皇島四十餘里，築有輕鐵路，直達秦皇島車站。惟煤斤出口必由開灤代辦，需索碼頭過道等費，殊受抑制。

三、礦區面積

二萬六千八百四十八公畝。

四、煤層

煤層有五，可採者有二，其平均厚度如左：

第三槽　八尺、　第五槽　六尺、

五、煤質　據分析結果如左：

水分	揮發物	固定炭	灰分	發熱量	硫分
〇•五一	三•四三	六九•九	二六•〇〇	五三九〇	〇•六

六、儲量

因大塊火成岩侵入煤層，變化不定，煤量殊不易估計。其現未採取之部份，據估約寬三千尺，長一千尺，厚十四尺。據此計算，該礦區未採量，不過一百五十二萬一千噸，每年以二十萬噸計，僅足開採七八年而已。

七、礦井

礦井五口、內斜井三口、供出煤之用。直井二口，供通風之用。第一斜井，斜深一千五百尺，斜度二十度、高六尺，寬八尺。敷設雙軌。捲揚機，每日可起煤四五百噸。第二斜井，斜深斜度與高寬及鐵路，均與第一井同。每日起煤量，自四百五十噸，至五百五十噸。以上兩斜井，相距八十五尺。四百尺以上，至井口，用磚砌築，以下概用木作支柱。南斜井每日起煤量一百噸。南斜井每日起煤量一百噸。

南直井及北直井均作通風之用。

八 採煤方法

採煤用殘柱法，即順煤槽走向，開平巷。平巷中每隔百尺至一百五十尺，向上開升巷。兩升巷間，每隔四五十尺，復開平巷，高寬約六尺。然後再將煤柱分成十尺見方小塊，先由上部再及下部，以採盡為止。平巷左右，留煤柱四五十尺，以資保護。如平巷不要時，再將此平巷採出。已採區域，聽其崩塌，不施填塞，每八百尺開一石橫巷，穿過各煤槽。

九、支柱

用本地松柳楊榆等木，長度分六，七，八，九尺，直徑五，六，七寸，而以六，七尺長尺及五、六寸為徑多。價值每根約六角五分。近年以本地將木缺乏，間由日本購買。

十、動力

鍋爐房計共兩處，內有藍式鍋爐六座，伯葛氏式五座，共馬力二千三百匹。

電機共五部，內透平式部蒸汽機帶發電機三部，共計一千○五十基羅瓦特。

十一、排水

本礦床地，三面環山，形同仰盆。在春秋冬三季，水量甚小，每分鐘僅數百加倫。迨夏季山洪暴發，水量驟增六七倍。故雖設備電泵汽泵，有時尚不免於一部分被淹。現設有每分出水五噸電泵四座，二噸者二座。汽泵大小共九座，每分出水約七百加倫，分三級送至地面。

十二、通風

先用自然通風，後因一部分閉塞，用自製風箱送風，一面又於北直井口，裝置每分鐘六萬立方尺風箱，以利工作。

十三、佈光

以前因無沼氣，均用油燈。前年在十三平巷發現少量沼氣，將該部份改用安全燈，現擬改用手提電燈。

十四、選煤

原煤出井後，用人工別為明塊，立炸，二路，小塊，末煤五種。

十五、搬運

由採煤廠取至升巷口，用小煤車推送，傾入煤桶。由升巷頂部，用廻輪自動送至平巷。再由平巷，推送至斜井底總車場。然後用捲揚機起出井外棧橋。塊煤再由升降機，送至地面，施揀選工作。末煤則傾於棧橋。橋機篩其較細之末煤，則漏入煤車，送至秦皇島。其在十二巷下部之煤，用電絞車起至斜井底總車場，再繫之出井。

十六、工制

電機，土木，事務，道撥，雜役，均為裏工，按月開發工資。其餘均為包工，按旬或按月，開發工資。

十七、歷年產額（自民七至十八）

七年	六六，六二四（噸）	八年	八五，一四九
九年	一一三，〇四一	十年	一〇三，九六七
十一年	一五四，九四二	十二年	一四一，四九七
十三年	一四一，四九七	十四年	一五一，一三七
十五年	一九六，〇六七	十六年	一八六，二二九
十七年	一二一，九〇七	十八年	一七七，二九四

十八、成本及稅捐雜費

（甲）每噸塊末平均三元五角至四元（連路運在內）。

（乙）稅捐雜費

（一）上北寧路，除山本外，加開灤過道費，出井稅，公益學捐共計約五元有奇。

（二）出口除山本外，加開灤代理及碼頭費，運費，及上下腳力，海關稅，出井稅，公益學捐，共計約六元之譜。

十九、營業狀況

據稱每年獲利，尚不足股東一年官利。因係受制於開灤碼頭所致，長此以往，恐難支持。

二十、公司組織

設董事及管理兩部。董事部，分井工，監視，會計，煤炭，收發等科。科設主任一人，辦事員五人，管理部，分井工，事務，電機，營業，材料，採辦各科，及磅房，查工處等。計經理一人，總稽核一人，礦師一人，煤師三人，電機師一人，其他辦事員十二人。

（戊）長城煤礦公司

一、略歷及資本

臨榆煤田，在前清末葉即有土窰林立。長城公司係於民國十一年，由興業新業兩公司合併而成，為礦商劉汝霖齊燮元等所組織，資本原定八十萬元，投資總額已達百六十萬元有奇，徒以辦理不善，虧累頗鉅。近雖經董事會及經理等積極設法整頓，而股東方面懸於已往之損失，均持觀望態度。且工程方面主持之人，短期內恐難望著有成效。

二、位置及交通

礦在臨榆縣之西北部，分南北二廠。南廠設上莊坨村，舊名望寶窯。北廠設石嶺村，相距五里。公司自築有輕便鐵路，可直達秦皇島。陸路由北寧可達平津。

三、煤層及地質

屬石炭紀，煤層凡七，可採者為第三(四公尺)第五(一、六公尺)兩層。走向為西南，東北。傾斜西北自十八度至三十度不等。但因侵入火成岩之影響，煤層極不規則，厚薄亦到處不同，工程進行，諸多阻礙，成本因以增加。其接近火成岩之部分，因受熱力作用，變成天然焦，由數寸以至數百尺不等。

四，煤質

以成色高低，分為明砟，立砟，爆砟，末煤四等。明砟色漆黑，光澤鮮亮。立砟即天然焦，色黑光暗。爆砟為下等無烟煤，呈灰白色，燃燒時爆裂發聲，故名。茲將各種之成份比重列左：

種類	比重	水分	揮發物	固定炭	灰分	硫磺	發熱量
明砟	一·四五	一·〇〇	六·〇〇	七六·七〇	一六·三〇	一·〇九	九八五〇
立砟	一·五三	三·〇四	一一·五〇	六八·二八六	一六·八〇	〇·八七	七三九〇
爆砟	一·五三	二·七〇	一〇·二〇	四八·五〇	三八·六〇	〇·四五	四二七〇

五，礦井

南礦望寶窯區域有井六眼如下：

(一)順義窯立井(二)上立井(三)新立井(四)永昌立井

(五)復興窯立井(六)大斜井

北礦小峪溝區域有斜井十一，立井一。茲將各井深度距離及設備等項列表於下：

礦井名稱	深度（呎）	距離	鍋爐	水泵	備考
新立井	一六〇呎	一六〇			
十一號富國窯	二三〇	一二〇〇	二（一臥一立式）		小窯
一號復和窯	六六	三六〇	一（立）		小窯
二號福德成	一二〇〇	六〇〇	一（立）		大櫃
三號德義成	一三〇〇	四五〇	五（臥）	四個	大櫃
四號公盛合	一三〇〇	二五〇	四（臥）	三個	大櫃
五號華寶窯	八〇〇	八〇〇	一（立）		小窯
六號華興窯	一二〇〇	三五〇	一（臥立）	三個	大櫃
七號公義成	一一五五	四〇〇	五（臥）	四個	大櫃
八號同合窯	九四〇	四〇〇	一（臥）		小窯
九號寶信窯	九七五	四五〇	一（臥）		小窯
十號永合成	八六一		一（立）		小窯

（註）大櫃係公司雇包工擱採，一切設備均由公司供給。小窯一切設備，完全由包戶自備。

六、採煤方法

自井道與煤槽相交處，順煤之走向，南北各開平巷，高寬約六尺。每隔五十尺，開升巷。兩升巷間，每隔四十尺復開小平巷。如是將煤分成小方塊，由上向下，以採完為止。已採之地，任其崩陷不施填塞。

七、支柱

礦木多用松柳楊榆。坑道及平巷等，均由梯形之木架支持，相距一尺至二三尺不等。皆充塞樹枝，以防碎石之下落。

八、挑水及通風

各井挑水，均用來復式之汽泵，數目已載前表。挑水量不詳。各井多互相聯貫，空氣自然流通。且地面狹小，尚無風扇設施之必要。

九、佈光

兩礦有小磨電機一架，專供地面電燈之用。井用燈分電石燈，麻油燈，安全燈三種。

十、搬運

由採煤場，至平巷用小煤車推送，或盛以小筐，由人力担負，置於車上，推至井口，再由捲揚機提出地面。軌距十七，二吋，鋼繩直徑四分之三吋。

十一、選煤

用人工分選，別為頭路（明炸）二路（立炸）爆煤及末煤四種。

十二、工制

現有各窰用包工制，包工復分大櫃小窰二種。大櫃但包人工，其應用材料，及一切工程設備，概由公司担任。小窰則工料及一切工程設備，全歸包戶自辦。

十三、礦廠設備

南礦設有機械廠，發電室，鍛鐵室，篩沙廠，鍋爐房，機器室，辦公室，及住宅等。雖規模狹小，要亦應有盡有。北礦各井，僅設有鍋爐房，捲揚機而已。

十四、產額

最多時，每日能出塊煤四百噸，末煤四百噸，現時日僅三百餘噸。

十五、成本及市價

種類	山本	收價	包銷價	本地市價
頭路	三·〇〇	三·〇〇	六·〇〇	二〇·〇〇
二路	三·〇〇	二·五〇	五·〇〇	八·〇〇
爆炸	三·〇〇	一·三〇	三·〇〇	三·五〇
末煤	三，〇〇	一·三〇	二·〇〇	三·五〇

十七、銷場

主要銷場為天津，上海二地。天津每年約銷十五六萬噸。

(己)井陘正豐煤礦公司

一、公司略歷

自民國元年，由商人集資開採，惟沿用土法，未能發展。民國七年，開採鳳山大井，採用新法，成效漸著。近年因運銷停滯，營業不振。

二。公司性質及資本

商辦，資本六百六十萬元。

三，地位及交通

礦井在井陘縣城東北廿里之鳳山村。東北距井陘礦務局約五里。南距正太路南張村車站約十三里。由礦至南張村車站，自修支路七公里。

四，礦區面積

按正豐在井陘縣領有礦區四處，本處面積為五萬二千二百廿一公畝。

五，煤層

煤層與井陘礦務局完全相同，惟最上第一層煤之上，復有二層，(甲槽)原八十公寸至二公尺。

五，煤質

據十八年北平實業部地質調查所分析結果如左：

	水分	揮發分	定炭	灰分	熱量
甲槽	〇.三九二	一八.八七七	七五.二三一	五.五〇〇	八二三一
第一層	〇.三六九	二一.六三一	七三.七六六	四.二三四	八三四四
第二層	〇.三四五	一七.八九五	七六.六九二	五.〇六八	八二五九
第四層	〇.四九〇	一五.三三〇	八一.一〇〇	三.〇八〇	八四二三
第五層	〇.四八〇	一四.一五	八〇.四〇〇	四.九七〇	八二六一

七，礦井

共有礦井四口，其中斜井一口，備工人木料上下之用。直井三口，一用於通風挑水。其餘二大井用以出煤。大井口徑四，〇二公尺，深一百八十七公尺。二號井口徑二公尺八公寸，深一百六十公尺。

八，機器

設鍋爐十二口，電機二架，一百二十八基羅瓦特，一百十七基羅瓦特，備取礦廠電燈之用。捲揚機三架，一設於一號大井，馬力六百五十架，為鐵製。纜索直徑一吋一分，三號井設大捲揚機一架，以備修理水管汽管之用。

挑水。設水泵五具，十二吋管抽水機兩架。每具抽挑水量每分鐘六立方尺。八吋管挑水機三架，每具挑水量，每分鐘二，五立方公尺。抽風機一架，每分鐘三千立方公尺。

九，坑內運輸

大巷鋪十二磅小鉄路以騾馬拉運。

十，篩煤

設篩煤機二架，分原煤為三種，二吋半以上者為大塊，一吋以上者為二塊，一吋以下者為末煤。

十一，運輸

輕便路即設井口之旁，出井後即裝火車，運至南張村，轉正太路。正太路每列十五車，每車容廿五噸。

十二，產額

近年年產約八萬噸。

十三，銷場及市價

現在銷場為正太路東段石家莊，漢平線南自順德北至保定。市價礦廠三元，石家莊四元上下。

十四，工人

裏工共六百名，採煤包工，在十八年八月約五百名。工資最低三角二分，平均四角二分，工作時間八小時。

會務報告

四月六日晚七時在法租界永安飯店聚餐，到十六人，

王翰辰　張恩第　雲成麟　劉錫彤　張錫周　耿瑞芝　劉甄賞　宋瑞瑩　王振鐘　姚文林

孫桂元　王華棠　呂金藻　尹贊先　李吟秋　李書田

餐後王華棠君主席致詞後，由會員李書田君講演「工程師與科學的軍事，」畧謂際此國難期間，欲渡過難關，須努力以求實現下列三點，(一)全國須有道德中心信仰(二)政府須能統率全國人才共赴國難(三)政府須能統率及支配全國物產及生產，必如此方可以挽危亡，總結關于軍事時期之工程師所負責任，切時發揮，案證博引，極爲精警透闢。講演後公決以後在每月初旬聚餐一次，由會員輪流講演。五月份公推雲成麟君，題目爲「科學與民族之關係，」十點後方散。

徵求社員啟事

敬啟者，電氣事業，在今日可算是物質文化的中心，所以「電氣」也就成了二十世紀的寵兒，我們一踏進了歐美的先進國家裏，便可以感覺到電氣偉大底勢力，與普遍底應用，返觀我國電業，空言提倡，數十年來，卻沒有絲毫的進步，而一般人士，對於電氣的性質與功用，多不了解，反視為神秘不可思議之物；對於電氣的應用，自然也沒有一点常識，在這樣社會裏，想要發展電氣事業，自屬難能之事，所以雖經幾十年的提倡獎勵，結果還是產業未見振興，建設未能適進，這都可以証明電氣事業的不振，并且也是連帶而生的必然結果。現在敝社同人，鑒於以往之弊，知道電氣事業，不是空言可以提倡起來的，必須有實地的工作，遂於去冬，聯絡同志，在津組織二九電友社，想要對於我國電界，作一點貢獻，敝社成立的主旨，可以說有兩種使命：一種是對於經營電業，或電氣製造廠家，與以介紹及指導之便：因為我國經營斯業者，不盡是電氣專家，故多注重商情，而漠視技術，結果以致失敗者，比比皆是，敝社為應合與種需要，特設營業部，凡有經營或擬辦電氣事業者，敝社可代為計劃按裝，選購機件，并應一切顧問，儘量答覆，使不明電氣而欲經營斯業者，有所遵循，不致盲進而陷於失敗，一種是對於社會一般人士，竭力灌輸電氣常識，使多數智識階級，都知道電氣的性質與功用，對於應用之途，自然會感到必要與興趣，但在今日我國社會上，所有之電氣通俗刊物，實甚缺乏，而專門書籍，亦不多覯，敝社為應合這種需要，故特設編譯部，擬聯合多數專家，各就所長，發表論說，擇在各報紙及雜誌上登載，將來并擬自出刊物，出版書籍，以廣傳佈，在這兩種使命之外，還有一種重要的工作：就是提倡電氣製造業，因為這乃是發展電業的基本條件，絕不可長久仰賴於外人，現在不過就力之所及，先擇其輕而易舉者，自行製造，將來徐圖擴充，敝社並願與各製造廠家，互相聯絡，俾得在技術方面，盡量幫忙，以上所述，乃敝社成立的宗旨，現在想要完成這種使命，絕非少數所能辦到的；所以打算集合同志，共同進行，以期收到實地的效果，凡我國研究電氣，或經營電業者，均得應募為本社社員；如蒙 慨允加入，請通知敝社，經認可後，當正式馳函聘請，不過都是為社會服務，除有特殊之發明或著作外，彼此均無權利義務之可言，切望各方同志，踴躍加入是幸，謹此通啟，

二九電友社謹啟　月　日

天津法租界三十五號路九號

電話二〇二六九

姓名	次章	籍貫	專長	通訊處

專載

毒瓦斯之防護法

一　個人防護法

訓練總監部編

1. 應急處置　毒氣之侵襲其預防之法因以防毒面具爲必要然倉卒間有取用不及者或面具已破未遑修理藥力已疲不堪再用其應急處置惟有利用他物以全生命例如匿身乾草濕藁或腐土堆中或埋首於靑草木炭或鋸屑堆中且須最輕呼吸嚴守安靜或用濕手巾掩口或醮曹達水覆面或利用軍帽布片塡以土壤以尿潤之以當於顏面供呼吸以上種種應急辦法雖乏良善之功效亦可免一時之危險又毒氣突然襲來尤須處以鎭靜切不可倉皇失措大聲疾呼強步速走蓋此適足以增大呼吸而毒之吸入量反多

2. 藥劑服用　普通毒氣以屬於酸性者爲多故往昔有預先服亞爾加里劑使全身血液增加硷度以中和毒素者其法軍中每人攜帶重曹錠(Pastil Sodium Bicarbonabte)若干一聞毒氣警報即內服重曹錠一至二片所以增加對酸素毒素之抵抗力或以〇，五%重曹液靜脈注射亦頗有效力又腋窩會陰及陰部等皮膚濕潤之處對於毒氣尤爲過敏故常時散布重曹粉(Sodium Bicarbonate)及滑石散(Talcum powder)等亦爲有效之皮膚預防法

3. 面具　(急造面具係用棉花濕以下藥中洗濯蘇打二，五磅甘油二，〇磅水二，〇加倫用以掩覆口鼻)者專用面具非由專家製造不可故不贅述(參考化學兵器要覽第七章)

4. 防毒衣　以油布或橡皮布製成分全身完全與外界隔斷有時並須攜帶酸素貯藏器令呼吸亦與外界完全隔斷防禦芥子瓦斯非此法不可也

二　大隊防護法

5. 一般防護　毒氣預以防個人預防法爲主其大隊預防法效力極微惟關於軍事學之設施所應顧慮者厥有數端即濠溝地道等工程良善者往往士兵潛伏其中即可無須常

截面具又於濠溝中撒布漂白粉或洒滴次亞硫酸鈉(Sodium Hyposulphate)炭酸鈉(Sodium Carbontae) 及水之合劑以中和毒素或於宿營繃帶所等之出入門戶垂懸毛氈簾席之類以遮斷毒氣之侵入或于塹壕之前注石油扁陣(Bengin)於爨薪木屑等點火燃燒俾升騰烟焰或用機槍砲彈及水溶液等急激發射皆爲衛散毒氣之法其他曾受芥子瓦斯攻擊之陣地速宜變更及占據高地等亦爲軍事必要之舉至飲食物須嚴行覆蓋以防沾染固不待言

2. 測驗偵察　此爲藥學專家工作（參閱本刊出版化學兵器學要覽）

3. 警告警報　常用有顏色之光彈作爲警報

4. 清淨空氣　氣體毒烟往往瀰漫于壕溝之中或宿營之內經久不散又因固體毒氣微粒分子飛散空中或沉落室內有如塵埃故驅除毒質及淸潔空氣之法尤爲必要有用一種風扇機器以竭力鼓動空氣于最短時間將壕溝內一切毒質塵芥完全逐出所謂愛利通扇是也(Ar yone fans)又有所謂空氣淸淨器者於各軍隊辦公室及戰艦技術室亦常用之其淸潔之藥液大凡能中和毒素者俱可應用如亞莫尼亞 (Ammonia) 石灰 (Lime) 等又再加入四十磅之石灰曹達(Soda lime)能耐用十六小時之久云淸淨器之効力蓋利用亞爾加里性藥液吸收空中炭酸汗臭又使空中含相當水分至所用之藥液俱能分解毒素故可利用爲防毒之用能將室內之毒素質除去百分之九十五云

5. 防毒室及防毒幕　選取緊密堅固之房屋以作爲避難之防毒室此爲戰地及後方市民俱不可缺之常識即在野戰醫院亦須特別選取此等房屋以免毒氣之襲擊

防毒室必須開曠而空氣流通之處避去深窄之谷地及森林等處以此等處毒氣最易不散故防毒室必須選擇較高之地房屋之構造則以用水泥及堅密之磚壁所築造者爲宜該屋之門窗及縫隙最好祇有儘少之一二處且須能完全遮蔽凡房屋之構造不堅及隙漏過多之屋俱不相宜此項防毒室要有二三間互相通連外間門窗爲出入及流和空氣內間最須完密不留隙縫臨時將所有門窗關閉嚴密於內間之門窗上懸以一種防毒帳幕令有毒空氣不至入內此項幕帷要有雙層內層幕帷與外層幕帷相距須有三尺以便入內時放下第一層幕後再啓第二層此項幕用棉布數層內襯棉花外夾板條於臨用之前可浸于炭酸曹達防毒混和以內此等防毒混合劑之處方如左

次亞硫酸曹達一〇%　炭酸曹達一〇%　常水八〇%

又如安摩利亞石灰及曹達石灰俱有清淨空氣之力窗戶及遮縫隙所用之防毒幕祇須一層已足仍用棉布縫裹棉花浸於防毒水中令溼再用以緊貼於窗門之內此項幕帳並須可以隨時捲起不用之際即可收捲以通良好空氣至戰壕堡壘亦可用此等防毒幕以遮蔽空隙及通道俾免毒氣浸入

毒氣傷患者療法摘要

毒氣傷亦可視爲普通陣傷之一蓋毒氣與普通彈丸同具破壞人體組織之力量其療法雖因感染之深淺及症候之輕重種種不一惟下開數事最堪普紳亦可作爲一般療法觀

（一）迅速移轉至新鮮空氣內　令肺臟得以蘇息其次則染毒之衣服必完全更換

（二）絕對安靜　凡中毒氣之患者必須絕對安靜故須禁止患者步行若用担架搬運雖比較可行然重症患者仍以在最近之戰地病院內休養爲宜至肺水腫之危險過去爲止

（三）保持體溫　因遇寒冷筋肉收縮即可增加酸素之消耗量故患者床上可用湯婆或毛巾等以保持溫度

（四）酸素吸入　在治療毒氣之衛生機關對于酸素吸入氣之設備決不可少德醫某氏推許Promator惟臨床上須注意不可持續過久蓋血液內之酸素量有一定過多反爲有害有用 Narcotica 注射謂能效佳奏者

（五）瀉血　凡毒氣中毒者多起肺水腫血液異常濃厚有雖穿刺靜脈而不見出血者故歐戰中德醫常用動脈切開瀉血法對於肺水腫確有效力因瀉血可除靜脈鬱血故心筋之收縮力得以增強並能令血液稀薄有種種利点瀉血量每體重一公斤爲五比六十公斤體重之男子可瀉血三百瓦瀉血應注意患者是否呈顏面蒼白狀態若係灰白型而非靑藍型（即靜脈鬱血顏面呈豈阿諾哉）則瀉血反有害（灰白型即患者呈貧血酸素不足顏面蒼白脈轉微弱等症候）

（六）肺水腫療法　凡窒息性毒氣皆令臟來急劇之水腫（例如綠氣福斯珍等）其療法通用愛墨汁Eametin 注射及 Urease 注射近來美國學者實用二五%葡萄糖液與二五%亞拉比亞護謨漿之滲透療法（其詳參閱化學兵器學要覽）

（七）強心　中毒患者須講強心心法爲最要之救急手段除安靜保溫外尚可用斯獨羅仿(Strphoutin) 注射及實芰答利斯劑等

（八）內服藥　往時倡用阿片貢篤之患者可用以減少痛苦炭酸鐵有袪疾之效一日數回服之對於芥子瓦斯中毒者質用大量亞爾加里劑即每日服重曹三〇厘至六〇厘對胃腸症候每日與石灰糖漿

局部療法

局部療法並無特別藥劑祇照普通醫術所施之時療法即可例如

眼　則用重曹水或硼酸水洗滌一日數回刺戟症狀過重則用百分之一古加因液點眼及用黃降汞軟膏塗擠

呼吸道　以油性溶液用噴霧器散布於氣道粘膜為最有效普通用亞波蘭液 Liquor aboiene 頗為滿意法國則用5%護謨油液 Solution of gum oil 或用等分之橄欖油與消毒石灰水混合噴霧或射於氣管內每次噴量二瓦至十瓦其注射之法以用一種灣曲長管行之

消化道　法國用十二號或十四號之導管注入護謨油及石灰水之混合液於食之內

皮膚　美國對於芥毒灼皮膚之療法以重曹水洗滌或沐浴或以重曹水作溫性繃帶法國用亞報林 Ambrine 塗於皮膚有特效云（參閱本司公報社出版之化學兵器學要覽每册六角）

工程消息

河北省興辦水利

今春全國內政會議議決徵工興辦水利一案，已經內政部咨達各省政府查照辦理，冀民政實業建設三廳奉令後，僉以本省所轄永定，黃河，北運，南運，大清，子牙等河，曾於十八年間，擬具修治計劃，因時艱欵絀，未克進行，迨後事隔數年，各河形勢，不無變遷，又經二十年河務會議議決，飭各該河務局，從新勘測設計，以期根本治理，惟此係就直轄各河而言，其各縣河道，因爲數過多，未能修治，一至現已着手辦理者，僅洩河，馬頰河，滹沱河，灤河之一部，茲奉令興辦水利工程，因爲解決民生問題之根本辦法，惟丁茲庫欵極感支絀之際，又非徵工難收實效，經三廳會商結果，決按議決案切實施行，所有本省各河已設河務局者，應由各局從速擬具治河修堤計劃，暨分年施工程序，並繪製詳細圖表，未設河務局者，應由各縣縣長督飭建設局，妥擬計劃，及程序，連同圖表分別具文呈報，至徵工規程施行細則，暨組織水利討論會各節，並由各該局縣遵照奉發辦法，就各處向列習慣，及實際情形，另擬意見書，一併呈送，以憑彙案審核，製定方案，呈請轉咨施行，三廳刻正合擬會稿，通令各河務局暨各縣府遵照，妥速辦理，茲將徵工興辦水利辦法，大致分誌如后。

甲，舉辦水利，各縣應組織水利討論會，由縣長及建設局長，爲正副主席，各區區長爲當然會員，就省頒之工程計劃，施工程序，及徵工規程，討論實行辦法，乙，徵工委員會辦理各項，一，宣傳徵工意義，及其利益，二，調查治河居民戶籍丙，徵工注意要點，一，徵工應用農隙時期，二，徵工應辦水利工程，以民力能勝者爲限，三，河道流域內，受益田畝之業佃，及鹽務航業工商之資方，均有應徵之義務，四，徵工按畝撥夫，按戶抽丁，或業食佃力等辦法●由徵工委員會就地方實際情形決定之，五●家道貧寒戶無壯丁，(二十歲以上四十歲以下)及戶僅壯丁一人，全家恃爲生活者，得免其出工，被徵不願出工者，得僱工替代，不能僱工者，按照當地工值公金代之。

鐵路建設

〇江欽鐵路〇廣東省江欽鐵路，建設廳已經擬定路徑及預算，規劃進行，查該線，係由江門向西行而至欽縣，共路線有二，一爲甲綫，二爲乙綫，甲綫偏北，乙綫偏南，沿途各綫，距離長度亦經由建廳派員測量，計甲線距離公益埠至開平約三十里，由開平至恩平約長一百里，由恩平至陽春約長一百三十里，由陽春至黃塘約長一百一十三里，由黃塘至信宜約長六十九里，由信宜至沙田約長六十一里，由沙田至南塘約長二十一里，由南塘至石浦約長一百七十八里，由石浦至張黃約長六十六里，由張黃至百勞約四十四里，由百勞至欽縣約長九十一里，合計由公益埠經開平恩平陽春信宜而至欽縣治路綫共長九百零三里乙線途徑，自公益埠至新昌約長三十九里，由新昌至白雲石約長六十六里，由白雲石至潭水約長一百二十六里，由潭水至黃嶺約長七十一里，由黃嶺至分界約長一百零五里，由分界至化縣約長一百零六里，由化縣至廉江約長七十八里，由廉江至公館西約長八十二里，由公館西至石康約長七十二里，由石康至彭那約長八十三里，由彭那至欽縣約長五十七里，合計由公益埠經化縣廉江而至欽縣治路綫，共長八百八十五里，至該路費用預算購置測量儀器，及各員司薪金，每華里需款大洋二千五百元，路線所經，收用民業，每華里補回大洋二千元，路基工程連鑿石橋梁涵洞水溝等件每華里需大洋二萬六千元電報電話及各種電機每華里需欵大洋二千元建築車站車廠及各種房舍以及沿途所用各種路牌，每華里需大洋九千元，鋪設鋼軌枕木，及所用物件，每華里需欵大洋三萬六千五百元，購置各種機車，及客貨車，每華里需欵大洋七千元，以上合共每華里需銀大洋八萬五千元，甲線九零三里，共需大洋七千六百七十五萬五千元，乙線八八五里共需大洋七千五百二十二萬五千元，該路建築工程限期四年完成，將來擬組築路委員會，負責辦理，至籌欵辦法，每年由省庫撥欵若干萬元，由築路委員會籌集若干萬元，分期劃撥，另由省府發行公債若干元，以全省某種稅捐爲抵押品，並擬借用外資以資挹注，計第一年約需欵五百八十六萬九千五百元，第二年約需欵一千零八十三萬六千元，第三年約需款一千二百六十四萬二千元，第四年約需四千七百四十萬零七千五百元，合計需欵七千六百七十五萬五千元，即可完成。

通海路綫

江蘇省建設廳前決議由南通至東海建築通海鉄路，並派工程師王師羲會同建設局測量路綫，現悉通海鐵路全路詳細圖表，業經沿線各縣建設局所分段繪就，呈送建設廳，建設廳正積極籌欵動工，自南通平潮鎮起至魯境日照縣止，計長四百十五公里，分通海，通榆兩段，通海段長三百五十四公里半，建築費約需四百三十二萬二千餘元，海榆段長六十公里半建築費約需五十萬零七十餘元，共計需洋四百八十三萬餘元云。

北方大港最近工作

北方大港籌備委員兼總工程師張含英，日前赴京，向中央報告工作情形，昨由京過濟返津，經新聞記者叩以最近北方大港進行情形，與張氏赴京報告結果，據談大港籌備期，原定二年，按照工作計劃，本年二月起鑽探地質，第一洞鑽深三十公尺，發現灤河積冲層沙土，第二洞鑽至二十餘公尺時，即發現岩石，為最好現象，惟恐係偶遇一石，故現又改鑽第三洞，如大部均係岩石，則建築較易，本來應海內陸地同時鑽探，因現值漁汛，船家均忙於打魚，僱船困難，故海內尚未鑽探，再可為測量潮性氣候工作，現已着手，但此項工程，非有三五年之經驗，不能確定，該處海水，兩公里外，在最低潮時，深十公尺以上，可泊巨船，實為難得，因青島港水深只九公尺餘，天津港只四五公尺，惟葫蘆島水深有十公尺也，將來或掘一大池塘，引海水入內泊船，或築碼頭至二公里外水深處泊船尚不能定，總之擬按最科學方法辦理，工作地點在海濱穆樓村，只住漁人五家，河北樂亭縣屬，在城南八十里，距灤河前綫已甚近，故現在工作僱人已非易易，但仍照常工作，惟盼東北早日收回，則該港可早日完成，不至如葫蘆島之中途棄置，（張曾任葫蘆島築港工程師），該港在大清河口灤河口之間，大清河口原有一舊式碼頭有帆船來往煙台天津間，該港如築成，可吐納華北十餘省區貨物，較天津定高出數倍，現在該地從事工作者，有技士張恩奎，車瀛軒，及工人廿餘名，經費每月二千餘元，由交鐵兩部撥發，余此次赴京為向兩部報告工作情形，晤交部航政司長高廷梓，鉄部工務司長薩福均，對於發現岩石均異常欣慰，今後決仍繼續努力工作，如款項充足，時局平定，則籌備期間，未嘗不可縮短。

雲南錫礦

滇省簡舊大錫，為出口大宗，惟因鉄冶未臻完善，只能運往香港銷售，經外人再加鍊冶後，始運銷各國，故香港錬錫公司，多操縱居奇，獲利甚厚，實業廳長繆雲台有鑒於此，乃於去年創議，成立錬錫公司，呈經省府核准，月前繆氏親赴個舊，香港，新加坡等處考察，購來大宗機件，復聘英工程師西遜狄吡來省，現決在個成立雲南錬錫公司，官商合辦，預定資本滇幣五萬萬元，分為五萬股，每股合滇幣一萬元，委託與文當錫務公司，勸業銀行等代為收股云。

國內林業

省南蒙山

魯南費縣蒙陰沂水嶧縣等縣，山峯連綿，亙數百里，交通極不便利，山中多松杉等樹，寶藏極富，除煤油外，其餘金銀鐵煤等礦，無所不有。實業廳長王芳亭為開發山內寶藏，特派對林礦極有經驗之技士鄭匯川赴蒙陰，會同縣府人員，深入叢山，詳為調查藉便設計。據王芳亭氏語記者蒙山沂山抱犢崮一帶叢山疊嶂，形勢險峻，數百年來，人跡罕至。據土人稱，山中尚有野人甚多，皆不諳國語，多以獸皮山菓與內地人交換食物，其衣冠習俗，與明代略同。惟山內寶藏極富，杉松質極堅美，大皆數圍，各種藥料遍地皆是，即珠砂一項，已不可勝採，山下蘊藏鑛產尤豐，惜乎交通不便，土匪遍山無人敢往，致天然寶藏，久棄未採，誠大憾事。本廳現決意開發此項富藏，特派技士鄭匯川赴蒙，陰，會同該縣人員，深入山內，詳細調查，再擬具計劃，進行開發。第一步工作，厥為便利交通，提倡人民前往開闢各種富源。本廳俟鄭技士（匯川）返濟，即依據其報告，呈請省府開闢山道。現幷已與膠濟路局委員長葛光庭磋商，修築張博支路延長線。自博山經由蒙山山內，而達泰安。若此路築成，該地交通，當極便利，魯南寶藏，亦可逐漸開發。

瓊島林場

瓊崖島為我國最南之一部份，地近熱帶，土質肥沃，栽植樹木，最為適宜。查樹膠，柚木，金雞納，高根，酸枝，紫檀，檀香，胡椒，荳蔻，玉桂等，均為熱帶出產植物。該項植物，關係國計民生，國防軍事，極為重大。廣東建設廳長林雲陔有見及此，特擬在該島設立熱帶林場。先擇其易於成材與國家有裨益者。如樹膠，金雞納，高根，柚木，咖啡等，木材，逐年推廣種植。預計二十年後，足供全國之用。至林場地址，亦經擇定瓊北安定臨高二縣，與瓊西儋縣。擬於該縣內選擇適宜土地面積約十餘萬畝，設立林場。其經營計劃，亦經分期擬定，現擬先行種膠一萬〇五百畝，高根五千畝，金雞納二千畝咖啡三千畝，柚木八萬畝，合計十萬零五百畝．除柚木每年造林一千畝，至八十年成一輪伐期外，其餘樹膠咖啡等木，分十年完成之。第一年造林面積，樹膠二千五百畝，咖啡五百畝，金雞納二百畝，高根八百畝，柚木一千畝，合計五千畝。第二年至第九年，每年造林面積，樹膠一千畝，咖啡三百畝．金雞納二百畝，高根五百畝，柚木一千畝，合計一千五百畝。第十年後，每年仍繼續造柚木一千畝，至八十年成一輪伐期。至該林場組織章程，亦經由農林局擬定，呈建設廳核准施行。預算初年開墾費三〇，〇〇〇元，種苗費五，〇〇〇元，建築費一〇，〇〇〇元，用具傢私五〇〇元，測量費五〇〇元，農具費二，〇〇〇元，運輸機器費四，〇〇〇元，合共需開辦費六〇，〇〇〇元。預計五年後，咖啡成材，即有收入。第八九年後，樹膠高根等，十四年後，金雞納等均已先後成材。其收支比對，第六年已足自給，嗣後每年遞增贏餘，用以推廣瓊島其他森林事業云。

陝北三大汽車路

八十六師師長井岳秀，前為發展陝北交通，提倡修築由榆林至包頭，至同官，由定邊至宋家川之三大汽車路，並召集當地人士組織陝北建築汽車路工程委員會。嗣因地方經濟困難，致工程進行期間，復又停頓。最近井師長函請建設廳援鳳漢路辦法，轉請鐵道部予以協助，期陝北汽車路，得以從速完成。茲將因函錄誌如次。（上略）前准貴廳電詢榆宋汽路設計各節，當經隨時函知陝北建築汽車路委員會查照詳覆，以憑轉達。茲准該會公函內開，逕覆者，准貴部函准趙廳長李省委電詢榆宋路設計暨路款如何籌撥，請派工程師，路費由何支給，囑即逐一詳覆，以便轉達等因，查本會上年鑒於陝北連年荒歉，民生凋敝，提倡建築汽車路，俾資救濟，曾經決議，修築三大幹線，由榆林至包頭為包榆路，榆林至同官為榆同路，定邊至宋家川為邊吳路，以綏德為各路交點，惟此路約長二千六百四十二華里，未經實地查勘，究竟需用若干，無從精確核計，遂就民力所能担負者，由各縣附近及商民富戶捐助，約可籌洋二十萬元，以作先修邊吳路之需不足之數，再為設法籌濟，已於同年四月間將本會組織大綱及決議原案，分報省府及建廳備案，旋奉建廳指令，此案已由廳擬具劃一辦法，送請省府政務會議議決原則通過，組織大綱交法規委員會審查等因在案，嗣因各縣財力愈趨窘困，所有擔認路欵，催提萬分艱難，復經議決因陋就簡，先其所急縮短邊吳，檢同路線改修榆宋汽路，撙節用費，藉利交通，其餘各路，俟地方元氣稍蘇，再為逐漸進行，以期貫澈原定計劃。但榆林至宋家川約長四百八十英里，其間土平沙路用費固少，而山石道路，橋梁溝渠，開鑿工力既大，需費較為繁鉅，以故約畧估計需洋五十萬元，即使各縣擔認之欵，全數收齊，尚不及約數之半，此路去冬業將土平沙路勘修至米家園子，本擬今春繼續開工，適工程師因事辭職，以致停頓，查二十一年十月三十一日天津大公報載有鳳漢汽車路計劃大綱，全路約需一百五十萬圓，計陝南各縣籌洋三十五萬元，建廳補助二十萬元，不足之數，擬援修築國道成案，轉請鐵道部，予以如數協助等語，此路雖由官民合資修築，亦係公路性質，事同一律，似應仿照鳳漢路辦法，請建廳酌量補助，並援案轉請鐵部予以協助，期速完成，拯救民生，刻值興工在即，尤望轉催早日揀派工程師來榆，以便測量修理，所需旅費，請由廳設法支給等因，用特轉達，即請察照核辦，至紉公誼（下畧）。

陝西省引洛計劃

陝西省府主席楊虎城以陝西連年旱災，去歲雨雪過少，非廣興水利，無以拯救民生，遂發起引洛灌田，前由水利局長李協迭次派員勘查測量，並正式編造詳密計劃，楊氏並親往各處視察，茲悉洛河形勢非常雄偉，水力亦甚大，據勘察估計，將來洛水由涉頭堡往東岸南行三十里，穿鐵鐮山，由大荔濮村出口，東西二渠，可灌溉大荔，朝邑地百餘萬畝，若再由大荔渡洛河，又可灌溉蒲城，及渭南臨潢河北一帶地二百餘萬畝，其引洛計劃及工程估計，近已由工師程，孫紹宗擬具簡略說明如次，

計劃

（一）壩址之選擇，壩址業已選定，老狀優於小狀之點甚多，（1）老狀河底高於小狀河底十七公尺，（2）老狀河底寬僅十公尺，小狀河北底寬二十餘公尺，（3）老狀兩岸石層甚高，可建築較高之洋灰壩（4）老狀以上兩岸，盡係石質，河床固定，小狀之上左岸，有一大灣曲水溜南刷，河床有改道之危險（5）老狀以下河岸係石質，極易建築退水閘，以防洪水，侵襲大渠，（二）洋灰填，壩高二十公尺，底寬十五公尺，頂寬五公尺，底長二十公尺，頂長一百公尺，體積一萬二千立方公尺，合計四千中方，（三），水量，現時洛河水量為每秒九，五立方公尺

，水量，面於春夏澆灌之時較大，故規定標準，水量為十五公尺，(四)大幹渠，自洋灰垻上游之退口起，在河岸與狀頭村之間，東南行二公里，至寧村溝，又一公里，至固市村，南又二公里，至屈里村，北又二公里，至水豐鎮，西北又三公里，至梨園溝，又二公里，至石馬村北，地勢由此漸高，故鑿隧洞，經石灰店，龍山頭，塢泥村，及大溝，長約六公里，於塢泥與淺村間出口，即由大溝南行三公里至溝口之三仙廟，由此分東西兩渠，東渠沿原脚東行至黃河，長約十九公里，西渠沿原脚西行至洛河，長約十七公里，兩渠可澆大荔，朝邑之地六七千頃。

工程

(一)洋灰壩，體積共四千中方，一二四洋灰一千二百方，每方一百三十圓，(每方用洋灰十二包半，價洋八圓，石渣子一方二十圓，砂子半方五圓，工資五圓，共一百三十圓)，合洋十五萬六千元，洋灰塊石二千八百方，每方七十元，合洋十九萬六千元，鐵料及雜料五千元，共洋三十六萬二千元，(二)排洪便河，於壩之西端，另開便河一道，另設閘門以洩洪漲，約洋八萬元(三)大幹渠，自進水口至石馬村隧洞口為明渠，長十二公里，傾斜度二十五百分之一，兩岸斜坡二比三，渠底寬六四尺，水深二公尺，平均控深五公尺，共土方二十七萬中方，每方工資六角，合洋十萬二千元，又包隧洞南口至三仙廟，長三公里，約三萬土方，合洋一萬八千元，共洋十八萬元，(四)進水口及退水閘，渠水之操縱，及洪水之防範，全在退水閘，較在進水之口操縱，便易且隱妥，工程費約五萬元，(五)渡槽及高樑，小河及乾溝五個以渡之，約洋五萬元，橋樑八道，約洋一萬六千元，共洋六萬六千元，(六)隧洞，長六公里，底寬四公尺，兩邊直高三公尺，上部半圓空形，計每公里土方六千方，共土方三萬六千方，用輕便鉄路由兩口運土，每方工價洋二元，合洋七萬二千元，洞內須滿鑲砌之，以甎或以石，或以洋灰，約略估計需洋十五萬元，(八)估計總數、以上七項，計共洋一百二十六萬元，再加工程費百分之十五，意外費百分之五，計第一期工程費共洋一百五十一萬二千元，以上工程估計，係第一期工程費，可澆落河黃河間之地畝，屬大荔朝邑兩縣，約有六七千頃，第二期工程渡洛河而西，可澆蒲城，臨潼，渭南三縣之地有三千頃，估計暫從略，又鐵鏖山以北之土工，楊主席決以四團軍隊任之，在省籌備三日，即派測量隊出發，期於一個月內將該段渠測完，甚餘各種工程，亦積極籌劃，期於六個月內完成初步計劃云。

雜俎

雪廬漫鈔

桑野山人

杭州江堤

杭州江堤，築于梁開平四年八月，時錢氏始霸。武肅王以候潮通江二門之外，潮水衝齧，版築不就，命強弩數百射之，潮水爲避，鑿西陵。遂以竹籠石植大木圍之，率數歲輒復壞。祥符七年，潮直抵郡城。守臣戚綸，漕臣陳堯佐，議累木爲岸，實薪土以捍之。或言非便，命發運使李溥按視。十月壬戌，溥請如錢氏舊制，立木積石以捍潮波，從之。其後踰年，隄不成，卒用薪土。天聖四年二月辛酉，侍御史方謹，言請修江岸二斗門。慶曆六年，漕臣杜杞，築錢塘隄，起官浦至沙陘，以捍風濤。浙江石塘，刱於錢氏。景佑中，工部郎中張夏爲轉運使，置捍江兵，採石修塘，人爲立祠。紹興二十年修石堤。二十二年十一月二十五日，吏部尚書林大鼐，言潮爲吳患，其來已久，捍禦之策，見於浙江亭碑。自江流失道，潮與洲鬥，怒號激烈，千霆萬鼓，民以不寧。宜顓置一司，究利病而後興工。乾道七年十一月十八日，帥臣沈復修石堤成，增石塘九十四丈。（宋，袁褧楓窗小牘）

灌縣離堆

灌縣在成都西北一百二十五里，當岷江南下之衝途，扼西北山地之關鍵。秦孝文王時，李冰爲蜀守，鑿離堆以開內外二江之地，灌溉成都平野，後世食其澤。子二郎贊助其父，厥功甚偉。按離堆在灌縣城西，上有廟宇，下爲流水，堆石纍纍若串珠故名。又說離堆即灌口山，在縣西北二十六里，山分東西岐。灌縣西城及西門，即建於東岐之脊，城之外栅，則建於西岐之脊。西岐之間，環成馬蹄形之谷者，曰鳳棲窩。

李冰於西岐之端，斫成峭壁，并掘東岐而過之，留其一部，稱曰離堆。伏龍觀即在其上，并鑿溝經縣城之南門外，於是引岷江水東流，再轉而東南流於二王廟之西，（廟即在鳳棲窩之西）纍石成堤。復以石置竹筐中，累疊隄前，遂分岷江爲兩大歧流。東歧流於峽間者即北江，亦曰太平河，西鼓即岷江，亦稱南江。

岷江自岷山發源，納黑水，經茂縣汶川縣西，匯納四河，東受白沙河，水勢益大。夏秋氾濫，波濤澎湃。其洩入北江逕洩於灌縣南門之外者，曾不及水量之半，而其速度已達每分鐘七百萬立方英尺之數，足抵四百萬馬力。南門外水幅寬至七十五碼，此其水量之半數，即皆傾瀉於成都平原之上，以行其酣暢飽滿之灌溉者也。故南門外之建築最難。昔元代吉當普曾設鉄龜用固蠏基，以桐油合石灰塗其岸。明嘉靖時，有施千祥者，及其同人，鑄鉄牛，多頭置於蠏基之下，且置栢樁於前，然後建隄其上。

李冰治水之法『深淘灘低作堰』益掘之務深，而不必高築隄堰也。益州記云，江至都安，堰其右，檢其左。今按覆手曲其掌曰檢，檢即墊高之法也。籠石欄江，前縱後橫，或為脊面而曲覆之，皆使後高前下，後斜陡而前陀平，以其狀手之檢，檢亦所以深之也。凡江流刷岸之處，檢其下而深其上，則水平。二者相資，其用甚廣。而專言左者，太平河入水溜急，為檢特大。以故華陽同志，直名此江為檢江也。

北江之約束，恃乎峽。伏秋氾濫，水之自上來者，多過於峽，而轉入岷江。（當時因其距城遠亦稱外江）於是灌縣成都無水患。此江（當時因其距城近亦稱內江）年當修理，皆自十二月一日始。內江之修也，先斷外江之流入。其斷外江流入之法，則以竹簍盛石，挑置河底，以粗木作成三角架，數設其外，復釘橫木於多數三角旁，以固之。更覆兩層竹席，而塗土泥於其間，以禦冲溜。俟水已盡，先清河底約里半之遙，然後以竹簍滿載巨石壘成隄，再放水使通。每年皆先以此法修外江，外江既修，始用以修內江。

內江放其不能容之水於外江處，曰溢口。口兩側有鐵柱二，高可十尺，重三千斤，用以保障溢口者也。水之橫過溢口也，輒洶湧澎湃，其勢甚猛，非二鐵柱勢虛傾圮，故每年修河之際，對二柱，尤盡心焉。

又王蜀瓊君遊記載，「灌縣西門外，有二王廟，廟祀李冰父子，故稱二王。規模宏闊，裝工甚鉅。內有大殿二重，為前清嘉慶時建。後為光緒十年丁文誠都蜀時所建。廟背倚山巒，而臨江濱，與離堆相距甚近。蓋蜀人念王治水功績，立廟於此，並謂藉王威靈，鎮壓此地。蜀江千里，而不致受水患者，皆受王之賜也。惟年代藐遠，廟之起始，不可考。然歷古迄今，奉祀不輟，且有加焉。乃偕數友人同繞道，由縣南門（廟在縣西門至離堆，須入城再出南門可達）過南橋，至伏龍觀。觀有殿宇甚壯，亦祀王父子像。殿後即離堆，爲王當日導江鑿石之故跡也。其鑿石處江口甚狹。志稱爲寶瓶口。口側有石碑二，一新一舊，刻有尺寸。蓋即王導江治水之水則也。其用法係觀水之所及，可測知江水入內地之盈涸，如已及限，則可洩水溢往外江，否則有淹浸田畝之害。清於此設水利府，置官專理。歲時候將水之所及，具文上報，其鄭重如此。岸際石刻有『深淘灘，低作堰』六大字。此即王當時治水所立之法，後人奉循惟謹。凡成都江堰所在之地，享水之利，而不致受水之患者，皆此六字之力，特大書勒崖，以誌不忘也。其崖之上游，峭壁若削，矗立河濱，志稱爲斧頭崖，蓋即導江，開鑿經過之痕跡。離堆下側，受水處，有石一灣，附著其上，形如象鼻，舊稱爲象鼻灣。察其情形，似當日鑿石，刀斧之殘留。然據志云，水驅入口，奔駛過疾，所賴支柱，以減殺其勢者，即此石之力。是又似有意爲之者。然數千年來，受水冲刷，毫無損蝕痕跡，則又可怪也。堆之後，有亭，峙立江滸，有某書「由色河聲」四字，署於亭。蓋此處正對長江上流，兩山夾立，江從中來，波光山色，層出不絕。如在巫山道中，望夔門峽口風景，至爲可玩。亭前有房舍數處，甚爲雅潔。廟內特築以租賃遊人之來此消夏者。數經兵隊駐紮，漸就損毀矣。竊按王之導江，川人多以爲神。相傳治水時，有孽龍鼓波與王爲敵。王施神威，將龍制伏，拴於江底、水患始平。治水之功始成。今之觀底，即孽龍伏匿之所也。士人謂上年曾有人泅入水底，見之者。又謂灌縣半城之底皆空，其下皆水國也。龍若蠕動、城立覆沒，所賴以安全者、皆王之神威、有以鎮攝之也。又讀陸放翁謁吳顯王廟詩，敘述夢中所見，多神奇怪誕之語，具爲神之說，宋時已然也。觀廟中所具封號，歷代皆有。前清光緒初，丁文誠督蜀時，治水卓著成績，而祀王尤謹，其重修後殿時，謂其所用木材，係於江之上游某處浮出之木爲之。（見丁修廟碑記）量其尺寸，恰與用合。故有此崇宏鉅製，其頌揚神驗如此。故川中之立廟奉祀者，稱爲川主。幷傳舊歷六月二十六日爲王誕期，是時廟中作會，遠近舁香燭來祀者，相屬於道不絕。謂爲朝王。今特考查遺跡，竊見寶瓶口處導入出水特尋丈耳，而灌入內地，使成都十六屬盡成膏腴之土，號稱天府。此處石質堅固，能分水，則可經久不敗。并知此處石系游，則為力少，而疏鑿易通。至立水則，得知水入內地之盈涸，此於地面之水平線，必有十分精確之測量。惜未將此意告人耳。而以今之科學揆之，皆能符合。是王當日治水，原憑其學問識力為之，所以用力省而成功鉅，取物少而收效宏，後人不知乃以為神。廟中楹聯碑記，及墨蹟詩文甚多然其最早者，亦自清嘉靖時而止，前無存者。廟門側，石刻有邑人游某晉陸放翁謁英顯王廟，與現畫像兩詩。又照牆上書有內外江經過各邑支流圖，與此堰工有關，可稱有益水利之作。門前有聯云，（萬里波光歸稼穡，四川雲氣傑蛟龍。）為邑人某撰，書法遒勁，當與此地相稱。正殿樓上有兩聯云，「秦時五馬，禹後一人」又「一門兩禹，六字千秋」皆頌揚王之德者，尚切合。其餘長聯佳者甚多，未及詳記。廟後之最高處，為老君洞，登之可遠眺青城諸峯，而江流浩淼，亦一覽在目。洞外有高台，祀有老君像。蓋廟稱老子為王之初祖，故推事及之。蓋亦道家之言也。」（白眉初地理誌）

鄭白二渠

關中溉田之利，莫如涇水。秦始皇初，韓聞秦好興事，欲罷「請疲」之，毋令東伐；乃使水工鄭國間說秦，令鑿涇水，自中山西抵瓠口為渠，并北山東注洛三百餘里，欲以溉田，中作而覺，秦欲殺鄭國。國曰，「始臣為間，然渠成亦秦之利也。」秦以為然，卒使就渠。渠就，用注填閼之水，溉舄鹵之地四萬餘頃，收皆畝一鍾，於是關中為沃野無凶年，秦以富強，卒併諸侯，因命曰鄭國渠。漢太始二年，趙中大夫白公復，奏穿渠引涇水，首起谷口尾，入櫟陽注渭，中袤二百里，溉田四千五百餘頃，因名曰白渠。民得其饒，歌曰，「田於何所？池陽谷口。鄭國在前，白渠起後。舉臿為雲，決渠為雨。涇水一石，其泥數斗。且溉且糞，長吾禾黍。衣食京師，億萬之口。」言此兩渠饒也。後漢遷洛，而鄭白兩渠漸廢，陵夷以迄兩晉。十六國時代，涇水左右，皆戰地也。宇文周以後，渠堰之利復起。

唐永徽中，詔盡毀水上碾磑，以利民田。天寶以後，涇渭之間，屢遭寇亂。是時豪勢之家，多引涇水，營私利。民田益困。大歷十三年，勅毀白渠支流碾磑，以溉田。杜佑曰，「秦漢時，鄭渠溉田四萬頃，白渠溉田四十五百頃。唐永徽中，兩渠灌浸不過萬頃。大曆中減至六千頃。

畝陂一斛，歲少四五百萬斛。復兩渠之饒，誘農夫趣耕，河隴可復也。豈徒自守而已哉。」元和志，太白渠在涇陽縣東北十里。中白渠首受太白渠，東流入高陵縣界。南白渠首受中白渠，東南流，亦入高陵縣界。劉禹錫曰，「涇水東行，注白渠，釃而爲三，以沃關中。白渠之利不廢，關中可無磽瘠憂也。」是唐代白渠之利，獨有存者。宋史，淳化二年，涇陽民杜思淵，言涇河內舊有石𥕢，以堰水入白渠，溉雍耀田，歲收三萬斛。其後多歷年所，石𥕢壞，三白渠水少，溉田不足，民頗艱食。乾德中，節度判官施繼業，率民用竹木爲堰，豬水入渠。緣渠之民，頗獲其利。然每遇暑雨水漲，堰輒壞。至秋復以民貲治，役煩而堰終不固。乞依舊修疊石𥕢，（𥕢音婁大扇也）爲暫勞永逸計。詔從之，尋復中正。至道初，度支判官梁鼎陳堯叟言鄭白二渠舊史溉田以萬計，今所存不及二千頃。鄭渠難興工，請修三白渠舊迹。詔皇甫選何亮相度選等言鄭渠并仲山而東鑿斷岡阜，首尾三百餘里，連亙山足，崖壁頹壞，堙廢已久。度其制置之始，涇河平淺，直入渠口，曁年代寖遠，涇河陡深，水勢漸下，與渠口相懸，水不能至。峻岸之處，渠岸廢久，實難致力。三白渠，渠陽，櫟陽，高陵，雲陽，三原，富平六縣田三千八百五十餘頃，宜增築隄堰，以固護之。舊設斗門一百七十有六以節水，宜悉繕治。渠口舊有六石門，今亦圮。若復議興置，則其功甚大。且欲就近度岸勢別開渠口，以通水道。今渠官行視疏濬，又涇河中舊有石堰，修廣皆百步，捍水雄壯，謂之將軍𥕢，廢壞已久。杜思淵常請興修而不克，仍止造木堰，涉夏水漲，堰輒壞。欲自今溉田畢，即命水工拆堰木，寘岸側，充秋季修堰之用。詔行之，於是自仲山南移治涇陽，未幾復敗。景德三年。博士尚賓，經度鄭白渠。賓言鄭渠久廢，不可復，今自介公廟，回白渠洪口，直東南合舊渠，以引涇河，灌富平，櫟陽，高陵等縣，經久可以不竭。工畢，民果獲利。景祐三年，漕臣王沿，言三白渠溉田數萬頃，今纔及三千餘頃，宜以時修治。又鄭白渠皆上源高處爲堰，沿渠立斗門，多者至四十餘所，以分水勢，其下列開小渠，分以溉田。其作堰之法，用石鋼以鐵積之，於中流擁爲雙派，南流者仍爲涇水，東流者釃爲二渠。故雖駭浪不能壞其防。詔從其言，修三白渠。熙甯五年，詔三白渠爲利甚大，又有舊迹，可極力修治。是年涇陽令侯可議鑿小鄭渠，引涇水，高與古鄭渠等。又都水丞周良孺，言自石門北開二丈四尺堰，涇水入新渠，可溉田二萬餘項。開至臨涇，就高入白渠，則水行二十五里，利益，廣，開至三限口五十餘里，接雲陽，可溉田三萬餘頃。詔如其議，自石門至三限，合白涇，興修，既而復罷。六年復詔修鑿。大觀四年，豐利渠成，疏涇水入渠，下與白渠會，溉涇陽，醴泉，高陵，櫟陽，三原，富平，雲陽七邑之田，總二萬五千九十有三頃。元史，宋熙甯中，修白渠故蹟，自仲山旁開鑿石渠，從高泂水，名豐利渠。

元代，至正三年，以新渠堰壞，導流益艱，乃復治舊渠口，堰成凡溉農田四萬五千餘頃。明洪武中，耿炳文守西安，修築涇陽洪渠諸堰，以溉民田，繇是軍需無缺。永樂以後，屢經修治。成化中，項忠余子俊阮勤等，並鑿石通水，引涇入渭，謂之廣惠渠。白渠之利，得以不廢。水分三限：上限入雲陽，三原，櫟陽，中限入三原高陵，櫟陽。南限入涇陽。皆立斗門，以均水，凡一百三十五處。清康熙八年，知縣王際有率縣丞張肯穀修築岸隄，整理版閘大石，用火煅之，淘洞積砂，引繩深入，出土見底，寬厚一如舊迹。三月朔日興工，四月終工竣。民為之謠曰，「王御史後，賢令亦王。修濬渠堰，經營有方。民財不損，民力不傷。誰為贊理，邑佐維張。功成浹月，流水湯湯。穀我士女，樂只無疆。」(白眉初陝西省誌)

按鄭白渠至民國初僅能溉田二百畝，近年僅灌六百畝，效用大減。十七年，陝西大旱，餓斃者達二百萬，三年不收顆粒，乃以工代賑，進行引涇工程，現已工竣放水。總其事者為李儀祉及塔德二君。詳見工程季刊六卷四號

古棧道考

棧道之創，當在秦惠王時。蜀貪秦狡，咲以牛能糞金，蜀王令五丁開道迎之。斯鑿石填壑，溪澗間必有棧橋矣。而秦棧亦起於是時，所謂范睢相秦，棧道千里，通於蜀漢者也。足為有棧道之始。

張良送高祖至褒中，說之以燒絕棧道，且示項羽無東意。漢高燒絕棧道之後，因別開西路，從故道(鳳縣之北)以襲陳倉，(今寶鷄縣)而棧道遂廢。蓋是時棧道係由鳳縣東出斜谷，所謂褒斜道也。西路即由鳳縣，北走陳倉。所謂西路，與今秦棧正相同。

古棧道之北，半與今異，係褒斜道也。禹貢梁州貢道曰，「逾於沔，入於渭。」釋之者曰，「沔渭之間，有褒斜二水。褒南通沔，北通渭，其間絕水百餘里，故言逾言入

也」。漢武帝時，人有上書欲通褒斜道，及漕事，下御史大夫張湯。湯問之，言抵蜀從故道（今鳳縣）多阪而迴遠，今穿褒斜道，少阪，近四百里。而褒水通沔，斜水通渭，皆可以行船。若由沔入褒，褒絕水至斜谷間百餘里，以車轉從斜下渭，如此漢中穀可致。且褒斜材木竹箭之饒，擬於巴蜀」。天子以爲然，拜湯子卬爲漢中守，發數萬人，作褒斜道五百餘里。道果近便，而水湍急不可漕。是褒斜之道，禹貢發之，而漢始成之也。是漢祖燒之，而武帝復始之也。後漢順帝即位，詔益州刺史罷子午道，通褒斜路，益修之也。

諸葛武侯與兄瑾書，「前趙子龍退軍燒壞赤崖以北閣道，緣谷一百餘里。其閣梁一頭入山腹，一頭立柱於水中。今水大而急，不均安柱，此其窮極不可強也。」

武侯出師，屢修斜谷邸閣，及卒於五丈原，魏延先退，而焚之。其後按舊修路，悉無復水中柱。行其上者，浮梁震動，無不搖心而眩目矣。

漢中志，「褒斜谷中，宋時有棧閣二千九百八十九間。元時有板閣二千八百九十二間。明因故址修造，約爲棧閣二千二百七十五間。統名之曰連雲棧。陸贄所謂緣側徑於嶺岩，綴危棧於絕壁者也。蓋山峻水急，其中多巉岩壁立，難以鑿路。募匠鑿石成孔，橫貫巨木，上覆木板，外繞欄檻，繞之如橋梁狀，名曰棧道。」

輿程記，「陝西棧道，長四百二十里。自鳳縣東北草涼驛，爲入棧道之始。南至褒城之開山驛路始平，爲出棧道之始。蓋古棧道之設，皆係鳳褒之間。唯自鳳縣而北，古道係自鳳縣東北行，溯褒水之上源，出進口關，以趨郿縣斜谷，是謂褒斜道。今之大道，則不出斜谷，概由其西寶雞縣，南出益門，大散關，草涼驛，以趨鳳縣。此路復闢，當自元明清以來也。

今陝省之秦蜀兩棧，祗存棧之名，己不可見古棧道結構之狀。蓋因前清康熙元年，巡撫賈漢復，親巡棧路，自煎茶坪，至雞頭關，（在褒城縣城北）剗剔危險，盡成坦途，所謂碥路是也。迄今民間稱頌賈中丞之功績，未嘗少忘，則棧道自廢矣。若夫蜀棧，在省境中之沔與寧羌兩縣之中，險路不多，棧路亦少。

（註）賈漢復稱奉天正藍旗人，康熙元年，巡撫陝西，當兵革後，綏輯凋殘，政績甚著。秦中明末亂後，志乘久缺，漢復延致文士，纂成通志，粲然可觀。

蜀棧亦曰南棧，皆謂之金牛道，即秦惠王入蜀之路也。華陽國志，『秦惠王欲伐蜀，患山道險阨，乃作五石牛，言能糞金，以給蜀。蜀王負力而貪，令五丁開道引之。秦因使張儀，司馬錯，隨而滅之，因謂之金牛道，亦曰石牛道。』考十二州志，水經注，輿地廣記，皆祖是說。清初顧祖禹以爲謬誤，引薛瑄所云，梁州舊禹迹，謬以五丁傳，所駁甚是。』蓋自秦以後，由漢中至蜀者，必取道於此，所謂蜀之喉隘也。

中華民國二十二年五月出版　一卷五期

河北省工程師協會月刊

張繼題

北甯鐵路簡明行車時刻表

中華民國二十二年一月二十日重訂

下行車

列車次數 ＼ 站別 開到時刻	北平前門 開	豐台 開	郎坊 開	天津總站 開	天津東站 到	天津東站 開	塘沽 開	蘆台 開	唐山 開	古冶 開	灤縣 開	昌黎 開	北戴河 開	秦皇島 到	山海關	錦縣	遼寧總站
第七次慢膳車各等	五●五〇	六●二四	七●四四	九●二六	九●三五	九●四五	一〇●四八	一一●五四	一三●〇二	一三●四八	一四●四五	一五●五四	一六●四四	一七●二三			
第三次特快膳臥車各等	八●二五	八●五五		一一●一六	一一●二五	一一●三五	一二●二三	一三●二六	一四●二六								
七三點加車三等									七●〇〇	七●三六	八●一九	九●一九	九●五五	一〇●一一			
第九次快膳車各等	一四●一〇	一四●四二	一五●四七	一七●二〇	一七●三〇	一七●四五	一八●四五	一九●四五	到 二〇●五三								
第五次特快膳車各等	一六●二五	一六●五五		一九●一二	一九●二五	停											
第二〇一次特快膳臥車各等	一七●二五	一七●四四		二〇●一二	二〇●二〇	二〇●三〇	開	往	浦	口							
第一〇一次快膳臥車各等	二〇●一五	二〇●四八	二一●〇八	二二●四二	二三●五〇	二四●〇〇	一●一〇	二●一三	三●二四	四●一〇	五●〇六	六●一七	七●二九	七●三七			
第一五三次混合三等	二〇●四五	二一●一八	〇●二二	二●四〇	二●五〇	四●五〇	七●一七	九●五五	一四●四五								

上行車

列車次數 ＼ 站別 開到時刻	遼寧總站	錦縣	山海關 開	秦皇島 開	北戴河 開	昌黎 開	灤縣 開	古冶 開	唐山 到	唐山 開	蘆台 開	塘沽 開	天津東站 到	天津東站 開	天津總站 開	郎坊 開	豐台 開	北平前門 到
十二點半加車三等				一二●二七	一三●〇〇	一三●五五	一五●一二	一一●一五	一六●三三	停								
第一六三次混合三等										一四●三〇	一七●三一	二〇●三〇	二二●三八	〇●二〇	〇●三〇	三●二四	七●一一	八●一七
第八次慢膳車各等				六●三〇	六●五〇	七●四〇	八●四九	九●四〇		一〇●三〇	一一●五〇	一三●一〇	一四●三一	一四●三五	一四●三〇	一六●一一	一七●四四	一八●一二
第二〇二次特快膳臥車各等							自	浦		口	開	來	七●三三	八●〇〇	八●一二		一〇●四三	一一●〇七
第四次快膳臥車各等										一三●〇〇	一四●〇七	一四●五三	一五●五五	一六●〇〇	一六●一三		一八●四八	一九●一五
第十次快膳車各等										一六●四五	一七●四五	一八●五三	一九●四五	二〇●〇〇	二〇●一二	二一●二五	二二●四八	二三●一五
第一〇二次快膳臥車各等				二二●二六	二三●〇五	二四●〇〇	一●〇三	二●〇〇		三●二一	四●二二	五●二三	六●二七	六●五五	七●〇八	八●二一	九●四三	一〇●一〇
第六次特快膳車各等														九●一五	九●二六		一一●四五	一二●二二

河北省工程師協會月刊

中華民國二十二年五月出版

一卷五期

河北省工程師協會月刊

一卷五期目錄

民國二十二年五月出版

論壇

改進我國工程教育芻議

李吟秋

前讀清華大學教授夏堅白君「我國工程教育今後之途徑」一文，（原文見本刊專載）感觸甚深。不佞濫竽工程教育界數年，管見所及，認爲夏君之主張，極關切要。幸身負我國工程教育之責者，特別注意焉。

夏君全文要旨，約分三點：（一）工程教育應力避盲目的抄襲與模倣，務須顧及民族之背景與環境，以謀當前各種工程實際問題之解決。（二）宜由政府聯合全國工程界，及其他有關係各界，議訂整個之計劃，使各工程大學，各因其處境，而各專其一科或數科，然後集中精力，利用環境努力於研究精進之工作。（三）工程大學教授，於教學研究之外，應利用假期，從事遊歷國內考察各地情形，以期將本國之教材，與工程之需要，教授學子。

夏君所倡論者，均犖犖大端，確爲當前急務。不佞特欲引伸其意提出下列數點，以供國內工程教育家之採擇

（一）編訂華文教本　查現在高中以上學校所用之專門教科書，多用英文原本（現皆改爲翻版），如此整個抄襲模倣，其流弊甚多。最顯著者，原本教材未必盡適合於吾國情形一也。學生英文程度不齊，對於文字每多費解之處，於書中理論，難以透澈了解，不免事倍功半之苦二也。倚賴他人，學術不能獨立，不能精進，有礙自己文化之發展三也。教學雙方盡用外國名詞，對於華文名稱，漫不置意，其於統一及普及專門名詞，在社會上應用方面，諸感困難四也。鄙意以爲外洋書籍，儘可盡量採取，然祇能爲參考書，而不能專賴爲教本。理應由吾國工程或科學專家，大學教授等，本其研究心得，依據吾國情形，編爲課本，教授學子，庶乎所學者可切實用，而學術得以進步。

（二）教材及研究科目應注重時代需要　習工程者，原爲學以致用，故應知何者爲有用，即有用之中，又有輕重

緩急之分。例如攻汽車學者應研究燃料問題，學鐵路者應研究枕木問題，固無待言。此外習水利者，應注重本國河流之整理，水力之開發。習測量者，應注重本國之地政整頓。習化學，與機械者，應注重各種國防工事之研究。學建築者對於本國之建築方法，形式與材料，應加以探討。此外如電工，採冶，染織等工程學者，各應努力利用本國之原料富源，而振作本國之生產與創造，更無論矣。總之，工程學術為一種實用之學，其富於時代性，固無疑問也。教學雙方果能致力於時代之需要，其成績必有可觀者焉。

(三)注重實習並擴充試驗設備　大學教授應有實際經驗，並應時常調查研究，以增進其教材。理甚顯明。而學生方面，亦應注重實習。學校對於各項工程試驗之設備，亦應擴充，以期周備而利研究。關於學生之實習，可分假期實習，平常實習，及休學實習三種，所謂休學實習者，即暫時離開學校一年或數年，出外調查或工作，以增進其實際經驗，事後仍可回校繼續攻讀。此在外國各大學，原為常事，而在吾國則不多見也。學生實習，學校固應努力為之介紹機會，而社會方面，如各機關各工廠等，亦應有充分諒解及同情，遇機予以實習之便利。蓋學術及生產事業，為社會的，為國家的，非僅屬於個人生活問題也。

(四)政府應保障專門人材之任用並提倡獎勵技術之研究與發明　凡教授或學生有所研究，或有著述發明，學校固應予以便利或資助，其在學校範圍以外者，或非學校能力之所及者，則政府應予以保障獎勵，以資提倡。如設立專門研究機關，試驗所，發給補助獎金等。至於專門人材之任用，亦應有相當之保障，庶幾各得用其所學，而各得盡其才力，是於國家以及個人，均至為經濟。若現時之因人設事，或用非所學，學非所用之種種病態，實為建設發展上之大障礙。蓋惟學而能專，專而能用，用而能久，其於實施上，始可獲最高之效率與經濟也。此外政府對於國內建設及生產事業，俱宜有通盤計劃，以期逐步實行。庶幾司教育之責者，可以明訂教材之標準，科目之繁簡，以及學生人數之多少。是在建設與生產上，為全國之總動員。凡百事業均互有關聯，決難以枝節破碎之施設，以整頓當前之建設問題也。古人謂「十年樹木，百年樹人，」其所云然，亦惟應早定大計而已。

工程師與國難

張蘭閣

近來「國難」這兩個字，已成了我國人士的口頭禪。不僅政府，機關，團體，學校，均在談說救濟國難的方法，就是商店櫃台上，工廠作房裏，農民畎畝中，社會晏席上，無時不聽到國難的言論。

現在咱們問一句話，「究竟什麼是國難？」是否指日本人強佔東北，進攻關內而言？如是的話，那麼九一八以前，可以說是無國難。假如日本人現在肯把軍隊撤走並將東北仍舊交還張學良，亦就可以說無國難了。國難既無，我們是否可以高枕無憂地去過我們的安樂生活？現代國家人民的要求爲「平等，自由，與安樂生活」，九一八以前我們是否在享受着現代國民的現代生活？假如日本人今天退走，明天我們是否即有享受現代國民生活的希望？這樣再往下追問，恐怕「國難」兩個字不能單純地拿「日人侵略」來解釋了。那麼究竟什麼是國難？極簡單地看來，國難是：

(1)人民全體無論窮富賢不肖，男女，老幼都是過着經濟恐慌的生活。

(2)目下中國政治，社會，學術的狀況任牠自然地演下去，絕對看不見光明的前途。

(3)前途的危險，不是演成「大混亂」就是演到國際共管。

「日人侵略」，「政治腐敗」，「農村破產」，「工商業不景氣」「青年無出路」…………等等不過爲國難初期的幾個像徵，若不早圖救濟，恐怕將來更有嚴重的變化。

講國難的原因，不外政府不良，執政的不忠實，人民知識低下，窮苦或其他同等觀察。其實平心來論：各級政府的組織何嘗不完備；執政的人何嘗不欲有所建樹；年來教育的標準與民衆的知識確比十年前增高；不要講富有經濟價值的多量人口與天賦寶藏，現在存儲於各大都市的現金按合理方式充量運用出來，足可致富強而有餘。那麼國難的原因絕對不是以上所指各項了。

國難的真因，日本人說的絲毫不爽「中國人無組織」。就是說我們中國人民缺乏自動組織謀劃共同福利的能力；亦就是說，我國國人言行的動機，無論上下，窮富，賢愚，概以私人目前的小利小害爲前題，絕對無所謂「社會化」，「團體化」的言行。廿世紀的世界已進入「世界化」的初期，不但一個國家政府之命運受世界潮流的影響，就是一個鄉村農民的生活亦逃不出世界潮流的支配。美國棉麥生產過剩，中國的農民就有存貨難脫的苦吃；蘇俄五年計劃完成，英美的經濟界就得趕快打主意。歐戰後，全世界的生產能力倍增，而反演成一九三一世界普遍的經濟大恐慌，這就是証明。現代的社會已演至「世界化」的社會，並且在世界化的過程中，所有一切關於人生的問題概以經濟爲基礎。換句話說，就是現代人生，已演進到世界性的社會經濟化。所以現代的民族，要想在這個社會經濟化的世界占進一席優越地位，除非民族本身富有發展社會經濟的組織能力，是絕對不可能的事。

「中國工程師無出路」這句話，無疑地引動大多數的同情；但是中國工程師何以無出路，其故又在己而不在人。歐美各國的工程師年來亦感到同樣的無出路。據調查，歐美工程師近年失業者，已有百分之廿。若無救濟的辦法，失業人數恐怕更要增加。所以歐美的工程師，自動的肩起責任，組織起來去調查，研究，尋一救濟途境。本月十二日將在倫敦舉行的世界經濟會議，實爲世界工程師的主動而無疑。現在不敢說倫敦會議準可議出有效的救濟辦法，而歐美的工程師確是在那裏有組織地努力工作着。

我們中國的工程師如何？我們不是受過同樣的訓練嗎？我們不是明悉科學的方法，擅長生產的技能嗎？我們工作的對像不是社會經濟嗎？我們處事的觀點，不是撇開意氣，只認事實嗎？我們的任務不是改進社會民生嗎？這幾個問題答案是的話，那麼，中國國難的嚴重如彼，工程師本身與任務如此，救濟中國國難的職責自非工程師莫屬了。

救濟中國國難，第一，社會要有組織；第二，無經濟問題的認識與改進能力的組織無補於現時之中國國難；所以，第三，惟有中國的工程師具體組織起來，贊助社會，領導社會，去做實際的調查，研究，設計及其他一切改進社會經濟的工作，中國的國難方可渡過。

談技術政治

蔭桐

技術政治 Technocracy 是美國一種最新的政治經濟名詞，爲熟諳經濟理論的工藝技師司克脫 Howard Scott 所發明。最初「技術政治」僅爲一個研究團體名稱，爲一群工程師，科學家，經濟家，技術家，生物學家，物理及化學家等組織而成。由司氏領導之下，潛行研究十餘年之久。一九三二年在哥侖比亞大學舉行『北美能力調查』，完成圖表三千餘種。司氏並親手收集『北美原動力表』，歷載近十年來美國北部工業區內原動力之總變動，工程浩大，研究詳細，爲空前所未有之傑作。然而這不過僅爲他們初步工作——尋求實證而已，其繼續的工作爲設計，實驗及改善計劃，最終爲實現『Technocracy的理想。不意『技術政治』名詞一出，大有一鳴驚人之勢，風行全美，震動世界。美國報章雜誌，無不刊載；且有專刊介紹，廣播演說。吾國雜誌報章，亦多有討論。究竟『技術政治』爲何物？何以獨發明於美國？實可爲吾人所注意者也。

綜觀技術政治者之言論，其最要主張約分下列三端：

(一)社會財富爲能力——人力或機器的——之產物，財富只能應用能力單位爲衡量。如此則現在『價格制度』一切病態，都可剷除，經濟恐慌可以免掉。

(二)生產能力要加以統治，如此則可事半功倍。據他們估計，就美國現有之各種原動力，施以科學之管理，則國內二十五歲至四十五歲之國民，每日只作工四小時，每星期只作四日，即可維持一九二九年最高之生活程度。

(三)科學家來經營生產，如此幾得有合理化的生產事業。

看以上所說的甚爲簡單，究竟這種新的理想，新的烏托邦，有無實現的可能，即發明『技術政治』的鼻祖，司克脫氏尚無一具體答復，他人更難臆斷了。然而這種思想獨發現於美國者不外下列二點：(一)美國資本家特別發達，而失業情形益加嚴重，多少民衆，異想天開，以期打破此種難關。(二)美國爲新立之國家，民衆富於好奇立異的特性。

總之『技術政治』在美國尚在試驗期間，他人更不得其門而入；且一國有一國之環境，不可盲目模倣也。至於吾國之建設問題，生產問題，如何解決，是則爲吾國工程家，科學家，與夫經濟家之所有事。其解決方法自須合乎中國之環境與現狀。他國之主義，政論，與學說作爲參考則可，如竟恃爲治病之海外仙方則不可也。

中華書局出版

社會政治參考書

書名	著者	册數	定價
社會學概論	陳翊林	一册	七角
社會主義的理論與實際	周佛海	一册	一元
社會問題總覽	李達	一册	一元二角
社會問題概觀	周佛海	二册	八角
社會問題綱要	劉炳藜	一册	六角
人口問題	吳應圖	一册	二角半
歐洲政治思想小史	高一涵	一册	五角
近代政治思想史畧	鐘挺秀 李卓	一册	一元二角
最近世界各國政黨	顧樹森	精裝一册 並裝四册	五元 四元
盧騷民約論	馬君武	一册	五角
市行政學綱要	董修甲	一册	三元
殖民政策	吳應圖	一册	三角半
華盛頓會議小史	周守一	一册	一元五角
國防與外交	謝彬	一册	一元
中美關係紀要	蔣恭晟	一册	四角
中德外交史	蔣恭晟	一册	四角
中國喪地史	謝彬	一册	四角
國恥史	蔣恭晟	一册	一元二角
收入及郵貧政策	馬君武	一册	八角

教育參考書

書名	著者	册數	定價
教育心理學大意	廖世承	一册	八角半
教教心理學	廖世承	一册	一元四角
學習心理學	朱定鈞 夏承楓	一册	六角
個性論	舒心城	一册	二角
幼稚之意義	王克仁	一册	一角
幼稚園課程研究	唐　毅	一册	三角
兒童與教材	鄭宗海	一册	一角
設計教學法精義	曾　錫	一册	一元二角
初等教育設計教學法	沈有乾	一册	四角半
導爾頓制概觀	舒新城	一册	八角
導爾頓制討論集	舒新城	一册	四角
導爾頓制研究集	舒新城	一册	八角
個別作業與導爾頓制	舒新城	一册	一元二角
葛雷式學校組織概觀	芮佳瑞	一册	三角
施行新學制後之東大附中	廖世承	一册	一元二角
青年職業指導	王文培	一册	四角
中學訓練問題	陳啓天	一册	一角半
教育通論	舒新城	一册	八角
教育原則	余家菊	一册	五角
法國教育概覽	周太玄	一册	二角
中學以上作文教學法	梁任公	一册	三角半
教學觀察法	施仁夫	一册	三角
圖書館簡說	蔡　瑩	一册	一角半
近代教育家及其理想	唐　毅	一册	六角
美國教育徹覽	汪懋祖	一册	八角半
美國鄉村教育概觀	古　楳	一册	三角
學校教育指導法	杜定友	一册	八角
家庭教育與兒童	徐松石	一册	四角半
教育概論	莊澤宣	一册	一元二角
收回教育權運動	舒新城	一册	六角
中國新教育概況	舒新城	一册	一元二角
近代中國留學史	舒新城	一册	一元四角
幼稚教育概論	張宗麟	一册	四角
兒童心理學	葛承訓	一册	一元五角
兒童心理與興味	葛承訓	一册	三角
教育行政大綱	常導之	二册	二元
比較教育	常導之	一册	一元

天津北馬路本局電話二局二二三三

學術

探照燈略說

尹贊先

此次日寇，鑒於我軍施行夜襲，屢奏奇效，乃利用探照燈，監視並偵察我軍行動，我方不察，每誤入彼預定之陣地，致受挫敗者，已非一次，偶翻閱日人所著關於探照燈之論說，茲特摘要編譯出之，以介紹於關心斯道者。

人類爲滿足各自的慾望，戰爭是不能免的，並且可以說：地球上只要有人類存在，那末戰爭也是永遠繼續存在的。不過在古昔的戰爭，其規模很小，其勝負完全取決於雙方站在最前線上的將士間鬥殺的結果，對於不直接參加戰事的其他部分倘無多大關係。但是現世的戰爭，則已變爲國民與國民間整個的戰爭，故有時與其對於前方戰鬥員，施行進擊，反不如襲擊其背後支持彼等的其他部分，反爲得計。現在襲擊敵人後方的有效方法，即以飛機或毒瓦斯等，施行都市襲擊。

防禦都市襲擊的利器，有燈火管制（使都市及其附郊變成黑暗，俾由上空不能發現其存在），聽音機，探照燈及高射砲等種種防空設備。今只就探照燈一種略述如下：—

探照燈在戰時用於搜索及偵察敵人的存在，或行動；並可監視其一切行動。由於用途可大別爲地上照明用，海上照明用，及空中照明用等。

○地上照明用○ 地上照明，多用小型或中型者。爲使其便於運搬，多用小型燈，載於相當的車輛上，或用駝馬。如在近距離時，則用人力搬運。中型燈則載於固定的車輛上，以便往返移動。在照明時，小型者即按裝於台上，或以人力托持之。中型者則多放置於較高地位，以便遠距離照明時，可以避免地上各種障碍物的遮蔽。

海上照明用

海上照明，多用大型或中型的固定式燈。但爲避免敵彈的攻擊，有置於軌道上者，亦有置於起伏不定的檣上者。在不用時均備有隱蔽裝置。

空中照明用

普通多用大型燈；如飛機飛至低空時，亦可利用中型者。用於戰地上者，概係移動式，或裝於汽車上，或用汽車拉帶。日軍所用之探照燈，有固定式，半固定式（可將探照燈及發電機分開再行搬運）半移動式按設於鐵路貨車上者）及移動式等，各種併用之。

探照燈的發光，係用電氣弧光（炭素弧光），此人所共知者也。但小型燈，有用電燈泡者，亦有用酸素阿塞奇林瓦斯發光者。供給小型燈泡之電力，用蓄電池，或手搖發電機者可。酸素阿塞奇林，乃係注水於電石（炭化石灰）而發生者。

	大型		中型				小型		
射鏡徑 (cm)	200	150	110	90	75	60	45	40	30
焦点距離 (mm)	860	650	480	420	310	250	200	200	150
反射鏡徑 (吋)	80	60	44	36	30	24	18	16	12
焦点距離 (吋)	$33\frac{7}{8}$	$25\frac{19}{32}$	$18\frac{3}{4}$	$14\frac{3}{4}$	$12\frac{1}{4}$	10	$7\frac{7}{8}$	$7\frac{7}{8}$	6
反射光力（百萬燭光）	2,000	1,000	530	360	180	100			
弧光電流（安培）	200	150	150	150	120	75			

電氣弧光

電氣弧光，有開放式與密閉式二種。開放式，係在空氣中點火者。密閉式，係在空氣供給不充分的地方，使之點火者。開放式，較之密閉式者如消費同樣電力，其所發光輝為強，即其能率較高，故以前概為使用此式。惟探照燈，多使用於風雨之際，開放式者，易受風雨影響，故實際上今日已多採用密閉式者。

密閉式弧光，係在發明開放式八十年後，於一八九三年，始臻實用。在空氣供給不充分的處所，取陽極陰極的炭素棒，於其端子加以約七十v的電壓，先使兩炭素棒的先端，互相接觸，通以電流，然後徐徐使之離開，則兩極間發生弧光。此兩極間電流繼續流通，則發生光與熱。其發生之熱度頗高，故以發光性較大的物質，置入其間時，則可使光度更大。電氣弧光，係白色而稍帶青色。密閉式者，因空氣之流通不足，燈器內常有炭素蒸氣存在，故其光呈青色，或紫色。

電氣弧光所發生之光，其全部百分之八十五，由陽極的先端噴火口 (Crater) 處發出，百分之十由陰極發出，其餘百分之五，則由弧光發出，因此兩炭素消耗的程度，陽極較陰極為速。

如上所述，兩炭素棒，時時消耗，故必須不斷的加以補充方可。補充的方法，以前概用人手操送，現今己改為自動的裝置。有時用人手補助其動作而已。今日所用之炭素棒，己較歐戰前大為進步。如表所示，將特種成分物加入於炭素棒的中心，便可增加光源光力。又將炭素棒的直徑縮小，使弧光的長度甚小，便可將反射光力增大。

	電流 (安培)	電壓 (伏爾特)	炭素棒直徑 陽極(m,m)	炭素棒直徑 陰(m,m	噴火口徑 (m,m,)	光源光力 (燭光)
舊式	120	56	33	22,8	20	35,000
	150	59	38	26,5	23	45,000
	200	65	49	35	30	65,999
新式	120	68	13,6	11	11	65,999
	150	78	16	11	12,6	100,000
	200	80	16	14	13,7	140,000

探照燈的形式與構造

探照燈多側重於防空用，其形狀最上部爲鼓形的燈體，其後端按設反射鏡，前面裝有透明玻璃，在其內部按置光源機構。前面玻璃的內側，備有遮光板。燈體用兩個支柱支持之。在支點部可使燈體作伏仰運動。支柱裝置於如平圓盤上。此圓盤係由上下二部形成，下半部稱爲基盤，上半部可在基盤上，作各平迴轉運動，故燈體既可自由上下伏仰，復可左右旋轉。基盤由於探照燈的使用目的可以任意按置於必要的處所。從探照燈所發出的光，即由陽極發出的光，先投射到反射鏡。此鏡係由拋物線旋轉面而成，故反射光線，成爲平行光線射出於燈體以外。不過此係就光源與反射鏡焦点，完全一致時而言，實際上光源（即弧光）具有相當的長度，並且反射鏡焦点，在製造上亦必有多少誤差，故射出光線，常以某種角度張開放射於外。

用探照燈，照明一種目標時，吾人若站在探照燈的側傍，反不如離開稍遠處，較易識別觀測。故在觀測地點同時能操縱在遠處之探照燈，實爲必要之圖。用於此種目的之機械，名爲隔離操縱機。

隔離操縱機的作用，普通概用電力，其樣式有附帶眼鏡與不帶眼鏡的兩種。無眼鏡者，恰如用制御器運轉電車一樣，將連續於探照燈垂直軸及水平軸的電氣馬達，用電纜接通，而施以操縱的方法。有眼鏡者，眼鏡的視軸與探照燈的光芒軸（探照燈放出之光呈一棒狀，稱爲光芒）常爲同期運動。但此又可分爲二種，一爲眼鏡軸與光芒軸常爲平行的同期運動，一爲在兩軸的停止位置時，常爲平行，但在運動中，則不平行。前者係用同期電流變成器，置於操縱機內。同期電氣馬達，裝置於探照燈的兩迴轉軸上，如轉動操縱機的轉把，將眼鏡與變成器使爲機械的動轉時，則變成器即將所要電流，經過電纜，送入於同期電氣馬達，可使眼鏡視軸與光芒軸成爲平行。後者係於探照燈備有二個指針之角度盤。其一指針，爲機械的傳達指示探照燈的回轉角，他一指針，可將操縱機眼鏡視軸的回轉角得以電氣的同期指示出之。於移動眼鏡視軸，使探照燈角度盤上的指針轉動時，再用人手將探照燈側的指針，使其與此相並行，則光芒軸與眼鏡視軸即成平行。

操縱機與探照燈的間隔，在一百公尺內外時，眼鏡視軸與光芒軸雖成平行。惟目標須在亘離二千公尺以外，方可一面照明，一面觀測，如在二千公尺以內的目標，則用肉眼可以看見，即不用眼鏡亦可操縱。然操縱機與探照燈的間隔過久時，即不能同時施行照明與觀測。

上述操縱機，係與大型探照燈併用。如中小型者，則祇用電話指揮操縱即可。

以上將探照燈的概念，畧為介紹。至於戰時的運用與防空的設備，須與其他防空方法，相互為用。且平時亦須有相當訓練，方可臨事不誤。

玻璃之製造與應用

緒西

二二、五、二〇、寫於津沽

玻璃或作頗黎，頗黎。玻璃始見顧野王玉篇。惟顧氏以之為玉，或別一種，與今人工所造者異，抑出當時誤解，不可審。又琉璃之名，自漢已有之，而琉璃之與玻璃，是否一物，今亦無確證。今之玻璃，種類甚多，大別為鉀玻璃，鈉玻璃，鉛玻璃三種。鉀玻璃以炭酸鉀，石灰，白砂等製之，質堅難鎔，宜作化學器具，是為上等品。鉛玻璃，以鉛丹，炭酸鈉，石灰，白砂等製之，折光力頗強，宜作光學器具，鈉玻璃以炭酸鈉，炭酸鈣及白砂等製之。平板瓶管之屬，多由此製，微帶綠色，為最普通之品，性脆硬，不傳電。熱之則溶為飴，粘於鉄管，吹泡入模為器。又製玻璃板者，亦先吹成大圓筒，後切開，以製平板。通常皆透明如水，浸以弗化輕酸等腐蝕藥，則不透明，俗稱毛玻璃。製時加各種顏料，則成種種彩色，日本謂之硝子。（見辭源）

通常在建築上用者為鈉玻璃。其製法將石灰石（炭酸鈣 $CaCo_3$）及白砂（SiO_3）攙合燒煉成為矽酸鈣（$CaSiO_2$）其性不溶解，但結晶而質脆。須加以炭酸鈉（Na_2Co_3）方變為鎔液，冷後透明，不結晶，不溶解，亦不甚脆弱，可以應用。

原料

製造鈉玻璃所用之原料，為石灰石，白砂，蘇達灰，硫酸鈉，碎玻璃，及養化錫少許。原料配妥，入坩鍋中，或回熱爐中煉之，約至華氏三千度，即成液體，可以攪動傾注。當其稍凝，則可以吹製如飴糖，可以滾壓如濕麵，或引長為捍為管。鈉玻璃之用途如左。

窗玻璃　此因其製法可分爲三種，曰吹玻璃，(Cylinder or Blown Glass)，曰拔玻璃，(Flat or Drawn Glass)，曰鑄玻璃(Plate or Cast Glass)

(1)吹玻璃　亦名筒璃玻或片玻璃，做法將煉成之玻璃熔質，吹成一空筒，徑約十五吋，長約六呎至七呎。在筒尙輭時，順長剖開，攤平於熱鐵台上，移置於暖爐中，使其平整堅硬。此法所做之玻璃，難以十分平滑整潔。其中每含有小泡，或面現裂痕，浪紋及灣曲等弊。惟其窪陷之深度不得超過玻片長度百分之〇．五也。吹玻璃可分三種

(甲)單厚(Single Thick)約十二分之一吋，

(乙)雙厚(Double Thick)約八分之一吋，其片張之大小不得過40''×48''

(丙)晶片(Crystal Sheet)厚約八分之一吋至五分之一吋。每方呎重約二十六昂士至三十九昂士。

如以成色而論，吹破璃可分三等。其純潔無瑕疵，而表面平整者爲上品，占全數百分之三，可做畫框鑲片之用。其做窗玻璃者爲中品，工廠，地窖，及小房舍所用者爲下品。

(2)拔玻璃　吹筒之法，出品慢而成色劣。故現多改用拔法。法將玻璃熔質，置於一缸。上有機器，做時落下一金屬平桿，入於缸內約數秒鐘，使其上黏粘玻璃熔質，再行提上。提時玻璃成爲片狀如拔絲然。其片經過石棉滾軸之間，使之平整。至其厚度則在拔時速度之大小也。再上爲暖室。將玻璃拔至相當長度，即可剪斷，成爲一定之片張。此法所製之玻片，成色較之吹法爲佳。

(3)鑄玻璃　俗名玻璃磚，即厚玻璃片也。法將玻璃熔質，倒於熱好之平鐵摸型內。型有邊框，其深視玻片之厚度爲準。倒後，以重鐵滾壓之使平。再置於暖室中，使之徐徐變冷。是爲粗玻璃磚，其上下皆不甚平整，僅可用於地窨或天窗之上。如做細玻璃磚，其上下皆須先用細砂磨平，再用鐵沙(Peroxide of Iron)磨淨。玻璃磚之厚度，自八分之一吋至一又二分之一吋。用於窗上者，厚約四分之一吋。其較厚者，則用作棹面，隔扇等。其最純潔者，始做鏡面。

暗玻璃　俗稱毛玻璃，用於公事房浴室便所之門窗上，祇能透光而不能透視。此分三種(一)花玻璃，做法

與玻璃磚同，惟模型內刻有花紋，故此玻璃一面平滑，一面印有花紋也。其厚約八分之一吋。花玻璃易積塵垢。不甚適用。(二)磨玻璃，法以細沙用壓氣吹磨之，惟較佳之法，則以用弗酸將玻片蝕化爲宜也(三)剝玻璃，法以熱油塗於玻片之上，待油冷凝時，將玻片表面上之玻璃質，隨油剝落一小層，使之變暗。此法不及弗化作用，而較花玻璃爲優。

現在之暗玻璃，種類甚多。其方法亦日新月異。以求其表面美觀，而平整，且絕對不能透視也。

夾絲玻璃 此種玻璃不易破碎，遇火險時不易炸裂，故可爲防火門窗之用。其做法有三。在模型內預置鐵絲網，再倒玻璃熔質，其法與鑄玻璃同一也。將鐵絲網壓入未經凝固之鑄玻璃之內二也。先倒一層鑄玻璃，將鐵絲網壓入，再倒上層玻璃將鐵絲網夾住三也。此種玻璃，至少厚以四分之一吋爲限。用時，其在門窗上空懸長度，不得大於四十八吋。夾絲玻璃亦有粗，細，印花三角等種類。

防彈玻璃 製法將多數之薄層玻璃，加熱壓成一片，其透光透視，與普通玻片相似。但以分層之故，富有柔性，着槍彈時，不易炸裂穿透。通常用者爲五層，其三層爲玻璃，餘二者爲粘結層，總厚約一吋。現在銀行櫃台上及行軍汽車上，多裝置防彈玻璃，以備萬一。其層次較少者，亦可防止震碎之弊，故用於車窗，天窗，及商店展覽窗上，最爲相宜。

折光玻璃 晚近光學發達，實用日廣，而折光玻璃之種類，亦愈以增加。約言之，可分四類。

(一)圓光玻璃 其形或凹或凸，多爲光學上之應用品。若望遠鏡，照相鏡，顯微鏡等之鏡頭，多屬此類。其質須極純，做法須極精，而愈大愈難，其用於天文台上之窺天鏡者，往往須經年累月，方可製成。此外亦有用圓塊玻璃嵌於便道之上，以透光達於地窖之內者。折光玻璃係屬鉛玻璃(Flint Glass)爲，鉀，鋇(Barium)與鉛之矽酸化合物也。其質甚軟，易熔解，易受藥蝕，惟分量稍重且美光澤，折光力強，故爲光學器具所不可缺之物。

(二)三角玻璃 有成三角柱者，為光學用品。有一面為三角棱一面平滑者，多用做玻璃磚，嵌於天窗之上，每塊約四五吋見方，可以折光達於室內幽暗之處。用時其角度大小須加考慮，以洽合實際情形。

(三)化光玻璃，太陽放射之光與熱，每有退色作用。故重要倉庫工廠及商店等之天窗，多有嵌化光玻璃(Actinic Glass)者，以防止有害光線之透入，藉以保護物料之顏色。

(四)石英玻璃 以石英煉成之玻璃，能收太陽放射之極紫光(Ultra-violet Rays) 其於人體健康，極為有益。故用於醫院及學校之窗上，最為相宜。

○……彩色玻璃……○

此多用於美術建築。歐美禮拜寺之門窗，以各種彩色玻璃，嵌做人物花卉，極為古雅典麗。通常彩色玻璃，多為各種料器，如電燈傘蓋，杯，碗，瓶，盤等屬，北京昔時所產之燒料煙壺，尤為玲瓏精緻，亦小工藝之傑品也。玻璃有色，須摻各種金屬之養化物。例如乳色玻璃內含弗化鈣，綠色玻璃內含矽酸化鉄，又若青色者有鈷，赤色者有銅。黑色者有錳，黃色者有鈾，紫色者有軟錳礦，鮮紅者有綠化金是也。

油漆製造法概要

劉　燾

定義——就廣義言，凡液體或半液體之能着於器物表面乾成薄膜者，統曰油漆。區別之，能成不透明之薄膜者曰油；透明者曰漆。

油漆工之重要——塗油漆於物表，能防腐止銹耐磨，且能着色生澤。

油漆應具之條件——油漆欲充實功能，須具下列條件：（一）遇空氣不起化學作用；（二）空氣與水均不能透過；（三）經久耐磨，不受搬運曝露之影響；（四）具相當彈性，隨附着之器物之漲縮而漲縮。

顏料 Point Pigments——顏料原爲固體，研成細末後，能攪入蔴仁等油中，能使之不透明，油之功能及形狀，即其賜予之也。使器物不透明之性質，曰不透明性 Opocity，油漆力之大小，即依此不透明性及其稠薄以爲判斷。普通顏料，別之不外三種：（1）質體顏料 Boby Pigments能使油膜有彈性有耐磨性；（2）色彩顏料 Color Pigments 能使油膜生色；（3）補充顏料 Extenders 能使油膜濃厚，能使製造費用低廉。

顏料之種類

（1）白色顏料 White Pigments 包括：鹽基性石灰岩鉛白 Basic Carbonate White Lead 鹽基性硫化鉛白 Basic Sulphate White Lead 氧化鋅 Zinc Oxide 過鉛鋅 Leaded Zinc, lithopone titania 等。

（2）棕色顏料 Brown Pigments—如皇鐵棕 Princes Metallic Brown 熱濃黃土 Burnt Sienna, Vandyke Brown 赭土 Umbers 熱赭石 Burnt Oche 等。

（3）紅色顏料 Red Pipments —如鉛丹 red Lead 氧化鐵(如印度紅 Indian red 土耳其紅 Turkey red 維也納紅 Venetian red) 深紅色如硃砂 Perma-tnent Vermilion 太陽紅 helio fast red 博石紅 lith ol red等。

（4）藍色顏料 Blue Pigments —如博羅斯藍 Prussian blue 紺青藍 Ultramarine blue 鎢藍

Cobalt Blue等。

(5)黃色顏料 Yellow Pigments—如密陀僧 litharge 赭石 Ochre 鉻黃 Chrome yellow 鉻酸鋅 Zinc Chromate 鉻酸鋇 Barium Chromate 等。

(6)綠色顏料 Green Pigments 如氧化鉻 Chromium Oxide 綠安尼林 Green anilins Lakes 鋅綠 Zinc Green Verde Antigue 等。

(7)黑色顏料 Black Pigments 如燈烟 碳黑 Carbon Black 骨煙 Bone Black 木炭煙 Charcoal Black 石墨 Graphite

(8)瀝青性顏料 Bituminous Black 如 Asphalt Coal tar Pitch Gilsonite Grahamite, Nanjak Elaterite等。

鉛白 (Basic Carbonate White Lead) 在顏料中爲發現最早且最通用之一色，其化學式爲 $Pb(OH)_2$ $2PbCO_3$ 。製法甚多，而以荷蘭古法 Old Dutch Process 及卡忒法 Carter Process 爲最普通，茲分述於下：荷蘭古法，於瓷罐中，置鉛鑄多孔之圓篤多層，層間隔以晒焦之樹皮，浸以醋酸 Acetic Acid 即得；卡法，研鉛成末，先加醋酸，再加二氧化碳即得。

鉛白，不加其他顏料，即可使用，在顏料中爲僅有。以耐久及不透明性言，除 Lithopone 與 Litania 外，殆無可與之比擬者。經磨擦後，全體脫落均勻，成一粗糙之面，重塗時頗便，故多用於物層塗料中。惟不能隔潮，不適於近海之處；遇硫生硫化鉛則色變黑；且所成之膜，質頗鬆軟，易生活垢，此類缺點，皆可加以氧化鉛鹽基性硫酸鉛等顏料及 Barytes Silica Asbestine 等補充顏料補救之。倉廩及屋外等處之空氣多含硫，切不可用。

鹽基性硫酸鉛 Basic lead sulphate 燒硫化鉛 Lead sulphide及煤於空氣中，則硫化鉛所變之鹽基硫酸鉛成氣，導入收集室凝結即得。此種硫酸鉛，不可與市上所售害於油漆之硫化鉛相混。鹽基性硫酸鉛單獨用時甚少，常合以 White basic carbonate white lead 及氧化鋅用之。此種顏料，敷蓋力強，形質均勻。以防止硫化氫退色之力言，實優於鉛白；所成之膜，空氣不能透過，海水不能侵蝕。

氧化鋅 Zinc oxide 之製法有二：一曰法國法，熱鋅使之化氣，以氣管導入空氣逆之入收集室凝結即得；二曰美國法，合鋅鑛砂與焦炭，置立爐中加熱，使之昇華即得。按製造此種顏料之原意，在取其性質之無毒，而尤以法國法出品之色白質純，為世人所同認。合鋅白於蔴仁油中，能乾成堅硬水氣不能透過之薄膜，便於洗刷，永保美觀，為製瓷漆之主要顏料，氧化鋅能與硫酸氫生感應，但不甚顯著。

氧化鋅所成之膜，每患其脫落不均，重塗時至感不便，且所成之漆，其 Hiding power 恒較其他者低，補救之法，常加至他顏料及補充原料。為合鹽基性碳酸鉛白於其中，可防止脫落形成便於重塗之糙面，即其例也。以色彩耐久言，由鉛白所成之油漆，殆屬上品，即雜以其他原料，亦能保持其光澤而不受氣水侵蝕。

Lithopone 由硫酸鋇與硫化鋅化合而成，熱其沈澱至攝氏五百度，浸冷水中，磨碎，濯淨乾燥之即得。其不透明度強，室內不受磨擦不見風雨之地宜之。見太陽則退色，因日光能使鉛脫硫化鉛也。此種白色顏料，在光線微弱之地，可保持久遠；日久色舊，可塗氧化鋅以補救之，故不能用於樹脂漆中。Lauquer 為室內平牆地板塗料及次等瓷漆之主要原料，如用之於戶外，則僅限於遮日之初層。

過鉛鋅 Leaded Zinc 顏料內，含氧化鋅及鹽基性硫酸鉛，製法與制美國氧化鉛之法同，外加鉛鋅之礦砂少許而已。鉛丹 Red lead 使鉛氧化則得密陀僧 Litharge，再繼續氧化，即得鉛丹。鉛丹與蔴仁油化合最快，生鉛皂，能使油汁驟變肝色 "Liver"。說者謂此種變化，係由有密陀僧所致。鉛丹不能以漿糊狀態售受，必於用時新調，此實缺点。因新調必需人工，手製之漿糊，決不若在廠製者之為愈也。新採用之鉛丹，含四三氧化鉛 Pb_3O_4，百分之九十八，與蔴仁油合，得永遠保持漿狀。

鉛丹為一質體顏料 Body Pigment，多用為鋼鐵之初層塗料，實顏料中不可多得者，所成之膜，堅韌異常，空氣與水均不能透過；附着金屬之力最強，用以防銹至效至便；惟以質重漿稠，塗敷每患不易，故近頗有以油稀之之趨勢，通常每一加崙，鉛丹至少二十五磅。（以三十三磅爲最適宜）更加多量之爐煙 Lamp black 及矽石 Silica 塗於垂立之面，可無沈墜虞。鉛丹又常用於常動之器物上，耐磨耐動；惟遇空中之二氧化碳，則現白色，故僅用爲初層塗料也。

陶氏 Toch 謂依保護鋼鐵之功能言，氧化第二鐵 Ferric oxide殆與鉛丹相仿；Tuscan 紅在華氏三百度以下，不受濕度及暴露之影響，客車汽管汽爐及各種機件之塗料內多用之；(即納也茶紅)赤茶 Venetian Red 合氧化第二鉄及硫酸鈣；至於紅土 Red Clays ，則僅用爲抵價之顏料耳。

殊砂 Permanent vermilion 大陽紅 Helio fast red 博石紅Lithol Red 皆深紅色顏料爲汞朱 Mercury vermilion 之代用品。

黃鉄棕 Prince's mettalic brown 乃體質顏料之一，雖不美觀，而價頗低廉，多用於貨車倉庫及錫製屋頂之塗料中，質暗色堅，經久不壞。

瀝靑性顏料—宜於黑暗之地，一遇陽光，磷即破膠而出，而不能隔水與空氣矣。合瀝靑顏料與蔴仁油，用之於地下水管及礦峒內，最爲適宜。

補充顏料Extenders——油漆內之補充顏料，包括：Blanc Fixe, Barytes, Hedvy, spar, 等各種硫酸鋇：Chert, Quartz, Sand, Flint, 等晶形矽；Fuller's earth, Diatomaceous earth 等變質矽；Asbestos Asbestine 等矽酸鎂；黏土 Clays；石膏Gypsum；人造碳酸鋇 Barium Carbonate ；及各種碳酸鉀。

用化學方法，製造之硫酸鋇，在油漆中，每不起化學作用，實爲最普遍之補充原料，其 Hiding power 小，可用爲稀薄油漆之劑，其人造者較天然者質細，易於浮於油中，晶形之矽砂，能使油漆膠膜堅固；其變質者能防質重之油漆沈墜；矽酸鎂能使油漆耐火，又能使質重之油漆，浮於油漆中；Asbestine 能增原乾膜之力；黏土，不得過百分之十五，多則減乾膜之耐磨力；高嶺土質頗純淨，實補充料之最上品。

液體原料Vehicles 製油漆之溶液，多係易揮發之油汁，謂以使之稀薄之物，水亦可用作塗料，而成所謂「水水漆』者也。凡易揮發之油汁，無不含未飽和脂肪酸之Glyceride者。揮發後，形成堅韌之膜狀固體，此種現象，由於空氣吸力及其化學作用而成，與蒸發現象殆同。

一、蔴仁油Linseed Oil爲製油漆之標準溶液，由蔴仁中榨取而得，結子之蔴油，其莖內之纖維，每不能用之編物，蔴仁油之雜質，曰滓"Foots"。經長期間之停靜，即可消失。 優良之蔴仁油，須具下列條件：

比重	一五度—一五度 ０·九二三—０·九三六
引火点 Flash Point	二四０度—二五０度（攝氏）
燃燒点 Fire Point	二九０度—三百度（攝氏）
塗玻璃上揮發所需日數	三天—四天
酸量 Asid Number	二至六
碘量 Iodi.e Number	至少一八六
屈折率 Refractive Index	一·四八０五—一·四七九０
SaPonification Number	一八九至一九五

蔴仁油乾成之膜，曰『蔴油精』"Linoxyn"，爲油漆之主要部分，其濃者可百分之六六，優良者經高熱（華氏六百度之長期熟）及浮白諸步驟，但不加促乾劑。促乾之步驟曰『沸騰』，不過熱生蔴仁油，加以含鉛錳之化合物耳。

二，豆油。大豆油可代替蔴仁油．但不可靠，揮發甚漫。

三，桐油。水不能透過，多以之製漆，所成之膜不若蔴仁油之透明也。

四，魚油。以Menheden 產者爲最佳，多混合蔴仁油用之，具惡臭，揮發甚慢，可作煙囪塗料，與氧化鉛製之油，多用於潮溼之地。

五，玻瑞拉油 Perill oil 揮發較快，惟每患其留泡痕，他如燕麥油 Corn oil及松油 Pine oil 以無關重要，從畧。

稀薄劑Thinners —— 爲油漆中之淡體原料，加之所以使油漆易於塗繪，速其揮發也。稀薄劑蒸發甚快，不存於乾膜之內；能使油漆深入木內，故多用之近木層。松脂油Turpentine爲標準稀薄劑，由松脂汽溜而成，溶解力大，性質穩健。

安息香 benzol 石油精 Petroleum spirits 及石腦油 Naphtha 等揮發油皆可代松脂油爲稀薄劑。

促乾劑 Driers 爲油漆原料之一，加之所以促其揮發迅速也。含松脂鉛及錳。

Crusher's 促乾劑，乃一濃厚溶液，熱鉛及錳之氧化物合以蔴仁油即得。此種濃液與生蔴仁油，以一與十六之此錢和，經長時間熱之，即成熟蔴仁油 boiled linseed oil

固體之促乾劑，如鉛錳之化合物，可逕與生蔴仁油和，不必加熱，而成所謂 bung hole boiled oil，惟品質頗劣。

松脂鉛與錳之促乾劑，如松脂不過多時，則頗稱上品。『日本促乾劑』多溶松脂油，是則不用蔴仁油矣。

（待續）

中國水利工程名人—賈讓賈魯

漢哀帝時，求能浚川疏河者，賈讓奏治河三策：上策，放河使北入海，徙冀州之民；當水衝者；中策，多穿漕渠於冀州地，分殺水怒；下策，繕完故堤，增卑培薄；爲古來河防名論。

賈魯，元高平人，字友恒。順帝時黃河決，先是魯循河道察地形，往復數千里，備知要害。丞相脫脫，以魯爲總治河防使，使之治水，以八月之功，河復故道。拜集賢殿學士。討紅巾賊，卒於軍。

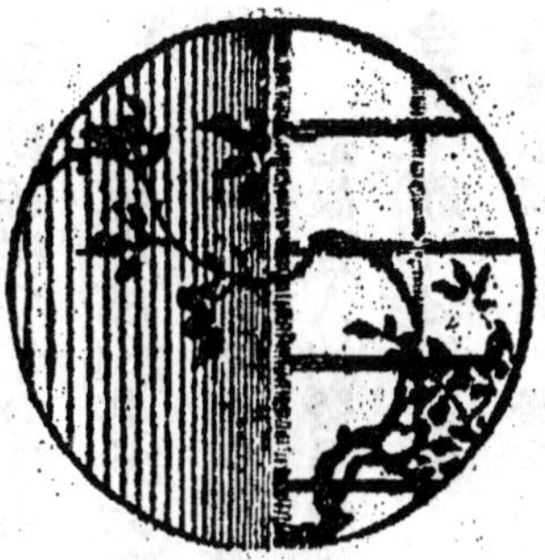

調查

麻織物調查報告

劉琪

我國產蔴極富，種類繁多，今僅就有關製帆線及線圈者、畧舉梗概。普通蔴類，約分兩種。一曰黃蔴，即市稱禹州蔴，及泰安蔴，每百斤約售自廿三元至卅餘元●一曰苧蔴，每百斤自四十四元至五十元。（此價皆由出口提高也），其皮一經泡製，均現纖維體，惟苧蔴纖維較細而短，柔軟類絲，有光澤，拉力極強，而黃蔴次之，然皆能紡線。

帆線

我國舊時製履，概用上好苧蔴，以手工紐成六尺餘長之合股繩，以為縫底之用，質甚粗草，直徑不均。用縫軟質之履，固能合用，若製革履，則絕不適用。自外洋機紡帆線運華以後，無論新舊鞋莊，莫不爭用，不特出品美觀，且極堅固，無斷線開口等弊。

查其原料，係次黃蔴之一種，而非苧蔴，經泡製後以相當機械紡線合成三四五各股，長由千英尺至七百餘英尺不等，為一把。每把重約一磅之〇，四五，每廿四把為一包，售價約核每磅一元二角餘。

線圈

線圈係單股線繩成，偏圓形或圓形圈，故名之。俗稱絲線圈，以有光澤而拉力極強也●今經拆驗，純係苧蔴經過化學泡製而漂白之，以機械紡製者。其來源分東西洋，偏圓形者皆來自東洋，現市間盡此物。凡製革履及革品，其接連吃重，非線圈莫能勝任也。售價約計每磅在二元以上，每圈重六錢，四十圈為一包。

泡製

化學泡製，概用鹼類，余已屢試甚良，茲不多贅述。

機械

惟就機械全部大概言之，（一）緊滾，蓋蔴雖經泡製，其脂皮仍多貼着，未能盡脫，故須緊打，則纖維畢露矣。但非用彈，此緊滾之作用也。（二）運送機，蔴纖維小，棉毛皆異，其長度有至八英寸者，有極短者，參差其間，然經過泡製及緊打，已極潔淨，無塵，可直運送至梳蔴機，只求分量平均即可，此運送機之功用也。（三）梳蔴機，蔴纖維，經上述手續已失去其自然之順序，甚至有結團，故非經過梳蔴機不可。且更求分量之薄厚，以便作條。此梳蔴機之功用也。（四）伸條機，蔴條必經伸延，方能縮細，類似食品中之伸條麵，正此手續也。（五）紡線機（六）合股機

上述機械，共爲六部，缺一不可。合而爲全部，始能出線。此機械方面大致情形也。

是故吾人欲發展我國富有之蔴質，以成出品，其能適合現今社會之需要者，必先解決機械之問題明矣。外洋機械價值過高，勢非小資本工業所能辦到。吾人必須另求工業自立之一途，即自造機械是也。夫此項機械，絕非不能自造，有價值亦較輕，約五與一之比。全部機械製造費約計七千餘元，而產量約計三百餘磅，足能供全市（天津市）之半矣。由小模範逐年擴充，推銷全市，以至全省，甚至全國，三年計畫成矣。甚望我河北省工程師協會同仁一致努力提倡，爲工業作先導，幸甚。至如何進行，仍賴群策群力也。

燕飛速度每小時一百二十九哩。

人在地上重二百磅者，太陽上重五千四百磅。

日光達於地面，須時八分半鐘。

土星有十月，天王星有九月，火星有二月。

專載

英葉慈博士論中國建築

有三千年文化歷史之中國，而無古建築物，豈非奇事。蓋中國昔日之建築師，以木為惟一材料，非若吾人今日之用鋼鐵可比，故所造屋宇，不能久存也。茲欲論者，除中國建築本身，有不能耐久原因外，其他有關係之点，亦將依次述之。試觀當今存在之建築，有三百年歷史者甚尠。明代以前，尤屬罕見。（明洪武初年為西歷一三六八年其不能耐久，即此足以證明矣。至於無木料之建築，如牆壁橋塔之類，則不在此例。夫年代既久，吾人欲深加研究，必須參考古時紀載，方為可靠。然此種紀載，為數不多。可考者，惟山東河南四川之後漢墓碑，漢及後漢之自墓地掘出之陶器模型，自五世紀至十世紀之油漆，暨雕刻紀載，（多屬於佛龕之類）中國式之日本古築圖形，及各省志書而已。

由以上所述物體，及文字之証明，可見中國人守舊心理之一班。其對於建築一事，必根據祖先方法，正如他事之遵守遺訓也。國家史籍，并各地方志，關於都城之改造遷移，或朝代更替時，京城之重建，均極力摹仿古時之制度方法，言之甚詳。在華之外人，亦頗關心此事。例如十二世紀中葉，女眞韃靼，建都於北京，宮殿式樣，悉取諸開封宋代宮殿，而宋宮殿，又係仿傚洛陽唐朝宮殿者也。韃靼非特仿宋宮殿之形式，且將宮中之木料，運至北京，而以之建造新殿宇焉。綜觀前例，可知中國之建築，在六百年以內者，尚可考。（即明朝前一百年）。換言之，六百年前之木料建築，今日猶存在者，實屬罕覯。若專研究建築之歷史，則可上推至周朝，前八百五十年。是時秦始皇正建都咸陽，其規模之宏大壯麗，實遠勝於巴比倫之尼尼微城。

據歷史云，咸陽引伸至渭水東西者千里，其南北面積亦頗廣闊。全國富戶有十二萬家，均須造宅邸於城內，而擄其所有財物以居焉。當君王克復一地也，乃將所毀宮殿

19281

之形式，重新建築一宮於京城，更以所獲財寶，置於宮內。此類建築，計有一百四十五處，妃嬪萬人，即分散住之。每宮均隨時準備，以冀帝駕臨幸也。此外尚有一最大皇宮，在河之北，莊嚴宏大，爲各宮冠。宮中廊廡，滿懸絲製織物，蔓延若干里，與各殿銜接，橋樑之形式，類似屋頂，係用木造成，長爲二八〇碼，寬爲一二碼，有六十八垛，八五〇柱，二一二橫樑，及兩頭石臺各一。雖然如此，尚不足以愜始皇之意，故於河之南又建一宮，此宮工程之偉大，久已盛傳於歷史，卽阿房宮是也。中有一殿，東西五百碼，寬百碼，上層能容萬人，下層由地至頂之高，足可將十碼長之旗竿，直豎，其大可想而知矣，有七十餘萬罪人，應定死罪者，均罰之建此新宮，及皇帝之陵寢焉。

夫咸陽城，可謂極宏大繁華矣，然轉瞬之間，竟成焦土。除少數石柱外，均付之一炬，毫無存者。縱使掘地，亦只可覓得帶文字花紋之磚瓦石片等物。木料建築，終不可考。是故文字記載，雖有時不免過甚其詞，關於各種要点，或不致與事實相差太遠。吾人讀秦朝歷史，有三種事實，最爲明顯：一秦始皇爲燒詩書之人，而未嘗改革固有之建築法式；二各種宮殿形式，均搜羅建築於都城；三紀元前三百年時，中國藝術已達到最高程度。

秦始皇可稱中國拿破崙，廢除封建制度，而併吞各小國，成一大帝國。因其事業之偉大，世人遂公認統一中國建築制度，爲秦始皇之功也。

中國文學，惟詩賦與地志材料最爲豐富，多數韻文如古時之賦，用誇張名詞，華麗字句，以描寫宮殿或廟宇。至於志書，則係記載某地之重要事實，殊爲可信。茲欲研究之書，爲「洛陽伽藍記」此類之書，在今日異常稀少。觀其題目即知與洛陽之寺院有關，此書推行極廣，因書中詳述關於佛教建築之光華。在北魏時，該項建築，已增加不少於京都。五四七年（西魏大統十三年梁太清元年）有名楊衒之者，重詣洛陽，是時距魏朝被叛逐出洛陽已十三載矣。以前共有一三六七佛殿，而存者不過四二一，因恐日久湮沒無存。渠乃手寫誌記，以侍後人觀感。在諸佛教建築之中，更有一巨塔，余以後將細述之。

此種誌記之缺点，即無正確之年代，且無專門之條欵，故現今翻印之「營造法」式一書，極爲研究建築學者所珍貴。

該書於一一〇三年發表，然在前七年，將作監已奉敕將書之材料搜集編訂。蓋後來所發表者，即代此而起者也。原書著者爲宋李誡，一博學多才之官吏，旣精書法，著述亦豐，（如論音樂論馬等書）在北宋時，其所司職務，多關係於建築者。一一二六年，女眞韃靼佔領開封，官署悉被焚燬，而各種建築圖案，亦隨之變成灰燼無餘矣。迨宋朝改都杭州，遂又苦心搜羅，成一皇家圖書館。更根據原來定則，重新翻印於蘇州，（蘇州在宋爲平江府）時爲一一四五年（紹興十五年）但在今日一無存者，惟餘一一四五年本之鈔寫本六册而已。其中一部爲一廿歲少年名張蓉鏡於一八二一年（道光元年）手錄，并附藝術家王君謨之手繪，該册現置於南京國立圖書館。在一九一九年（民國八年）前，內務總長朱啟鈐君，用石印將其印出，惟面積較原來者稍小耳。次年商務印書館，又用石印照原本尺寸，將其翻印。據聞宋刊印本，尙存於北京皇宮，不幸此等貴重書册，當圖書館遷移時，竟致遺失。但一九一八年，北京圖書館館長傅增湘又得殘缺不全之頁，據云即一一〇三年之本，以此項殘缺書頁爲根據，乃得將原來體例，依次查出，重新編校，此事係由朱啟鈐君總其成，陶湘君司其事，煞費苦心，乃底於成，殊非容易。此書與鈔本，曾經對照，尙無錯誤，內中說明亦經建築專家改正。書後并有附錄兩種，一爲近代圖書之說明，一爲彩畫之解述。此八卷巨册，印於一九二五年（民國十四年）爲著書之集大成者。此書因印刷之精，製訂之美，及批評之佳，故得風行一時也。

在中國近年紛擾之中，有此成就，良可注意，而所以有此成就，蓋因研究建築學者，鑒於該書關於宋代名詞，及當時建造之方法，材料之採用，記載甚詳，但必須加以註釋，現代建築家方能切實明瞭故也。書中所論，除普通建築外，官舍亦包括在內。是以有許多制度，係以歷朝傳下之官訂標準爲原則。雖然，其能根據事實，不涉虛張，在中國古書中，已屬可貴者矣。本篇所列之第一圖，（A與B）（從略）係自第一九二五年版，翻印者，著者之用意，非欲顯示顏料之精采，乃因此種五色花紋，在中國建築中，佔重要部份，且與古時希臘建築相似，故選此圖，而加以註解焉。

法國之德米維尼君，M.p.Demieville 曾著營造法式評論一書，該書可謂爲歐美著作家，對於中國建築學，最有價值之貢獻。然直到今日，此種關於建築之著述，較之關於他種中國學術者，量質均遠不能及。出版最早爲一七五〇至一七五二年(乾隆十五年至十七年)，建築家哈佛片尼 William Habpenny父子所集之雕刻銅版圖册，名曰中國廟宇等新圖樣，版權即爲該氏所有。至一七五七年（乾隆二十二年）又有建築家常博思 Mr.Chambers 著關於中國建築一書，并附雕刻版圖畫二十一頁，以資說明。圖畫乃中國畫師對原形繪出者。該書之優点甚多，最顯者爲較他書少有錯誤是也。

常博思君十六歲時，即在東印度瑞典公司，任押貨員，遂得機會常到廣東，其著作之材料，多係於是時搜集者。當一七五七至一七六二年(乾隆二十二年至二十七年)，渠在丘氏園中 Kew Garden 創造中國式建築數處，如寶塔等，至今猶遺有威嚴景象也。最大之工程爲 Somreret House，而常君之名，亦與之永垂不朽。至一七七一年(乾隆三十六年)，瑞典王任渠爲武士佐治第三George 三，更錫以爵位，今人稱之曰威廉爵士，卒於一七九六年（乾隆六十年嘉慶元年之間）。

常君既歿，百年之內，西人竟無繼續研究建築學者。直至一八六六年（同治五年），始有一軍醫官，名蘭勃銳 Lamprey 者，在英國建築學社論文中，有關於此題之一文發表。繼之者，一八七三年（同治十二年），有辛博森 W. Simpson，一八九四年（光緒二十年）有顧銳坦 E.M Grattan，其中以辛博森之論著，最令人滿意。蓋因彼曾遍遊中國故也。又伊東 Eto 教授，在宗教與倫理學叢書，(Encyclopaedia Of Rsligon and Ethics) 中，亦有相似之論文。此外伯利羅哥 paleologue三人合編之『中國藝術』，及屈愛西 A.Choiry畢羅艾 F. Benoit 所著藝術史等書中，亦涉及此題也，雖兩書均不免有舛誤之處，但後者係參考專門家之著作，例如夏萬尼 Chavannes 所著藝術考，(余將詳論於後)寫成立論之眼光較遠。至後來出版物如蘭來止爵士 Sir Bunier Flctteber 著之藝術史，則錯誤更多。所舉圖例，皆係揣度之形，而不能代表中國建築之式樣。

關於中國之建築，或建築形式之出版物甚多，或爲專著，或爲雜誌，或爲遊記，若一一列舉，不勝其繁，亦出乎本題範圍之外，但可注意者，即吾人必須用西方建築學家之眼光，以研究此種專門學問，故欲明瞭中國之建築，莫善於參考德國赫博琅 H. Hildbrand 所著「北京大覺寺構造說明，」因該書所藏，既無本地土語，亦少有匠人之行話故也。按余所知，中國建築學，除德米維尼 M. Demerille 在讀李誡所著營造法式時，稍有所得外，其他西方著作家，尚無研究者。

多數西方著者，對於中國都城(北京)，均有批評，獨辛博森君，謂「北京不過一牆垣殘缺，街道汚穢之鄉鎮耳」。此種論調，不免過偏，其實北京乃保存古代建築，最多之城也。雖經過改造遷都等變遷，各種古蹟，尚能保全，且吾人亦相信北京自古即爲建都之地，今日之形狀，更與周之都城相同。考孔子之言，即可證明矣。因宮中建築之大，冠於全國，故每論及京城，即在天子範圍之內，是與他國不同之點。席倫教授 prof. Siren 所著「北京宮殿考」The Lmperial Palace of peking與彼近著之「北京城垣城門考」Walls and Gates of peking 同等重要，亦此故也。該書不但能將建築圖型，留之永遠，且有歷史背景，而所載營造制度，對於建築學家，價値尤大。席君手攝影片，在其書中，分晰頗詳。在日人所著「北京皇城」暨「北京宮殿建築修飾」等書中，則將其總括論之。但此等書，多已無存者。至於郊外之行宮，書中極爲稱讚，關於古時對宮內裝飾之傳說，引證更詳，然極費苦心也。

能將本題提綱挈領，總括評論，首推德國之白希曼博士 Dr. Enst Boersch mann 一九〇六年(光緒三十二年)白君奉德政府命，來華考察建築事業，及中國建築，與文化之關係。在華三年，(光緒三十四年宣統元年之間)遊遍十四省，結果將其所得著書數册，貢獻國人。其論中國廟宇建築者，計有兩卷，名「中國之建築」初稿不免稍有錯誤，但著者在序文中，已一一更正，并聲明所引證關於建造方法，歷史變遷各點多從簡畧，因編是册之目的，祇在將今日中國之建築，用圖畫表彰而已。是以册中依建築之形式，分爲二十類，共有極精美之照片五百九十一種，尚有許多圖書，未計在內。今日中國內有戰爭之摧殘，外受西方文明之響影，古蹟日漸淪亡，此册誠有永久保藏之價値。且此册雖文字材料，不甚豐富，讀者不可以為白君未多致力，蓋渠關於建築之著作，不止於此也。渠更積極編著「中國建築學文庫」包羅甚廣，類別亦多，有已出版者，有未印就者，苟學者研究某種重要問題，參考此書，必能十分滿意也。

建築學文庫中之一種，專論古塔（其他西人論塔之著作亦不少）總計古塔之數，約有二千，現今存在者，以太室山之塔為最古。太室山者，嵩山之分脈也。該塔屬嵩嶽寺範圍以內，建於六百年前，原址為魏代之宮殿，在五二三年時，被焚，改建佛廟。該塔係同時建成者。

寶塔　在中國為點綴風景之物，而西方則用紀念中國之象徵。在十九世紀中年，南京瓷塔未破壞以前，該塔列為世界奇蹟之一。此吾人承認最足代表中國建築者。然而著作家多半以為其源起於印度，而中國之發明，不過在其進化中佔小部份而已。白氏採納此種理論，而未嘗提出證據，以證明之。其實按之事實，則現今所存之文字，不足以証明此說為全可信也。吾人所得關於佛教在中國初期之歷史，殊屬稀少，而往往為神話奇說，所隱晦。吾人知紀元前二年有天竺使者，或中國人自天竺歸者，始携佛教而入漢京。據傳說，明帝使者，於西歷六十七年，偕兩胡僧自該國同來。其他佛教徒，在第二三世紀之間，相繼而至。天竺人為最熱烈之佛信徒，其名王干尼希卡 Kaniahka 蓋生於第一世紀，其藏骨之所，即為比斯哈哇 Beshauar 之宏大寶塔也。

關於印度梁殿之記載，係佛教使者連同佛經像帶到中國，據佛教之傳記云，在三世紀中葉，有一外國僧人，勸當時皇帝建一寶塔於南京。後人就其原址，改建瓷塔。較為可靠之歷史記載，乃北魏惠生所寫，固五一八年 魏（神龜元年梁天監十七年）時，彼曾被胡太后派遣携帶信徒前往印度實地考察之故。或云渠更令印度匠人將干尼希卡以及印度北部之大塔，用鋼鑄成模型。又在五世紀時，有一中國信徒名道岳者，往印度遊歷，在其遊記中，將比斯哈哇寶塔之面積丈尺，記述甚詳。但此遊記，雖然存在，殊殘缺不全耳。以上所述，係表明佛教最初傳入中國時之建築思想，同時該書所記于尼希卡寶塔，又與本書討論之「洛陽伽藍記」（見前）互有關係也。書之末章，除干尼希卡塔之解釋外，皆係述宋雲所領太后遺派之使者之傳記。此外中國信徒之著述，亦不少，惟皆未能將印度建築之形式，指示吾人，斯為可惜。法國裴利阿 Professor J. Jelliot 教授，曾寫一短篇記載，中國二世紀時所建之佛廟，據云。頂上以圓形之金屬堆成，下層用磚砌成若干級，內中能容三千人，四圍環以廟宇。此種制度，或為根據印度之風俗，或即為中國寶塔之形式。余將解述於後焉。裴君又引證在漢時中國有眞正之佛廟，而此項廟宇，表明虔誠之信仰，並非常存於建築之中也。

「洛陽伽藍記」第一章，係述一木質寶塔，共有九級。五一六年時，熙平元年，胡后勅建者。據著者之描寫，此塔必係都城內最精華之建築，高達一千尺，可於世界外望見塔上有一百尺高之桅檣(原文作金刹)上掛三十碗形之金質圓物。最多之處，則為罇形金頂，桅檣與塔之四角，以鐵練繫之。更以五千四百鍍金鈴鐺，懸滿全塔。當五三四年(永熙三年，此塔被焚時，人民歎息，自不待言。且有三僧以身殉難，三月之後，火猶未息。塔基餘燼，延燒一年，工程之浩大，可想見矣。此塔雖係建於六世紀以前，但構造形式，與今日之塔，無甚差異。

塔階面積，愈上愈小，每階之邊，環以欄杆，或綴以飛簷，視之頗似屋頂。有時階上亦繞以較矮欄杆，不論是磚或石造成，其模型固與木塔無異。例如最古最華麗之攝山石塔(在滬寧路某站距南京約十五里)是也。據傳說此塔為十七世紀初年，隋文帝在國中所建八十三塔之一。

今欲討論之問題，即為印度之塔，究屬何種係木質，仰係磚石造成。雖有人謂尼波(Nepal) 木塔之構造，係自古時傳下者，但印度之建築既無存者，又無記載，故難證明。不如旁證中國之塔，較為可信。余欲詳解中國之塔形，乃不得不搜集各處材料，及賴本地人之幫助。中國之塔，共為兩種，一種稱「臺」，此種塔為數最多，高約三百尺，國君往往浪費金錢，以為塔之裝飾，人民不免報怨也。另一種為「樓」，除書籍記述外，可考者為漢代之瓦塔。二千年來建築之原則，在古塔及東方古建築中，可以顯示吾人樓塔之例，如武昌之黃鶴樓，許多詩人及美術家，以此為題目。而且自六世紀初年，此樓初建於揚子磯頭之後，屢經修建。其命名之意義，乃由道教之傳說，謂曾有仙人跨鶴飛昇也。

由此言之，塔之起源，蓋爲墓碑，或盛骨之匣，抑或爲中國固有之樓，觀建築，仍有以上兩種解說，不能包括者。或可列爲金字塔一類，是爲人類所築最粗陋之一種，其源皆有一部份出於臺或樓，但容亦爲外國所輸入。其表範蓋爲印度之 Vishnu Shrine及多級金字塔之寺院，故與臺同爲含有米索波利亞之遺傳性者也。古代印度金字塔式之建築存於現在者，莫如著名之佛陀伽耶根本大塔 Bodhyaya 寺，據福開森君之說，爲六世紀之物，或更早數百年。中國大旅行家玄奘，曾謁此寺，並爲之記述。及其歸國，乃發願建三百尺高之石塔於長安，以貯藏其所攜歸之經典，及聖物。在六五二年(永徽三年)，皇帝允許建一四方五層之磚塔，高一八〇尺，而每方最低之一級，長一四〇尺。書中特述其爲依外國風範而築，非依中國舊標準也。(慈恩傳卷七)此項建築，歷來經過許多修繕，但今日所存之七層建築，爲當日玄奘親手所成，蓋無疑也。即以雁塔之名而思之，必爲出於印度。其實在之表範，殆爲佛陀伽耶(Bodh-yaya) 九級之廟。雁塔之外形，頗有參差，不齊之處，但其主要部份，仍可視爲佛陀伽耶 (Bodh-yaya) 之風範。

次於塔者，則中式之屋頂也。其飛簷之曲折，其豐富之裝飾，予外人以奇異之感想。由此而得甚多之解說，多半毫無根據。就中爲謂「源於中國之遊牧先民所用之帳幕」然中國之先民，可謂遊牧民族乎？縱使爲此，其所用之帳幕，即爲吾人所見者乎？不獨此也，飛簷式直至紀元後五百年，始出現也。尤以藍普雷Surgeon Lomprey 氏所說爲最可笑。其意曰「飛簷似松樹之亂枝，而簷端之走獸似松鼠也」。白希曼博士 Dr. Boeschmann 則曰「華人之用飛簷，蓋欲表示人生之動作，且以象種種嚴鬱樹木之形。」更有人謂「由於特殊之氣候情形，不得不用高凸之屋頂，以洩霖雨蔽烈日也。」總之，此問題尚未得相當解決，亦不知飛簷究起於何時。據白氏之說，非起於唐，然唐代包括三百年之久，其說亦殊模稜也。

因吾人現在對建築學之知識有限，故不得不根據古代印度之一說。但對此最有研究者，惟愛迪京君 Edkins 一人而已。古時印度之曲形屋頂，於 (Sanchi) 之雕刻，及

Ajanta之牆壁油漆，均可見其大概也。

屋頂之裝飾，在中國更形複雜。蓋均有用意，此處姑略之不細述。白希曼君舉例雖多，而於塼瓦及屋頂之裝飾，瓦則不甚詳。惟營造法式論屋頂之處頗多，尤注重有綠釉之瓦。

除本書第二圖之寶塔外，能表現中國建築藝術者，則爲第三圖之牌樓，或牌坊。雖未能將其意義與構造一一解述但觀第三圖之四種形式，亦可知其進步之程序矣。讀者如能參閱白氏之著作，當不無補益。

中國河流既多，橋樑自亦不少。且橋之形式，亦殊美觀，惟較六百五十年前之馬哥孛羅Marco Polo橋，（蘆溝橋）則相差遠甚。故不能引起西人之注意。雖然，此種建築實有研究之價值。白氏在其「中國建築學」書中竟致忽略，人皆異之也。（轉載中國營造學社彙刊一卷一册）

中國之建築學，在歷史上，在美術上，皆有歷刼不磨之價值。葉慈氏（W. Perceval Yetts）論述中國建築，雖不完備，然其言論已成吉光片語，求之國人已不可得。朱桂莘先生創辦中國營造學社，對於古代美術建築，極力表彰研究，至堪欽佩。深願吾工程界仝仁對此亦一致努力也。　編者誌

我國工程教育今後之途徑

（清華大學教授夏堅白）

今後工程教育應走之路徑乃目前最值我人考慮討論之大問題也，不然，雖一時高倡注重或發展工程教育之高論，然一二十年以後安知不後悔今日之孟浪而多事乎，不學如作者，豈敢侈談教育，更不敢云已知今後應走之途。以下所書僅係個人之感想而已。

我國之教育制度，乃由歐美抄襲而來，不幸抄襲之時未嘗顧及民族之背景與不同之環境，既盲目而復無通盤之計劃，故不問一切而竟將他邦之整個制度全部襲取之，以爲人家由之而富而強，我人若能學之畢肖其能富強焉無疑，張之洞開辦漢陽鐵廠之故事可以爲例。當張督湖北時，見夫鐵路需用鋼軌，而製鋼必先煉鐵，於是有自辦鐵廠之議。遂托駐英公使薛福成在英購機件，英人索鐵礦及焦煤之標本，俾作化驗以定機件之製造，張聞之而大怒曰，購

一英人常用之機器足矣，彼能用之製鋼，余豈不能耶，英人不能強，售之以百噸化鐵爐一，八噸鹼法煉鋼爐一及八噸酸法煉鋼爐二。及運來並裝置完竣而鐵礦不得，旣得大冶鐵礦矣，而又無焦煤，於是不得不遠賺於德，後幸發見萍鄉煤礦，然又爲煉鋼爐不合實用，故出鋼不能出售，結果雖用數千萬元而無些毫之補益，其故可深長思之。以此精神辦教育，故辦學校數十年，造出之人才非社會所需，而社會需求者學校又不知如何創造，遷延因循，迄乎今日，於是有責難外來制度之言論，有改革教育之淸議，有整頓教育之法命，夷考其實，可責者乃我儕自身，非外來之制度也；當改革者，盲目之模倣；宜整頓者，辦學之計劃。蓋一國之教育制度，當依據其民族之背景與當前之處境而定，斷不能削足以適他人之屨。以往之盲目模倣，其失敗乃必然之結果也。

今後希以工程教育救垂危亡之中國，則茲後之政策須着眼於能解決中國民生問題之工程教育。蓋工程科學非純粹科學如數理可比，其間大部均視地方之情形而定。試以水利，鐵道，公路，汽車，及燃料而言，在自前而談中國水利自必先着手治黃，治淮，治揚子江，開發西北水利，水治始能生產，民生始可安居，然尚環顧國內工程大學之水利科則又何如？其教者外邦之教本，實驗者強半非中國所有或急需，甚或並此而無。各自爲政，紊亂不堪，政府雖皇皇佈整頓之令，然各校內容恐未嘗顧及。前數月冀魯豫三省爲黃河事公派李君賦都赴德從老教授恩格爾研習治黃之方，此明示工程大學之水利科尚不能解決本國之水利問題也。

交通爲一國之命脈，此乃不易之定理也，而鐵道又爲交通之母，國家之貧富可以鐵道之多少定之，地方之苦樂可以鐵道之遠近計之。就農業言，無便利之交通，剩餘農產不能運消外埠，如今年綏遠之焚糧可爲佐證。就工礦言，無便利之交通，生產品不能運至遠方市場，限於局部絕無發展之可能，北方之煤不能與日煤在南方爭市場即爲此故。由此言之，交通乃發展一切農工礦企業之樞機也，若夫交通事業發達之原則，不外三條，即能運大宗貨物，時間迅速，運費低廉是也，故惟鐵道可兼而有之。以我國經濟之落後，工商之不振，人口分配之不均，失業問題嚴重，邊疆之危急，均非修鐵道不能解決。故今後鐵道之建築乃刻不容緩之事也。既云修路以解民生之困，則不能在因修路而送金錢至外邦，如費數千百萬元修一鐵路，而除些少之工資用諸本國外，餘均用以在外邦購機器與材料。易言之，一切材料當求之於自己，機器當創之於本國。成立在三十年以上之工科大學已可求之于本國，然勿論製造機器，即枕木之研究亦無人過問，年復一年，依然仍以數千百萬元購諸歐美與東鄰，每年舉行植樹亦由來久矣，然何種木材為有或無用，尚未問及，故植樹結果，白楊而已，需要與應用適相背馳。辦鐵道為民生問題之解決，辦鐵路工程教育乃謀鐵路事業之建設與發展，若不謀根本之辦法，則救國適足以害國。

公路汽車燃料可并而論之，公路所以補鐵路之不足，並予鐵路以豐富之給養，其關係交通文化自極重大。近年來國內公路建築運動異常活躍，此實可喜之現象也。雖然，問題亦隨之而生，公路本身之材料，固多產於本國，然汽車與汽油則均來自外邦，汽油大部購於美國及南洋諸邦，年值一萬二千萬至一萬五千萬元，蓋中國之煤固豐，然液體燃料則非常缺乏。故公路愈發達，外漏亦必隨之而增，得不償失，莫甚於此，且一旦事急或國際有阻，舉凡公路之交通勢必因之而停。問題之重大而迫切有過於此乎？工程大學而不從事於機器自製及代替汽油燃料之研究，則又何貴乎當初之設。近頃隴海路工程司及湖南建設廳技正湯仲明及向德二君有木炭代汽油之研究與試驗且告相當之成功，實一足可欣幸之事也。

過去已矣，來者可追，今後工程教育應謀適當之途，即唯一目的不重形式而在解決實際之問題，使「人盡其才，地盡其利，物盡其用，貨暢其流」，如是庶不負工程教育之使命也。初宜由全國政府，工程界及其他有關係各界合議而定整個之計劃，使各工程大學各因其處境而各專其一科或數科，然後各集中其精力，利用其環境作精進之圖。繼則當事研究之工作，蓋一國有一國之特殊環境，用於甲地者未必適於乙地，即曰可用，然經濟之力又不盡同，歐美舉之輕而易，或難行於中國，經濟落後之中國，一切建設均宜以經濟為衡，故云水利當作治黃，淮，及揚子之研究，若云汽車及燃料則當作木炭汽車及汽油代替品之研究，，惟此始切於目前之需要并確能解決民生之困厄。蘇俄革命後之五年計劃已完成矣，一般所注意者惟重工業耳，然五年計劃內最基本之工作乃各種研究所之設立也。有研究所之設立，於是雖被經濟所困厄，然仍能作驚人之建設，茲試以充作電話線之電氣傳導線而言之，自五年計劃實行後，電氣事業日見發達，故分往各地之電線隨之增多；同時電話之需要亦異常急需，顧限於財力，勢難並舉。於是有借用電氣線爲傳電話之想，畢竟成事實，不費一文，不勞一工，坐收其益，誰能致之？其惟實際問題之研究乎。苟不騖無謂之高深，不趨歐美之時尚，脚踏實地在目前覓問題作切實之解決，則每一工程大學雖辦一科，其造福於民生，有助於中國，勝於當今包羅萬象之大學將及千萬倍也。

問題之解決與研究當從事實，故工程大學教授於教學及研究之外，當利用假期，遍遊各地，並歷視所有之工程時機，作親切之考察，詳細之研究，然後始能授學子以本國之材料，並告以尙待解決之問題，試以衛生工程而言，若不顧我國之鄉村經濟及工商業衰落之情形而直接擬用一切歐美現行之新法，其結果徒作紙上之談兵而已，蓋民力不堪，無以致之。顧衛生工程之重要又不能一日或緩，然則惟有就民力所及，作可能而必需之改進．苟假以時日，亦可日臻完備，又如近頃正在擬議之川廣鐵路，自重慶經貴州及廣西而達廣州灣之西營口，長約一千四百餘公里，其間可採之煤礦惟江北之西，南川之萬壽場，貴陽之西部及和順之北部而已，故一旦鐵路修通，燃料即成問題，蓋遠運不經濟，近採則根本無煤層，然川廣鐵路之建築，關係四省之榮盛重且大，故不能或免也。用是於煤礦之外當求水力以濟之，在四省之有烏江，柳江，紅水江及東江，苟善爲利用，云或足資應用。凡此種種均待實地之考察與研究，用此材料授諸學子，然後始可冀其爲社會作改進之工，然後始可謂爲中國之工程教育，不此之圖，雖熟讀外來之教本，亦無濟於事實。雖然，茲事甚大，其舉行當有待於政府與學校之合作也。

總之事實上已證明過去之工程教育不能盡其用，其故在不問自己之環境而盲目模倣，今後當爲謀解決目前問題及建設中國必需之新工業而辦工程教育，故全國上下之政策必須統一，科目必須切於目前之需要，求其有濟於事實，不騖其高遠，蓋基本建設倘無此些毫之成就，何以言他。假以一二十年待一切建設有相當之完成，則環境自能促之向高遠之途，初無待人拔苗助長也。同時政府與學校當儘量利用可能之時間與能力，分請學校教師親出參觀並調查全國之實況，然後政府學校社會始能接觸，始能瞭解，一切機緣，不至錯過。於是研究有對象，教育有生命，有民族之背景，而國家之建設事業亦必日臻獨立之境也。（轉錄大公報）

會務報告

五月份聚餐

五月十五日晚六時半，在永安飯店聚餐。餐畢李書田君主席，致詞後，雲成麟君講演「化學工業有建國的重要性」。關於化學工業發展歷史及其與國家民族之關係，發揮詳盡（詞載本刊）繼張蘭閣君講演「現代工程的人生觀與責任」。略謂現在世界經濟問題最爲嚴重，影響所及，即工程亦不能捨而不顧。中國人通病，喜大言誇張，不注重實際，故本會應：(一)研究經濟問題；目下極惹人注意之「技術政治」(Technocracy) 亦須亟加檢討。(二)本會今後工作應認定目標，就本省某種事業，決定計劃，切實努力作去，以期對於本省建設事業有所貢獻云。

繼就張君提出問題，加以討論。第一點決即注意研究，在最近期內本會月刊出一專號，專討論此項問題。第二点將提出執委會決議之。

李書田君提議，本會爲提倡工程教育，獎勵後進起見，可向津埠各專門以上工科學校學生舉行徵文，酌予獎勵。李吟秋君提議修改會章，增加學生會員一項。議決均交執委會決定之。

下月份聚餐會請會員閻書通君講演。十時散會。

第五次執委會議

五月廿五日上午十一時，在華北水委會會議室，舉行第五次執委會議。到會者李書田李吟秋王華棠魏元光張蘭閣張錫爵石志仁七人。

(一)審查會員資格：

通過文瀾爲會員。

齊成基爲初級會員

(二)草擬本會工作計劃案。

議決由主席委員指定委員數人負責辦理

(三)向專門以上工科學校學生徵文案。

議決由會命題，取錄五人，第一名獎書劵三十元，第二名十五元，餘三名無獎金。

(四)徵求學生會員案。

議決限定本科三年級以上學生，俟年會時由本執委會提出討論修改會章。

正午散會。

瑞芝閣南紙書局

本局開設津市歷有年所專售國貨紙張西洋簿册
信封信箋湖筆徽墨文房雜品中西文具各種賬簿
古今書籍喜壽屏聯名人書畫無不全備並自設工
廠聘請優良技師承印石印鉛印各機關學校應用
公文封牋護照證書簿册單據名片柬帖訃文哀啟
仿單招貼更仿古篆刻金石牙角象皮各質圖章裝
訂書籍各等類應有盡有不及詳述如蒙
各界惠顧無不竭誠歡迎定價尤當格外克己兼設
函售部外埠通郵訂購寄貨迅速決無延誤
開設天津大胡同中間路東　電話二局三五一九

工程消息

實業部籌擬五大工廠

實業部籌備中之各種國營工廠，月來因受華北時局影響，進行稍緩。茲河北停戰協定已簽字，形勢和緩，人心大定，籌備各廠，轉趨積極，各方接洽，亦較易進行。茲將各大國營工廠籌備近況。誌之如次：

機器廠 實業部籌備中之中央機器廠，借撥庚款，購置基地，及派員將界址勘定等事，早已籌妥。草鞋峽基地上，舊有棚屋，亦已拆卸，日內即可動工。關於該廠出品種類，前雖擬定，為顧慮周詳起見，由該籌備處派員赴津滬各工業區域實地調查機器之需要，庶將來出品能適應市場。現在由工業司計劃全廠之設備，並派專員張可治赴英選購機器，以便於短期內裝置開工，並悉張專員己赶辦赴英護照，以便成行。

硫酸廠 該部籌設硫酸錏廠計劃，自經行政院通過後，即積極進行，業正從事第一步之鑽探硫酸原料工作，已將湖南水口山硫鐵礦，開坑十一處，鑽探竣事，成績極佳。據實部當事人談稱，鑽探鐵礦貯量，如有四十萬噸，即可設廠，現水口山硫礦貯量，已有四十萬噸上下，本部定日內派員與商界會勘廠址，藉早興工建廠。

鋼鐵廠 中央鋼鐵廠廠址，以國防安全問題，延未決定，上月經由該廠籌備委員會詳細研究，並請參謀本部將江蘇浦口卸甲甸，及安徽當塗之馬鞍山兩地形勢，詳加比較，以期決定，現尚在測量中。該部為慎重計，定今日派實業司長兼該廠籌備主任黃金濤，會同軍委會外籍顧問及軍政部兵工署各關係機關等代表，由京偕赴馬鞍山會勘廠址，以資最後決定。至向德商喜望公司借款事，俟廠址正式決定，即將借款合同呈送行政院核准後簽訂。

窰業廠 該部以我國瓷業一蹶不振，急應恢復，而振實業。前曾派員赴江西各地調查瓷業實況，並擬具計劃，於九江或其他適當地点，籌設窰業工廠，至資金如何，現尙在商議中。又該部與美國福特汽車合資創辦汽車裝工廠，與該業公司數度接洽，討論切實辦法，及進行步驟大致商就，不久即可成立。

○造紙廠○　該部籌設國營造紙廠，曾令各省市將該管區域內之森林面積及木材產量等調查具報，俾作設廠材料上之準備，並經派技正王百雷等，前往溫洲調查造紙原料，品質及產量，結果甚佳，惟無高原水力可資引用發電，刻已決定在滬設立造紙總廠，在溫州則設一造糊廠，製造原料運滬，由總廠製紙云。

華北水利委員會工作

○測量衛河○　自去冬第二次全國內政會議議決整理衛河後，華北水委會即奉內政部令，負責向冀魯兩省建設廳接洽，會同籌劃以策進行，當經該會於本年春間，派員會同冀魯兩省建設廳派員，先往衛河及其支流減河，實地查勘。該會旋於四月間，組織測量隊，由工程師耿瑞芝率領，於是月二十一日前往實測，並商由魯建設廳派技佐二人助測。其測量範圍，因自漳衛合流至德縣地形，以前業經測量，尙能敷設計參考之用。此次擬補測四女寺減河口及兩岸詳細地形，兼及黃河故道老沙河一帶地形，藉爲規畫分洩之參考。該隊於二十三日至四女寺鎭，即開始測量工作。沿四女寺減河向南施測，經恩縣而達武城，已完成四女寺河周圍，東西長約一公里半，南北寬約一公里之二千五百分一地形圖一張。截至五月下旬，計共測導線水準線各三十三公里餘，地形三十八公里有奇，斷面二十三個，並測繪四女寺河舊石閘。因大風時作，進行較緩。該會現已督催測隊，努力工作，以期於大汛以前測竣云。

○代測衛津河○　河北省建設廳前次河務會議，曾據天津縣長擬具疏引衛津河道振興水利意見書，經議決由廳辦理，嗣以技術人員不敷調遣，乃商得華北水委會之同意，代爲勘測。該會旋即組織測量隊，由工程師劉錫彤率領，於四月十六日出發五月二十四日測竣回會。計自本市八里台東南起，至軍糧城西止，共測導線及水準線各四一．九公里，河身橫斷面一百六十六個。查衛津河水，其在上游者，來自天津海河，由特別一區之閘口而入。其在下游者，來自海河故道，由田家嘴閘口而入。其海河故道，自田家嘴以下之一段，淤塞較輕，平常水深，約在二公尺至四公尺之間，至田家嘴以上一段，雖淤塞較甚，但對於衛津河之引水放水，均無關係，似無疏浚之需要，惟中段北里口八一帶，淤塞特甚，現幾乾涸，必須加工疏浚。工竣後，沿河農田，可收灌溉之益，是以沿河居民，亟盼疏浚工程之實施。該會現正整理測量記載，繪製圖案，一俟竣事，即函送建設廳，從事設計疏引云。

○代測黃河○華北水利委員會，前准太原經濟建設委員會，派設計組主任楊思誠來會，面商關於利用黃河行船灌溉發電等事，業擬請派員協助勘測晉綏境內黃河河道，以便從事設計等語。該會以事關水利建設，允予協助進行。當經商定，俟本年夏初水小時，先派工程人員前往會同察勘後，再就需要，詳代測繪計設。嗣該會復准太原經濟建委會來函，對於與楊君商洽經過，正式訂約，該會遂又將出發日期，會集地點，暨察勘費用等，分別規定，備函徵求同意，業准復函贊同，現該會除已派定正工程師王華棠，偕同副工程師吳樹德，由津出發，經北平轉赴大同，與太原經濟建委會所派人員會集，前往沿河逐段察勘外，並派工程師劉錫彤，於上月底先往太原，接洽一切，即於接洽竣事後，偕其所派人員，逕赴大同會同察勘云。

天津市西河建橋

津市當局擬於西河上公義斗店旁建築橋梁一座，以便交通，約集各關係方面分派代表，組織委員會籌備一切。計省府代表呂技正金藻，市府代表李技正吟秋，海河工程局代表哈德爾，津海關監督韓麟生，津海關稅務司盧立基等五人。查此項橋梁工費，計需洋二十五萬兩，已商得財政部由津海關延長橋捐附徵，以籌經費。刻下該會進行探驗橋基地質，一俟完畢，即行着手建造云。

大紅橋岸碼頭

大紅橋左近兩岸河堤，關係津市防汛與商業甚爲重要。前港務處於十八年春，在上游一帶修築堤岸，本年伏汛巨大，堤工新竣，未堅致爲急流冲坍。至十九年復招標修繕被冲刷部份，而其餘則數年未加修治，邇來又完全傾陷。市政當局擬於大紅橋至西橫堤一帶，擇定相當地点建築碼頭二三十座，以保河岸且便繁榮河北。平均每座工料需洋一千元，以二十座計，共需二萬元。不久即可施工云。

整理海河工程

整理海河委員會引潚水入海計劃及放春汛問題，因遭鄉民反對，久懸未決。該會迭經討論，業於上次會議議定解決辦法，惟須增加工費一百餘萬元，方可濟事，聞已擬情呈請中央核辦云。

津保鐵路

天津至保定相距不過二百餘里，然火車運輸必須北上繞過北平或豐台轉平漢路南下，路程不下六百餘里，殊屬不便。北寧路當局因鑒於此，曾擬於平津綫楊村站起，築一支綫，直達廣台以利軍運，近以戰事稍緩，復擬改為津保直接聯絡，如此內地吐納，對於軍事商運均極為經濟。聞建築材料，亦已預備充足，不日即可着手修建云。

特一區自來水廠

天津市特別第一區內所用飲料，前皆轉購於英租界自來水廠。近年以來，英租界自來水自供尚恐不足，特一區人口又復增加，曾有限期停止供給之聲明。津市府當局遂有自建水廠之計劃，業已籌備多日。近聞東方鉄廠更有承包修建擬議，承色條件正在磋商中云。

河北省工程師協會啓事

一　本會為增進會員互助及合作之精神起見特成立一職業介紹委員會凡本會各級會員欲謀相當工作或需用專門人材與其他機關工商事業欲聘適當專門人員者可逕函本會之職業介紹委員會接洽辦理其在本會工程月刊登揭求謀職業與招聘技術人員之廣告者一律免費

二　凡本會各級會員對於會務進行有何意見及通訊處如有更動之時請逕函本會會務主任王華棠君

中華民國二十二年四月

雜俎

雪廬漫鈔

藥野山人

長城沿革

環燕晉秦隴之邊，崇墉屹屹，雉堞儼然，士大夫登臨憑弔，往往望古遙集，以為此秦始皇之萬里長城也。然試出塞外，登陰山，以望頹垣廢址，東西橫亘，不見其端，而谿谷要衝之地，又時有古城錯列，泥石雖已剝落，而遺跡則隱然可辨，土人曰，此二道邊也。由此而北，越瀚海與俄為界之卡倫，為三道邊。是土人所謂二道邊者，確為秦之長城。若燕晉秦隴界上，今人所謂為秦之長城者，則皆明代所築之邊牆耳。

明自大寧棄，東勝廢，而固圉之計，乃專重於九邊。所謂九邊者，即遼東，薊州，宣府，大同，榆林，寧夏，甘肅，固原，太原諸鎮是也。分揭如下：

遼東鎮屬關二，衛廿五，所十一。其分守地自山海關迄鴨綠江口，此即今山海關外斜貫奉天境內之柳條邊。

薊州鎮屬關一百十三，寨七拾二，營保城一百十五。其分守地，自山海關內迄灰嶺隘口。此即今河北省邊外山海關至居庸關之長城。

宣府鎮，屬衛十五，所二十六，關城堡五十有三，其分守地自火燄山迄平遠堡。此即今河北省邊外，延慶縣至山西大同境之長城。

大同鎮屬衛八，所七，長堡五百八十有三。其分守地自鎮口台迄黃河東岸。此即今山西邊外之長城。

榆林鎮屬營六，堡二十有八。其分守地自黃浦川迄鹽場堡。此即今陝西邊外之長城。

寧夏鎮屬衛二，所四，營堡二十有二。其分守地自花馬池迄常家寨。此即今甘肅東北邊之長城。

固原鎮屬衛三，所四，營堡十有六，其分守地自靖邊至蘭州。此即今甘肅北邊之長城。

甘肅鎮屬關一，衛十有三，所六十。其分守地自莊浪而北又西迄嘉峪關。此即今甘肅西北邊之長城。

太原鎮總兵駐於偏頭，屬關三，口十九，堡三十九。其分守地自老營堡歷寧武雁門為次邊。又南入龍泉固關以達黃榆嶺。此即今山西北境及東界河北之長城。

考之明紀，證之今跡，無一不相吻合。故曰今人所指爲秦之長城者，皆明代之邊牆而已。明代以前，歷代所築之長城，亦有與明城爲複綫者，更爲揭述如下。

秦宣太后伐義渠戎，於是秦有隴西北地上郡，築長城以拒胡。其地點西起寧夏，東達延安，畧當明代之延綏。

魏太武帝七年，發司幽定冀四州十萬人築塞上畿圍，起上谷，西至河。其地點東起宣化，西抵黃河，畧當明代之宣府大同兩鎭。

北齊文宣帝，天保七年，發民一百八十萬築長城，自幽州夏口至桓州九百里。其地點西起黃河沿岸，經大同繞居庸南口，以迄於海。畧當明代之宣府大同薊州三鎭。

周宣帝大象元年，發山東諸州民修長城，立亭障，西自雁門，東至碣石。其地點西起雁門關，東達昌黎。西當明代之次邊，東視明邊爲促。

宋太平興國四年，命潘美梁迥遷太原城，並築沿邊堡障。宋遼疆界，當今雁門勾注之分水嶺，所爲沿途堡障，亦畧當明代之次邊。

以上皆歷代長城與明代平行者也。

魏惠王十九年，築長城塞固陽，在今榆林邊外。魏明元帝八年，築長城於長川之南，起自赤城，西至五原，由今宣化達河套。

北齊文宣帝天保三年，起長城自黃櫨嶺，北至社平戍，由今汾陽達代州。

隋大業三年，發丁男百餘萬，築長城，西距榆林，東至紫河。由今河套達歸化城南。

大業四年，發丁男二十餘萬，築長城，自榆林谷而東。大業五年，發丁男五萬，於朔方靈武築長城。東至黃河，西至綏州，南至勃出嶺。在今綏德北界。是諸城者，考其遺址，今已堙沒，無可指證。唯秦城北負陰山，地高而燥，氣化不烈，故至今猶有存者。其城址自今甘肅岷州之西，迤邐而北，跨六盤山脈，越河抵賀蘭陰山，折東至熱河，越遼水，又南越佟家江，鴨綠江，直抵朝鮮之黃海道，此秦長城也。自漢而後，西方則拓而外展。東方則縮而內移。先是戰國之世，趙武靈王破林胡樓煩築長城，自代並陰山至高闕爲塞。而置雲中雁門代郡。燕將秦開襲破東胡，亦築長城。自造陽至襄平，置上谷，漁陽，右北平，遼西，遼東諸郡。及秦滅六國，悉收河南地，始併燕趙所築者，聯屬爲一線。是長城固不始於秦矣。

今之長城，東起山海關，西歷冀晉秦隴四省，以抵於嘉峪關，長凡五千四百四十里。唯自嘉峪關西，延至布吉城之一段，今已傾圮無存。城之高約三丈，寬丈八尺，皆以甎石築之，極爲堅固。雉堞迤邐，垛口櫛比。城壁向外一面陡峭不可攀登。其向內面則不然，甎石稜角，層層漸錯若階級然，隨處可手攀足踏以上。其城壁越一二里必有一部向外凸出，廉隅方狀，垛口一致。蓋守者憑之可擊左右側攻城者之背，法甚善也。（按此當即睥睨或女牆）且每隔一二里，城上必有方樓。樓內滿貯火藥及鉄砲，殆爲明末及清初存置者。今試登觀，猶有存者。砲鑄以鉄，形圓而長，長約三尺，口徑六寸，外作竹節形，每有數十百尊，層層羅置於樓中。火藥已朽壞不適用。且到處有堡塞，置烽火臺於其上。寇至晝則舉煙，夜則舉火，以警告遠近而徵兵。又有關與口之分者，凡言關，皆有城門可開閉之，如山海關，居庸關是。若夫口者，無門無衛，城壁忽斷，僅容車馬出入，故以口名之。自滿清綏靖蒙古，三百年無北族之禍。民國五族一家，是城更同虛設。雖然，長城以北，山叢野曠，伏莽潛滋，用此一線蜿蜒者，限於邊塞，部落終受其益。且爲歷史遺物，存之固足供後世考古之資料，憑弔者之俯仰流連也。

柳條邊考

康熙二十一年，錢塘高士奇，扈從東巡日錄，所記『柳條邊，插柳結繩，以界蒙古，南至朝鮮，西至山海關。有私越者，必置重典，故曰柳條邊也。』又山陰楊賓柳邊紀畧云，『古來邊塞種榆，故曰榆塞。今遼東皆插柳爲邊，高者三四尺，低者一二尺，掘壕於其外，呼爲柳條邊，又曰，條子邊，每門設蘇喇章京一員，筆帖式一員，披甲十名。』大清一統志云，『盛京邊墻，南起鳳凰城，北至開原，折而西至山海關，接邊城周一千九百五十里。又自開原威遠堡而東，歷吉林北界，至發特哈，長六百九十餘里，插柳結繩，以定內外，謂之柳條邊。吉林開原以西，邊外爲蒙古科爾沁等諸部駐牧地。與京鳳凰城邊外爲圍場。邊門凡二十，由山海關自西而來曰明水堂，曰自石嘴，以梨樹溝，曰新臺，曰松嶺子，曰九關台，曰清河，曰白土廠，曰彰武臺，曰法庫，曰威遠堡。折而南曰英額，曰興京，曰鹻廠，曰靉陽，曰鳳凰城。又自開原威遠堡而東，曰布爾德庫蘇巴爾漢，曰赫爾蘇，曰伊通，曰發特哈。每門設章京筆帖式官兵分界管轄，稽察出入。」如上所述，此柳條邊之地帶，固與明代九邊之邊邊相當。然在清初，確屬一種邊墻，用以限隔中外稽查出入者。觀柳邊紀畧所載，高者三四尺，低者一二尺，蓋其時方開邊植柳，又爲始自有淸之證。唯種樹結繩以限中外，亦可謂一種美術邊墻矣。其柳邊地址當今山海關外之綏中，興城，錦西，錦縣，義縣，北鎭，黑山，新民，法庫，開原十縣之北。折而東南，又當新賓，鳳城兩縣之東。而南盡於黃海之涯。由開原而北，又當伊通，雙陽，吉林，舒蘭，四縣之西，而止於舒蘭縣之二道河子。倘沿今柳邊地址而考查之，或則僅存邊址，迹尙堪尋。或則漫漫平郊，渺無可證。或則鬱鬱葱葱，碧柳成林。或則數尺深濠，寬約丈許。緣濠築隄，上植弱柳，幹皆盈抱，宛然存在，猶可想見當日柳條邊之狀況焉。

（俱見白眉初人文地理）

運河今昔

運河起浙江之杭縣，經江蘇山東河北境，迄北平東之通縣爲止，長約三千五百餘里，爲人造之大河。創始於春秋時之吳王夫差，隋煬帝大成之，歷代帝王修復之。利用西湖，太湖，長江，淮水，汶水，漳河，白河，諸水，南北疏濬，以爲交通要道，藉以聯絡民族感情，交換知識。元明淸三代，轉南方之米，以餉京師，爲南北唯一之交通幹路。海運開通以後，漕運漸廢，而運河亦不修濬，漸見淤塞。然平均之，保度尙有九尺，河身廣百尺乃至六百尺，灌溉與交通，民間尙利賴焉。

運河以汶水爲上源，由南旺湖分流南北。北流者，至臨淸接衛河。南流者至濟寧接泗水。山東境多閘，古稱閘河。南逾江蘇駱馬湖，曰中運河。逾淸江浦曰裏運河。逾領江曰江南運河，止於杭縣。自南旺湖北流百六十里抵黃河通帆。逾河二百里至臨淸淤塞。二百四十里至德縣通帆。南流四百四十里至台兒莊，又四百里至淸江浦，南流四百三十里至鎭江，又八百一十里至杭縣，通小輪。

中華民國二十二年七月出版　一卷六七期合刊

河北省工程師協會月刊

張繼題

北甯鐵路簡明行車時刻表

中華民國二十二年一月二十日重訂

下行車

站別 開到時刻 列車次數	第七次各等慢膳車	第三次特快各等膳臥車	七點加車三等	第九次各等快膳車	第五次特快各等膳車	第二〇一次特快各等膳臥車	第一〇一次快膳臥車各等	第一五次混合三等
北平前門 開	五●五〇	八●二五		一四●一〇	一六●二五	一七●一五	二〇●一五	二〇●四五
豐台 開	六●二四	八●五五		一四●四二	一六●五五	一七●四四	二〇●四八	二一●一八
郎坊 開	七●四四			一五●四七			二一●〇八	〇●二〇
天津總站 開	九●二六	一一●一六		一七●二〇	一九●一六	二〇●一一	二二●四二	二●四〇
天津東站 到	九●三五	一一●二五		一七●三〇	一九●二五	二〇●二〇	二二●五〇	二●五〇
天津東站 開	九●四五	一一●三五		一七●四五	停	二〇●三〇	二三●〇〇	四●五〇
塘沽 開	一〇●四八	一二●二二		一八●四五		開	一●一〇	七●一七
蘆台 開	一一●五四	一三●二六		一九●四五		往	二●一三	九●五五
唐山 開	一三●〇一	一四●二四	七●〇〇	到 二〇●五三		浦	三●二四	一四●四五
古冶 開	一三●四八		七●三六			口	四●一〇	
灤縣 開	一四●四五		八●一九				五●〇六	
昌黎 開	一五●五四		九●一九				六●一七	
北戴河 開	一六●四四		九●五六				七●〇九	
秦皇島 到	一七●一三		一〇●一八				七●二七	
山海關								
錦縣								
遼寧總站								

上行車

站別 開到時刻 列車次數	十二點半加車三等	第一六次混合三等	第八次各等慢膳車	第二〇二次特快各等膳臥車	第四次快膳臥車各等	第十次快膳車各等	第一〇二次快膳臥車各等	第六次特快各等膳車
遼寧總站								
錦縣								
山海關 開								
秦皇島 開	一二●二〇		六●二二				二二●一八	
北戴河 開	一三●〇〇		六●五三				二三●〇五	
昌黎 開	一三●五		七●四三				二四●〇〇	
灤縣 開	一五●一一		八●四九	自			一●〇三	
古冶 開	一六●一五		九●四七	浦			二●〇〇	
唐山 到/開	一六●三三 停	一四●三〇	一〇●三三	口	一三●〇〇	一六●四五	三●二〇	
蘆台 開		一七●三三	一一●五三	開	一四●〇六	一七●四七	四●三二	
塘沽 開		二〇●三五	一三●一一	來	一四●五六	一八●五三	五●三三	
天津東站 到		二二●三八	一四●一三	七●三〇	一五●五〇	一九●四七	六●二五	
天津東站 開		〇●二五	一四●二四	八●〇〇	一六●〇〇	二〇●〇〇	六●五五	九●一五
天津總站 開		〇●三五	一四●三九	八●一二	一六●一三	二〇●一一	七●〇六	九●二六
郎坊 開		三●二四	一六●一五			二一●二五	八●二一	
豐台 開		七●一〇	一七●四七	一〇●四三	一八●四八	二二●四八	九●四三	一一●四七
北平前門 到		八●一七	一八●二〇	一一●〇九	一九●一五	二三●一五	一〇●一六	一二●二二

中華民國二十二年七月出版

河北省工程師協會月刊

一卷六七期合刊

河北省工程師協會月刊

一卷六七期合刊目錄

論壇

學術

調查

會務報告

專載

工程消息

民國二十二年七月出版

論壇

如何救濟河北災區

李吟秋

慨自軍興以來，我河北東起榆關西迄密雲，凡十餘縣之幅員，同遭浩劫，歷時幾六月有餘。戰區人民・除受暴寇砲火飛機轟炸而外，復受各方兵匪之蹂躪摧殘，爲狀之慘，非筆楮所可形容。此外在戰事期內，地方所任各路軍隊之柴草，給養，車馬，伕役・以及造橋築路之所需，徵發之頻，供應之鉅，難以數計。我戰區各縣父老兄弟姊妹，毀家紓難，忠勇爲國之精神，固堪嘉許，而一般骨肉相棄，轉徙流離之苦，實亦慘不忍言。據戰區人民代表所估計，大縣所耗者五六百萬・小縣亦及其半，合臨榆等十九縣之損失・幾近一萬萬元。財殫力竭，休復維艱。迺者戰事稍停，吾人關懷桑梓，痛定思痛，未嘗不愴然泣下也。

現省樞方汲汲趕辦接管戰區政務，並結束軍旅，辦理急賑。而中央救濟戰區原則，亦經行政院會議通過、決定籌設委員會、積極進行，俾戰地孑遺，稍蘇喘息，誠爲吾人所樂聞。但救濟工作，非財莫舉，前原有二千萬之議，後又改爲一百萬，而此一百萬又擬發行公債，而以蘆鹽稅欵作抵。凡此不特舉辦需時、而加稅辦賑，形同挖肉補瘡，吾災區境內，閭里爲墟、滿目瘡痍，當茲創鉅痛深之後，嗷嗷待賑，爲久旱之望雲霓，又奚樂此畫餅充飢，飲鴆止渴哉？抑有進者，我河北厄於匪，厄於兵，厄於災荒、爭戰、及苛稅，敝政者不自今日始矣。積瘢既久，家鮮盖藏。比者兵燹刦後，餘祲未消，招輯撫綏，刻不容緩。吾人怵念傷痍，對此救濟要務，又安能已於言哉。

吾人就地方之觀點而言、謹貢其管見如下。(一)賑欵爲數過微，至少應按原議之半，照五百萬元撥發，方濟於事。(二)既爲賑濟，即不應重加人民負担，賑欵應由中央直接撥付、或用美棉麥借欵一部份墊付。(三)救濟委員中，應參加地方耆望，以利進行、而期涓滴之惠，皆成膏澤之恩。(五)對於施放辦法，應從嚴酌訂，以除施賑積弊。(六)豁免戰區丁賦三年以至五年，以事生息。(七)以賑欵一小部份，作急救施放、以大部分留作農民貸欵，而期永久接濟，以利民生。

尤有進者，以施上賑，不過臨時救濟而已，猶肆病之服急救丹也。至於如何調補元氣，以蘇民困，均待積極籌辦。此後在東北問題未解決以前，灤東冀北一帶，爲邊防要衝，其軍務政事施設之難，關係之鉅，逈非他省區所可比擬，究應如何籌劃方可保境安民，剔除隱患？大戰之後，兵匪交集，到處騷擾，果如何方可清鄉除盜，以安閭閻？凡此均賴當局之統盤籌劃，努力施行者也。所冀吾平東父老，與省憲諸公，共同振奮，無使上澤閼於下布，無使下情壅於上聞，舉凡地方政治工作，建設事業，以及人民經濟與社會生活，均爲最大努力之改進，則此種根本之救濟，殆有過於臨時之振邺也。本會服務桑梓，愧無建白，芻蕘之獻，不敢不勉。願本會同仁，與邦人君子，對此當前救濟要務，及善後諸問題共同努力焉。

河北省之鐵礦

就地質而論，鉄礦分爲產於火成巖者，水成巖者及變質巖者三種。我國之鉄礦，多爲產於火成巖者及水成巖者兩種。以河北省而言，產於火成巖者，估計儲量爲三十五萬噸；產於水成巖者估計儲量爲六六，〇九〇，〇〇〇噸。此外拒馬河，易水及徠水之支流復有新生界地層鉄礦，灤縣更有太古生界鐵礦。爲量均不少。

國聯對華技術合作

緒西

中國與國聯技術合作問題，最近甚囂塵上。據電傳英法意德挪威捷克西班牙及中國等八國，業由國聯任命為討論中國與國聯技術上合作問題之委員會，復經宋財長之斡旋，已在積極進行中，並已任定國聯代表一員，充日內瓦與南京間之聯絡員云。美國為非國聯會員，亦表示願加入此項技術合作。以上如歲事實，其影響於中國以及世界之前途至深且鉅，是不得不嚴加注意者也。

近年國外技術專家，謀發展中國經濟，醞釀已久。英德美均先後有調查團來華，實地考察吾國生產狀況，以為進行技術合作事業之張本；同時國聯對華亦有同樣之志趣與舉動。倘九一八事變不作，則此種運動或竟實現；但國家多難，惜此偉大計劃，終隨硝煙炮火以逝耳。茲者此種運動呼聲之再起，乃宋財長之遊歐，對此舊話重提之結果也。

吾人就技術立場而論，在原則上，對於國際技術合作運動，極表同情。況以吾國科學知識落伍，尤有與國外技術專家合作之必要。但茲事體大，稍一不慎，非特無利，反且貽害。故應加以詳細考慮焉。謹提出下列數端，以質諸國人及當局諸公。

(一)國際技術合作，應無政治背景及作用。如此則中國不致過喪失其主權。如影射或招致國際共管，或維持門戶開放，以抗某某列强，恐此後糾紛愈大，而危機愈多。苟不幸竟因是使中國變爲國際之戰場，則吾華族無餘類矣。是故技術合作以後，吾國政治經濟均應確有顯著之進步，而不受任何國家之壓迫。是不獨爲中國之利，亦世界之福也。

(二)實行時，外籍技術人員，應居雇員或顧問地位，並嚴限其職務，使其不得越職侵權，干預內政，以免喪失主權。同時在可能範圍之內，各部分均應儘先任用中國技師與專門人員，以防各種生產及建設事業，均爲外人所把持。

(三)擴充工程專門教育，多植專門人才，並儘量予以訓練實習機會，以資深造。庶幾嗣後本國技術事業，無須依賴外人，此爲根本之策。

(四)當局對於全國生產與建設事業之通盤計劃，亦應從詳研究。最要者爲培植基本工業，與工程材料之自給，以求日後生產與建設之獨立。次如鐵路之興築，礦山之開發，均有先後緩急之分，尤須於國防及主權上，不發生威脅，或任何損失。卽建設計劃之實施與分配，亦應秉公籌措，冀使各省區無畸重畸輕，偏袒向隅之弊。

總之。國聯對華技術合作運動，其意旨雖善，然爲福爲害，端在實行之如何，是不可以不察也。

復興農村之先決問題

蔭桐

吾國農村破產，日趨嚴重。有識之士，亟謀復興，以圖挽救。故近一二年鄉村建設運動，多處醞釀進行。自塘沽協定簽訂以後，舉國創痛之餘，益感攘外必先整內之必要。所以汪院長「以建設謀統一」政策一呼，全國上下響應。

本年七月十四日，魯省鄒平且舉行全國鄉村建設運動協進會。發起人為梁漱溟，晏陽初等村治運動先進。來賓有豫，浙，贛，上海，北平各團體，各學校二十餘處，知名之士數十人。會期三日，議決案件甚多。

同月二十五日南京中央社電稱，行政院農村復興會，邀請國內各農業專家，討論迫切農業問題。來京出席者，有謝家聲，鄒秉文，及實業部顧問美人絡夫博士等三十餘人。連日分稻，麥，棉，茶，森林，園藝，植物虫害防禦，畜牧，蠶絲，農村經濟等組，分別討論完畢。敬(二十四日)在行政院舉行大會，通過各項議案。決先編印改良我國農業計劃，分發各農業試驗場所及省市建設機關切實推行。

同時河北省政府前次會議，亦議決以定縣建為模範縣。湖南省政府及其他各處，復請國府以美棉麥借欵，補助各該省處農村建設。不久以前，行政院又訓令全國省市政府，設立農村救濟委員會，積極籌備進行。

以上種種，似乎由宣傳時期，已漸入實行時期，足見吾國上下對於農村復興問題之注意一般。

關於救濟吾國農村一節，學者多所主張。有人以爲吾國農民知識落伍，如果給以相當教育，農村即復興。實在，吾國農民知識，本屬一般之淺薄，果欲從教育上着手，實非一朝一夕可期成功。有人以爲吾國政治腐敗，如果制訂憲法，政治清明，農村可以復興，然此亦非一蹴立就之事。此外或主張改良村制，或主張開發荒田，等等計劃，不一而足，然均待詳加籌劃者也。

的確，吾國在此民窮財盡之時，復興之法，頭頭是道，件件可行；但有收效緩急之別耳。現在强鄰壓境，農村破產，亦成緩不濟急之勢。故吾人談復興農村之道，應捨去理論的，空泛的，口號的計劃，應有實際的，腳踏實地的，到鄉間去的工作，方可濟事。要知，蘇聯五年計劃的成功，非政治之言論，乃工程師之成績。

現在吾人就實際工作而言，站在工程師地位說話，復興吾國農村之先決問題，應從建設方面着手；而鄉村建設之道，最爲當前之急務者，約分兩項。茲分述於下：

一、興辦水利　水利範圍甚廣，如整理河道，以利航運，而防水患；如舉辦灌溉工程，排水工程，以利農墾，而防旱澇，皆爲當務之急。近年江淮爲災，區域甚廣。永定，汾，渭亦相繼爲害；而西北各省，復多苦旱，災狀奇慘。亟應興水利，去水害，以蘇民困，而農村復興庶乎有豸。

二、開發道路　交通爲經濟發達之先導。交通不便，則大量原料與用品，無由運輸；多數人口，無由聚散。陝西之災，可爲明鑑。反觀美國，創國之初，首建橫貫全國鉄路數千里。故美國西境，荒野曠區，卒有今日之發達。吾國現在雖不能仿效美國，遍築鐵路，然農村交通，亦可修築國道，省路，鄉路，興辦公用汽車，以補不逮。

以上兩種，輕而易舉，舉而見效。有如荆棘荒蕪之中，闢一光明平坦之捷徑，其他種種，遂得以沿途直進。設如不此之圖，誠恐建設之根基不固，則將來一切進行施設，不免事倍功半之弊而前途效率難期。此則爲吾全國人士所宜注意，與夫吾工程界同志眞實之認識，而勿放棄此復興農村之先鋒責任也。

此外農業之本身問題，如換種，施肥，除害之指導，副產與工藝之提倡，農具之改良，均有賴於農業專家，奮起直追。他如土地制度之變更，墾務之促進，國民心理之改變，教育之發達，以及政治之清明，更有賴於全國上下有澈底之覺悟與共同之努力者也。

學術

混凝土重量壩裂隙成因之研究及其避免方法

李書田

歐戰以還，列國多事力求增加生產。因水利之興替，恆直接關係生產之盛衰，於是昔日建築鐵路之熱潮，迄歐戰告終之後，轉而爲水利之開發矣。如航運工程，如灌溉工程，如水電工程，歐美日本，近十五年來，均積極興辦，冀期涓滴之水，皆福益人生。惟是水之控馭，咸賴於壩。以築壩之材料言，混凝土壩，晚近最爲習見。以壩之類別言，重量壩最爲習見。最近混凝土重量壩之設計，雖銳有進步，然所謂此種建築物整個動作之假定，究嫌與所用之計算方法，不甚符合。且裂隙之不克完全避免，顯然易致害及此種建築物之整個動作，甚至重量壩內部應力之分佈，亦因而感受吾人意料所不及之影響。一壩之安全與否，有時繫於少數裂隙之微。其自命爲大水利工程師者，倘不察及此秋毫之末，則偶而失慎，壩或崩潰，小則影響其技術上社會信仰，大則毀及壩位下游人民無數量之生命財產，吁，可畏也夫！

是故壩身伸縮之根本原因，值得吾人之精細探溯，以尋求其所以由於伸縮而即致成或縱或橫之裂隙，進而更求如何免除之方。

間嘗研求混凝土重量壩之所以由於伸縮致成縱橫裂隙者，基諸理論，證之觀察，根因所在，不外左列各端：

一、由於壩身混凝土未達堅實前溫度之漲落。

二、由於組成壩身混凝土中水泥之固定。

三、由於壩身混凝土變硬時之體積變化。

四、由於修建時壩身重量之漸次增加。

五、由於基礎盤石受重之後之壓縮。

六、由於壩身背後所受之靜水壓力而致有引伸應力。

七、由於壩底所受之上升靜水壓力。

壩身伸縮的大小及其性質之確切關念，須藉實際測量，而此種測量所用之儀器，屬於遠距測計一類，若干測計，同時置於壩身之各部分，由測計可同時測知壩身之總伸縮及混凝土彼時之溫度。

壩身縱的總共伸縮，恆視混凝土中水泥固定時之溫度爲轉移。雖水泥固定時增加熱度，不甚影響及於某橫斷面內之應力；但如變涼時，，則壩身外殼，即可發現引伸應力，致成裂隙。在混凝土變硬時之壩身體積變遷，亦大部影響及於壩身之外殼，凡裂隙發生部分之外殼，應力即不復存在矣。

爲避免裂隙起見，可用適當之水泥與加用一種具有水性的成分，以減低混凝土中水泥固定時之溫度。在冬季時新澆鑄之混凝土，尤須注意防護其勿忽然變涼。在乾燥季候時，如給新澆鑄的混凝土以適當之保養，以維護其濕度，大可保持壩身外殼與內部之變硬，不致發生懸殊過甚之徵象，因而減少裂隙之發生。

如用適宜之混凝土澆鑄方法，亦可減少有害之壩身溫度變化。例如澆鑄壩身混凝土時，每次祇限以薄層，至厚不使超過一公尺有半；且在澆鑄次層之前，給以較長時間之休息，則已澆鑄之層，變涼變硬之機會較多，不至因急切澆鑄之次層壓力，而致新澆鑄之部分，受過當之負担矣。最近美國胡佛水壩建築時，曾置備有統系之冷水管於壩身中，似即所以爲解決溫度急遽變化之問題者也。

壩身不同時澆鑄部分之接合處，其橫距離不可過長，普通未便任其超過十五公尺，如是則原有應力可以不致過大矣。

近今水壩建築之研究，已獲得各處水利工程師之親切注意，美國工程師近年來對於拱壩研究，曾積極從事，已獲極有價值之實際觀察結果。邇來歐洲更有萬國水壩工程研究會，其第二次會議，即於本年舉行於瑞典京城斯陶克候爾穆焉。

天津市建設芻議

李吟秋

天津為華北重鎮，自闢為商埠以迄現今，除各租界而外，建設最多者，確為李合肥督直時代，厥後均務守成，尠有創造。自改市制以來，亦無顯著之進步，雖因爭戰迭起，海河淤塞，致使商務民生均受極大之影響，然市政建設方面，未克努力亦為一重要原因。

邇來時局寧靖，人心粗定，凡百業務，漸復常態，同時省市政權統一，已着手諸般建設，預料最近將來，必有長足之進展。惟是市政建設，經緯萬端，貴有統盤之計劃，尤貴有先後緩急之實施步驟。茲本斯旨，並參酌津市地方需要情形，擬定天津市建設綱要如下。管見所及，罣漏實多，甚願與同志研討之也。

一、建設溝渠

溝渠關係市內排水衛生及路政極為重要。津市地勢窪下，每年雨季，到處泥濘，而南市一帶及老車站以北各處，夏秋之交，水可及膝，居住行旅，均極困苦。故言建設，當以此項最為先著。而在修築馬路之先，溝渠尤宜先設，以免日後翻路耗工費財。津市工務局前已擬具統盤溝渠計劃，尚待逐段實行。又原擬做法，趨重暗管，費用較大。如間用明溝（舊德租界使用此法），可期節省。又如現下之積水池（如南開等處），因積水宜洩不暢，停滯腐敗，其水由黑變赤，臭氣逼人，久為市民病害，宜引水勤加沖灌，並改良排水設備。現在改善辦法，應照原擬溝渠計劃，明暗參酌使用，擇要逐段進行。所有暗管，由廠自造，以期節省。其積水池旁宜仿照英租界牆子河辦法，築堤栽樹，既增美觀，復減臭味，其於公共衛生實有莫大利益。

二、修築街沿（街沿一名側臥石，俗稱道牙）

溝渠設置以後，馬路雛形尚未成立，故宜先設街沿，以定路線，既便開發道路，且免私人侵佔官街。其原有舊路未置街沿者，亦宜酌加添築，以期整齊。至街沿做法，有磚砌石砌及混凝土築三種。其在津市，以磚砌較廉。次要道路可以應用，其重要道路，仍用混凝土築，以壯觀瞻。但混凝土築，亦以設廠自做，較為省費。即以摸型而論，每公尺約需五角，如改自做，僅幾分錢而已。

三、設立材料廠

查北平久有材料廠之設備，不僅為儲料之用，且兼司製造修理及試驗等事，極著成效。津市府對此向屬缺如，諸感不便。茲將可以設廠之利益及其職務列下：

(一)製造溝管　現在包價，每公尺(徑三〇公寸至六〇公寸)約四元至七元。如自做可不計利益，兼可省模型費。計每公尺得可省六角餘，如就全市未修溝管一五六·〇〇〇公尺計算即可省銀九萬三千六百餘元。」

(二)製造街沿　混凝土街沿包價每公尺約三元五角，如自做至少可省五角，以全市未修馬路一百三十公里計，街沿約二百六十公里，即可省銀十三萬餘元。

(三)砸碎碴石　現在鋪路碴石，所用極多，因係包買雇工砸碎，其大小均不一致，所有石屑石粉，亦均零碎拋棄殊為可惜。如設廠自做，則對於石塊大小，自易監察，而所得石屑石粉等附產品，價值亦鉅。」

(四)修理機件。

(五)翻鑄鉄活，如及水非口等項。

(六)試驗材料　道路做法，末不一定，應研究試驗，以期得最為簡便經濟之方法，至於所購材料，如石鐵油料等，亦可加以試驗，以資鑑別。

(七)儲存材料

津市應仿照英法租界地辦法，擇地設置材料廠。其計劃，待另行規定。

四、改善道路

津市道路幹支各線系統，曾經前設計委員會擬具草案大體尚可酌加採用。其原用意有三：(一)開發幹路以繁榮河北特三區及西南城角迤西一帶；(二)展寬重要馬路，以利交通；(三)開通沿河馬路。如金鋼橋以下沿河馬路，及萬國橋以下東岸馬路，僅有一小部份障碍，如經打通，河濱馬路，即可暢行無阻，其於疏散車馬往來密度，及繁榮市面上，裨益良多。

前設計委員會所訂道路系統草案頗可參酌分別興築。並改良路面做法以期經濟。(一)就原有碴石路重要路綫，不走大車者，如碴石尚足可以進行碾平，掃淨潑油。如此，則該路面即可保持較久，無須年年翻修，虛糜鉅欵。(二)如該路碴石無多，可試用磚砌，上潑油面。如此，較舍碴石路為省，且行駛車輛，除大車外，均極便利也。(三)大車路綫，可仍用碴石；但須時常潑水，以資保護。

(四)特別交通繁重之路綫，可試用次等缸磚。其價雖較昂，然極爲耐久，較之普通碴石路，須每六個月至八個月即須翻修者，所省尚多也。又原有馬路，雖因材料不良，交通過繁，故易損壞，然平時潑水太少，養護不力，亦爲重要原因，故宜多添水車，勤用澆潑，以資保護。如此，則水車所費無幾，而所節省之修路費，則不貲矣。復查津市清掃道路向歸公安局辦理，事權不甚統一。且每日掃除，不在清晨六七点鐘以前行之，往往在通衢之上，多數清道夫於傍午前後大加掃除，以致塵土飛揚滿街，其妨碍衞生，阻碍交通，莫此爲甚。似宜一併改良，以清早掃街，隨即洒水，較爲妥善。

五、擴充樹圃

街道兩旁及公園河濱蓄水池邊均應植樹以重衞生而壯觀瞻。故泰西各國，恆論綠蔭面積之多寡，以評都市建設之優劣。津市河北一帶，道旁樹木，多遭兵毁。前歲始改植柳秧，然以限於經費，未能普及。最近大經路中間花池內所植小栢，係實業廳之苗圃所贈送者。其成活者無幾即其已活者亦嫌過於微細憔悴，有不若無。是以自產樹種，增加樹株，其在現時，亦爲發展路政之要務。擴充辦法，應在河北中山公園，曹家花園，及特別三區公園，特一區公園，擴充苗圃，多植秧種，以備應用。又新開河兩堤上下，平津汽車道旁，市內各河兩岸適當之地，蓄水池周圍，各大園堤上下，均可廣植各類樹木。既資保護，復美瞻視，且可供每年選擇秧種之用，不啻無數苗圃也。此事如在每年植樹節間提倡奬勵，其所費固無幾，而所護則至多也。

六、修繕橋梁

天津市大小河綫總長約三萬餘公尺，所截斷之重要街道凡四百零四。而全市橋梁重要者，計鐵橋五座，木橋兩座，浮橋兩座，(餘詳附表)，不敷應用，可想而知。故爲便利陸路交通，繁榮市面計，自宜多建橋梁；其舊橋年久失修者，亦應及時改善，以策安全。玆將津市各河情形及橋梁列表如下。

河名	河長	橋梁	重要	路口
北[illegible]海河	一二•〇〇〇公尺	三座	東岸	七八
			西岸	二七
新開河	四•〇〇〇	二座	南岸	一六
			北岸	一五
金鐘河	四•〇〇〇	三座	南岸	四〇
			北岸	二二
南運河	三•四〇〇	三座	南岸	六〇
			北岸	三一
墻子河	六•四〇〇	一五座	南岸	三一
			北岸	三四
子牙河	一•八〇〇	一座	南岸	一三
			北岸	一五
共計	三一•六〇〇	二七座	—	四〇四

現在改善辦法，首應將金湯橋重新建造；金鋼橋金華橋金鐘，久未修繕，應全部檢查，加以油飾。萬國橋以下，前有在特三區特一區之間建築鉄橋之議，宜設法計劃，促其成功，以發展河東一帶。其餘各河各要路口可酌加浮橋，以利交通而期經濟；嗣後再逐漸添設正式橋梁。餘若金鐘河等，亦有多建木橋之必要。至若現在進行中之西河橋，亦應早日觀成，以便繼續征捐，再建他橋。

七、整理河道

津市河道廢弛已久。河身做為官產賣出；河岸做為垃圾堆棧。以致水道擁塞，河流狼藉，於衛生航運以及水流均有極大之妨害，如不及早整理，後患實難設想。整理辦法有五，茲分述如下。

（一）清理垃圾整理河岸　應規定河岸綫，設立標誌或欄杆，禁人侵越。其已堆積之垃圾，任人無條件搬運使用，以期早日清除。嗣後再有垃圾，應用大車或船隻運填西頭灣子及金家窰兩廢河，以去穢水積潦。化無用為有用，實一舉數得。更於適當地點，建築木質小碼頭，指定停船，預備裝運垃圾。俾可隨到隨運，永無堆積之弊。

（二）築岸壩及碼頭　前津市設計委員會對此曾擬有做法及預算，尚可酌加採用。如萬國橋上下，海河東北岸及金鋼橋上下，均有建築碼頭之必要。將來所得之碼頭捐款，足以償工費之一部份。

（三）疏浚衛津河墻子河，並溝通各小河，以利船運。

（四）填塞廢河，以變棄地為有用。其地畝徵價之一部份，即可償填河之工費而有餘。

（五）開展河濱馬路，並在適當地點，如特三區公園附近海光寺以下，開闢河濱公園。

八、開闢公園

公園為現代都市必要之建設，雖為市民遊息之所，然間接可以減少不正當之娛樂，直接可以鍛鍊市民之身體。查津市現有公園為數無多，且均屬簡陋。自北寧路局開闢寧園以來，津人士耳目為之一新，然現時人口增多，仍不敷用也。且河北公園，特三區公園，年久失修，零落不堪，均應加以修繕。更宜開放曹家花園做為公共體育場，開闢八里台北部為新公園，以為發展天津南部之先聲，此於市面繁榮極有關係，不盡為都市之奢華點綴品也。

九、建築市場

河北一帶，地面甚大，而迄今未能繁榮，雖云時局影響，實亦設備未周有以致之。現在欲行整頓，除馬路溝渠等應行完成外，而市民生事所賴之商場菜市亦均應於原有地點或其他適當所在由官方或招商承造，以興利源，而便居民。

十、創辦公墓

津市雖有義地，而向無公墓，即私人墳塋，亦多封樹未周，淪沒水中，殊乖送死之道。其鐵路附近，西堤兩旁，棺木狼藉，尸骨暴露，尤屬慘不忍睹。宜嚴加取締，以重人道。改善之策，惟有創設公墓一途。前者萬國賽馬會在東局子馬場旁捐地一塊，曾有開作公墓之議，迄未實行，亟宜賡續辦理。此外可再擇適當地點幾處，設立公墓，以備應用。又鐵路附近及西堤兩旁原有棺木暴露之處，更宜協同地方加以整理及掩埋。嗣後嚴禁再行肆意拋棄。此則不獨維護人道，有壯瞻視，且於衛生大有裨益也。

十一、舉行測量

津市通用地圖，均為早年施測，於現在情況，諸多不符。且現在街道名稱，若特幾區，幾緯路，幾經路，頗為重複不便辨記。亟應由工務局增設測量隊負責限期測量完竣。將市區及附近街道河路等詳為施測，繪具詳圖，以為設計之張本。並將街道名稱，重行編定，以便辨認。

以上數端，均為至顯至易之工作，他如河北電車之修建，市內分區之實行，亦應預為籌劃也。

救玉泉以復興北平

華南圭

夫所謂災。大概為兵災災火災水災等等。而我謂災。非由於水之多。乃由於水之少。

我國人有一通病。生前不知衛生。死後求登僊。殊不知生前宜求不死。死後決不能再生。

文化與人同。過去者為死文化。現存者為活文化。言其近者如圓明園。一堆瓦礫。徒成憑弔之場。言其遠者如洛陽。古時之繁華。煊染史冊。今則連一堆瓦礫而亦不可見矣。所謂死文化者此也。

我人於已死之文化。欷歔歎息。不勝痛惜。顧於未死之文化。則有議論紛紜。莫衷一是。說說笑笑 。毫無具體辦法。如對病人。醫生數十人。藥方數百張 你說我是。我說你非。不待方法之決定。而人已死矣。

戲劇亦是文化之一端。然以程先生之小技。比北平古迹。則直是一點細塵與大海之比耳。而程先生有人助之。北平文化。竟無人救之。此真我所不解者也。

遠者黨國要人。近者地方名人。對於北平文化。既有保存之空言。應再有維護之實心與實力。此為我所叩求者也。

地方風景。山與水並重。無山無水固不可。有山無水亦不可。名勝如浙江之西湖。山東之趵突泉。孰非因水而著名者。北平城內。苟無三海。則乾枯之故宮。毫無佳趣。城外苟無昆明湖。則乾枯之頤和園。亦無佳趣。而三海昆明之水。皆來自玉泉。則玉泉實為北平勝景之源矣。

然則何者為北平文化之災 。曰玉泉分散即是北平文化之災。易言之玉泉源流破產之一日。即北平文化宣告死刑之一日。而其期已不甚遠。此則我所欲為世人大聲疾呼者也。

我人空言保存古蹟。不知整理玉泉 則其罪尚可減輕一等。然而整理玉泉。故易如反掌也。其易如此而猶不肯整理。 則其罪應加重十等。民衆空口呼號。不知督促。厥罪亦同。

近年來三海屢成水荒之象。盛夏荷且半死。魚亦如在釜底。昆明池亦無充足之水量。問之玉泉。不任其咎。曰上天未嘗厚待前人而薄待今人也。循此以往。不出十年。

此未死之文化。恐必以壽終正寢詐天摧毀古蹟無異。整理若是難事。若費巨款。則其罪尚下矣。

薄待今人者　究竟是誰。曰是營私舞弊者流。曰是食肉怠事者流。曰是逐末忘本者流。

誰是營私舞弊。　開放水田之土豪是也。誰是食肉怠事者流。貪得水租之汚吏也。誰是逐末忘本者流。空口呼號之紳商及民衆是也。

據我所聞。爲害於北平文化之水田。天天仍在暗中開放。汚吏無所忌。紳商及民衆一律不聞不問。　我以爲天地間傷心之事。無有甚於此者。

玉泉在前清帝皇時代。儘量引爲點綴園池之用。而今則散失無用者。佔一大部分。泛流於水田者。亦佔一大部分。蒸發於天空。　滲漏於地內者。又佔一大部分。　其他一小部分流入農事試驗場。其能歸納於三海者乃涓滴之微量耳。

玉泉有七泉。曰永泉。曰玉寶珠泉。曰靜虛泉。（靜影涵虛）。曰岡林泉。曰裂帛泉。曰迸珠泉。曰趵突泉。其中趵突泉最旺。亦稱第一泉。此七泉皆在玉泉山園牆之內。分數路流出。

散失之一大部分。有因閘之鎖敗者。又有流入圓明園者。此園雖已成爲瓦礫。依然飽受灌漑。不曾以參茸貴藥。滋補死人。豈不可笑。

泛流於水田之一大部份。則爲稻田慈菇荸薺等等。南樓。六郎莊。養水湖。船營村。聖花寺。寶貞觀。白房子一帶。灌漑之面積甚廣。所耗之水量自多。

蒸發滲漏二事　與面積大小及路程長短成正比例。假定截長補短。水田及河渠等。佔半公里平方。則其面積爲二十五萬平方公尺。假定二十四點鐘蒸發一公分。則每天損失水量。已達五千立方公尺之多。而此二十五萬平方公尺地之面滲漏。爲量亦殊可驚。

散失。泛流。蒸發。滲漏。其量皆不可勝計。可憐此有限之玉泉。殊不勝不肖子弟之揮霍。

灌漑以後之水量。有經圓明園而流入於下清河者。有經慶王花園紅橋而流入於下清河者。有循玉河過長春橋石佛寺白石橋而流向西直門外之高亮橋者。至於農事試驗場。不過在此途截留一小部份以分餘潤而已。

涓滴之微量。由高亮橋流至城之西北角。分爲二路。其一路向南。經平則門。至西便門。又分二股。一股向東。經宣武門。正陽門。崇文門。而往二閘。又一股再向南。經彰儀門。至西南角。向東經永定門。左安門。再向北。經廣渠門。而往二閘。

又一路向東。至松林閘。又分二股。一股向東。經德勝門。安定門。再向南。經東直門。朝陽門。東便門。再向東。往二閘。又一股向南。經李廣橋。至響閘。分爲三支。一支向東。經地安橋。東不壓橋。再向南。經望恩橋。御河橋。水關。再向東。入二閘。第二支向南。經蠶桑河並景山西牆。桶子河。而至天安門。再向御河橋。而亦向水關。第三支向南。經北海中海南海。由日知閣下入。織女橋。亦至天安門。而亦入水關。以上係玉泉之源與流之大概情形也。

整理方法極簡易。對於圓明園一帶之水。築堤以堵截之。對於灌溉水田之水。繪圖編戶。分作三年收回之。仍同時禁止再開放水田。泉源剔清之。破閘修葺之。以昆明湖爲儲蓄大池。玉泉全量。一律送入玉河以至高梁橋。農事試驗場所需者。仍可供給。清華燕京兩大學所需之水量。亦可供給。截止於西便門。再截止於德勝門。再截止於地安橋。應濬者濬之。應堵者堵之。應導者導之。非但三海及中山公園。可成巨浸。畫舫齋可復舊觀。即故宮周圍之桶子河。亦可供民衆搖槳盪舟之娛。而宣武門正陽門。仍可不減其沖洗之功效。依此計畫行之。厥功不過一年。費款不過一二萬。而北平文化之源。賴以維持。凡我民衆。應向當局督促其實行。決勿再任其因循。（平市歲收四百萬元。二萬元僅是全數之千分五耳。）

說到督促二字。我欲爲民衆作當頭一棒。革命政府已以民權賜給於民衆。有其權而不知行其權。抑何自暴自棄之甚乎。天津英國工部局。設有華董事數席。然聞請病假者有之。請事假者有之。如逃學之小學生。鞭之叱之。不肯入學。似此情形。假如平津市政當局。大開天恩。依照民權主義。特設議席。特許市民以參議之權。竊恐袞袞諸公。依然紛紛請假。民權於誕生之初。即已宣告破產。豈非我民衆之奇辱大恥也乎。

說到天津英國工部局。我又連想到平津市政府。外人許中國人參預市政。中國人偏不許本家人參預市政。無條約之不平等。更酷於有條約之不平等。而我民衆。未嘗作一次之奮爭。未嘗作一語之哀求。天地間窮而無告之民。孰有甚於此大中華之小百姓者。

總之。玉泉消竭。則北平文化滅絕。此為必然之結果。余前年在工務局任內。曾有整理玉泉計畫。嗣後又曾以小册屢與黨國要人懇切陳說。無如言者諄諄。聽者藐藐。忽忽至今。已將三載。乾燥已到第二期。死期可以計日而待矣。

我今明白一問。有人敢言昆明三海應廢棄否。如曰可廢棄。則玉泉可以不管。儘量開作水田可也。如曰不能廢棄。則整理不可一日緩。

此外。傷心之事不勝枚舉。再撮述兩事以悼文化之災。雲岡石刻之精妙為天下冠。前歲竊案鬨動一時。今則絕無一人顧問。最近余曾赴雲岡實地考察。觸目皆是摧毀之象。高低兩佛龕。其小大兩石佛。皆已摧毀。此處余已攝影以留紀念。此外摧毀者。數十倍於此。此其一事也。北平地壇內。古樹青蔥。舉國無比。東部十數株。前年為蟲食死。西部去年亦食死十數株。如不殺滅。全林有食盡之患。欲殺蟲種。只須將已殺及半死之各樹。伐而焚之。然而行政當局。此種不費一錢之善政。依然不肯偏勞。紳民亦全然冥頑無知覺。一年死去數十株。十年死去數百株。由此類推則北平文化之壽命。不過十年或二十年耳。此又一事也。

聞者勿疑余以危言悚聽。北平文化之死期。或者未必如此之近。然若民衆永不努力。或僅以說說笑笑了此事。則文化之苟延殘喘。必不甚長。我雖未必作送葬之人。我之子女。恐不能不為執紼之人矣。嗚呼哀哉。北平北平。尙忍言哉。

(完)

考工紀餘

英國每年用煤一萬四千萬噸。

美國一九三二年上季，出口有聲及無聲影片八〇，五〇〇，〇〇〇餘呎。

愛斯克瑞 (Escurail) 西班牙廢王皇宮，在馬德里 (Madrid) 為歐洲最皇宮，須四日方可遊畢。

油漆製造法概要（續）

劉　焄

○油漆之成分，係經長時間之試驗得來

油漆之應用

○。試驗之方法，曰 Fence Exposure Tests；不外塗成分不同之油漆於木鋼等器表面，使之曝露空中，擇其經久不變者為製造之標準而已。此項試驗，在美國係受各油漆工廠，各教育會社及全國試料協會之領導，殫思研精，隨不難得其適當之成分。茲就用途，分述油漆之製法於后：

(一)木用塗料——依證木能力言，混合顏料實優於單純者。合鉛白與氧化鋅，攙以 Barytes, Silica, asbestine 等補充原料，最稱上品。色彩塗料之功用，不僅在着色，且能使之耐久也。考塗料之能否耐久，在近木一層，其液體原料之成分，須百之六十，內含多量之稀薄劑，能使塗料深入內層融解樹木之膠脂且能使增加初層與第二層間附着之力也。

含鐵氧化物（皇鐵棕）之塗料，最能耐久，但其色不美，每不用之。

(二)倉廩塗料——倉廩所用塗料，常用氧化鉄為顏料合以石腦油等稀薄之劑。此種說法，非指氧化鐵為劣品，不足以製優良之塗料也（多數耐久塗料，皆由印度紅及皇鉄產做成）。氧化第二鉄顏料，不易起化學作用；但其天然棕品，每不均勻，且常雜以泥土。

(三)瓷類塗料——瓷類塗料，能成光澤之面，由氧化鋅細末攙入漆內或高黏之煉仁油中作成。(氧化鋅常並 Litho Pone 用之)。如以之塗初層，須含多量之稀薄劑。塗卵殼，須先以浮石 Pumice 擦殼面方便。

(四)墻壁塗料——墻壁之塗料，以能保清潔衛生為主。膠紙與墻紙，患在易生黴菌，故多用油以代之。普通所用：以氧化鋅與不易起化學作用之補充原料，研成細末，攙入漆內，調以松脂油 Turpentine 稀薄劑而成。

鈣漿 Calcimine 之缺点，在不易洗刷；且不若油汁之耐久也。灰漿，White Wash 價廉質劣，室內粗糙之地宜之。

(五)洋灰塗料——洋灰 Cement 塗料之功用，在防止磨擦，隔絕油脂。

(1)含蔴仁油之塗料，不適用於洋灰，因洋灰內之石灰，能損壞所成薄膜也。

(2)含松脂酸之塗料，能與石灰化合，最適於洋灰。

(3)中國之桐油，含質堅之松脂，所成之品，耐久隔潮。

(4)如用蔴仁油，須先塗以硫酸鋅，使與洋灰中之石灰中和。

(六)鋼鐵塗料——鋼鐵在潮溼空氣中，因電解作用而生銹。塗料中之顏料，對此電解作用之影響，不外『阻止』『助長』及『不確定』三種，不可不察也：

(甲)阻止電解作用者：(防銹)

(1)氧化鋅

(2)鉻酸鋅

(3)楊柳炭煙

(4)博羅斯藍(防銹者)

(5)鉛白

(6)紺青藍

(7)鋅鉛白

(8)鉻酸鉛鋅

(乙)助長電解作用者(生銹)

(1)燈烟

(2)硫酸鉬

(3)蠟石

(4)碳黑

(5)二號石墨

(6)重土 Barytes

(7)一號石墨

(8)博羅斯藍(助銹者)

(丙)不確定者

(1)鋅白

(2)鉛藍

(3)Lithopone

(4)密佗僧

(5)鉛丹

(6)維也納紅

(7)鐵質棕

19327

(8)白垩

(9)碳酸鈣沈澱

(10)中國土

(11)Asbestine

(12)美國紅

(13)鉻黃

鉛丹為優良之鋼鐵初層顏料，能成堅韌具彈性之膜，空氣與水，均不能透過；惟其質重，每患不易塗附，故近世多以鉻酸鋅及鉻酸鉛代之，惟價較鉛丹高。

液體原料，關係於鋼鐵之保護至大，純粹之蔴仁油，能助長電解作用，不適於用，故每加顏料以補救之。

保護鋼鐵，有主用瀝青性塗料者，惟瀝青不能曝露於太陽之中，僅限於地下隧洞及礦中。

(七)耐水塗料——普通油漆，不能用於海洋江河之中，以其不能防冰與水之磨擦也。鉛丹，鉻酸鋅，石綿及楊柳炭煙，研成細末，合於含高麗松脂百之四十之蔴仁油中，漏水耐磨，實水內器物之最好塗料。瀝青和 Gutta Percha 亦稱上品。

(八)耐火塗料——油漆既含油汁，易燃易焚，普通多加石棉及硼酸 boric acid 補救之。蓋硼酸能乾成釉狀之膜，能隔空氣，是氧無來源，不能成燃燒現象也。惟防木於大火，殆不可能，油漆僅能防弱小之火花而已。

(九)水製塗料(Water Paints)——以水為原料製成之塗料，普通用者有灰漿與鈣漿兩種：

1.灰漿 White Wash ——由石灰浸入水中而成。加膠、酪、麥粉、肥皂、明礬、矽酸鈉者，所以增加其黏着之力也；加氯化鈉者，所以防止有機物之生長也。灰漿適於室內粗糙之面，如倉廩廄窖等地。

2.鈣漿 Calcimine ——由碳酸鈣浸入水中而成。加膠所以增黏性；顏料所以圖美觀，粉飾墻壁用之。

油漆之用法及塗面之預備

油漆之種類不同，塗面之體質各異，塗敷方法，不能概論。故各油漆工廠，對其出品之用法以及塗面之修治，均有詳細之說明，用者不可不注意也。綜其要点，不外(一)塗面須潔淨乾燥(二)氣候須乾燥(三)溫度須在四十度以上。茲就各種塗面，分塗新及補舊兩項，略舉其要如左：

(一)木料

(1)塗新——木料塗新之前，須去其節瘤汁皮，如汁皮太多，則須完全剖新，以鉛丹潤其隙痕。初層塗料，須多加松脂油，此種稀薄劑之功用，在能融解木脂使顏料深入木內且能使成膜平滑。初層以外，稀薄劑逐層減少，最後一層，其液體原料僅以蔴仁油，是則不用稀薄劑矣。

柏木之初層塗料——每加侖至少加安息香半听(Pint)。

松木之初層塗料——每加侖至少至松脂油半听。

初層既塗，所有裂縫釘眼，均須塡以油灰 Putty, 每塗兩層間所隔時間，至少三日。

(2)補舊——所有污垢，煙痕及膜片，須完全除去。孔隙實以油灰，如舊膜完全失用，以吹火或化學方法淨除之。(化學方法以酒精四，安息香五，acetine 一之混合液爲最適宜)

(二)鋼鐵

(1)塗新——塗面務須乾燥，去銹用斧刀刷；去脂肪則用 benzine。塗初層須於工廠內爲之，不致有所遺漏也。零件之不便塗敷者，則浸入油中。搬運建造時所留之疤痕，亦須施以初層塗料。

(2)補舊——塗面之修治同前，脫落之地，須潔淨。

(三)圬墁 Plastering-Surface

(1)塗新——先刷硫酸鋅之水溶液，再以石炭粉 Plaster of Paris 塡裂縫。初層塗料中，如能含氧化鋅及 Lithopone 等顏料最佳。

(2)補舊——去脂肪用 benzine。洗刷用肥皂水。塗鈣漿前，須先刷以膠之熱溶液。

(四)洋灰 Cement ——去油脂用 benzie。去石灰用硫酸鋅溶液。其初層塗料，每加侖蔴仁油，加鉛白十磅，但不用促乾劑。

漆之種類

漆分油汁漆與精鎔漆兩種：油汁漆 Oil Varnishes 以松香融解於蔴仁油中而成，能乾成質堅性韌之薄膜。精鎔漆由松香融解於易揮發之酒精或安息香中而成，乾後僅餘松香薄膜。

松香 Kesins ——松香及黏膠，統爲松杉桐樹滲出之液體。區別之：能半溶解於水而不溶於酒精者曰黏膠；不溶於水而溶於酒精者曰松香。黏膠不甚適於製漆，茲不贅。松香之能用爲製漆原料者，可分爲四種，茲分列於左：

(一)自然松香——可分爲兩種：

(1)能溶於酒精者：如 anime, dammar, dragon's blood elemi, mastic, Sandarac 等。

(2)受熱後溶於松脂油及淋仁油者：如 amber, Angora Demarra, Java, Manila, Pebble, Kauri, Zanziba 等。

右列各種松香中，當以 Kauri 及 Zanibar 爲最優之製漆原料。Amber 價値昂貴，故用者少。

以普通情形言，愈陳舊之松香，愈適於製漆，以其能成堅硬光澤之薄膜也。增其硬度 正減其彈性，不能兩全也。

(二)黑松香 Colophony——從松脂膠中蒸溜松脂油，所餘之滓，曰黑松香。含酸多，故常加石灰以中和之，熱之亦可減其酸性。所成之膜，遇水則變白；且不耐磨，故僅能以之製質劣價廉之漆。中國之桐油與黑松香所成之漆，稱上品。

(三)片松香 Shellac ——熱樹脂蕪育小蟲之分泌液，使之溶化，密裹布中，加壓力榨出者，曰片松香。加雄黃 Or-poment 則生色，能溶於酒精中，故可以之製精醕漆。不溶於水，酸及松脂油中，遇 Sodium hypochlorite 則漂白，漂白之片松香，不能溶於酒精中，不能作精醕漆矣。

(四)複松香 Synthetic resins——如：Bakelite Cellulose nitrate 等。可用以作精醕漆。

油汁漆 Oil Vanishes——以低溫熱松香至融化，加淋仁油，放冷，以松脂油稀薄之而成。多松香之油汁漆，富光澤，乏彈性，宜於塗家具；多油之油汁漆，耐磨隔潮，宜於塗船，塗地板。

地板漆之成分 每百磅松香，約須油十五至十八加侖，中國之桐油，隔潮耐磨，亦常以之塗地板。

烤漆 Baking Varnishes——用適宜之高熱，烤漆於器物表面，所得光澤，經久不壞。惟其內不含松香及促乾劑也。Baking Japan 爲烤漆之一種，以瀝青代松香製成，光澤奪目，經久耐磨。

精餾漆 Spirit Varnishes ——精餾漆之功用，在着色，在美觀。多由片松香 dammar, elemi 等松香製成。Lacquers & Stains 雖含不透的顏料及促乾之油，但時以精餾漆視之

油漆之檢驗 Testing of Paints & Vanishes ——油漆，之耐久與否，只能以長期之曝露法知之，購者依個人之需要，油漆商之介紹，以選擇之。所購之品，必經化學方法檢定，方準使用：原料中之固體與液體，須隔別之，分驗之，固體部分，用化學方法試驗後，再用顯微鏡窺其纖悉，以確知其是否均勻；液體中之乾油，稀薄劑，及促乾劑等之性質及成分，亦須予以詳細之檢驗，此係就原料檢驗也。至於成品，則頗較單簡，綜其要項如左：

(一)變乾所需時間。

(二)光澤顏色——用比較方法。

(三)耐磨性能——以浮石或鉄刷，磨擦其乾膜，不易脫落者方佳。

(四)耐水性能——浸膜水中，不變白色方佳。此種試驗，用冷水須膜浸水中隔日；如用熱水則僅須三十分鐘。

(五)彈韌性能——塗油漆於玻璃板立面，乾後五日，以刀削剝之，不易脫落者方佳。

萬國橋

清光緒庚子年各國聯軍蒞津以後所建・需款約六十萬元，中國方面・所担負百分之二十五。嗣于民國十五年重新改建，約需洋一百九十萬元，由海關附加橋捐稅內撥支。

調查

旅湘通訊

沅陵邵祖新先生南旋，屢以湘省建設情形相告，玆彙錄於此，以饗我工程同志。

編者誌

新化之礦

新化　礦產最富，煤礦遍山皆是。惟交通不便，僅能銷於本地，價值每噸不過二元。炭質品甚佳，無煙。鄉人置煤於火盆中燒之，如燒木炭，然亦有用毛板由資水船運往漢口。其船最壞，帆用竹篷，江湖稱之為捨命王，專供裝煤之用。做此貿易者，三船若有兩船到漢，即利獲倍蓰，若能通火車輪船，其富源實為湘省之冠。銻礦出錫礦山，年來產額極富。自歐戰後，各國不收，遂成廢物。該地設有鍊砂廠，提成純銻，運往漢口上海天津各處，所銷無多，開礦者損失甚衆，其礦夫有二萬人失業。年來紅黨出沒無常，此亦最可慮之一事也。該縣所辦團練甚好，境內無刧案。出新化境，至寶慶，行旅戒途。旅館主人云，水路尚可行，旱路則防不甚防。於是由寶慶坐船，至新化時正大水，石灘險惡，同行有毛板船二隻，皆在灘打破，貨棄於水。

湘鄉之礦

湘鄉　山水極佳，不亞江南，秀麗之氣，撲人眉宇。其地亦產煤甚富。團防亦好，境內無刧案。予因趕路，夜行於人煙稀少之山中，中夜村犬無驚。

長途汽車

汽車由長沙直達寶慶，惟湘潭渡河乘汽划。汽車係用汽油幷非木炭。即木炭車不及汽油車，故路局不恒用。車手均係學生，間有藝術不精者，若乘此車，皆爲危險，每年有翻車之事。余由湘潭上車，不出二十里，汽車不行，司機者設法修理，迄不能動，遂在此地誤点二三鐘，後來一汽車，司機者藝較精，遂將車開動，至湘鄉另換他車。汽車有年久者，力量甚弱，每至稍高之坡，則大放『鄙逋』之聲，而不能動，出站時，須數人推動，而車始能行，常有汽車休息於坡上，候他車來換之事。

○人力○ 轎夫工資甚微，每日能走九十里，每人一日五毛，吃坐轎人之飯。火食亦甚賤，余等同轎夫共十一人，每頓幷下宿在內，不過九毛，尚有鷄蛋小菜等。

○經濟狀況○

銀元 每元換銅元六百六十枚，買賣以銅元論價。各地皆用現洋，銀元票不能行使。故在長沙須換現洋，又重又累贅，殊不便也。

汽車路之人力車，可坐兩人，一人拉之，每百里不過大洋七八角。余見有兩位大兵，共坐一人力車者，尚有行李，亦可見其地之人強力矣。

河北省各縣特產調查

○曲周○ 本縣居冀南中樞，臨滏陽河，交通甚便，且利於灌溉。農田植棉花者多，而種穀類者甚少，故本縣食品，則多需於外縣供給，所賴只縣內產物之輸出。茲將其產額較多者，分述於下：

▲烟草 茄料，烟草屬一年生，草本，有毒。春月下種，夏月移植田畝間，亦有前年初冬下種使之發芽，翌年始播種者，至夏月莖高四五尺，葉大，卵形而尖，花爲合瓣花冠淡紅紫色雄蕊五枚與花冠裂片之數同，圓錐花序。其葉乾之，確爲烟葉，可供吸食，又可供藥用，含有麻醉。此植物產滏陽河沿岸一帶之園圃中，其園圃半數種菜蔬，半數種烟草。秋季收穫，運往城內售給各大烟店，製成烟絲，然後分售遠近。按城內烟店竟至十餘家，皆本縣供給其原料，其量之多可知矣。

▲棉花 縣城位置偏西，城東百里之遠，棉花皆植，他種農產寥寥無多。按此棉花三四月之交，棉田整好，入四月灌溉之，隨播種於四月五月之交，將苗株移定以後，繼續鋤

之，至立秋後摘去其尖，秋季即可收穫。每畝可產二三百斤。每年於秋間之際，即有棉商售買，大批運至天津出售，為數甚鉅。

▲產鹽　縣內各處皆產鹽。地皮表面，色白如霜，謂之鹹土。將鹹土刮下，堆於鹽池之中，鹽池之構造，係從地築一池，上牆高約三尺餘，底中間作水道式，邊高中低，內架木樑數條，其上蓋蓆蘆葦，厚約尺許，將鹹土撒於蘆葦上，使二寸厚，然後可灌水，水浸過，鹹土再透過蘆葦隨從水道流出，接入缸內，即為鹽水。又分煮鹽，晒鹽二種。煮鹽即將鹽水置鍋中用火加熱水分蒸出，鹽汁剩下，用鐵杓取出即為煮鹽。晒鹽多在夏日，因陽光甚烈，易將水分蒸發，晒鹽須用晒鹽池，係用碎瓦加石灰，砌成晒鹽池，形狀不拘，週圍用磚砌之，高出地面二寸許，將鹽水傾入，經一二日即成，色甚潔白。煮晒之鹽，皆可代海鹽食用，惟味稍苦。全縣產量甚多，每百斤可售洋五元，銷售於附近各縣。

▲大蒜屬百合科，多年生草本，高至三尺餘，葉下有鱗莖，成球狀，葉細長而扁，繖形花序，花白色紫，各花之間雜以珠芽，春季間鱗莖及葉可供食用，春季蒜芽並花梗之間，採嫩葉，名曰蒜苗，供佐食，其味美鮮於韭，每斤可售洋數角。三月後，苗漸長成，復抽其苔，名曰蒜苔可供食用，味甚美，愈嫩者愈優且價愈高。最初抽出之苔曰鮮蒜苔，每斤可值二三角，其後漸賤最末者，只可售二三十枚一斤者。至四五月　熟掘其球莖，編之為辮，名曰大蒜，每辮百頭可售洋四五角不等。此種植物，縣內種者甚多，故當春夏之交，由本地蒜商收買各種蒜苗蒜苔大蒜運至西南各縣銷售，亦有沿滏陽河上下游銷售者，每年產量甚多。

房山

房山古名大防山，因此山峻而且闊，望之明秀，異常，宛然如室，自元改建房山縣，其大防山之名已廢。縣城在北緯三十九度四十四分，西經二十二分，在北平西南九十里，夏熱冬寒，春秋二季，最為合宜。但春季多風，恆從西北飛沙，障日遮天，人多苦之。夏至以前，多旱少雨，小暑之後，陰雨兼旬，沖淹屢告。大抵從西北來者，多烈風暴雨，其時從東南來者，多風輕雨細其時緩，冬季雨雪凝沙，溫度在冰點以下，夏季溫度在九十度以上。產物甚多，茲將著名物產列後。

▲煤　在房山南，以長溝峪車廠羊耳峪為大宗，縣西南八里周口店次之，山北以三窖，三安子為大宗，縣西北三十餘里，水南北車營次之。其上者消於平津一帶，每噸亦不過七八元左右，次者供燒灰及附近人家作為燃料。其產額甚鉅，即以周口店一處，在民國十年時，年可運出一萬八千車，合英秤三十萬餘噸，其他出產之富概可知矣。又紅煤力甚大，凡鎔鐵者皆用之，以產於大安山一帶為最多，惟以該村道路未修，僅能駝運。又唐山豹兒水蘆子水等處，皆產紅煤，山深路遠，駝運更難，所以銷行均不廣，坐失其利，良可惜也。

▲灰　種類不一，有青灰白灰二種，產於周口店，羊耳峪秫楷峪河套大灰廠等處。白者具原為石質，以火煅之，然後成白色大石塊，以水沃之，即溶為粉末極細。用以砌磚石為牆屋，乾後堅固異常，且極美觀，雖經河水沖涮不易損壞，凡有大工程必需灰品。青者作染牆用，原質與青煤附近，不徑大煆，產出即可用，然不甚耐久，因此白者銷路極多，而青者銷出無幾。惟是此灰必須地近煤窰始能工作，以其非煤燒不成，又必須地通車站，太遠則運輸不便。灰之銷路最多為北平，年可達五十萬噸以上，其次為津保，而附近村莊，用亦不少，在十年前由周口店及其他路，每年尚須運出五千餘車。

▲石料　石之種類有三，(一)漢白玉，最細膩，刻花卉鳥獸器皿等物，產於石窩等村。(二)花岡石，產於縣西八里東山沙峪等處，可作桌面櫈面之用。(三)青板石，產於河套婁子河等村，此石種類甚多，色青質薄者最佳，色份白質厚者次之，黃者再次之，皆可代瓦以覆屋，惟青者可作筆算書板，及桌面之用。其銷路遠至平津一帶，近則銷售東南各縣。

▲銀粉　粉為石質，經磨研細，用作紙面花紋，頗博社會人士歡迎，以銷於天津為最多數。

交河

本縣特產，雖累為報告，亦有未盡事宜，茲再補述一二，以繼其後。

▲小燒餅　此種食品，僅交河西關紀姓一家，他處則未見過。其製法，先將面發好，用模型木板一塊，（長約八寸，寬二寸，中間有稍深之槽）置案上，將發好之面，揉成細捲，分作小粒，（粒之大小如小棗，）黏以芝麻，嵌

序排於木板之模型中，每餅一塊，每排二十個，後即由木板，黏於爐上，下以火炙之，便妥。有專為向遠方送禮，以白糖和面，做成者，為爐干，尤為可口。

▲煎餅　先以綠豆（亦名吉豆）在磨上軋碎，去皮，再和以糜子米，及五香材料，用水泡透，在水磨上，磨成漿糊，和以鹼鹽水，另用杓子與糊倒之鍋中（鍋係平底有沿之鍋）以刮板刮均，蓋鍋即熟，大概每斤可稱八張。惟此食品，出鍋即吃方覺鮮美，不便遠帶，蓋稍涼即改味，是亦美中之不足也。

▲行爐與鐵廠　本縣人多地窄，多半出外謀生唯一工業即為鐵廠。此種工業，大概可分為行爐與坐爐（坐爐即鐵廠，因其在一地不動也）行爐無一定處所。大概每年二季，正月至四月，為春季，八月至十月，為秋季。每爐約須用工人十四五，每季每人，除飲食外，可得大洋二三十元，或三四十元不等。此種行爐，專鑄生鐵鏵，南至山東內地，北至勝芳，東至慶雲鹽山，西至獲鹿等地，方圓數百里，均為行爐所到之地。若鐵廠，則各大市鎮各大商埠均有，專為一切生熟鐵器，以及翻沙，仿造各類機器，與舶來品即頡頏。此種鐵廠，幾遍全國，凡有鐵廠營業其中必有本縣人，或即為本縣所分設，大有操全國鐵工業牛耳之概。近今各省之兵工廠，亦莫不有本縣足跡，在內充技師，頗不乏人。蓋因本縣之人，能耐苦忍勞，心思靈巧，凡外洋所發明之機器槍砲，一見即能製造，無不逼肖，是其特長耳。

柏鄉

本縣僻處冀南北部，境內土壤尚稱肥沃，故適農耕，但因年來天災匪禍，民不聊生，若非特產稍濟，飢餓幾至絕境。茲將本縣特產列後。

▲側柏　屬松杉科，為常綠灌木，高丈餘，全形略圓錐狀，枝葉整列，葉小鱗狀，如與扁柏之葉相類似，其葉無圓背，常峙立，花單注，雌花與雄花同株，果實為毬狀，可供藥用。此樹產於本縣之各大古坟上，因古坟特多，而每古坟的面積又廣大，每坟，翠栢成林，故產額甚鉅，於年之冬季，可採伐多株大栢，其用途多為棺槨之用，除供本縣需用外，而外縣購買者十分踴躍。樹之特大者，可值洋數百元之多，較小者亦可值數十元。

▲大葱　屬百合科，多年生，草本。莖高尺許，下

部呈白色，葉中空，管狀，新葉每穿葉而伸出，爲叢生。初夏開花，繖狀花序，如球狀，始生時有囊狀之白苞蔽之，花蓋六片，帶白色，六雄蕊一雌蕊。此植物之葉，可供食用，四時可採，惟至冬月，最爲柔軟，味亦最美。俗所稱爲白根者，即葉之下部，不見日光，故呈白色。此種植物縣屬各村住戶，每家多少都有種植，每畝可穫千餘斤，折洋可獲二十餘元，較五穀收成爲優，故每家都有種植，而每年於年節之前，附近各縣爭先恐後購買，所以銷路甚廣。

▲甘藷　屬於花科，多年生，草本。莖細長，匍匐於地上。其葉加卵形或心臟形，互生，爲合瓣花冠。其塊根多肉，味甘，供食用，又可供釀酒或製澱粉之用。此植物產於縣城之南，每年每畝可獲一千斤左右，而每百斤可售洋二元，爲冬季主要食品。縣內除自用外，尙有大宗向外縣運輸。

▲棉花　錦葵科，一年生，草本，高約三四尺，其葉掌狀分裂，互生，托葉二片，形狹而尖。秋月葉腋開花，花大，其色或紅或黃不一花冠五瓣，單體雄蕊，包圍於雌蕊之外，雌蕊一枚，子房上位。果實似桃，熟則裂開，其種子被以長毛。種子軋榨之油，可供燈用，其糟粕謂之花油餅，爲肥田之原料，或飼牛之上品。此種植物，產於本縣城之南部，每年每畝可穫百餘觔，每百觔可售洋二十元。其銷路除在本縣外，可順滏陽運河至下游。

▲玉蜀黍　屬禾本科，一年生，草本。高約七八尺，葉長而大，形似高粱葉，披針形，有平行脈。雌花與單花同株，雄花圓錐花序花軸多肉，穗狀花序，有花苞包被之。花枝如常毛狀，露出花苞外，果實爲穎果，種子供食用，或釀酒之用，又可製粉。莖葉可供牲口之食用，故此植物需用極廣，多產在本縣城之西北，每年每畝可穫二三石，除供本縣需用外，多運往外縣銷售。

任縣

本縣地勢低窪，易遭水患，以面積甚廣，每夏積水成沼，直待秋後水落，方可耕種，故縣內穀類，所獲有不足食用之慮，而特產量多，尙須銷於境外。今將特產分述於後。

▲小麥　禾本科，小麥屬，種類不一，越年生，草本。於每年秋墨種植，年來五月收割。果實爲穎果，其種子

磨為粉末，可供食用亦可為製醬油麵醬等之原料。莖可以造紙，上節之細者，光澤鮮美，性質柔軟，更可用以編製夏帽。此物全縣皆植。待秋季水落，所留水跡，全為淤泥，肥沃異常，不用再加肥料即可播種，即此可勝於其他麥苗。待來年五月收穫，畝可產三石左右，每石可售洋十元，除留一部分自用外，餘皆運至外埠銷售，所得甚鉅。

▲鯽魚 喉鰾類，鯉屬，體側扁如紡錘形，背部隆起且狹，體長為體高之三部，鱗圓滑 稍大。頭部小，口亦小。脊鰭有三棘十七刺，臀鰭有三棘五刺，其最後之棘為齒狀。背部綠褐色，體旁稍黃，腹面暗白。腹內有鰾，內充空氣，能張縮。體長約二尺。是魚產縣內之大澤內，是澤乃有他處河流之存水積，不復他流，故冲來之魚亦多存留其內，秋冬之季，水之面積小而日淺，魚則密積其中，農民以網捕之，所得甚夥。若遇雨多之年，以售出數計算，可達數萬斤。運往邢台或附近各縣銷售，每斤可稱二三條之魚，可售價三角，每條重二三斤以上之魚，每斤價只二角餘。

▲烏芋 又名荸薺，莎草科 烏芋屬，多年生草本，高至三四尺，地下生球莖，狀如慈姑，色黑 ，其地下莖綠色，圓形，如管狀，外觀略似莞類，花穗眾如筆頭狀，生於莖之頂端。此植物之球莖 冬月採掘，供食用。生食，或煮食，味甘美，恰似栗子。或由球莖製澱粉，稱為馬蹄粉。此種植物遍產全縣，每畝可掘數百斤，農民多以為上等食品，不忍多食，餘皆銷售於附近數縣，每百斤可售洋五六元。

完縣

完縣位平漢西南三百九十餘里，依山靠水，交通阻塞，文化落後，然地層異常複雜，特產尚有一二，植物即稻子，草棉，山果，粉條，荊藤等物，礦物惟有石灰一種，動物則為牛馬雜畜，無特產之可言。茲僅將植礦二種，詳細調查誌後。

▲稻 產於縣屬神南鎮一帶，地濱唐河兩岸，土地肥沃，支流縱橫，故產額特多，較他處為優良，味如糯米，且煮米成粥量，較他米多四分之一，以是遂馳名，本域而有神南稻之特稱，惟以交通阻塞民風古樸，生產技術，多沿用舊習，亦憾事也。其培植方法，頗為困艱，每逢初春，導水灌田，及深二尺有餘，此後逐漸沉澱，水勢漸減，深及寸餘

左右即可插秧，時値五月，(國曆)秧苗叢插田間，每隔尺餘一叢，半月一澆，如是滋養，直達八月前後，稻穗下垂，遂告成熟。收穫之際，多以鐮割，惟値秋涼九月，亦足入水，兼之水中負物來往，吃力頗大，辛苦萬端，工資每日在一元上下，飲食亦多酒肉。稻穗至場，繼則斷穗脫粒，多以畜類拉石磙壓，遂成稻穀，繼上碾再壓，稻米遂成。價目昂貴，每斗兩元左右，銷售淶水，唐縣，曲陽等處，頗有振興及發展之趨勢。

▲草棉　俗謂「唐皮完棉，萬古名傳，」「完棉」即指本縣所產草棉而言。縣屬各村無不產棉，鄉民有田百畝者，種棉多在六十畝上下。茲將著名產棉地点述下。城南堯城，下叔，郭村，城東新興，後興，王格莊，李戶莊，屋榔，大王子城亭北一帶爲最著，城北則爲大城北村，小城北村，西朝陽，東朝陽，而以長北爲最著名，城西面積較狹，產地亦較少，只五里崗村莊里等村而已。培植方法頗爲簡便，略同他種五穀，惟植地須溼土，多含水分，雖高亢而無旱災者，始得豐收。五月初(國曆)播種，月終即高可寸餘，舉行初次鋤田，半尺後，再鋤二次，尺餘後，三次鋤之，及至八月左右，打尖去枝，九月時，即可採棉矣。收穫多以人工採花，月後枝枯花盡，收穫完竣。每畝產額多在百八十斤上下，劣者七八十斤不等。用途除製棉衣外，可爲紡紗及織布之基本原料。棉子更可榨油，滓爲上等肥料，銷售頗廣，北及平津，輸出國外，南走漢口，銷售頗暢惟以年來受世界不景氣之影響，市價無定，子棉百斤多至二十元少至十元不等。

▲山果種類頗多，分述如下：

一，柿，產於縣屬之北隅，宅北莊一帶，柿樹林立，多爲黑棗樹接成。秋時採下，匯歸山果店。該店資本至爲雄厚，爲各地山貨集中地。

二，核桃，亦產於山北一六格莊一帶。種子成樹，數年長成。八月中旬即結實纍纍，九月中旬採打，收穫完畢，裝缸浸水，半月後，青皮遂腐，自行剝落，土黃色硬殼、顯露於外，核桃製造，遂告成功。其核既可充作食料，復可製榨香油，土黃色殼更可製防毒面具。價目每斤三十餘枚。

三，黑棗，產於縣屬山野間，除供食用外，尚可製酒。總之，柿子，核桃，黑棗等山果，皆為本縣山野產物之最馳名，且有振興及發展之可能性者。銷路北及平津，南及順德鄭州各地。

▲粉條　本地所產之綠豆特別優良，培植收穫，略同穀類，茲不贅述，其所特殊用途即製粉條。本地閻家莊製粉條業之馳名，亦綠豆特質為其良好原料耳。該村粉條業，家家戶戶莫不營之，百里內外，無不知曉。製造方法，純係人工。即以綠豆高粱加水磁軋細沫，再加酸水沫即沈澱，上部水分，遂得置之於外，下部實料，更用人工淋細經日蒸乾，遂成粉麵，繼更一方加添熱水，他方填補純粹豆粉，待既稀滑可用，復不黏手，即可以有孔諸物下漏此粉，則成粉條矣。其價格頗不一致，少至五十枚，多至百枚不等。銷售保陽完唐一帶。

▲荊類　荊子多產沙瘠不毛之地，山野坡崗無不叢生，縣屬北山，所產尤多。有此天然富源，製造自必發達，惟以民眾古樸，製造方法，沿用舊習，礙此業之發展。縣屬常彭村以製籃筐馳名，東西園村，東西五里岡，專製筐籃，縣屬李家莊，製六股叉，仁家佐一帶，精製蓆類，高價一元，低價四五角不等，亭鄉北莊，以製蒲藍著稱。總上篋其筐籃，叉類，蓆，蒲藍等，皆係民間必需之品，農家萬不可缺者，此類製造，鄉民多感便利，銷售因之亦廣。唐曲定望各地，皆係此項產物市場。筐售五十枚一個，筐則五角，餘則以貨物優劣而定，而無一定之市價矣。

▲手巾　手巾出自亭鄉一帶。該村凡二百戶，制巾者據近調查，已達百九十戶，近郊各村皆製手巾。製法甚簡便，首將洋線漂白，繼以人工木機織之，即可告成。生產額亦頗不小，每人日製十打左右。惟毛巾為民間生活用品，得以暢售。附近各縣，上至紳士，下及黎民，所用毛巾皆來自亭鄉。此外更大批運往天津，北平，保陽，太原，鄭州等地。零售每條四十枚，躉發七元十打。此外縣南呂村尚產氈類，惟以銷路不廣，未能發展，如加新式方法，從事製造，前途頗有希望也。

▲香　產自長莊村，該村十家九戶製香。製法亦頗簡便以榆皮紙類，經磁至碎，加水如泥，以木械壓出，求細條狀，曬於日下，綿綿數里有奇，少女老婦，皆以束香為業，隆盛狀況，即可推想，既經日晒乾，香即造成。零售每

封五十枚，鰲發每元十封有餘，日有雞車香類，載售各地。

▲石灰　石灰產於楊格莊，李四莊之山嶺地帶，多以人工發掘大者半尺見方，小則如拳，繼則入窰加火，待及相當時候，取出即成。至其用途，爲建築上之主要材料，價格每元二百斤左右，暢售附於各村。

清河

清河地處冀南平原，既無山脈丘陵，又乏山川湖沼，境內出產盡與他處無殊，惟據調查，除皮硝陶瓷等特產外，左列各項，亦可列於特產之數。

▲木炭　縣境城西城南，地質多砂，砂阜約佔耕田十分之二三。多核桃，梨，杏，棗，桑等果木樹，望之如沙漠中之森林，土名，「行子」(行讀杭)行其內，萬木樣枒，如行東之窩集，如入世外之桃源，每年除產果品甚夥外，伐得木材亦不少，惟多不成器，土人即用以燒成木炭，利甚厚。其法，即將伐下之樹枝樹幹，裝入峙備之地窖（即木炭窰）以柴燒之，上覆以土，過些時取出，即成木炭。售於市，每斤價銅元二十至二十二枚。

▲桑椹　清河桑椹，與他處產者不同，非平常之紫桑椹，其色多草白色（亦有淡紫色者）粒甚大，有大如雀卵，水分特多，味細甜，人皆愛食，每年麥熟時，街上叫賣桑椹者纍纍，初上市，每斤銅元三十餘枚，最賤時每斤十枚。此種桑樹，與普通者無異，培植法亦同。

▲白菜　本縣白菜，葉肥大，味鮮美　大者一顆重至二十斤，以城東窪里及南鄉孫家窪，四家務出產最多。其種植期在伏天，中秋節面裏心，立冬收穫，小雪後下窖，儲備新年及次春上市，刻下每斤銅元四五枚。

▲麪筋　以麪粉浸水洗之，提出之物名曰「麪筋」。境內業麪筋者甚夥。當提出生麪筋後，作成杏大的圓球，以刀切紋數條，入花生油內炸之，則切紋開裂，如褐色之開花肉丸，每百個價銅元百五十枚，土人俱以爲食品中之上肴。

▲棉花　多美棉，產量較大於土棉，（俗名小花）且抗鹹性較強，蓋清河土質多鹹故也。自花朵裂桃花開放後，即每五六日檢拾一次，直至寒霜一降，棉株枯萎，其未開裂之棉桃，不易開放，地主即不再摘拾，任一般小農及窮民隨意尋拾，名曰「閑花」。按向例閑花期應在立冬後，但因近年窮民每恐屆期　主摘盡無花可拾，故每於霜降後，紅男

綠女即成羣結隊，入田擒拾，地主亦無如之何。本縣棉花產量甚大，向運售濟南天津各埠。境內花店林立，壓花彈花機器之軋軋聲，無村無者，棉業之盛，已可想見。惜九一八後，濟津棉疲，清河農村經濟，亦大受影響矣。

▲小豆腐　香椿葉及榆葉，可供食用，盡人皆知，至槐葉杏葉亦可食用，他處尚不多觀，惟在清河則司空見慣，尚不爲奇。緣清河特習將大豆(俗稱靑豆)，磨之成糊，浸水中，以小磨磨之稀汁，如製豆腐然，置諸鍋中，攙以小米，菜蔬(有以白菜者，有以葱者或雜菜樹葉者)，煮沸即成，名曰「小豆腐」。土人皆愛食，惟外鄉人初來者　多不能下嚥。亦本縣之一特俗也。

隆平

本縣物產，具有特產性者無幾。玆將其可資紀藏者，紀述如下。

▲棗，棗樹多植於鄉村附近，春末結實，中秋成熟，味甘可入藥。棗林莊，甄家莊，水飯莊等十餘村，產額甚多。近來平津棗商，每逢秋季，來平薰燒，運往各地，價值因之大增，每株可售洋七八元，該地居民，頗獲厚利。

▲韭菜　莖短葉長，高尺許，可佐食，味頗鮮美。張家口村所產尤爲肥美，非他處可比。近來仿效深縣製菲方法，秋後將根掘出，束成小綑，置入地窖內，春季生長黃韭，俗名黃韭，獲利更厚。

▲小鹽　柳竹一帶，鹵地甚多，居民刮取其土，濾之澄清，置釜內沸煮，即成小鹽。額數甚巨，近各縣多仰給之，而該地居民，亦多恃以謀生。

▲火硝　本縣白木邱底等村，地勢窪下，多含鹹質，農民於每歲之餘，掃取白鹽或蒸或曬，即成火硝　可供製造火藥之用，現城內設有官硝局收買之。

▲地骨皮　地骨皮，爲本縣著名藥品，而品質尤佳，素有隆地骨之稱，全縣各村多產之。每年嘗務山會上，祁州，順德，各藥商，多來此購買。其產額之多，出品之良，可想見矣。

行唐

本縣北境多山，南部平坦，五穀家畜，應有盡有，惟缺礦產，今將各種出產之關係民生經濟者分誌於後，固不足以言特產也。

▲棉花　棉爲本縣重要農產之一，其收成之豐歉，價值

之漲落，實關本縣經濟之盈絀，境內除北部山地外，幾於無村無棉，佔耕地之大部。平均每畝可摘棉八十斤，全縣年產約七百萬斤，多軋成穰花，運銷於天津（西河花）及西北，其供本地用者，僅佔一小部分。籽棉每斤約值洋十六七元。（今年約十三四元）其籽可榨油，運銷外埠。

▲土布　土布爲關係本縣居民之手工業，通常以行市之漲跌，定市面之榮枯。在昔洋布未興，土布之名馳遐邇，今雖銷路滯塞，而每年銷售於西北者，仍達八十餘萬疋。以每疋價洋一元，純利一角五分計算，是以歲可有十二萬元之收入。而與織布不能分離之手工紡線，約年出八百萬斤，平均每斤賺洋八分，計可得淨利六萬四千元。故全縣依紡織爲生者佔全人口四分之一，其關係民生可知。惟業此者多故步自封，不知改良，坐令銷路被奪，生計日蹙，良可慨也。

▲紅棗及棗酒　紅棗產本縣北部山地舉凡村邊山谷隴頭路傍，均爲棗樹　然生長繁殖之地，而農民視棗，實與糧穀有同等價值。幼樹生高三四尺後，則移植於適宜之處，三四年後，即可結實。每斤乾棗，可售洋三分，全年運銷於外縣者，連棗酒約值洋十萬元。近來農民多用其釀酒，以抵制外酒且多行銷鄰縣，爲本地出品之一。全縣燒鍋，均有三十家，以每家年釀一萬九千斤計算，則一年可出酒五十七萬斤。每斤價洋約在一角之譜。本年棗樹，因受風雨摧殘，收穫不及一二、影響於北部農村經濟者，當不在少。

▲落花生　花生產城南沙性地中。穀雨前後點種，寒露後熟，經過鈎蘉犁耙碎土篩淘等之繁複手續，始可得純淨之花生，可均每畝可產五百斤。每斤約值洋四分，全縣年產二十八萬斤左右，大部榨油，運銷外埠，本地食用者不及一半。其渣滓油餅，爲良好肥料，又可飼養牲畜。

都山

本縣地處邊陲，俗稱口外，面積廣袤，土地磽确，羣山綿亘，峯巒起伏，尤以都山爲最，巍立西北，蜿蜒百里，高入雲際，不但爲本縣之大山，亦河北之高峯也。查本縣以前本屬遷安轄境界，以距離太遠，縣府鞭長莫及，乃於前年劃爲都山設治區，現改爲縣。該縣特產甚多，茲分述如下：

▲梨　梨爲本縣民衆經濟補助之一大來源。產於縣之

西南，尤以天橋勾　大小鹿門勾，牛心山，龍玉廟勾及桃與山等處爲最。梨有數種，曰卜梨，曰安梨，曰白梨。此三者中，以卜梨味最甘美，價亦昂，白梨次之，安梨味酸，以春季食之相宜，故爲春季病人之開口品。以上三種梨樹，皆春日開白花，花落結實，至秋分時成熟。堅梯摘之，大樹一顆，摘五十三四簍，每簍約重五十斤或六十斤不等。裝簍後，以大車運至火車站或灤水運賣於天津等處。種法以梨子種園中，生小樹，截其莖留尺餘，劈開夾以小梨碼，埋之土中即生。喜沙地，土地欠宜。

▲木材　木材本縣隨處產之，以松木材爲大宗。其出產最多區域，以十字平方圓數十里左右爲最。樹爲喬木，高約二三丈。每當冬季，由農民賣與木商，匠工去其皮，截成椽，檁，板，竿等材料。自冬至春，大車運載，路繹於途，概運於建昌營各店，而賣於古冶唐山之鄉下爲建屋之用。惜交通不便，轉運維難，故每類樹在山不過值銅錢三十餘枚。運至建昌後即可值二百餘枚矣。種法於秋季採集松子，春夏之交種之，一二年後，則漫山遍野，成小樹林矣。

▲杏仁　杏仁杏子核中之仁也。產於杏樹，此樹本縣各山皆產之。舊五月中成熟，居民不分男女，携筐担簍，率集樹下，拾其皮，取去核，此一法也。他法則拾到家中以缸盛之，俟皮腐爛，在河中洗去其皮，而核存矣。再破其殼始得仁。亦賣於平津等處。

▲木炭　靠都山附近居民，冬日大都業燒炭，都山一帶，有炭窰亦不下數十座。窰夫砍伐灌木燒之，由大駱駝至口內一帶，賣於工商農各界。炭分白黑二種，白炭質堅耐火，如礁子，爲烘糕餅之燃料，黑炭則爲冬季取煖之用，皆無烟耐久。

▲蘑菇　當夏秋之交，產於松林內。細雨過後，其生甚速，不二三日即可大如掌，色淡黃或深黃等，內含水甚多。蘑菇種類甚多，本縣所產者爲松蘑，肉蘑，猴頭等。松蘑產於夏，肉蘑產於秋，猴頭則屬貴品，不常得。採蘑之法係於雨後拾而曬之，不一二日即乾。大概肉蘑用於本地，松蘑非過灤河不味美，故每年數十萬斤賣於唐山等處焉。

寧河

本縣地勢卑窪，多生荒蘇，所產五穀，尚不足供全境之用，惟沿各村，則盛產食鹽魚蝦，行銷全國，獲利頗豐，亦可稱特產矣。茲詳述於左。

▲食鹽　塘沽，新河，塞上等村，每於春季雇工多人，在灘內以碌碡將地基軋成堅硬，然後放入海水，藉日光蒸曬，至三伏後，則水氣全淨曬乾，每日以木耙摟之，所曬之鹽成矣。惟新出之鹽，其味甚苦，且多濕氣。所出售者，均十餘年前，陳久之物，味美質潔。至鹽店即摻泥土沸水加增斤兩，色灰不和衛生，乃奸商不講公德，只知圖利也。每年全境產鹽以中收之額計，約在一百五十萬包，輸出者，約八九十萬包，每包重四百斤，每包最低價在一元二角。清乾隆時每年不過出三十萬包，今增五倍。以每人每年食鹽十五斤計，足供全國之用。查本縣食鹽除鹽灶鹽場外尚有大工廠，所產之久大精鹽，品質如雪，暢銷各大都市，即外人尤多購用。永利工廠，以鹽製鹼，渤海工廠，以鹽製鹵精，均爲藥品及顏色，又特產中之副產。三廠每年皆產額甚富，運消各省，均獲利甚厚。

▲魚蝦　凡北塘村　于家堡青坨莊各村，每年所產各種魚蝦，新鮮者，以火車遠運東省，近消津市一帶，獲利甚豐。其外海底中珍品，如乾蟹黃，每斤價銀三元。產於秋季之河蟹，用鍋炒熟，將蟹蓋去軟黃，留紅色之塊狀者，曬乾即成蟹黃，其味鮮美，年出甚多。

▲蝦子　每斤價二元五角。春日海中所產之大青蝦，俗名黃蝦，將蝦子羅出，澄清後再用鍋炒熟，曬乾，然後碾好，即成蝦子。年出甚多。其次用紅蝦子摻以蟹子製成，粒小味美，每斤價一元四五。大海米　用秋季新鮮之大青蝦，以鹽炒熟，曬乾，然後裝入布袋內，以人力擇去蝦頭蝦皮，即成蝦仁。每斤價二元，每年出五六百斤。小海米爲紅蝦或河內大蝦製，成每年出千餘斤，每斤價一元三四角。以上各種，味均鮮美，行消上海，天津，北平，並各大都市。

▲蚶子乾　每年春秋二季，產於海中，用鍋炸熟，去硬，殼肉曬乾即成蚶子乾。用麻袋裝成包，每包一百五十餘斤，每百斤價十餘元，年出六千餘包，均運往烟台轉銷福建，浙江，江蘇，湖南各省。如蝦醬，蝦油，乾白蝦等，均每年出數萬斤，均消附近各縣鄉村。冬季之出產，則爲紫

19346

蝦銀魚，新鮮紫蝦每斤價一元，新鮮銀魚每對價一角，行銷津浦平東等地，亦可得數千元。

興濟

興濟特產甚多，特紀述如下。

▲豆乾　鎮東大姜莊子，居民數百戶，其中三分之一，從事農業，三分之二，精製豆乾。如永興和尹某所製，馳名青滄等縣，每年可銷五百萬塊。其製作方法，先將元豆浸於水內，經一晝夜，豆粒被泡漲大，晨起在屋樑之上繫一小缸，缸底鑿一小孔，用綿塞之，內滿盛水，使水向下滴，（正滴於磨口之上，繼將元豆倒於磨口之上推之，則成粘汁，再用布將豆碴濾出，而成細汁，將細汁包於布內，用榨榨之，將內中蓄水完全壓出，成餅狀，取出，用刀切成方塊，合以材料，下於釜內煮之，見變成紅色撈出，始成為豆乾。

▲草帽辮　本鎮草帽辮，向為大宗銷售品，凡閭閻婦女，咸精斯業，所得之資，可供每年花粧費外尚有餘項。其織法，於麥秋後，將麥挺晒乾，棄擇淨，將頭掐去，用水浸一小時，取出辮之，到市中售賣，因之本鎮設立八家洋行，立有辮子市，大批收買，運到天津，輸入外洋，製造各種草帽。

▲乾醋　本鎮三義德所製之醋，名傳四鄉。查該號係由獨流遷來者，因之作法，與獨流相同，與本鎮迥異，其他醋醬園，均不及也。製作方法，將小米煮熟成飯，置於缸內，隔一日，用煮熟紅糧合之（使木棍亂擣，放七日，對以谷糠　紅糧帽，麩子，用手捽之，再倒於缸中，合鹽二斤，發酵一日，倒於分醋缸內，（此缸缸底有小孔，孔中插一錫管）由管中流出即為醋。

▲色醬　各醬園均大批售賣，製法將糕汁盛釜內，燃煤熬之，見黑色取出，以醬油批混合，用磨推之，推成漿汁，倒於木板之上　用日光晒約五日成塊，用紙包之，每包半斤，售諸市中，謂之色醬。

▲豬毛　為本鎮特產。有豬毛廠二處，無職業之貧家男女，均赴廠工作，日得之資，可供二餐。四外鄉民　凡畜豕者，見毛稍長，用剪取下，每年或畜百斤，或數十斤，盡賣於本鎮豬毛廠內。經該廠僱工撿成，打於包內裝，由天津輸往外國，可作製毯毯之用。

▲蘆葦　本鎭東鄉一帶半多產葦之區，千頃良田，盡種蘆葦。長成割下，可織草帽，關巴拿馬草帽，多以此編成者。

○安次○ 本縣物產豐富，而著名者無幾，茲就其可資紀載者，畧述如下。

▲麥子　本縣二三兩區，永定河橫貫其中，土地肥沃，產麥甚豐，皮薄粉多，爲他處所不能及。

▲魚　永定河內所產之鯽魚，味肥美而刺輭，他河之魚非如也。

▲梨桃杏　縣北南務村一帶，均有果園，產梨桃杏頗多，故廊坊高小，設秤徵稅，每年收入甚鉅。

▲山芋落花生　縣南磨汊港一帶，產山芋落花生，皮細而鮮，味美無筋，故每年運售於天津者，以該處所產者稱巨擘焉。

▲黃瓜　馬家口農人，均種蔬菜，運售左近，獲利甚豐，而最受歡迎者爲黃瓜，該村所產之黃瓜，其瓤綠而味美，與他處白瓤味劣者，大有天淵之別。

▲皮硝　一名硭硝，陳于二堡，地勢低下，均爲鹹性地，可掃其白色面，晒製皮硝，售於皮商藥商，爲熟皮攻瀉之用，惜不知利用，良可惜也。

○棗强○ 棗强位於冀省之南部，地多平原，農產頗豐，且居民勤敏，故工藝之盛，亦爲他地所莫及，故有「銀棗强之稱」。該地出產，有特殊性質者，分述於下。

▲鴨梨　棗强縣西三里，有沙河一道，斜貫本境，因地質多沙，不適五穀，境內植果樹，遠望之林木幽菁，碗蜒起伏，綿亘全境。果樹紛雜棗杏桃李，無不盡有，內以鴨梨爲佳產，朱瓦窰等村者尤美。該地以植梨爲業者甚多，每年運銷各地不下數萬簍，大半均由大車運往德縣，裝火車，運往津濟一帶。梨樹由於種子生長者甚少，均由杜樹嫁接而來。嫁接方法，於春季將杜樹枝幹鋸去，名曰臺木，將鴨梨穗插入臺木側面之皮，使臺木與穗密接，後以麥楷泥土緊縛在一起，以免雨水滲入，發芽，結果杜樹性質則變漸爲鴨梨性質矣。培護手續，每年須供以相當肥料，剪枝拿蟲，亦須及時施行。至舊曆中秋即屆收穫之期，將傷殘者，就近零售，擇其佳美者，則傾銷於他地。行市無定，恒視收穫如何而漲落。該地鴨梨之特性，一皮薄，二質

細無渣，三甜味濃厚，無絲毫酸質，是故該光之梨，能得各地之歡迎也。

▲甜醬　甜醬亦係棗強之特產，遠近馳名，稱之曰「棗甜醬」。製法甚簡單，例須於伏天製作，以麥粉蒸成饅首，發酵後，和水及鹽，拌攪爲粥，即成未熟之醬，置陽光下炙曬三月，即成甜醬。棗強城內，及恩察鎭，均有甜醬作坊多家，以製醬爲業。棗強附近之地，如冀縣，南宮，景縣，故城，均嗜食之，尙有以贈送戚友者。用以烹菜調味，不在醬油之下。　每斤可售同元四十枚。惟業此者不知改良，惜無進步耳。

▲製皮　棗強之製皮業，咸集中於大營恩察二地，出品完全爲毛皮。該地之皮業作坊，及以皮貨商業之商號，不下二三百家。大營鎭尤多，直成冀南之皮貨市場，外人甚多於該地駐買辦，以收買皮張。該地之製皮手續，分洗皮，縫皮，打包等項。洗皮是除去異皮中之纖維細胞，以免着水腐爛，縫皮是將已洗之皮縫爲衣料等物，打包是將縫妥之皮封固而轉運出口者。其價值則視各地之需應如何而定。

▲梨膏　因棗強盛產梨，梨膏亦成該地之特產。收梨汁煎熬而成。法用擦絲器，將梨擦成絲狀，再以軋榨器，壓取其汁，後置銅釜中煎去水分，至成膏而止。此種出產，尙無專營工廠製作，多爲富豪之家，贈送親友或治疾之用。

▲蘆葦　蘆葦多產於故棗交界之青洋江內。因青洋江乾涸之田，地勢窪下，每遇淫雨，輙被水淹，　麥禾難收，故皆種蘆葦。蘆葦之種植甚易，只將蘆根埋下，翌年即成蘆池，無須人工培植，惟於五六年後，繁殖太密，則須開稀。每年蘆葦之出產，附近四五十里內之修房蓋屋者，咸取給於此，以鋪屋頂。因蘆葦得利不若五穀之厚，故多於低窪瘠薄之地，致無成績。蘆葦難腐，爲建築上必需之品，且能用以編蓆，其於人生之價值，固不可輕視也。

撫寧

本縣特產，大畧可分七種，一蒲，二海蜇，三魚蝦，四沙參，五香，六石灰，七烟葉。茲分述於后，

▲蒲　產於本縣第二區蒲監，牛頭崖，王各莊等處，爲池沼中多年生植物，不用培養。莖高四五尺，葉細長而尖

有平行脈，花褐色作燭形，實以斤售，每斤約售洋五分，可爲引火之絨。葉以捆售，可裝製裹物之包，又可製扇。根亦按捆售每捆約售洋二分，可製椅墊。每年產量甚鉅，銷路亦廣。

▲海蜇　本縣沿海一帶所產，又名水母，乃腔腸動物，浮於水面，形如鐘，質柔軟，邊緣及下面有觸角甚多，內面正中有口。每屆夏末秋初，漁人用手網捕之，再以鹽及礬漬之，即可出售。味青淡，頗可食，每斤售洋一分，曬乾之，爲筵席上不可少之品，銷售除在本地外，大宗則運平津等處，銷入於海貨店甚鉅。

▲魚蝦蟹　亦爲本縣沿海所產。魚之產類甚繁，而爲石首魚比目魚章魚烏賊等爲大宗。蝦蟹各有一種，每年春秋兩季，漁人聚集海岸，約數百人，或以席爲居或舟爲居，，叫囂熱鬧，一如市然。捕獲方法，有用天網以人力拽者，有用小網成卡眢網鈎，乘船捕之者。魚以斤售，每售價洋一角二角三角不等，須視其品質精粗。蟹以隻售，每隻售洋約二分。蝦以對售，每對售半角。銷售在本地外，以銷運平津爲鉅。又洋河經過陳各莊地方，每於夏季用網打取魚蝦，有一種魚，形圓長五寸餘，白鱗，食之其味似黃瓜，故名爲似黃瓜魚。

▲沙參　本縣洋河入海口岸，經歷年沖刷成一片沙土，其中生有一種參苗，土名沙參，隨處皆有。莖長尺許，葉不甚大，順莖向下，挖掘卽可得長五寸餘小指粗細之沙參，可入藥。

▲香　本縣城二十里台頭營方地，向以產香著名，燒時清香撲鼻，灰爲白色，分大線小線金錠玉蘭等種類，每年製出約十萬包，約值十萬元。春秋兩季用大車裝載，至北戴河一帶，運往東三省及平津各地，暢銷甚鉅，運費在一萬五千元以上。

▲石灰　城北馬家莊，出有石灰石，質地純良，燒出石灰，色潔白，黏着性很強，使用時，攙和砂土較他處所出石灰爲多，對於製靛，有特別效用，在製靛第一池將藍靛水引至第二池時，必與石灰混合，始成藍靛，如用該地石灰，所出藍靛分量較多，靛色亦重，附近製藍靛者，均用該地之石灰云。

▲葉烟　城廂附近菜園，均種葉烟，當秋穫時，將烟葉遍

縣於院中，以待陰乾，再使露水浸潤，復壓之，則得良好之葉烟。當地除由關東輸入烟葉外，餘皆為土產。惟城內關帝廟內，有一畦池，種有葉烟數十株，其烟葉青嫩未熟，如將其採下，當時即能吸，味反較製成之烟葉清香為佳，惜今不能復得矣。

無極

本縣南面瀕滹沱河，地勢平坦，其面積東西廣八十餘里，南北長六十餘里，全縣土脈膏腴，農產富饒，如五穀蔬菜，多產於東北一帶，縣城西南盛產棉花，接連晉縣，俱稱為產棉區。今將本縣著名特產，分列誌後。

▲**棉花** 以城西南所產為最多。其種植法，每年穀雨節下種，將種播入半尺許之深溝，上覆以土，五六日即可發芽生苗，苗長六七寸時，須行鋤草，並將棉苗分鋤，每株距離約一尺左右，分鋤後，澆水一次，至暑伏，將其頭尖折去農人為打尖，鄉諺云，「暑伏不打尖，棉花永不開」，至八九月時，棉花盛開。其產量視地之優劣而定，地之優者，每畝摘棉花一百多斤，地之劣者，每畝可摘八九十斤，或五六十斤不等。收獲後，多賣於本地花店，以便運銷天津，北平等地。

▲**落花生** 多產於縣北一帶，每年三月間下種，澆溉數次，至九月間成熟。收穫方法不同，有帶根拔者，有先將蔓割去，用犁鬆土，再用鐵篩篩土，則地土漏下，花生留於篩中。地好者，每畝可篩四五百斤。每百斤濕者可值三四元，乾者五六元。多銷售於本地乾果莊或油房。花生油每百斤十七八元，多銷於保定石門等處。

▲**甘藷** 又稱山芋，產於縣北 種每年於四月間，用長五六寸之秧，插在深一尺許之深溝旁，隨後生芽長蔓，亦有不掘溝者，此種俗名火秧，又有在麥秋插秧，須將火秧之長蔓剪下五六寸長，作為秧，插在地下，熟期與火秧相同，俗稱插秧。栽插以後，每經雨一次，必翻蔓一回，以防莖部生根，分奪主根之養料。至霜降後始行收穫。其法先將蔓割去，用鉄叉掘出其根，根者，即山芋也，可生食，但不甚甜，必藏於地洞內，待其水分略為消散，再取而食之，則生者如梨，熟者似糖。若保存得法，可藏至明年五六月間。

▲**土布** 本縣西南鄉，因產棉甚多，故農民因之而織

布者甚多，如馬村，羅莊，古莊西牛莊池陽等村，爲織布盛區，每村有布機百餘架。所用之線料，多購外來各洋線，自己紡者頗少。織成之布，除自用外，皆賣於土布發莊，如郭莊鎮之義和成祥瑞成等，均爲收賣土布之大布莊。所收之布每個約一元五六角，長約二丈二尺。待收積多時，則用大車運往張北，或歸化城，喇嘛廟等地。

△白菜　產於縣東北鄉，如東宋莊，市莊，彭村等處，產額甚多，除自用外，每家均售出幾千斤。其種植方法，在七月底八月初時下種，過三五日，即可生芽，待芽長至三四寸時，即行拔苗，每顆約一尺許，拔苗後，即施一層稀薄之肥料，至十月間割之，每顆約七八斤。多銷售於本地，價值每百斤八九角，至明年二三月時，每百斤可售一元五六角。

鉅鹿

鉅鹿偏處冀南，地瘠民貧　交通梗塞，工商凋敝，農更不振，且歷年以來，苛捐雜稅　層見迭出，最近又有軍隊駐紮　農民經濟漸陷絕境。茲將本縣物產之畧具特性者，分誌於下。

▲古瓷　鉅鹿城遍地古瓷，而掘發瓷器種類，亦不下一二十種，不祇限於瓷碗，陶器之屬，應有盡有，頗極一時之盛。參觀北平之歷史博物陳列館，即可見鉅鹿古瓷之一斑。目今鉅鹿城內現巳挖掘殆遍，然仍不斷有繼續發掘者，鉅鹿產物品寥寥，但鉅鹿之古瓷盡人皆知，此種古物，對於考古很有帮助，爲歷史上有價值之貴重珍奇物品也。

▲棗　高約兩丈有餘，初夏時開花，花小，黃綠色，花落爲果，秋日成熟，呈紅色掛於樹上，頗美觀　有圓形，長圓形，或橢圓形不一，味甘美，可供食用，或供藥。全縣村落　多數出產，一部分本縣人食用，一部分運售於隆平任縣邢台等地。

▲花生　縣東區趙莊河頭村等地　出產最多，每畝豐收有達二十口袋者，最少亦可收十袋，故秋後客商往來，販買輸運，頗形熱鬧，大部分供油房榨花生油花生餅之用，小部分供給小販做生意賣花生，爲該縣之重要產奐。縣南與城之周圍雖亦出產，惜每畝不過五六口袋，多至十口袋，不及東區遠甚。油房將花生打成油，製成餅運輸本縣供鄰縣人之食用與肥料，爲鉅鹿之 大宗出口物云。

堯山

縣內農田甚瘠，加以年來水旱成災，故所產常不足自給，但農民則視田之瘠沃，分配種植，致結果尚稱豐美。今將縣內特產，畧述於下。

▲大棗　產城東南之薛解村附近，路旁田沿棗樹遍植，初夏開花結實，至七月果畧微白，但未成熟，此時便行收穫，槪只七八成熟，乘其尙脆，即裝入罎內薰之，並加以各種味類，熟時味鮮美，可供食用，名曰薰棗。是地棗產量極多，故將棗裝載成包，由富陽河運至天津，轉售各處。

▲小棗　城北堯山南下坡一帶所產最多，是棗核大肉小，故不堪食，農民於八月間收穫，多碾下其核充棗仁售之，惟農民不甚注意其樹之發故，竟所產不鉅。

▲大葱　其葱地下莖(即葱白)爲大圓槌狀，惟味不甚辣，植者遍於全境，家家培之。每畝產量約在千斤之上。能灌之田，他蔬不影，惟葱滿畦。冬令收穫，則各地市場，均爲葱市，其產量之多可知矣。此葱均售給附近各地，可爲附食品。

▲杏　產於城東南之小河村附近，尤以村西南之千頃上樹株最多。四五月成熟，消售於附近。

▲青石　產城北三四里之堯山，此石爲水成岩，可建築房屋，小塊則燒爲石灰，因遠近一望平源，其採法係用火藥轟炸，故甚便利，且用戶較廣，而銷售亦極多。

成安

本縣僻處冀南，交通不便，但一片沃野，農產甚豐，縣屬村落只一百零八，肥田竟達五六千頃，故民多富饒者。茲將特產種類，分述如後。

▲落花生　故城之東，產最尤豐，每於秋畢從地下掘出果實，每畝可收三百斤，每百斤可售洋四元，除少數銷售附近外，其餘皆在本地榨取成油，連糟粕一併運出，分銷各地。

▲甘藷　以城之東北一帶產量爲最多，居民於秋月取之，每飯粥內，皆以甘藷爲主品，除供自己冬季及春初食用之外，餘皆運至城內，分銷各處。按此物每畝可收七百斤，每百斤可售洋二元，因此項產量特多，故共其所値亦甚鉅。

▲棉花　自民十五六年之際，試種美棉，結果頗圓滿，故境內所植者，多數爲美棉。按棉花產於縣之各地，如於秋夏野遊，舉目四望，除寥寥幾塊所植穀類雜糧外，幾乎

盡成棉田，居民種田有一頃者，往往以七八十畝種棉花。每畝平均可摘一百五六十斤，每百斤售洋十六七元。故於冬春時節，棉車載道，多運至邯鄲轉售他處。

▲硝鹽　係白或白灰色之結晶，味鹹，微苦，產城內各處之曠地。每日晨其地面如霜降，着白色之土，曰鹼土，取鹼土煎之，則得苦鹹之水復晒之，則結晶如鹽，惟較海鹽爲碎，但可代海鹽食，上等每百斤可售洋五元，次者每百斤亦可售洋三元，故城內住戶，無田可耕者，多以爲業，產量亦甚多，銷售於附近各縣。

北平電話局調查

近年以來。國家多故。不但工商業日形凋敝。就是國營事業也多不能發展。較好的只能維持現狀。且有現狀岌岌不能維持的。北平電話局就是受到這種影響不能發展者之一。

電話局爲國營交通事業之一。北平電話局與津滬漢地同爲一等局。直接隸屬於交通部。北平電話局創始於清光緒末年。到現在已有二十餘年的歷史。那時沒有交通部。電話局是隸屬於郵傳部的。初辦的時候。局址設在東城船板胡同。全北京的用戶只有三家。局面的狹小簡陋。可以想見。以後移到南城李鐵拐斜街。現在的順天醫院地址。用戶才有三十餘家。此後業務日形發展。局址又由李鐵拐斜街移到東城燈市口南。宣統三年成立南局爲總局。以舊在東城者爲第一分局。又在西苑設第二分局。第二分局設立在西苑的原因。大概是由於前清西太后時常駐節在頤和園。和西苑駐有禁衛軍的緣故吧。民國八年成立西局。將第二分局改爲西苑分局。所以到現在還有多人稱西苑分局爲第二分局。民國十三年成立南分局。於是東局南局西局南分局完全成立。

局裏的組織。以前向無規定。常隨局長而變更。就是局長可以隨意決定局內的組織。民國十七年端木邦凡氏長局時。乃依據過去經驗。草定電話局組織規章。呈請交通部備案。交通部除了對幾處名稱。稍有修改以外。認爲組織規章尚屬可用。乃通令全國一等電話局。一體照辦。這規章一直施用到現在。

該局共分三科。每科設科長一人。科又分股。設主任一人。股又分組。所分的三科。一爲事務科。又分出納庶務文書三股。科長與各股主任每隨局長而進退。第二科是工務科。分修養設置規畫材料四股工務科需要專門技術人才。所以科長由主任工程師兼任。爲交通部所爲委派。各股主任由電務技術員充任。也是交通部所委派。故不與科長同進退。第三爲業務科分册報用戶話費交匯四股。科長由電務技術員充任。由局長委派。主任或由技術員充任。也由局長委派。屬於業務科。交匯股有話務員。就是我們通電話時。給我們連絡電話線接線生。

屬於工務科的有技工。分銅工鐵工和線工和工匠。每一部分都有工頭。各分局只有管理股。測量長。總領班等。

員工共分兩種。一種是交通部有名冊。有定額的。如電務技術員。定額十八名。工匠定額爲一百九十九名。至於話務員也有定額。這種員工。不得無故加以開革。如有過錯須呈報交通部。所以歷任局長總隨政潮而變動。而這種員工却不受影響。所以有在局裏工作在二十年以上的。一種是交通部沒有名冊。由局長委派雇庸的。如事務科的員司。和雇工之類。雇工雖不和局長同進退。但按交通部規定爲日薪的短工性質。不過他們的工作與工匠一樣。都需要技術熟練。絕非短工所能勝任的。所以現在的雇工。都是拿月薪的長工。

按工資的定額。以電務技術員爲最高。從三十五元起碼。可以增加到三百五十元。現在的技術員。入局都在二十年左右。所以薪金都在二百元上下。有的已到最高額三百六十元。已超過局長的薪金了。工匠由十八元起碼。最高額爲六十元。技工最高額可到五十一元。雇工工資每月十二元。這是電話局員工中。工資最少的。但人數並不少。也有一百四五十人。此外有差役一百五十人。工資與雇工差不多。技工每半年考核工一次。分甲乙丙三等。甲等給三分。乙等給二分。丙等給一分。如繼續滿六分。就加薪一次。計月薪三十元以下者增二元。十三元以上者增三元每年由局方發給冬夏季制服兩套。不幸死亡。由局中給予䘏金。䘏金的數目是以入局工作的時期久暫爲標準。入局一年給以相當半月工資之䘏金。如因工作死亡者。特別加多。但技工若超過四十五歲。則局方給予養老金令其退休。養老金的數目爲入局每過一年。則給以一個月的工資。這是因爲他們的工作不適於年齡高邁之人的原因。工作時間大概不超過八小時。如過一小時加薪一角四分。如增加夜工六小時。則給以一日的工資。不過他們沒有星期。也沒有按時的假期。每年只可請二十四天的假。

電話局的全部財產約值八百萬元。營業的黃金時代。是在民國十五六年。那時國都尚未南遷。北平還是政治的中心。電話用戶有一萬五千餘家。每月收入在十二三萬元以上。現在的用戶不過一萬二千上下。收入僅九萬元。按用戶數目說。東局南局最多。西局次之。南分局最少。至於收入。以用戶數目說。南分局最多。西局最少。這原因就是西城各機關各國立學校多。國家貧窮。電話局也無法按月收費。局中員工每月開支爲七萬餘元。以外每月撥保定局五百元。河北電政管理處五千元。張家口四千元，所以每年終發雙薪時。總須在銀行透支。不但八百萬元的利息得不到。就是機器的折舊費也毫未支付。東局西局的交匯機。固然敝舊不堪。就是南分以的機件。也使用將及十年。快要損壞了。所以電話局按每月的收入說。還可維持現狀。若整個說起來。實在已經賠累不堪了。

人造絲織品市況調查

在五六年前。正是人造絲(工人稱爲法蔴)織物在中國極盛的時期。當時市面上的商品。如「華絲葛」。「物華葛」。「明華葛」。「雙絲葛」。「綺霞緞」。 各種名目。 非常之多。它那各種鮮艷的色彩。以及不同的花樣。也都燦爛奪目。很是漂亮。所以當時的價錢。也極昂貴。每尺竟值五六角錢。每疋要賣到三十元以上。且成了中產階級一種普通的衣料。不過人造絲織品的缺点很多。第一是不耐洗濯。第二不甚結實。第三容易起摺縐。第四光澤過強。然而因爲在購買時。 它比眞絲織物價廉得多。所以能夠風行一時。

人造絲既非眞絲。到底是什麽東西呢。說來人造絲的製法。是很多的。但它的主要原料。大多數都是植物的纖維素。普通最常應用的。就是棉花。製法是用除去塵埃。並行過精練漂白的棉屑，浸入濃火鹼液中，經過相當時間後。那棉花就變成鹼化纖維。取出來除去水分。再溶於硫精銅液中。而加壓力於此液。使其穿過直徑極細的毛細管。擠出的細液柱。再經過濃火鹼液。這時便凝固成絲狀了。再使絲經過清水。洗去了鹼。更在稀硫酸中通過。便可以使絲十分凝固。不致黏結。然後再行去銅。水洗。捲取。慢慢的等它乾了。那就是人造絲。

人造絲與眞絲不同的地方。以來源論。眞絲是蠶分泌出來的液體。遇空氣凝結而成了絲。人造絲是植物纖維質。加以處理而成。按化學成分說。眞絲含碳。氫。氧。氮四種原素。人造絲含碳。氫。氧三種原素 所以我們若用火燒眞絲。有一種臭味。(即氧化物味)絲而人造絲却沒有。依物理性來說。人造絲的吸濕度及比重絲全比眞絲來得大。可是它的彈力。却比眞絲小的很多。其抗張力也比較小。在濕的時候。更是微薄得很。這就是人造絲容易起摺縐。和不耐洗濯的原因。

我們若要判斷某種織物是眞絲的。或是人造絲的。最簡易的方法。是將經緯線各取下一縷　而分別用火來燒。若是眞絲。當有上邊說過的臭味。並有殘餘的灰。若是人造絲。可就不但沒有那種氣味　並且沒有灰。由這點我們就可以判別它是眞絲織成的。還是人造絲織成的。或是眞絲經而人造絲緯所織成的了。

出產人造絲最多的國家是德國。荷蘭。意大利。日本雖也有些出產。但絲粗而質劣。在製造者對於人造絲的改良。研究不遺餘力。所以它的品質。已逐漸進步。然而還總是不很結實。容易起縐紋的。因爲人造絲的光澤過強。及易起摺縐。這是它對於美觀方面的不足。其不耐洗濯。以及質地微弱。所以得用的時限很短。這又是對於經濟方面的缺憾。所以若仔細合計起來。人造絲織品的價錢。並不見得比眞絲綢緞低廉。在美觀方面。也不見得比採用適宜的棉織品好看。這在科學上和工業上。固然是亟需努力去研究。但是在今日來論。人造絲織物。並不能算爲適當的服裝用品。

北方織人造絲的地方。天津和高陽全都有出產。在四五年前正是他們的黃金時代。在那時的織工。每月的工資竟高到五六十元。一時還不容易找到。可見得那時人造絲發達之盛和獲利之厚了。因爲那時的銷路好。獲利又多。所以織法蔴的廠子。如雨後春筍般的相競成立。天津的利利提花工廠。便是成立較早的一個。

利利提花工廠在西車站。成立已有八年。廠房是新式的建築。光線很充足。由李維章君爲總理。張燦卿君爲經理。屠亨齋君任技師。當工作忙的時候。工匠和徒弟。曾多至一百七八十人。現在因爲市面凋敝。共有工人一百二十餘人。現在工作的。有手工提花機七十架。電力整經機一架。電力絡線機三架。現時產量。每月約爲一千五百餘疋。所用原料。多半是德國和義大利貨。現時市面上所備者。多爲由七十號至一百五十號的貨。(號數愈多愈粗。則長度愈小。）該廠所用的是九十到一百號的。每疋長度都是二十碼。但因爲經緯線。花樣。以及線的粗細不同。所以售價也就不一律。每疋由八元五角至十七元五角。它的名稱。除了所謂「明華葛」。「雙絲葛」以外。若國華綿。春綢。以及價廉的紡綢。全是人造絲所織成，

工人的工資。是包件性質。每疋由七角至一元三角。平均每月可得二十至二十六七元。據云。現今法絲織品。比較已往的行情。幾乎跌降三分之二。但是生廠的價值。比較以前却少差異。其中原因。一方是因爲廠家太多了。彼此競爭激烈。一方則因市面澀滯太甚。全是積貨難銷。不得不一再減價。免得壓利過重。因爲這種情形。以致價錢慘跌下來。甚而賠本。所以有許多人造絲工廠。全已支持不住。利利的所以還能勉強支持。一方因爲免得機器銹壞。所以工作。一方又因爲一百多工人之生活問題。是不得不勉強掙扎。現在所能維持者。則賴提高成色。減低價洛。設計新花樣。但是市面若長此凋敝。結果也很難樂觀。

會務報告

本會六月份聚餐

六月十二日晚六時在法租界永安飯店聚餐，到十五人。

李吟秋　雲成麟　白汝璧　李書田　翟維澧
呂金藻　李瑛　劉燾　劉甄賞　孫振英
劉國鈞　宋瑞瑩　閻子亨　張闓闓　魏元光

餐畢由李書田君主席致詞介紹閻會員子亨講演「建設之形式及其近代之趨勢」。閻君對於中西建築形式之變化，就歷史方面，文化方面，發揮盡致。大意謂中國建築自古迄今無甚改變，現今存留之古蹟，在建築學中，獨具特性，應加調查研究。其缺點，在對於採光通風及衛生設備均不講求，宜加注意。如是，則中國建築可期完善。西洋建築，按其歷史過程，有希臘式，羅馬式，勾德式，文藝復興式等。至於晚近，則建築材料大有進步，故建築形式亦隨之而改變。其趨重點，為簡單化，經濟化與適用化及美術化。大抵一時代有一時代之需要，即有一時代之建築形式，不可盡行仿古。現代建築之形式，因洋灰及鋼鐵等，用法甚簡，房屋構造等，漸趨平面化及立體化，至其極，大有仿效造船之勢，以節省空間也。至其何種形式方為適宜，當賴各工程家利用現代材料加以研究焉。演說後，會員有提案兩件：

（一）劉甄賞君提議，由本會呈請省政府撥欵與辦研究所案。

議決：先由劉君擬訂詳細計劃，再行交執委會核辦。

至於研究事項，可儘先由本會會員分組進行；利用工業學院，北洋大學及實業廳之研究所等，暫作補助機關。

(二)李書田君提議，由本會呈請教育廳酌設與高中同等之農工學校，以培養本省初級建設人材。

議決：交執委會辦理。

此外關於下次聚餐地點，決議在國民飯店舉行，屆時講演，決議請呂會員金藻担任。

九時半散會。

第六次執行委員會會議記錄

時間　二十二年六月二十二日正午十二時

地點　小食堂飯店

出席委員　李書田　石志仁　高鏡瑩　呂金藻　張蘭閣　張錫周

主席　李書田　紀錄　李書田

一，開會

二，討論事項

(一)石委員志仁提議：擬請充實本會月刊內容，由各委員分担運述每月國內各種工程及工業進行狀況案。

決議：推石志仁撰述鐵路及機電時聞，張錫周撰述農礦時聞，張蘭閣撰述工商時聞，呂金藻撰述河防及建設時聞，劉振華撰述工程教育時聞，王華棠及宋瑞瑩撰述水利時聞，魏元光撰述化學工業時聞，高鏡瑩撰述港埠時聞，李吟秋撰述市政及公路時聞。每月月底前，繕送月刊總編輯李吟秋，編印于月刊中。

(二)石委員志仁提議：擬請各會員分工調查全省境內各工廠現況案。

決議：由石委員擬定表格及致各會員函，交由代理會務幹事李吟秋委員油印分送各會員，限期照辦。

（三）張委員蘭閣提議：擬請由各會員分工作本省工業資源調查案。

決議：由張委員會同石委員擬定調查表格及致各會員函，交由會務幹事與第二案併案發出。

三，散會下午一時。

第七次執行委員會會議記錄

時間　二十二年六月二十七日正午十二時

地點　登瀛樓

出席委員　李書田　呂金藻　張蘭閣　高鏡閣　石志仁　魏元光　張錫周　王華棠　（宋瑞瑩代表）

主席　李書田　記錄　李吟秋

一，開會

二，討論事項

（一）主席李書田公出，議決會務暫由李委員吟秋代理。

（二）會務幹事王華棠公出，議決由會員宋瑞瑩代理。

（三）議決興辦本省水利請欵電稿，交宋會員瑞瑩修正後，由魏元光李吟秋兩委員核訂之。

（四）議決請教育廳創設高中程度之農工學校文稿，由李委員吟秋主稿，交魏元光宋瑞瑩兩委員核訂之。

（五）議決推舉王董豪劉玉華兩君負責搜集關於電報電話及其他電力工程各項新聞，集稿登錄月刊。

（六）決議本會會計年度自每年之十月初起始，至下年之九月底截止。

（七）議決各級會員入會期限，不足一年者，其所交會費按季繳收。

（八）議決推舉張君蘭閣李君吟秋閻君書通為本會會所籌備委員會委員。

(九)議決推舉石志仁魏元光張蘭閣三委員至省府送達並說明請求分配棉麥借款與辦本省水利呈文理由。

(十)議決推舉張君錫周張君蘭閣爲實業研究委員。呂君金藻高君鏡瑩爲河務研究委員。李君吟秋爲市政公路研究委員。

三，散會 下午二時半

附註：本會議決案文發表後，即祈由各負責委員分別執行，不再分函通知，以省時間。

李吟秋謹啟

附上行政院內政部及河北省政府電文原稿

上行政院電 行政院院長汪鈞鑒頃見報載美國棉麥借款成立數額不下國幣兩萬萬元並聞內政部會議集中經費完成已有確定計畫之水利工程如導淮及永定河工程之類同人等覽讀之餘深覺該案之能否實現關係華北全部之興衰甚鉅想鈞座主持中樞必能高瞻遠矚全局統籌秉公分配似無待同人等之縷縷過慮矣惟屬會係河北省工程師所共同組織致力於協助地方政府促進建設同人等又皆籍隸河北身家所繫生命所關公誼私情有誠有難於緘默者即邇來政府雖注意水利建設事業之進行但以國都南遷對於華北水患最烈之永定大清等河流域似嫌未能指撥鉅款興辦治本工程試閱史乘所載永定大清兩河流域爲災之頻受災之重及最近民國六年十三年十八年三次之大水災災區之廣損失之鉅遠在任何地方之上近復養工費絀疏治無力河道既逐漸淤高堤防更縱敗堪虞危險情況有加無已時機迫切稍縱即逝用敢貢管見所及電請俯察務懇鈞座竭力促成分配棉麥借款之一部撥發華北水利機關辦理已確定具體計畫之永定河治本工程及大清河獨流至海減河工程等以救沉災而維民命華北幸甚民衆幸甚

河北省工程師協會執行委員會叩

上內政部電 內政部部長黃：(前略)主持全國水政必能兼顧統籌請求平均分配…(餘略)

上河北省府電 河北省政府主席于：(前略)主持河北省政對於利害最切之事業必能請求中央秉公分配…(餘略)

奉內政部快郵代電

河北省工程師協會執行委員會鑒艷代電悉查此案本部前經呈請行政院就美棉麥借款分配一部分作永定河治本工程等之用尚未接奉指令一再呈催請迅賜核辦矣特復內政部感印

又此案省府會議已議決轉請中央辦理矣

編者誌

專載

宋建築大師李明仲先生行狀

（節錄中國營造學社彙刊）

明仲之時代

我國文化，至唐而如日中天，迨至昭宗徙東都，梁晉兩朝復徙汴京，盜賊干戈，迄無寧歲，聲明文物，掃地盡矣。宋氏興於倉卒，其君相安於苟簡，其人民習於夸毗，無可大可久之志，其學術思想，則趨於空疏褊隘，亦無復前此精宏之觀，其於制作之事，宜乎不復措意。自其開國，凡五傳而得神宗。以桓桓之英辟，遇名世之賢輔，王荆公安石，實能貫穴今古，斟酌時宜，振舉國垂暮之精神，謀百度一新之制作。不幸朝野沓泄之風，積重難返，憚於興革，怨讟緐興。神宗甫沒，而元佑之治，復從其朔，然熙甯元豐之變法，成效固在，不能以黨見盡掩其功，於是又有紹聖崇甯兩朝之紹述。故有宋當十一二世紀之間，實爲急進保守兩黨，迭有消長之會：其一種勢力，謀向上與對外之發展，以立長久之基；其他一種則謀現狀之維持，而幸偷安之可恃。卒之崇甯以後，前者即不能貫澈初衷，以精心遂其嚮向；後者亦誤於恣意牽掣，以私見壞大局。中華大國之風，洎南渡以來，幾乎泯矣。

明仲先生之少也，及見熙豐之盛。其入仕之始，雖當元祐初元，而營造法式之成書，實萌芽於元豐，而成熟於元符。先生之躬典大役，又皆在元符崇甯之世。綜觀前後，先生之思想，必於熙豐爲近，而事業之成就，必受熙豐變法之影響，決無可疑。顧盛名所以雖美弗彰，則亦宋以來排抵熙豐變法，積非勝是之故也。熟知先生之時代背景，而先生之志事，所以足重者，可以了然矣。

明仲之家世及經歷

先生爲鄭州管城人（今河南鄭縣）。據墓誌，（見程俱北山小集中），其曾祖惟寅，故尚書虞部員外郎。祖惇裕，尚書祠部員外郎。父南公，生於眞宗之末。（據宋史三五五本傳，卒年八十三。又據墓誌，明仲以大觀初丁父憂。知當生於是時。）進士及第，歷浦陽令，提舉京西常平，提点京西河北刑獄，京西轉運副使，入爲屯田員外郎，再爲河北轉運副使，加直秘閣，知延安府，進直龍圖閣，擢寶文閣待制，知瀛州，拜戶部吏侍郎，戶部尚書，歷知永興軍，成都眞定河南府，鄭州，擢龍圖閣直學士。

南公有子，知名者二人。長曰諤，附見南公傳中。亦第進士，知章邱縣，遷河東陝西轉運判官，建永泰陵，起復母喪，使京西，（建永泰陵，是先府三年事，明仲是時三十餘矣。）後命終制，以直龍圖閣，知熙州，後爲陝西轉運使，顯謨閣待制，歷數郡卒。次者即明仲先生也。名不見於宋史列傳。據四庫總目，陸友仁研究北新志云：「誠字明仲，而書其名作「誠」字」。然范氏天一閣影抄本，及宋史藝文志，文獻通考，俱作誡字，旣見程俱北山小集，有爲傳冲益作先生墓誌，確爲誡字。

先生少年時代事不可考矣。據墓誌，元豐八年，哲宗登大位，以父爲河北轉運使，奉表致方物恩補郊社齋郎。按宋史職官志選舉志，大臣子弟蔭官，初補郊祀齋郎，年逾二十，始補官。準此言之，先生奉表入京，年在二十以外，由是調曹州濟陰縣尉，遷承務郎，元祐七年，以承奉郎爲將作監主簿，紹聖三年，以承事郎爲將作監丞，元符中，遷宣義郎，崇寧元年，以宣德郞爲將作少監，二年冬，以通直郎爲京西轉運判官，不數月召入爲將作少監，辟雍成，遷將作監，再入將作，又五年，遷奉議郎，再遷承議郎，三遷朝奉郎，賜五品服，四遷朝奉大夫，五遷朝散大夫，六遷右朝議大夫，賜三品服，七遷中散大夫，大觀元年丁父憂，服除，知虢州，未幾疾作，遂不起，時大觀四年二月壬申也。

明仲之建設

觀此上所述，則知先生畢生精力，萃於將作之工。試取汴京建置之沿革而攷之，向者已言朱梁石晉兩度遷汴，然當四郊多壘之際，其規模之急就，必遠遜唐代東西二京，固不待言。宋祖肇王，志在苟安，不遑遠畧，觀其營築汴城，僅爲防限敵騎巷戰之計，即知其無瞻言百里之槪。故其宮室庳陋，雕飾簡畧。宋人奉使入金，輙驚怪於其國宮闕臺殿之壯麗。歷來記乘，此類多矣。吾曹追較唐宋兩朝建築知識之程度，宜知盛唐之風，逮宋而絕。下及靖康降北，則累代僅存之法物重寶，名工世匠，一舉而移棣女眞，中國文化重心，久已不在南而在北矣。故論先生之身世，當知北宋汴京之建置制度，正當萎落之期。先生者，蓋天稟其人，於不絕如縷之際，付以補苴張皇，守先待後之任者也。過此以往，亦非先生所及知，吾人固不敢謂先生所代表者，即吾國文化之精萃也。

雖然，熙寧以還，視北宋初年，差有進步矣。此蓋緣承平日久，物力亨豫，故一時風尙，漸趨於黼黻彫績，歷史進化之自然，固應爾爾。昔之論史者，競蔽罪於徽宗，謂其縱奢靡，以致亡國，非探本之論也。營造法式之奉敕編修，以及其他興築之漸繁，其見端矣。綜先生一生所任之工役，條舉如次，繫以攷證，可覽觀焉。

（一）五王邸

據墓誌云，元符中，建五王邸成，遷宣義郎。又云，其遷承議郎，以龍德宮棣華宅。

（二）辟雍

據墓誌，辟雍成，遷將作監。

（三）尙書省

據墓志，其遷奉議郎，以尙書省。

（四）龍德宮

據墓誌，其遷承議郎，以龍德宮。

（五）朱雀門

據墓誌，其遷朝奉郎，賜五品服，以朱雀門。

（六）景龍門九成殿

據墓誌，其遷朝奉大夫，以景龍門九成殿。

（七）開封府廨

據墓誌，其遷朝散大夫，以開封府廨。

（八）太廟

據墓誌，其遷右朝議大夫，賜三品服，以修奉太廟。

（九）欽慈太后佛寺

據墓誌，其遷中散大夫，以欽慈太后佛寺。

（十）營房

據營造法式結銜，有專一提舉修蓋班直諸軍營房等一語，知先生實總此役。

（十一）明堂

據楊仲良續資治通鑑長編記事本末，『崇寧四年七月二十七日，宰相蔡京等，進呈庫部員外郎姚舜仁，請即國丙己之地，建明堂。繪圖以獻上，上曰「先帝嘗欲爲之，有圖見在禁中。」然攷究未甚詳，仍令將作監李誡同舜仁上殿。八月十六日李誡姚舜仁進明堂圖。』又據宋史一〇六禮志，『議上，詔依所定營建。明年，以慧星出東方罷。』是明堂之議，先生亦與聞之也。

營造法式之成書與其價值

據影宋本營造法式卷首，有先生請鏤版劄子一通云，『契勘熙寧中，敕令將作監，編修營造法式，至元祐六年方成書。準紹聖年十一月二日敕，以元祐營造法式，祇是料，別無變造，用材制度，其間工料太寬，關防無術，三省同奉聖旨，著行重別編修。』詳究此段，知營造法式之奉敕編修，實在熙寧之歲。神宗臨御之初，臨川當國，百度維新，整飭庶官修明大法，其注意考工，不遺一物如此，信非令主賢佐之遇合有時，不能有此。哲宗紹聖中，主張紹述，一反元祐之政。故不滿於元祐成書，而必令先生重修。攷先生入仕將作，在元祐七年，固知第一次營造法式之成，先生絕未與聞，而今本之成，實全出先生之手也。

再觀劄子，奉勅重修，是紹聖四年事。其下繼云，『臣考究經史群書，幷勒人匠，逐一講說，編修海行營造法式。元符三年內成書，送所屬看詳，別無未盡。』是費時三年有奇，其博綜群書，折衷時制，討論綴拾之勤，實事求是之意，概可見也。

先生撰書旨趣體例，見於看詳之末，其略曰：

『看詳先準朝旨，以營造法式舊文，祇是一定之法，及有營造位置，盡皆不同，臨時不可攷據，徒爲空文，難以行用。先次更不施行，委臣重別編修，今編修到海行營造法式。總釋幷總例，共二卷，制度一十五卷，功限十一卷，科例幷工作等第共三卷，圖樣六卷，目錄一卷，總三十六卷，計三百五十七篇，共三千五百五十五條。內四十九篇，二百八十三條，係於經史等羣書中，檢尋攷究，至或制度與經傳相合，或一物而數名各異，已於前項逐門看詳立文外，其三百八篇，三千二百七十二條，係自來工作相傳，并是經久爲以行用之法，與諸作諳會經歷，造作工匠，詳悉講究，規矩比較，諸作利害，隨物之大小，有增減之法，各於逐限制度，功限料例內，剏行修立，并不曾參用舊文，即別無開具看詳，因依其逐作造作名件內，或有須於畫圖內，可見規矩者，皆別立圖樣，以明制度。

又據進書表云：『臣攷閱舊章，稽參衆智，功分三等。第爲精粗之差，役辨四時，用度長短之晷，以至木樣剛柔而理無不順，土評遠邇而力易以供，類例相從，條章具在，研精覃思，顧述者之非工，按牒報圖，或將來之有補。』

又據墓誌：『時公在將作且八年，其考工庀事，必究利害，堅窳之制，堂構之方，與繩墨之運，皆已了然於心，遂被旨著營造法式。書成，凡二十四卷。詔頒之天下。』

玆更舉逐卷所載，大致說明。第一二卷爲總釋，凡建築上之通名，羣書所恒用者，皆集而詮釋之，以求其正確。附總例，則以說明算術定例，及當時功限格令等。第三卷爲壕寨及石作制度。第四五卷爲大木作制度。第六七八九十十一諸卷爲小木作制度。凡屋宇之結構屬之大木作，凡門窗欄檻裝飾器用屬之小木作。第十二卷爲彫作旋作鋸作竹作制度。第十三卷爲瓦作泥作制度。第十四卷爲彩畫作制度。第十五卷爲塼作窰制度。第十六至廿五卷爲諸功限。第二十六至二十八卷爲諸作料例。第二十九至三十四卷爲諸作圖樣。

更總攝其大綱，則其第一步爲名例，第二步爲制度，第三步爲功限，第四步爲圖樣。程次井然，包舉無賸。約舉其善，蓋有四焉。疏舉故書義訓，通以今釋，由名物之演嬗，得古今之會通，一也。北宋故書，每有不傳於今者，本編所引頗有佚文異說足資攷據，二也。凡一物之制作，必究宣其形式，尺度程序，咸使可尋，由此得與今制相較，而得其同異，三也。所用工材，雖無由得其價值，而良窳貴賤，固可約畧而得，四也。程功之限，雇役之制，般運之價，兼得當時社會經濟狀況，五也。華紋形體若拂菻師子頻伽化生之類，得略當時外族文化影響，六也。

不惟此也，吾曹讀營造法式，而知北宋建築之風格，有以異於其他時代也。第一，知北宋疆土削蹙，鮮域外之交，不能廣取瓌材，以成傑構。燕雲旣不隸版圖，褒斜巴蜀之木，又罄於漢唐累代之擷取，海南異植，復艱於運致，材木之窘乏，殆無逾此時。觀法式卷四云，凡構屋之制，皆以材為祖。材有八等，度屋之大小因而用之。其第一等，不過廣九寸，厚六寸殿身九間至十一間則用之。以此推之，其局促可想，不似有明能取海南之香木，有淸能取遼東之黃松，地不愛寶，以成其鉅麗也。第二，知宋代黃金竭乏，素有銷金之禁，故彩劃制度中，絕少金飾。觀法式全書，止於第十四卷中襯地之法，有貼眞金地一條，至裝金鍍錯乃絕未之及，至於珠璣瓊玉之飾，更無論矣。班孟堅賦，所謂雕玉瑱以居楹，裁金壁以飾璫，此風至宋而不復覩，即金元以來，金碧熒煌之象，彼時亦未之能及也。第三，知徽宗之崇尚花石。以園林山野之景，見其別裁雅調，亦為吾國建築風格一大變事。法式成書，雖在大觀以前，然第二十七卷已有壘石山泥假山盆山諸法。又觀圖樣，以淡雅為宗，知風氣之有開必先也。

自攷工記以後，未見工書，更不見專言建築之工書。晁公武郡齋讀書志云：『世謂喩皓木經，極爲精詳，此書蓋過之。』(四庫總目誤引為陳振孫書錄解題)木經已久佚，則此書尤為星鳳之僅存，當時宋氏君臣固尙知愛護。據進書劄子稱：『竊緣上件法式，係營造制度工限等，關防功料，最為要切，內外皆合通行，臣今欲乞用小字鏤版，依海行勅令，頒降取進正。』正月十八日三省同奉聖旨依奏。是為崇寧刊本之由來。又據影寫本跋語云，平江府，今得紹聖營造法式舊本，並目錄看詳，共十四册。紹興十五年五月十一日校勘重刊，是為紹興重刊本之由來。崇寧本必毀於靖康之亂，而紹興本殆亦於宋元間散失殆盡。據焦竑經籍志，箸錄此書，知明萬歷間，明內府尙有現存之本。今之殘葉，似即此本所出。四庫全書，據范氏天一閣藏本，著錄於政書類。復檢永樂大典，補其錯漏，稍成完璧。顧書藏天府，人間未由流布。道光辛己，張蓉鏡有手鈔一本，其跋云，『營造法式，自宋槧旣佚，世間傳本絕稀。相傳錢氏述古堂，有影宋鈔本，求之不得，庚辰歲，家月霄得影寫述古本於郡城陶氏五柳居，假歸手自影寫云云。」於是有清末季，江蘇圖書館有張氏影宋本。其眞爲原影本與否，不可知，而今日尙能公諸人間者，惟此與四庫本而已。然此兩本，終未爲世人所屬目也。民國八年，啟鈐在南京圖書館曾見此書，驚異寶愛，亟以付之影印，傳播始漸廣，然奪誤頗甚，理董維難，心知發揚之有待也。更越六年，爰又屬陶君湘，取文淵文溯文津三本，暨吳興蔣氏密韻樓藏舊本互勘，缺者補之，誤者正之，明知其誤而無可依據者，則仍之，於是漸可繹讀，遂仿崇寧殘本枚式精繕鋟木，復以大木作制度，最爲結構之主要，爰覓舊京承辦官工之耆匠賀新賡等，按原書第三十，三十一兩卷，大木作制度名目，繪今制圖樣，俾得對勘之便。又原書第三十三，三十四兩卷，爲彩劃作制度，僅注色名，無由張顯，亦爲按圖傅彩，以傳其暈暈相宣之制。全工既蕆，更益以歷史書目之攷證，與夫先生之墓誌，俾讀者怡然展卷，而先生之平生志事，著書旨趣，與是書所以足重者，豁然心目。蓋自先生削稿日，凡閱八百年，而其書累版風行，徧於大地，著作傳世之不易，顯晦之有時，於此誠足動人深長思矣。先生其他著作，不專屬於營造者，據墓誌有續山海經十卷，續同姓名錄二卷，琵琶錄三卷，馬經三卷，六博經三卷，古篆說文十卷。（錢遵王讀書敏求記，陸友仁研北雜志同），則今皆無復傳本矣。

營造法式成書以後，宋代官私營建蓋即爲準則。此觀周必大思陵錄所載脩奉及交割公文而可知也，然類此之書繼起者無聞焉。惟明焦竑經籍志，有營造正式六卷，梓人遺制八卷，列在李書之前，四庫存目中，有元內府宮殿制作一卷，是永樂大典本，提要祗其鄙俚，爲官府授受之書，然使得此二卷，以較量宋元建築之異同，寧非至可珍視之事，惜乎今不可復見矣。明清兩代會典，統攝諸工程營造則例，其詳過於李書。時代逾近，流傳逾多。乾隆以後，工部內府苑囿陵墓，工程做法則例之書，盈架累帙，散落人間，比於會典，倍爲周悉。故居今之世，雖工師耆宿，日見凋零，魯殿靈光，漸亡矩矱，猶能按其所載，想像存之，此又營造法式成書以後之進化情形也。

自法式印行以後不及十年，中外學者不獨頓增研究營造之興趣，且多引用此書，以解決向來之疑問。如大村西厓氏之塑壁殘影以之研究角直保聖寺，濱田耕作氏之研究日本法隆寺，以及伊東忠太伊東淸造中村達太郎諸氏，莫不轉相援引，奉爲準繩。歐美學者則如德密那維爾氏 M. P. Demieville 有詳營造法式一篇，載於法國遠東學院雜誌 Bull de l'Ecole Française d,Extr eme-orient XXV(1925)。又如葉慈氏有論關於中國建築之書籍一篇，載於美國白林登雜誌 The Burlington Magazine March 1927 此又先生之書及於國外之影響也。

明仲之人格

先生席祖父之餘蔭，累代通顯。當少年時，殆全致力於學問，其博貫古今，亦固其所。若其專長藝事，剖析精微，蓋非天授專門之能不辦也。法式看詳，列舉周髀九章，爲方圓經圍之準，則先生深於算法者也。測景望星，以正四方，則先生深於天文者也。書中圖樣，固非善畫者不能指導。據墓誌稱，善畫，得古人筆法，上聞之，遣中貴人諭旨，公以五馬圖進，睿鑒稱善，則先生深則先生深於圖繪者也。墓誌又稱家藏書萬卷，之手鈔者數千卷，工篆籀草隸，皆入能名。嘗篆重修朱雀門記，以小篆書丹以進，有旨勒石朱雀門下，則先生深於書法者也。墓誌又稱所著書，有琵琶錄，馬經，博經，則先生深於音樂藝事者也。墓誌又稱調曹州濟陰縣尉，濟陰故盜區，公至則繕卒除器，明購罰廣方略，得劇賊數十人，縣以淸淨。又知虢州，獄有留繫彌年者，公以立談判，則先生深於吏事者也。墓誌又稱初正議疾病，公賜告歸，又許挾國醫以行，至是上特賜錢百萬，公曰，敦匠事，治穿具，力足以自竭，然上賜不敢辭，則以與浮屠氏，爲其所謂釋迦佛像者，則先生深於佛法者也。墓誌又稱公資孝友，樂善赴義，喜周人之急，則先生深於情感者也。式觀遺載，追想先生爲人，則必聰明早達，好學篤古，以其餘暇，游於藝林，坦蕩恢宏，而不礙器局之凝歛，溫恭孝友，而不墮動止之迂疏，異代蕭條，風徽未沫，與言先生，心嚮往之。

李明仲先生墓誌銘

宋故中散大夫知虢州軍州管句學事兼管內勸農使賜紫

金魚袋李公墓誌銘(爲傅沖益作)

大觀四年二月丁丑，今龍圖閣直學士李公謙，對垂拱，上問弟誡所在，龍圖言方以中散大夫知號州。有旨趣召。後十日，龍圖復奏事殿中，旣以號州不祿聞上，嗟惜久之，詔別官其一子。公之卒二月壬申也，越四月丙子，其孤葬公鄭州管城縣之梅山，從先尚書之塋。公諱誡，字明仲，鄭州管城縣人。曾祖諱惟寅，故尚書虞部員外郎，贈金紫光祿大夫。祖諱惇裕，故尚書祠部員外郎，秘閣校理，贈司徒。父諱南公，故龍圖閣直學士，大中大夫，贈左正議大夫。元豐八年哲宗登大位，正議時爲河北轉運副使，以公奉表致方物，恩補郊社齋郎，調曹州濟陰縣尉。濟陰故盜區，公至，則練卒除器，明購罰，廣方略，得劇賊數十人，縣以清淨，遷承務郎。元祐七年，以承奉郎爲將作監主簿。紹聖三年，以承事郎爲將作監丞。元符中建五王邸成，遷宣義郎。時公在將作且八年，其考工庀事，必究利害堅窳之制，堂搆之方，與繩墨之運，皆已了然於心，遂被旨著營造法式。書成，凡三十四卷，詔頒之天下。已而丁母安康郡夫人某氏喪。崇寧元年以宣德郎爲將作少監。二年冬，請外以便養，以通直郎爲京西轉運判官，不數月復召入將作爲少監。辟雍成，遷將作監。再入將作又五年。其遷奉議郎，以尙書省。其遷承議郎以龍德宮，棣華宅。其遷朝奉郎，賜五品服，以朱雀門。其遷朝奉大夫，以景龍門，九成殿。其遷朝散大夫，以開封府廨。其遷右朝議大夫，賜三品服，以修奉太廟。其遷中散大夫，以欽慈太后佛寺成。大抵自承務郎至中散大夫，凡十六等，其以吏部年格遷者，七官而已。大觀某年，丁正議公喪。初正議疾病，公賜告歸，又許挾國醫以行，至是上特賜錢百萬，公曰，敦匠事，治穿具，力足以自竭，然上賜不敢辭，則以與浮屠氏，爲其所謂釋迦佛像者，以侈上恩而報罔極云。服除，知號州，獄有留繫彌年者，公以立談判。未幾疾作，遂不起，吏民懷之，如久被其澤者，蓋享年若干。公資性孝友，樂善赴義，喜周人之急。又博學多藝能，家藏書數萬卷，其手鈔者數千卷。工篆籀草隸，皆入能品。嘗纂重修朱雀門記，以小篆書丹以進，有旨勒石朱雀門下。善書，得古人筆法。上聞之，遣中貴人諭旨，公以五馬圖進，睿鑒，稱善。公喜著書，有續山海經十卷，續同姓名錄二卷，琵琶錄三卷，馬經三卷，六博經三卷，古篆說文十卷。公配王氏，封奉國郡君。子男若干人，女若干人云。沖益觀虞舜命九官，而垂共工居其一，疇咨而後命之，蓋其愼且重如此。誠以授法庶工，使棟學器用，不離於軌物，此豈小夫之所能知哉。及觀周之小雅斯干之詩，其言考室之盛，至如庭戶之端，楹椽之美，且又嗟詠緐揚，奐散之狀，而實未宣王之德政。魯僖公能復周公之宇，作爲寢廟，是斷是度，是尋是尺，而奚斯實授法於庶工，方紹聖崇寧中，聖天子在上，政之流行，德之高遠，巍然沛然與山川侔其大也，而後以先王之制，施之寢廟官寺棟宇之間，當是時，地不愛材，工獻其巧，而公獨膺垂奚斯之任者，十有三年，以結睿，如致顯位，所謂君子攸寧，孔曼且碩者，視宣王僖公之世爲甚陋而公實尸其勞，可謂戚矣。沖益初爲鄭圃治中，始從公游，及代還京師，久困不得官，遇公領大匠，遂見取爲屬，寖以微勞竊資秩，緊公德是賴，旣日夕後先，熟公治身臨政之美，泣而爲銘。銘曰，維仕慕君，不有其弱，何適非安，唯命之從，譬之庀材，唯匠之爲，爾極而極，爾桷而桷，亦鑒在銘，不謂而擇，爲利則斷，爲堅則鑿，垂在九官，世載厥賢，曰汝共工，汲汲不遑，匪食之志，緊職則然，公爲一尉，舉盜斯得，公在將作，寢廟奕奕，爲垂奚斯，以受帝績，仕無大小，必見其賢，無不自盡，以虔所天，帝以爲能，世以爲才，勞能實多，福祿具來，有生會終，公有貽憲，敍辭貞珉，盡力之勸。（完）

東京之地下建築

日本前於東京計劃一地下建築，深計八十層，且設計時，預留地步，必要時間，尙得向下擴充。用鋼骨製成屋架，用混合土及堅石造成墻壁，屋形似大圓錐，直徑爲一百五十五呎，深則達一千一百呎，並於中間裝有圓形之透氣管，自上而下。屋內設置，凡高聳地面之洋房所應有者，如電燈，電話及升降機等，無不盡備。估計結果，此偉大之地下建築，所需營業時間，竟比在地面上造一所五十層之洋樓，爲省其半，而一切費用，當在二百五十萬金鎊左右云。（時）

工程消息

鐵路近聞

粵漢路

自英庚欵借欵辦法决定後，此路新工已在極力推進中。南段韶州至樂昌一段，計四十餘公里，已大致完成，可望於七月內通車售票。自樂昌而北至坪石一段，計六十公里，測量早經竣事，所有隧道工作，已開工者計有六處，惟此段山高路險，修築匪易，土石方，橋樑，涵洞，擱牆甚多，預算需欵達五百萬元之巨。除由鉄道部先行撥付一部份，及由粵漢路南段月撥補助費外，其大部費用，則須俟庚欵之撥付。按借英庚欵完成粵漢辦法，業經英庚欵董事會通過，並經中央核准。現所期待，祇債券之發行耳。樂昌坪石一段路工，若無特別障礙發生，預計一年半內可以完工。應需鋼軌橋樑及其他材料，已向英國訂購一部份。此項料欵，即由駐英庚欵購料委員會墊付云。爲此段完成，則由此而北之各段施工較易。如庚欵不生問題，四年內粵漢全線當可通車。

隴海路

潼關至西安一段土工，早經起始興築，以欵項支絀，致進行遲緩。近以國人開發西北之聲浪愈高，並經中央定長安爲陪都，國人對於西北交通愈爲注意，而隴海路線之西展，遂益不可緩。聞鉄道部與該路計劃，擬於廿三年內完成云。至該路東端海州港，前以舊港久經淤塞，輪船無法靠岸，故有改築港口以資吐納之議。惟需欵浩繁，鐵部既無餘欵可撥，該路負債既巨，息金清償，已覺費力，更何能撥此巨欵爲築港之用。聞該局現擬定一較小計劃，分三段興築，土工鋼軌及築港全部工程約需五百萬元。並已由該局派總務處余處長負責進行，購地，並業於六月一日興工云。查此路最近最大之工程爲連雲港及台趙支路。現連雲港今春經鐵道部之介紹，包與荷蘭治港公司包辦，當由鐵部暨隴海路派員協同該公司所派總工程師斯登偕前往勘察，就形勢之需要，爲一勞永逸計，乃擴大建築，預定建築費三百萬元，由路方担負陸續付欵，該公司派劉俊峯簽約，工程方面，完全由我方擬定計畫，尺度計海港碼頭長度六十公尺，寬度三十五公尺，三面均可停放吃水三千噸之巨輪，該碼頭純用純絡鋼板扣合下樁，其深度爲入泥六公尺，出水面約十三公尺，碼頭入泥再用起泥船挖深海地，造成船塢，便輪船得能自由出外，另造止浪堤一道，長計一千零五十公尺，下寬上窄，用巨石建造，防止海風巨浪，俾多數輪船可以停泊海岸，現荷蘭治港公司已派工程師前往墟溝老窯間籌備設立工程，運集器具材料，招募工人，決定七月一日開工，預計十八個月完成，二十三年終當可竣工，所有材料工務，統由該公司自行備辦，我方僅在運輸上予以相當之便利，聞該荷蘭公司曾承包香港葫蘆島等各大商港之建築，經驗宏富，材料完備，在東方造港，夙享盛名，將來海州新港，定有可觀也。

台趙支路，北與台兒莊之中興公司建築至棗莊之支路取銜接，以便將來運輸中興煤傾銷海上，與日煤抗爭，該支路之建築費，初擬用中興公司墊欵，嗣因路權關係，仍由該路自行籌給，然在進行期間，關於購地購料各項費用，該路偶在措置不及時，可由中興公司担保之，至該支路之修築擬抽出一部舊料應用，故全路所費，僅在百四十萬元之譜，路長三十五公里（約五十餘華里），現已測量完竣，開始購地，地價由路局擬定，較普通地價高出半倍，已呈准鐵部轉請行政院通令蘇魯兩省省府飭嶧邳兩縣協助，現魯之嶧縣，蘇之邳縣，已奉到命令，進行順利，預計兩個月可購地完竣，即行動工，一年後完成，該支路現已指定四個路站，計南起趙屯（即該路幹線八義集站附近…，宿羊山，車輞山，台兒莊，中隔一線河，不老河，運河，三河以運河最寬，將建大鋼橋一座，橋身可六十公尺，其餘兩河甚窄，易於造橋，至中間兩山係土坵，亦易闢山敷軌，純由隴海路工務處人員辦理之，路局已派工務處長吳士恩，副處長何公華前往東路勘察云。

成渝路

由成都至重慶路線在前清時即有修築之議，並曾一度集資。辛亥鼎革後，由少數人利用機會，狼狽爲奸，漁利自肥，遂與川漢路同一命運，築路計畫早成泡影，近川人鑑於成渝間交通之不便，舊事重提，並得軍事當局之協助。聞劉湘已撥欵三千元從事測量云。

杭江路

杭州至江山線，原測量線本在錢塘江西岸，後以東岸施工較易，建築費較省，遂將全線改在江之東岸。該線起於杭州之對岸，杭州至蘭谿一段，早經通車。後以經濟困難，曾將舊蘭谿至江山一段修築原議取銷。至去年英庚欵借欵之議成，始又繼續興築。聞該局計劃，決於明年內完成云。近又有人建議將此線延長經江西境與萍鄉相接，則可與將來之粵漢線聯運，並設法將杭江線東展至象山灣，迄於東方大港。惟需欵浩繁，談何容易。吾人但視此項計劃將來終有成功之一日耳。

同蒲路

大同至蒲州線，此線近經山西當局努力籌備，業已動工修築土基。欵項由該省各項歲收中提出。初步土方工作則利用兵丁，並由各縣征派民夫。此路軌寬度，山西當局曾擬與正太者同爲一公尺，後鐵道部以此路若用窄軌，將來與他路聯運上，將大變窒礙，祗顧目前之利，將貽無窮之憂，竭力倡定標準軌寬，四呎八吋半）聞已得山西當局之同意云。又該路向德奧倫斯科伯爾廠訂購之機車車皮五十餘輛，十一月底可運抵晉，向西門子福噐洋行所購鋼軌，八月底可抵晉。該路南一段於本年十一月間通車，北段明年一月間通車。至所需大宗車軌，均由此間壬申製造廠仿造。聞介蕭河大橋須五十日內完工，該橋身全用美松。

湘省修桃洪輕便鐵路

湘省政府，因修築桃洪輕軌鉄路，(即係寶慶桃花坪至湘西洪江）決定發行建設公債一千萬元，向上海銀行團，抵押現款，以作修築經費，此事業經上海銀團領袖張公權，蒲心雅等，來湘視察之後，認爲可行，張氏返滬，對此復努力斡旋，故遂達到成熟之期，現建設廳已令飭全省公路局，一面停止洪桃段公路之工程進行，一面積極計劃輕軌鉄路之敷設辦法，公路局總工程師周鳳九，因此項偉大計劃，日前親赴寶慶一帶，實地勘測，並調查沿線各縣出產，以便計算將來營業及免除概數製成精密計，按期實行，惟以路線均屬叢山峻嶺，工程進行，殊感困難，全路費用當在六百萬元以上，且武岡縣境洞口至江口一段計程六十里，地勢異常險峻，土石工程，比較其他各段，非加十倍不可，工程師周鳳九，以該段路線，傍有極小河道，因水流湍急，並未行駛舟楫，若於相當處所，橫河築一堵水大壩，將上游水位提高，行駛汽划，再於兩端建一汽車站，則可代替鉄路；接送旅客，工程費用，亦可銳減，當令桃晃(縣)段工程處，工程師歐陽鏡寰，率領工程人員實地測量，發現洞口河面甚窄，正合築壩工程，並可利用提高水位之位置能力，舉辦水力發電，行駛電船，全部工程費不過二十萬元，較之修築此段輕軌鉄路，需款六十萬元者，僅及三分之一，而其裝載貨物旅客，或與輕軌鉄路相等，現已擬具計劃，呈請建設廳審核施行，該廳又令公路局局長劉嶽厚呈復桃洪段輕軌鉄路建築辦法，以便核奪，茲公路局方面已擬定，內容如下，一里程，由寶慶經桃花坪洞口，枳木界，安江，至洪江，驛程四百七十里，合二百五十六公里，二軌間，四三五公尺，三機車，「式樣」六輪相聯式，(馬力)三百五十四，(工作時間重量)三十六噸，(引力)五千至六千公斤，四軌條，四十五磅，五橋樑設計，載重以古柏凡五十號爲標準，六最大坡度，百分之一●五，七最小曲線半徑，一零零公尺，八本路枳木界，嶺高四百餘公尺，長約九公里，開鑿不易，擬於此處裝設齒軌，另用特製機車拖帶，九由寶慶至桃花坪七十六里，改用公路，可省路基費百份之三十，涵洞橋樑，因設計載重不同，另須建造，十凡山嶺填切太高之處，則建造高架棧道，以避免隧道工程困難，十一經費預算，內分總務，籌辦，土地，路基，橋涵，剝岸，保衛，電報，軌道，信號，軌道，車輛，高架棧道，齒軌等十五項，共需洋一千二百七十二萬四千零六十元云。

各省建設

○蘇省公路工程○

○（鎮江通訊）蘇省公路工程，因各方均極注意，故建設廳非常努力，茲將各路工程最近概況，訪錄於下，一，福禾路蘇嘉段，該路全部工程，均已完成，並已於六月二十八日舉行通車典禮，二，京建路路基工程，在前月即已完成百分之九十，但以時值農忙，民工不能應徵，以致工程稍停，現正飭縣先將已作工程查勘具報核辦，東壩路線，增築石橋一座，已完成百分之六十，現正分別砌作橋墩橋面，開山工程，已完成百分之七十，京秣段路面及涵洞工程，以工款困難，進行較緩，約完成百分之十，如工款應手，即可加緊趕作，三，錫滬路工程，仍在待款進行，四，錫宜路路面工程，已與江南公司簽訂合同，現正着手開工，五，鎮廣路丹鎮段工程，丹陽境內改鋪碎磚路面者，現仍在繼續鋪築，溧陽境內橋梁十二座，上月已完成六座，其餘六座，正在分別運料，至全線詳細測量事宜，已由京滬路鎮武段工程處派員前往辦理，鎮江一段，本月已測竣，六，浦口路東支線，自浦至江都一段路基，除自浦鎮至六合一段，業已完成，其餘各段，雖經各縣徵丁修築，均以現值農忙，民工停頓，尚未據各縣呈報進展情形，至六合境內橋梁五座外，內有兩座已大致完成，其餘三座，並已分別開工矣，七，江常路，現仍由京滬路武常工程處，派員繼續詳細測量，八，京陝幹線浦烏段，現正在測中，一俟測量完竣，即行籌款興工，九，青滬路，該路第一橋梁十六座，現已完成十二座，其餘四座，尚在陸續建造中。

○寧夏建設○

○寧包汽車路，寧夏省道管理處，修築寧包段汽車路，已與綏遠商訂同時並進，寧方自寧修至楊家河，綏方自包修至楊家河，東西銜接，聞寧夏已修過磴口三盛公一帶全段工程不日將竣，省府方面已飭民政廳派員前往查視云。

○冀省交通建設○

○河北省幅員遼闊，形勢重要，昔為建都區域，今為華北屏障，年來內部交通，其偏僻之處，尚賴車騾民船為旅行之代步，故滯通文化，宣傳政令，繁榮商業，均感遲緩。民國十七年，北伐成功之後，由建設廳分設第一第二兩省路局，專司修養路政，次第開展支幹各線，惟限於財力，未能普遍修築公路，窮鄉僻壤，不無向隅之感。茲擬建設廳廿一年度統計，已經修治完成各路，計省路共長三千八百九十一華里。現該廳計劃，擬設置第三第四省路局，因公路無多，暫歸第二省路局管理。至全省長途電話建設，原爲剿匪而設，屬於天津警備司令部，共分兩區，一爲天津等二十餘縣，一爲大名等三十餘縣，設總局一，分局十六，迭經兵燹，損毀甚大，強半不能通話，至十七年由建設廳接管之後，力圖整頓修復，至現在各處通話者，已達九十餘縣。因係鐵線所製，傳語聲音，極不清晰，在四百里以外，即須轉遞，故收入甚微。若易以銅線，及較好機件，統計裝設全省計劃，不過工料費六十餘萬元，卒因省庫竭蹶，未曾舉辦。茲調查已完全長途電話幹支各線，共計長七千另七十二華里云。

林藝消息

冀省荒山荒地舉行造林

冀省實業廳以前訂河北省荒山荒地造林暫行條例，業經通令各縣及各林務局遵照在案，茲復加修正呈奉實業廳指令照准，昨特檢發修正條例，通告各縣縣長，各林務局遵照，其於荒山荒地造林者，多方獎勵保護並指導，便利實多，果能如計施行，不數年則森木成林矣。

江西提倡油桐

京訊，更新林場在江西山下渡地方，提倡種植油桐，歷有年所，自民十六至今，先後設立更新，小小，新新，文治，三友，閑林等八個林場，每場各種油桐五萬株或一萬株，統計已種油桐近二十萬株，育成桐苗尚有數十萬株之多，除更新小小新新三場已有結果外，其他各場，均生機條達，斐然可觀，該場本造林救國志願，作巨大苗木之犧牲，爲普及全國之運動，擬定五年計劃，爲便利各界種植起見，特於南昌市德勝路之「贛粹園」設駐省苗種發行總所一處，委託王漢洲專司其事云。

復興農村協會

鄒平大會

中國農村破產，日趨嚴重，有識之士，亟謀復興農村，以圖挽救，故近年鄉村建設運動勃興，但以無統一之組織與聯絡，故收效甚微，去年一月間，鎮江黃墟鄉村改造實驗區，會醞釀組織鄉村建設協進會，終以格於事實未能實現，七月間，中華職業教育社在福州開年會時，亦會召集全國鄉運機關，以謀聯合，又以時間及地點關係，未克成功，同年，十二月內部召集內政會議，各地鄉運團體領袖，集於南京，乃有鄉村建設協進會之發起，嗣後在北平集議進行，華洋義賑會及燕京大學亦加入，並定於二十二年七月十四日在山東鄒平鄉村建設研究院開成立會，邀請全國爲運團體加入，近覆函准參加者，已二十餘團體，該會乃决定由研究院負責籌備開會事宜，並經該院指定葉劍星，徐樹人二氏負責招待，計會期三日，到者百數人，議决案件甚多云。

冀省農興分會

冀前省府奉行政院訓令，以發展國內經濟民生，中央已於復興農村救濟委員會之組織，各省市應即一律設立分會，俾得隨時調查農村破產實況，爾謀澈底救濟大計等因，府方奉令後，當以事關切要，即飭實業，財政，民政三廳，會同研議組織方法，經名該廳代表幾度開會討論結果，僉認本省甫遭兵燹，繼以蝗澇，地方農事極受影響，此項委員會之設立，至覺必要，決即遵照中央修訂之規程，着手組織，由實業廳長史靖寰，財政廳長魯穆庭，民政廳長魏鑑，及農業專家，士紳等爲委員，內部分爲若干組，每組設主任一，並爲工作之普及起見，省援各縣須一律設立分辦事處，期能接近民間，至於該委員會之經費，預算月需千餘元，已由三廳聯呈省府核撥，藉使早日開始辦公，昨據關係方面宣稱，救濟農村委員會冀省分會，將於最近期內在津成立，辦公地址擬借用省政府西院，成立後即行派員出發各縣調查，俾得確悉地方農村衰枯情形，而便分別設計救濟云。

水利消息

華北水委員一七次大會紀要

華北水利委員會，於六月廿五日上午九時，在該會會議廳，召開第十七次大會，計出席者，爲該會委員長彭濟羣，委員李書田，徐世大，王季緒，陳湛恩，朱廣才，魏鑑，林成秀等，由委員長彭濟羣主席，開會如儀後，即按照議程逐案討論，至十二時閉會，茲錄其各項報告及議案如下，關於報告事項者，（一）第十六次大會會議紀錄，（二）上季工作進行情形，（三）第九十次至第九十二次常會各決議案，（四）上季收支狀況，（五）籌辦崔與沽模範灌溉場工程進行情形，（六）衛津河測量隊測竣回會，（七）派員勘測晉綏境內黃河河道進行情形，（八）本會灤縣蘇莊兩水文站，暨承德豐寧喜峯口古北口四雨量站，因受時局影響，暫停工作經過，以上各項均分別通過存查，關於討論事項者，（一）修正靈壽縣灌溉工程計畫，決議通過，（二）提議請求分配棉麥借款，辦理華北水利工程，並請規定進行辦法案，決議通過，（三）本會二十二年度第一期（二十二年七八九月）行政計畫案，決議修正通過，茲覓得該會提議分配美棉麥借款呈文，畧錄於下。提議請求分配棉麥借欵，辦理華北水利工程，並請規定進行辦法案。▲事實，畧謂該會自十七年秋成立，負責規畫華北水利，除辦理各項關於水利建設資料之搜集外，專致力於各河之根本治理計畫，其已完成者，有永定河治本工程計畫，獨流入海減河工程計畫，完成疏濬靑龍灣減河工程計畫，其即將完成者，有整理箭桿河薊運工程計畫，其已擬定大綱，尚待詳細設計者，有平津通航工程計畫，及各河流域灌溉工程計畫等，但永定河治本工程經費估計，共需洋二千二百餘萬元，獨流入海減河工程經費估計，共需洋一千一百萬餘元，完成靑龍灣減河工程，約需洋百萬元，本會對於籌措工費，亦曾擬定種種辦法，呈請內政部，轉呈施行，但均以國庫支絀，無法辦理。▲理由，畧謂河北水災，歷代皆有，尤以民六，十三，十八，水災爲最烈，各處損失甚鉅，在以前無具體治本計劃，亦可盡人事聽天命，現在各河業有治本計劃，若不即時籌辦，坐視萬衆流離，甚非政府本旨，故提請分配美棉麥借款。▲辦法，畧謂查棉麥借款，約合國幣二萬萬元，今假定以二分之一，辦理水利工程，則如能分配華北以百分之三十五，則關係全部華北水利問題三分之一，以上之永定河治本工程，獨流入海減河工程及完成疏濬靑龍灣減河工程，均可舉辦云云。

海河近況

海河淤塞程度，至今益甚，據七月（二十）午前之測量報告，最深處之萬國橋西一帶，河深已高出大沽海平線以上約半米餘（二尺），其津海關上及陳塘莊以下一帶，則在海平線上三尺半至四尺之間，較上月底計淤高四尺五，按十九日午前測量結果，較此尚差八寸，是十九日起一日夜之間，積淤七八寸，流勢特急，且水渾似稀粥，此後之淤塞程度將尤甚矣，按海河自民十五被淤，大小商輪不得入口以來，其普遍深度，從未有如今年之甚者，目下津海關不特禁止大小商輪駛入津市，即海關巡查所用之小輪，及容量不滿五十担之駁船，並海河工程局之挖河船等，竟亦不能行駛，祗能於潮滿時在漕籬圍內徐行，微有偏斜，即遭擱淺，遑論商輪，因邇來上游各河水量大漲，雖潮退時水深亦在六尺許，設一旦水退，同時河淤於短期內不克刷深時，則全海河中當有若干段將涸竭見底之一日，該河當局並航業界，對此均萬分焦灼云。

又訊，海河上游永定北運兩河，及上下西河（即子牙大清兩河）近旬來水量均大漲，十八日起，漲量尤巨，原各該河河身，均因年久不疏，河底日淤，均無多容水量，每年春工，亦祗就堤埝設法培植而已，蓋治本工程非數萬元所能辦理者，故一旦上游水漲，即危殆萬分，埝高地面，都在一丈以上，水流愈急衝激力愈大，縱不潰堤決口，然越漕溢堤時，水即在地之丈餘以上，搶堵云云，事實絕對不許，致決口時聞，良田被淹者不可勝數，但救濟之策，祗在暢引入海之一途，乃今夏因海河又被淤塞，整理海河委員會，遂不顧上游之來源若何，決再引水放淤關閉節制閘，一週來除放淤區域已感水滿，每日引入之水量極微外，以上游七河之漲量，祗此放淤之區區宣洩力，遂致沿河漫堤流沒之處，日有數十處，而永定大清兩河，且全河水已平漕，其危殆狀況，誠有不可形容者，津武安次文安雄縣靜海大城等縣七百餘村農民，農作之損失已罄，收穫無望，查節制閘之關閉，實為河水無由宣洩之主因，故村民有堅決主張，大舉聯合採取有效方法，否則亦同歸於盡耳，整海會得訊後，以迫不得已，乃於十九日下午二時，自動停止放淤，開啟節制閘，連同船閘，並供洩宣入海。

太湖水利

太湖流域水利委員會，以太湖素稱澤國，水道縱橫，湖蕩相連，橫跨江浙兩省，農田水利，甲於全國，惟年來時局不定，水利失修，致各處河道漸形淤塞，湖身淤淺，交通灌溉，均感不便，近特呈內政部轉呈中央，擬在中美借款內撥助六百萬元，以資興辦太湖水利云。

北方大港近聞

關於北方大港籌備事宜，業定五年完成，近者港址一帶雖一度淪為戰區，但據該籌委會宣稱，並未影響及鑽驗工作，會方茲查港埠及大市區域久經勘定，所有土地，亟應遵照土地徵收法，收歸國有，若候興工時期再行收買，則地主之居奇與夫資本家之壟斷，必致發生糾葛，故已分呈鐵道交通兩部，轉請行政院令行河北省政府，轉飭樂亭昌黎兩縣，對於港埠無主土地，不得繼續發照放租，所有荒地，概發歸該會備用云。

連雲港開工

隴海鐵路，為吾國東西惟一幹線，橫貫蘇豫陝甘四省，照預定路線，東起海州之連雲港，西迄甘肅之蘭州，現在已成之路線，祗達潼關，全長已有八百公里，合一千六百華里，較津浦線祗短二百餘公里，足當吾國東西大幹線之稱，舉凡中原區及西北高原區之物產，均可藉此轉輸，就經濟地位言，亦不在任何路線之下，祗以連年受軍事影響，工程未能積極完成，故陝甘境內之線，仍待繼續修築，自鐵次錢宗澤氏兼長該路後，大加整頓，取路款路用之方針，以收入盈餘，作增修路線之用，故陝州以西靈寶潼關之一段，得於前年完成，並設西潼段工程局，負責修築潼關至西安之線，又因路線日長，貨運日多，感覺已有之大浦港不敷海陸聯運之用，乃於本年春間計劃修築墟溝海岸之連雲港，適包修葫蘆島海港之荷蘭治港公司於去年十一月間，因日本人恐葫蘆島落成後，不利於大連，乃迫使偽國與荷蘭公司解除葫蘆島建築合同，該公司船舶材料均屯積烟台，乃應隴海路之僱，包修連雲港碼頭，工程費三百萬元，於本年七月一日起工，明年十月完工，完工後三千噸左右之船隻，均可自由出入港口，無需待潮水之漲落，此為第一期之築港工程，將來視貿易情形，再繼續增築，漸躋於國際貿易港之地位，我國連年高唱建設，而初無成績表現，茲港之築，規模雖小，而於將來發展中原區經濟關係頗鉅，就建設上言，亦足資表揚也，築港之處地名老窰在墟溝之東北，距離二十里，經墟溝至州海九十餘里，爲後雲台山之背面，坐南向北，以雲山台爲屏障，鷹遊島爲門戶，老窰鷹遊島之間之海面，名鷹遊門，闊約四華里，山高水深，形勢天成，不但爲濱海商港難得之形勢，即就軍事價值言，亦爲天然之要塞地位，較威海衛之有劉公島要塞，形勢更爲險要也，鷹遊島由東西連島而成，東部山勢較高，水準点一七八．九米達，俯瞰鷹遊門水道，西連島較低，水準點爲一九七米達，東西長十餘里，南北最寬處在老窰碼頭對面，水島之後，約三四里，冬季因北風湧起之海浪，均可藉該島之屏障，不致影響港內，就國防言，如在東西連島修築海岸砲台，則港內之市街，絕不致遭受敵國海軍之砲火，島上又有若干平地，足供軍隊駐紮訓練，誠一理想的商港而兼軍港之地位也，老窰後面爲後雲台山東支之盡處，懸崕絕壁，登之甚難，高處達四六二．五米達，山勢直入海中，故平地甚少，不易闢作街道，除碼頭及車站貨棧少數建築外，已無餘地供商人使用，職是之故，碼頭附近，除上述之設備外，不能更有其他建築，將來之市街，不得不設於二十里外之墟溝及以南以西，鷹遊門水道之深度，平潮爲四米達，約華尺十三尺許，高潮五米達三十生的，約華尺十七尺許，碼頭擋浪堤長六百公尺，爲防東南風而設，因其他方向之風，均可藉前後山頭遮擋，惟由入口水道吹來之東南風，無物遮擋，故築此堤，繫船碼頭之岸壁長四百公尺，寬二百六十公尺，可繫二千噸左右之船三四隻，碼頭附近將加以浚渫，浚渫區寬約四十公尺，長三百五十尺，以便出入輪船之轉向，近岸之處墊土一百公尺，使伸入海中，以便建築堆棧，碼頭之建築材料，乃歐洲最新式之鋼板樁，以鋼板爲繫船之岸壁，較之舊式之洋灰塊堅固而美觀，此項鋼板樁岸壁，在歐洲首先用於德國，迄今尚不到四十年，係用防銹合金鍊成，不畏鹹性海水之銹蝕，裝入海底時，用機械打入，較之用工人泅入海底安置樁基者爲堅固確實，每塊鋼板寬約尺許，兩塊相接之處，有筍互相勾連，鋼板之面即爲繫船岸壁，其內有若干窄鋼板，作斜形附着於鋼板樁之上，使向碼頭腹部勾連，以免動搖，在空隙之處，更實以碎石及砂土，亦如洋灰碼頭之做法，砂石填滿，遂於碼頭平面，為船上裝卸貨灰物之處，該碼頭由南向北伸入海中，東面為擋浪堤，用土塊堆成，不能船靠，西面由海岸起長四百尺，均為靠船之岸壁，四百尺以外更長出二百尺，即係擋浪堤之延伸部，較碼頭窄一半，亦不能繫船，包工之荷蘭公司，於上月即携其工人及船舶機器來此，開始起造公事房工廠之用屋，現停該處者，有挖泥船一隻，小火輪二隻，起重機船一隻，汽油艇一隻，工人數百名，均正在海岸作填土工作，隴海路亦在該處劈山修路，起出之土石，亦作填海之用，故名雖係七月一日開工，實質上施工已月餘，特定一開工日期者，不過為將來便於計算工作經過之日數耳，故未舉行開工典禮，所有海上工程，統歸荷蘭公司負責，陸地工程，仍由隴海進行，如開路墊土計劃碼頭區內之一切設備事項，統由隴海工務人員負責，雙方並進，收效更速也，碼頭施工計劃，初步從海岸墊土，達一百尺後，在東側堆積擋浪石塊，俟石塊堆至相當長度，足蔽東南方風浪時，即開始打鋼板樁，同時並挖掘碼頭附近之海底泥砂，俟擋浪堤之石工，及岸壁之鋼板樁工均進行至相當程度，即開始填塞碼頭腹部之土石，土石填完，其餘部份當亦竣工，預定於明年十月，當可全部告竣云。

西連島建設

中央參謀本部陸軍測量局，以墟溝港口，逐漸開拓，海州商場，日臻繁榮，特由江西調技師馬鼎銘來海，按圖測量，擬由徐州沿隴海路線向東測勘，並沿海路訂立水平石樁，在西連島裝設驗潮儀器，日內即行着手裝置云。

兩月來之水防

本年入夏以來，全國各大河均行盛漲，險象環生。其長江附近，及冀北一帶，且已成災，以是各水利機關對於防水工作，極為緊張。茲將六月中旬以後至八月初間，全國各大河之漲落情形，及防備狀況，分紀於後。

長江

武漢告急自六月中旬，上游豪雨，江水暴漲，至六月廿六日前後，江漢堤岸，最為危險，漢口水位，達四十七尺二寸，離岸僅一尺二三寸許，金水閘築壩未竣即行崩潰，人心慌擺異常，漢口市府分十五組出發視察水勢及堤工，暨部佈告，掘堤者就地正法，又總部二十五日令鄂省府江漢工程局，加緊護堤搶險工作，各級工作人員均不得擅離職守，以重堤防，漢各區保安會二十五日成立，臨時協助防水辦事處，决將全市上自星經堂起，下至謎家磯，劃分爲九段，由三十六個保安會分別担任防護事宜，江漢工程局派工抽排各災區積水，並築堤身漏處，積極防堵，至漢口沿江各碼頭及橋口，羅家墩，辛家地，蕭家地均被淹，武昌漢陽淹區擴大，襄水猛漲未可樂觀，現武漢堤閘均極危險，漢口市府緊張工作，市府人員星期日亦辦公，並聞將開華洋防水會議，實行中外合作，至各縣堤工，亦均危殆，黃梅嘉魚幹堤，均告險，又鄂省府呈總部，報告沿江漢幹堤如(一)襄陽老龍堤，(二)黃岡堵龍堤，(三)嘉魚五峯堤，(四)威寧寗水，五家號堤，(五)天門官吉口五支角堤，(六)武昌金水新壩，(七)石首江北張嘶南堤，或辦理不善，或發生浸漏，或業已崩潰云云。

下關堤潰　京下關廿五日江邊土堤漸見縊潰，下午二時自美孚油棧街至中山碼頭土堤，在九家灣一處忽呈崩潰之勢，雖江水尚未冲入，危急現象確甚嚴重，工務局將徵集民夫千名。帮同用泥袋堵塞，海軍士兵及鐵路局人員，亦協助極力搶護，以是京市各窪地雖成澤國，當未釀成鉅災。

防汛方案　湖北省政府自長江水漲以後中央將組織防汛委員會，以事防範。並擬定防汛方案，其要如下。

(一)組織，爲預防揚子江汛濫起見，由湘鄂贛皖蘇五省政府，南京市政府，全國經濟委員會，揚子江水道整理委員會，臨時聯合組織揚子江防汛委員會，由揚子江水道整理委員會主持辦理，以利進行，其章程另定之。(二)範圍，以揚子江流域，在湘鄂贛皖蘇五省及南京市轄境內幹堤爲防汛範圍，即就各該省市界劃爲六大區。(三)經費，由中央政府，全國經濟委員會，湘鄂贛皖蘇五省，及南京市政府分別籌撥，其分配數目另定之。(四)職員，爲撙節開支起見，所需技術及事務人員，儘先向各方調用，擬每一機關，最少選派工程師及事務員各若干人，請開列姓名履歷單，以便隨時委用，分別委派職務，各省有堤工各縣之縣長，由會咨請各該省政府委派爲防汛專員，其監工人員，得以各鄉閭長充任之，（五）材料，防汛所需材料，以各該省市政府供給爲原則，由區總工程司造具預算，呈會核定，同時送請各該省政府就地購運以資迅速。（六）工夫，工夫人數應由區段隨時估定，責成各縣防汛專員限期徵集，（七）會所，本會會所，爲便利指揮監督起見，暫設於九江，各區段分配一覽表，第一區，第二區，南岸自鎮江至和尙港，北岸自三江營至烏江口，共長二二八公里，分七段，江南塘工，及江北運河之防汛，於必要時得協助之，第三區，南岸自和尙港至東流縣，北岸自烏江口至華陽鎮，長五八一公里，分十五段，第四區，南岸自東流縣至武穴，對岸獅子山，北岸自華陽鎮至武穴，長一九二公里，分八段，屬於鄱陽湖者，東至鄱陽縣，南至新淦縣，西至永修縣，北至吳城鎮，長度僅限江堤，屬於贛江及鄱陽者未計，第五區，南岸自獅子山至新堤，對岸及調弦口，至沙市對岸北岸武穴至沙洋，長一千二百二十一公里，分八段，第六區，東至臨湘南至湘陰，西至澧縣，北至華容，長一千五百四十公里，分十一段。

又長江水勢，自交七月上旬以後，因上游放晴，宜沙長岳雖漲，而重慶萬縣勢落，故下游得漸趨和緩，但此後安危，仍視伏期雨水多少也，如上游及中游，雨量在三百五十公厘左右，且支配均勻，則水位最高度可期在四十八呎以下，漢口市街，當不致淹沒，若超高四百公厘而至五百公厘以上，則水位之激增，不堪設想矣。

○……黃河……○

七月上旬江水甫定，黃河又繼續猛漲。南岸滎澤，汎各坝，塌陷甚多。流勢湍急，鄭州危險，以七月十二日前後爲最。豫省主席劉峙，於十三日沿岸視查，至滎陽，並電沿河各縣長，及上下游總分段長，晝夜梭巡，嚴加防範。同時冀，魯，兩省之河務局，亦均極力戒備，以防萬一。

又魯境黃河，近旬以來，接連增漲，已超過去年最高水位，幸河務局培高大堤，得無他虞，沿河二十二縣縣長，奉韓主席命，亦一律移駐大堤督工，但上游李升屯之十坝七埽陡蟄二尺餘，大溜洶湧，突呈險象，河務局長張連甲，接得上游總段長陳文謨電告後，以該處七埽倘有疏虞，十坝必坍塌退後，合龍處失其脣齒之效，恐難抵禦大溜，鄄城縣城及圈堤內壽張，鄆城，范縣，鄄城數縣人民生命財產，立有危險，一方電鄄城縣長催上民料二十萬斤，五日送齊，驗收給價，一方電覆陳文談，令速包廂七埽，驗收民料壓大土一百方，以期堅穩，而保無虞，其他各處當稱安穩云。

汾河

山西自去年水患後，人民喘息未定，官方在昔雖設防水會，但因事過境遷，並無若何成績，不意自六月十一日起，天雨連綿，時續時斷，七月四日，突降暴雨，並雜冰雹，嗣冰雹雖止，而濃雨接連四日不止，幷市街衢乃成河流，中山公園積水告滿，幸有去歲築就之暗溝，排水城外，未致漫溢，惟校虎營，三聖菴，棉花巷，前後鐵匠巷，西海子等處，積水尺許，攙以污泥，行人裹足，七日下午二時起，雨已停止，但陰雲仍密佈，倘有暴雨襲來之變，全省東南西北之汽車路，因被水沖毀，破壞不堪，汽車現均停駛，大南門外，一如去年之一片汪洋，晉垣製紙廠，四面皆水，乂孤立澤國中，汾河岸之老軍營，昨已決口，附近村莊，悉被淹沒，災情之慘重，已駕去年而上之河東之冠莊，王村，親賢村，老軍營，河西之大小東流等村，尤為慘痛云。

贛水

江西南昌屬馬王圩，為贛省四大堤之一，堤內田畝三萬餘頃，六月廿七日，因風狂浪猛，大堤潰決，田廬盡被湮沒，預料大水，非延至十一月，不克退去，災象奇重，又七月九日，樂化鎮被水沖毀，全鎮廬舍蕩然無存，居民被洪水捲去五十餘人，南潯路沖毀路基橋樑，正在修理，路局定十日恢復通車，中途暫以駁船載客，鄱陽湖水災情形奇重，各圩災民有三十一萬七千五百餘人，淹沒田為十三萬八千二百餘畝，財產損失約計一百七十四萬二千三百餘元云。

冀省水患

冀省各河，為患者多，而今歲未及夏至，永定及滹沱等河，已先後暴漲，入伏以後，雨水連綿，恐又成災，茲將各河水勢及各機關防範工作分誌於左。

永定漲水

永定河水自六月十二日起突漲後，盧溝橋地方，尤呈危急，以沿岸防範得力，僅武清縣境龍鳳河交流地方兩岸發生決口，淹沒良田數百頃，被災村莊十餘，至十八日，水勢稍行退落，二十一日起，良鄉縣迤南，至武清縣境止，水勢又漲，並已平槽，翌日又退落二尺許，沿岸防務，又趨鬆懈，詎二十三日下午起，上游山洪暴發，高約四五尺之巨浪，每小時發生十餘次，流勢既急，冲力自強，致良鄉之水牛坊，獨邑，高佃等十餘村，於二十三日夜起，先後決口五處，宛平縣境之蘆溝橋迄門頭溝一帶，共決口二處，橋下流勢甚急，水面距橋不及一尺，水路交通，全部斷絕，迄七月上旬，上游仍繼續猛漲，據測量報告，七日迄晚十小時內，共漲三尺許，九日晨起陰雨連綿，流勢益急，但以已有數處決口，故漲勢反緩，北倉迤北武清境內，沿河四十八村，村民男女老幼，已全體動員，巡查搶護。

現水勢仍漲，沿河天津武清兩縣田莊多被淹沒，永定新道南岸雙口鎮之堤，已經衝決，水由屈家店以西地方，向南猛流，如不及時堵截，津郊甚為危險云。

南運決口　六月廿七日起，山洪暴發，河水陡漲，因淘巨浪，急流氾濫，加以天氣酷熱，陰雨連棉，險象環生，三段滄縣趙家莊汎地，二十八日晚突然決口六丈餘，該縣因水勢仍不稍殺，已將捷地城河土堤扒開，以洩洪流，并諭沿岸各村立即備料集夫極力搶堵云。

南運，子牙，北運　三河沿岸，自二十六日起，大雨時降，計自七月一日至二十五日止，所降雨量，各河流域均在七〇密里米達以上，二十五日合計，已達二七二密里米達，查六月份北平天文台紀錄，共降雨二六〇密里米達，已屬近十八年來所未有，乃本月份紀錄尤高，致各河不堪容納，目下南運河自二十六日至二十七日夜止，又猛漲一尺八九，是夜沿河又大雨終宵，二十八日仍可高漲六七寸，但沿河兩岸官民堤所備土牛，迄已完全用罄，而河道窄狹處，水已高逾河堤，故均向田園宣洩，子牙河祇知迭次猛漲，沿岸窪地積水四五尺，有若干段，已一片汪洋，無從宣洩，詳情未悉，北運河雖節制閘開放，但上游漲量之速，非數孔閘門所得宣洩，二十六，七，八三日共漲一尺六七寸，因武清及津北所有決口，均未能搶堵，範圍漸形擴大，二十七，八兩日，武清縣境又有三處潰決，蓋堤埝已全部淹入水中，隨時可為冲毀也，其節制閘兩側水流特急，當局恐行船時，激盪岸堤，故水路交通，已無形阻礙，總之上游各河，沿岸被淹區域，已佔五分之一，總計不下五六萬頃，大秋收成，將大受影響。

大清河氾濫

六月二十四日下午天氣忽變，陰雲密佈，雷電交加，繼而大雨傾盆，至夕始止，渠溝俱滿，各處地勢較低之地，多被水淹，大雨之後，於二十五日，大清河水陡然漲發，色極渾濁，水流湍急，聲如牛吼，令人駭目驚心，水已平槽，土堤各處，多有漫溢，岌岌可危，十里舖田家屯渡船因水大，曾暫告停渡，南北大道，水深尺餘，以致交通梗塞，行旅困難，被淹麥田觸目皆是，倉尚紫泉兩河又同時漲發甚猛，向西灌注清河下游新蓋房（容城縣）去歲舊解口處，因堤矮水猛，復又崩潰，河水向東奔流而去，氾濫各地，昝崗雙堂一帶均成澤國，登場之麥，多遭波臣之災，又據東馬營來人談稱，該村村東小麥均已登場，村西則一青無際，廿五日大雨甫止，水即奔臨沈各莊，東馬營各張村一帶，一片汪洋，望無涯際，登場小麥，堆積均被水浸，未割者，亦遭滅頂，無法收拾，損失之鉅，在十分之四云。

建廳規定防汛

冀建設廳近查省境黃河及永定河，因上游水猛，均呈漲勢，蓋以多雨之故，險象環生，對於防汛自應加緊辦理，免生不虞，遂特指派康兆庚為永定河監防委員，孫啟賢為黃河監防委員，着即監督各該河務局切實防護堤埝，康孫二氏原經奉派駐局辦理監視春工事宜，已出廳方電知繼續負責監防工作，另聞，子牙滹沱兩河日來亦趨上漲，各縣民堤，已經建廳通飭培修加固，以現屆小暑，伏汛已屆，各河水勢，屢見盛漲，洪流沖激，堤險堪虞，所有防汛搶險事宜，亟應籌備進行藉以消弭水患，特擬定各河防汛搶險辦法十條，七月六日已通令各河務局長會同監防委員遵照辦理，妥慎防護云。

天津市防水警備

時屆伏汛，各河水勢盛漲前所罕見，津市地處下游，為晉豫兩省各河宣洩必經之要道，勢頗危險，偶有疏虞，則民六水患，將再演於今日，亟應妥籌預防方策，俾期安全，市工務局除組織防險隊，按照所定防險範圍，設置汛房，分段防守，填補各堤缺陷，以防潰決外，並援歷年成案，約集各關係機關，成立河堤防險委員會，共謀市區安全，七月八日下午三時，假該局會議廳舉行第一次會，出席者有市政府，省會公安局，天津縣政府，華北水利委員會，海河整理委員會，南運河務局等各機關代表十餘人，由工務局長陶景潛主席，首由主席報告其略謂津市自民六水患，人民被災以來，每屆夏汛河水漲發之時，即惶恐萬分，深慮覆轍重蹈，蒙受重大損害，故地方人士，莫不以防險爲急務，雖民七將舊圍墻恢復，以防患未然，惟因地基窄狹，取土艱難，是以墻身薄弱，倘遇洪水猛溜，恐難經冲刷，嗣復於民八由地方人士，籌措民欵，修築南大圍堤道，相延至今，歷年加修，尚稱堅固，但子牙北運南運各河，年來河身漸形淤淺，兩岸垃圾又復堆積如山，殊有碍於河防，若不預爲設法防範，勢必釀成巨患云云，次對本市境內各河，各圍墻詳勘情形及籌備辦法，亦分別提出報告，旋即開始討論，(一)主席提議，工務局擬就市區防險範圍修堤備土，及修補各河迎水壩等工程，應需工料費並做法，提請審查公決案，議決照原擬計畫審查通過，(二)王科長提議，新開河閘門放水，應請北運河務局注意倒替啓閉，以保河堤，而免冲刷案，議決通過，即請該局代表轉達辦理，(三)王科長提議，爲修補沿河堤岸及施工辦法，約需工料費洋三千二百餘元，應如何籌撥案，決議通過由本會即呈市府鑒核撥發，(四)王科長提議，各河上游，水勢漲落，應請華北水利委員會隨時通知本會，以期靈通，而免貽誤案，決議通過，即函該會查照辦理，(五)李技正提議，擬請各代表，將各河現在水勢及防護情形，詳細報告，以資籌劃，用備設防案，議決即由各代表分別負責報告，(六)李技正，提議嗣後本會可否改於夏至，提前組織成立，以便取土，而利河務案，議決通過，明年決提前成立，至六時散會云，至防險隊已於本月一日先期出發，加緊工作，其防險汛地，計第一汛防地，爲南運、北運及西圍堤一帶，第二汛防地，由西北營門至海光寺，第三汛防地，由大灣兜至陳唐莊鐵道，第四汛地則由海光寺至賀家口，又該會以防險工作，首宜互相策應，以期週密，昨已訓令各汛長，如有危險，各汛應報於鄰汛，互相協助，並報知本會，以便設法搶堵，並以河堤防險工作，爲人民切身利害攸關，若僅恃官方之力，佈置恐有未週，擬請各河附近之自治區坊長等，遇有險狀發生，應負責糾集當地居民，協助防禦，俾免發生意外云。

湘省河災

(長沙通信)今夏湘省水災，以濱湖各縣最爲慘重，茲根據湖南省賑務局會查災委員報告，關於濱湖各縣之災情如下，(一)常德，災區計二百三十方里，災民計八萬四千六百九十人，失依者近萬人，死亡共計十五人，倒屋三百六十八棟，損失財物約六萬元，潰垸七十四個，淹田一十六萬八千四百四十五畝，潰田九萬六千五百九十七畝，減穀共十一萬五千餘石，續有災民約六萬人，統計各項損約計一百九十餘萬元，現在賑者，極貧二萬六千五百人，次貧五萬八千餘人，(二)南縣，災區二十五平方公里，成災原因，河湖兩江高漲，無法消洩，災民一萬七千四百餘人，失依者約一萬三千五百餘人，乞討度日，死亡五人，潰十二垸，淹田五萬四千七百七十畝，潰八垸，潰田四萬七千畝，倒屋一千二百六十八棟，每棟六十元計算，共值洋七萬六千另六十元，共計損失約一百一十萬元，待賑災民約一萬七千人，(三)臨湘，災區五百三十四平方公里，成災原因，江水陡漲，湖永湧泛，以致成災，災民三萬五千人，失依者，縣外逃荒，死亡無，損失約七十一萬餘元，淹田八萬六千九百餘畝，續有災民在五千以上，待賑一萬二千餘人，(四)澧州，災區三百八十平方公里成災原因澧涔澹道四水，同時徒漲丈餘或二丈不等，以致當冲之地，無不被難，倒屋四千五百餘棟，值洋二十七萬餘元，潰決十二垸，淹田八萬二千一百餘人，失依者約一萬三千一百五十餘人，日食藜藿，情極可憫，續有災民約十萬人待賑，極貧者四萬七千三百餘人，次貧者六萬六千二百餘人，(五)岳陽，計決十二垸，淹田十一萬六千四百五十一。(七月二十六日)

關中水災

(西安二十日下午七時發電)關中暴雨後，涇渭猛漲，二十七二十八兩日停渡，二十九日有冒險渡過者，三十水勢稍落，據片斷報告，當山洪暴發時，渭北沿岸士居民，盡被冲沒，僅三原迤北，即發現流屍四五千具，樓底鎮附近，絕戶百餘家，涇河水勢高兩丈餘，三原橋亦被撼動，河道居民盡隨波流去，洛渭合流沿黃河灘一帶災象尤慘，人畜死亡甚多，秋收絕望，平民縣城猶浸水中，城墻日有塌崩，秦嶺各峪冲斃旅客住民，每峪以數百計，武功扶風一帶，均平地水深數尺，秋田淹沒殆盡，涇陽縣報告沿涇河河流，被冲沒村莊絕戶者百餘家。

市政一斑

天津市新猷

天津市自于主席兼任市長以來，對於諸般建設，均積極進行。各馬路已着手修補，永關大街，已翻修潑油，以利交通。至南市滯管及馬路，與北馬路潑油，亦均在進行中。此外對於各處小巷，亦擬加以整理，以壯觀瞻。並在可能範圍內，極力清理市內河道，建築橋梁以利水陸交通。將來擬在河北一帶，建築商場菜市，以期繁榮地面。

津市西河橋工

西河義斗店附近建橋，已着手進行。建橋委員會推定津海關監督韓麟生為主席，建廳技正呂金藻，市府技正李吟秋，及海河工程局總工程司哈德爾為專門委員，從事計劃擇驗橋址及測量河深斷面，與附近馬路之工作。現海關已撥欵兩萬元，作為初步工程費用，預料不久即可招標興工云。

水西莊遺址保管

天津中山公園董事會發起組織天津水西莊遺址保管委員會，前經市府備案，即行推定委員，着手籌備七月十五日在天津廣智館開第一次籌備會議，到會者籌備委員高凌霨，陳寶泉，嚴智怡，李金藻，吳國濬，俞祖蠡等六人，決定(一)起草章程，(二)暫借廣智館地方為事務所，(三)水西莊遺址整理方法，先行接洽，設法盡力收回，(四)蒐集水西莊紀念物品，(五)添聘于市長，天津縣財務局徐局長，金凌宜先生，查際午先生為委員，(六)籌備會每月開會一次，(七)函市財政局，縣政府，縣官產局，水西莊遺址地方，如有處分土地之案，請知照本會先為查明，除以上重要決議外，並傳觀由各處借來之水西莊紀念品，攝影散會。

改良屠宰

津市各屠獸場屠宰獸隻，向在上午六七時，上市售賣則在下午三四時，市民食肉，均係隔日，此次財局新任張局長接事伊始，以際茲暑天，肉類為民食所關，屠售時間遲早，影響一般民衆衛生，亟應加以改良，而稅收商情，亦須兼籌併顧，迭經召集主管人員討論改良辦法，並徵求屠肉各商意見，最要目的，即在市民得食新鮮肉類，至因改善而多增費用，亦所不惜，討論結果，規定自七月一日起，每日從夜間十時開始屠宰，四日檢驗放行，六時到市售賣，業經布告週知，並通令各場切實遵辦，茲閩日來業已實行，而屠肉各商，亦無異言，十數年來之不良習慣，從此得以改良，此實可為本市衛生前途慶也。

厦門設市廢縣

厦門係五口通商之一，為閩省商業中心，實有設市之必要，嗣因政權於握海軍警備司令部，以致市府不能成立，去歲十九路軍入閩，省府遂呈中央將厦門設市，廢去思明縣，蔣光鼐主閩，乃委菲律濱僑商許友超為厦門市政籌備處長並請中央將厦門市改為思明市，（厦門舊為中左所，鄭成功據金厦兩島，以抗清兵，乃改為思明州，清隸同安縣，設海防廳，民國乃設思明縣）將原有思明縣裁撤，行政院交內政外交海軍三部審查，海軍力主厦門市可設，思明縣不可廢，其理由以厦門市公安局所轄市區，及鼓浪嶼公共地界有外人通商居住，無妨設市，若將思明縣，轄之禾山區劃入市區，則外人亦可前往雜居，殊非所宜，如以禾山不劃歸市之範圍，市不能成立，則無妨改為市政局，如以禾山地小，不足設置思明縣，則無妨劃鄰縣區域湊足，省府接內政部函知，深不以此為然，以為厦門孤島，萬無市縣並存之理，咨部力爭，部中至今尚無答覆，省府恐夜長夢多，設市將歸無成，乃於數日前下令，先將思明縣裁撤，以示思明市必成之決心，縣府奉令連日已趕辦結束，市府成立，為期已不在遠云。

濟南建設模範市

自去年以還，濟南市府計畫建設模範市，除現有商埠範圍外，並積極辦理北商埠，如電車，自來水公園等，依次設立，以促工商業之發展，規模宏大，擬發行公債二百萬元，充建設費，因所關太大，一再審慎研究，已七月十八日始在省政府政務會議席上提出討論通過云。

重建江灣

上海市之江灣，自一二八戰後，損失最巨。劫後田廬，蕩然無存。上海市政府為謀復興江灣路政及建設市中心區域起見，前特令飭市工務局辦理江灣道路工程，興築以來，轉瞬數月，全部工程即將完成。茲分誌施工情形如次。

道路工程完竣 市政府對於江灣道路工程，除依照新近規定寬度，責令沿路業戶收進外，并在北弄大街一帶，排設瓦筒。該項工程，除印家棚迤西，至萬橋一段，尚未完工外，其餘均已工竣。現皆填復街面，沿泥土山弄及山門街一帶，均已加鋪煤屑，排設石塊。其餘各路，即將繼續鋪排，施工極爲迅速。同時市政府開濬虹江口後，將建築虹江碼頭，以利中心區工業以輸送，至中心區之市府新屋，將於年內落成。

規定寬度名稱　江灣道路名稱寬度，現經市工務局重行規定如下。大街及萬安路，一律改稱萬安路，寬度十公尺。馬夫路改稱景德路。薛氏墓道一帶，改稱小舌路。楊家橋南改稱辛西路。李家巷改稱李巷路。煤屑路改稱青年路。以上均寬七公尺半。可灘路分兩段，寬度五公尺，自新江灣接北弄經甘家花園迤北改稱新市路，寬度十公尺。保衞路改稱保衞街，公安路改稱公安街，以上寬度五公尺。花園路一帶改稱花園路。和尚坟自池溝濱改稱文遐路。以上寬度七公尺半。竹龍橋以南，改稱竹橋路。萬家橋至油車一帶，改稱萬壽街。新濱橋側改稱斜塘街。王家橋以南改稱王橋街。以上寬度均爲五公尺。

◎長沙改市◎

長沙改市一案，曾在省務會議中，討論數次，各方面對於設市并不反對，惟因財政困難，民力凋敝，故多主張以不增加人民負担，與不超

過現在市政處原有預算爲原則。乃由民政廳長曹伯聞擬具「湖南省會設市計劃綱要草案」呈由省府何主席約集民財建教四廳各派科長一人開聯席會議，公同討論決定設市計劃八項，即日公布施行。至長沙市政府成立日期，已經商定七月一日，其設市計劃如次。(一)長沙市之區域，就要塞界限，劃分(甲)河東岸，由北路刀嘴起經新碼頭鐵橋，繞東沿瀏陽河西岸，至湖蹟渡，經王家園，徐家灣，揚家山，烏梅鴨嶺，婆嶺，王家冲，至石馬舖，折向西經石嘴，丁家嘴，新開舖，百家河，至猴子石止。(乙)河西岸，由廖家院子繞西經廣東山，張家塘，至土塘，向北繞至張家冲，曹家塘，光苯山，小冲院子，至荷葉塘，復折向東經野雞坡，出直紡紗廠，下大同嶺止，四圍均以要塞爲界。(二)長沙市設市政府，隸屬於省政府，并依其職掌，受省府各廳之監督指揮。(三)市政府設市長一人，由民政廳提經省政府議決薦請任用。(四)市政府依其職務分別設科，其組織另定之。(五)市政府之經常經費，應依其組織表另規定，但最高額不得超過市政處現行預算。(六)市不另設公安局關於公安局掌理事項，仍由省會公安局掌理之(七)長沙縣政府在新治未擇定設備以前，暫不遷移。(八)市區內原有各種捐款，除警捐仍歸省會公安局直接徵收外，其餘由市政府統籌整理，分別支配，呈請省政府核准施行云。

中華民國三十二年八月出版　一卷八期

河北省工程師協會月刊

張蓀題

北甯鐵路簡明行車時刻表

中華民國二十二年八月十四日重訂

下行車

列車次數／開到時刻／站別	北平前門 開	豐台 開	郎坊 開	天津總站 開	天津東站 到	天津東站 開	塘沽 開	蘆台 開	唐山 開	古冶 開	灤縣 開	昌黎 開	北戴河 開	秦皇島 開	山海關 到	錦縣	遼寧總站
第七次慢車膳各等	五•五〇	六•二四	七•四四	九•二六	九•三五	九•四五	一〇•四八	一一•五四	一三•〇一	一三•四八	一四•四三	一五•五四	一六•四四	一七•一三	一七•三五		
第二次特快車膳臥各等	八•二五	八•四五	不停	一一•一六	一一•二五	一一•三五	一二•二三	一三•一六	一四•二〇	一五•〇五	一五•四三	一六•二七	一七•一六	一七•四四	一八•〇〇		
第九次快車膳各等	一四•一〇	一四•四二	一五•四七	一七•二〇	一七•三〇	一七•四五	一八•四五	一九•四五	到 二〇•五三	二一•二四	二二•一七	二三•一〇	二三•四五	〇•一〇	〇•三〇		
第五次特快車膳各等	一六•二五	一六•四五	不停	一九•一三	一九•二五	停	平	津	直	達	特	別	快	車			
第二〇一次特快車膳臥各等	一七•一五	一七•四四	不停	二〇•一一	二〇•二〇	二〇•三〇	開	往	浦	口							
第一〇一次快車膳臥各等	二〇•一五	二〇•四八	二一•〇八	二二•四二	二二•五〇	二三•〇〇	一•一〇	二•一三	三•二四	四•一四	五•〇六	六•一七	七•〇九	七•二七	七•五九		
第一五次混合三等	二〇•三五	二一•一〇	〇•二〇	二•四〇	三•五〇	四•五〇	七•一七	九•五五	一四•四五	一六•三〇	一八•四八	二一•〇六	二二•二三	二三•一五	二三•五〇		

上行車

列車次數／開到時刻／站別	遼寧總站	錦縣	山海關 開	秦皇島 開	北戴河 開	昌黎 開	灤縣 開	古冶 開	唐山 到	唐山 開	蘆台 開	塘沽 開	天津東站 到	天津東站 開	天津總站 開	郎坊 開	豐台 開	北平前門 到
第一六次混合三等			三•三〇	四•二三	五•一二	六•四三	九•〇三	一〇•四四	一一•五三	一四•二七	一七•一三	二〇•三一	二二•二八	〇•二一	〇•三一	三•二四	七•一〇	八•一七
第八次慢車膳各等			五•三五	六•一三	六•五三	七•四三	八•四九	九•四七	一〇•〇二	一〇•三三	一一•五二	一三•一三	一四•二二	一四•四四	一四•五五	一六•三五	一七•四七	一八•二〇
第二〇二次特快車膳臥各等						自	浦	口	開		來		七•二六	八•〇〇	八•一一		一〇•四三	一一•〇九
第四次快車膳臥各等			九•一五	九•三八	一〇•〇七	一〇•五一	一一•三八	一二•二五	一二•五七	一三•〇〇	一四•〇六	一四•五六	一五•五五	一六•〇二	一六•一三		一八•四八	一九•一五
第十次快車膳各等			一三•〇〇	一三•三一	一三•五五	一四•二八	一五•一二	一六•〇七		一六•四五	一七•四六	一八•五三	一九•五五	二〇•〇二	二〇•一二	二一•二七	二二•四八	二三•一五
第一〇二次快車膳臥各等			二一•三五	二二•〇八	二三•〇五	二四•〇〇	一•〇三	二•〇〇	二•四〇	三•二〇	四•三二	五•三三	六•三七	六•五〇	七•〇六	八•二八	九•四三	一〇•一〇
第六次特快車膳各等				平	津	直	達	特		別	快	車		九•一五	九•二五		一一•四五	一二•二二

河北省工程師協會月刊

一卷八期目錄

民國二十二年八月出版

19400

寧夏石咀山之黃河

綏遠托縣境內之黃河

大石橋南端之關帝閣

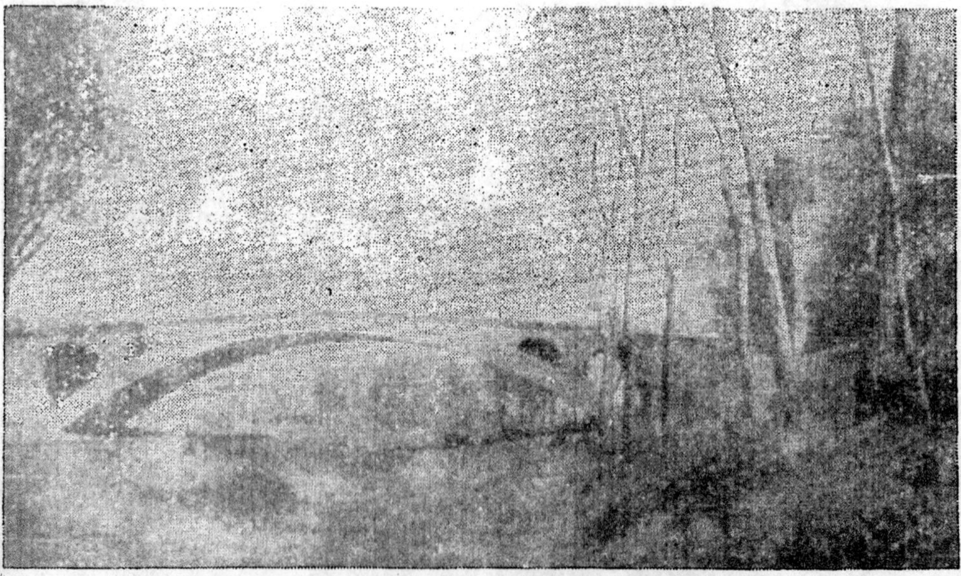

譽滿人間之趙縣大石橋

論壇

本會一年來之回顧與前途之企望

李吟秋

溯自本會於二十一年九月十八日成立以來，光陰荏苒，倏及週歲。在此寒暑迭更之短的過程中，吾桑梓曾飽受強敵飛機炮火之摧殘，曾痛遭兵匪擄掠傷害之犧牲。迄今城下之盟雖訂，而灤東西十數縣，數百萬父老子弟，猶在水深火熱之中。哀此窮黎，罹此慘凶！本會誕生於國難萬分緊急之候，復掙扎於槍林彈雨，危巢纍卵之下，以本會如是弱小之生命，逢此大難，而能殘喘苟延，亦云不幸中之幸矣。當茲痛定思痛，吾人對於過去之工作，不可無一番之追述與反省，對於今後之步驟，不可無一番之預測與勉勵也。

簡括言之，本會過去一年之工作，尚在草創時期中，其重要之目標有二。即對內，如何使會員互通聲息，互相聯絡團結，對外如何喚起社會之注意，並博得其同情與援助。至其已着手進行者，如呈請中央撥美棉麥借款之一部份，以興河北水利；並函請教育廳創設高中程度之農工學校，以資培植地方建設人才；又調查河北省各縣市生產狀況，以便本會同仁對於本省經濟得有確切之了解與認識，以爲研究發展之根據。凡此均稍具端倪，仍有賴諸同志繼續努力者也。

本會初步工作，既經開始；其以後之工作，責任尙鉅。最要者，本會不僅爲學術上之結合，亦且爲事務上之結合。一方對於各種工程技術，固應努力研討；而一方對於各種應行建議與應行舉辦之事業，亦宜極力促其觀成。惟本省應興應革之事，綱目紛繁，究應從何下手？不佞以爲不宜好高騖遠，徒快聽聞，而宜脚踏實地，認淸一事，即作一事。如是方有成績，如是方可得公衆之信仰與同情。

尤有進者，任何團體，任何事業，莫不以經濟力量爲前提。吾人對於本會之經濟力量，如何擴充，如何保固，確爲當務之急。不佞以爲上項所述之「認淸一事，卽作一事，」於解決此經濟問題，亦有密切之關係。特此問題之內容甚爲複雜，非一二語所可道出。但願本會同仁，加以注意。庶幾本會會務得以蒸蒸日上，而實際之工作，或可有實現之一日也。

復次，本會同仁實爲本省，以及全國有關係區域，建設事業之先鋒部隊，應具「拓荒者」之精神與毅力。其於工程後進，尤有獎掖提攜之責任。對於現在之工科專門學校，尤屬息息相關。吾人對此種學校莘莘學子，果應如何聯絡，如何啓迪，俾其學術得合於實用，以爲將來建設事業之後備部隊。斯亦本會所應特加考慮者也。蓋如是吾工程界人，對於建設事業，方能步驟一致，而能爲全體之總動員。

總之，本會既以「聯絡工程專家，闡揚工程學術，以發展本省建設事業爲宗旨，」則於「事」於「人」，均應有詳細之計劃與準備。庶幾得逐步邁進於光明之路，本會前途實有厚望焉。

水災與國難

張含英

一國之文化與財富，與河道之關係至爲密切，例如我國之黃河，埃及之尼羅，印度之恒河，皆在歷史上有重要之價值。上古之時，人民逐水草而居，及人口日繁，則思防害之策，兼施利用之術。故古一朝之盛衰，類可自水利水患之情形卜之。又以其關係民生若是之重要也，故史册所載，代不絕書。河爲天然之賜予，欲與利以除害，則端賴人爲。是故昌明之世，國富民足，努力講求，日有進步，則水利可與，而禍患自除。多難之世，則必有河溢決漫之厄。蓋以人事不和，則私慾橫流，各自私利，互相爭奪，民生凋敝，救死不暇。天災之來，既未能防患於無形，更無力極救於當時，及其潰決，只有聽諸天命，任黃流之汹湧，掃田廬成邱墟。故曰天災由於人禍。實以人能和，則天災容或有免，否則必益逞其凶惡矣。

19405

黃河爲患，史不絕書，其最烈者，則爲前後之六次改道。茲姑述其歷史之背景，以實吾言，兼爲殷鑑。

大禹治水之後，終夏后之世，四百餘載無水患。殷時河屢潰決，至遷都以避之。周代以洫漕川，起自田畝，繼彊封築，取諸農隙，旱潦蓄洩，任之農功，卒然有急，移用其民以救之。其時事取力征，故上不隄而固，水不渠而灑，河由地中行，蓋不勞而定也。及平王東遷（西歷紀元前七七〇年），周室衰微，諸侯用兵稱霸逞强。其始也齊桓爭長，其繼也晉楚起釁，秦晉稱兵，其間各國互爭，大戰連年，騷擾已極。當時諸侯，各作隄防以自利，甚或以鄰爲壑，而河愈橫溢，爲害無窮。故至周定王五年（西元前六〇二）河決黎陽（今濬縣）宿胥口，東門漯川，至長壽津（今滑州東北），始與漯別行；至大名，約與今衛河平行，至滄縣與漳河合，至天津以入渤海。河乃東南徙。

漢朝大患，始於文帝十二年（西元前一六八年）酸棗之決，武帝元光三年，濮陽瓠子口，河決繼之。其後有百餘年間，河患頻仍。至成帝綏和二年（西元前七年），求能治河者，待詔賈讓上言上中下三策。後又屬徵治河者，但崇空言，無施行者。以故河敝已極。又逢王莽篡位，天下大亂，黃河第二次改道，即於王莽始，建國三年（西元十一年）決魏郡，經淸河以東，平原，濟南數郡，北流至千乘（今利津縣）入海。河更東南徙大伾（今濬縣境）以東，舊迹盡失。

東漢明帝，永平十三年，王景治河成，多開水門，復河汴分流舊跡，不至橫決如前矣。

及至宋朝眞宗，國體衰弱，景德間（西元一〇〇四）遼大舉攻澶州（今濮陽西），帝親征，遂請盟。其後夏王趙元昊反，征討數載，遼復求地，外患屢來。故於宋仁宗慶歷八年（西元一〇四八）河決商胡（今濮陽縣東北），而橫隴（今濮陽東）之京東故道塞。北流合永濟渠，注靑縣境，又東北逕獨流口，至天津入海。越十五年河分於大名，遂分爲二股河，此股經德平，樂陵，海豐入海。至哲宗元符二年，東流斷絕。

遼代建國北方，於河無與。金克宋之初，兩河悉畀劉豫；豫亡，河遂盡入國境。宋慶歷之決，河乃北徙，後又有東股，幾復舊道。宋人恐河入契丹境，則南朝失險，故興六塔二股河，欲挽之使東，是直以河爲天險，非治河矣。後宋南遷，奸相當國。金雖設官以置屬，適置兩國交兵，故於南宋光宗紹熙五年（即金章宋明昌五年，西元一一九四年）河決陽武故隄，歷長垣，荷澤，濮縣，范縣諸縣，至壽中注梁山濼分爲二派。北派由北淸河（即今黃河）入海，南派由南淸河入海。距上徙只一四六年耳。

其時金人以鄰如壑，故縱河南下，與北淸河並行。是以河病敵，非治河也。至元世祖至元間，河決陽武，南徙益劇，又衆會通河成，北派愈微。明孝宗時，則主東西分治，後劉大

19407

夏，主張治上游。濬賈魯河，由曹出徐以殺水，濬孫家波，開新河七十餘里，導使南行。又經長垣，東明，曹，單諸縣，下盡徐州作金堤，長三百六十里，北流遂絕，沿淤黃河自雲梯關入海。時明孝宗宏治六年也（西元一四九三年）。此次遷徙始於元世祖至元中，迄明孝宗宏治六年，凡二百餘年，元則利河南徙，明則以漕運之疏通為目標，雖非由於國難之牽動，實以其非為治河而治河也。

清咸豐元年，洪秀全稱太平天國，竭全國之力以事征討。遂於咸豐五年（西元一八五五年）河決銅瓦廂，北流自大清河入海，即為今道。清初河患雖甚，然皆堵塞禦防，惟於此次適置太平天國之亂，故一決而不可收拾也。

就以上之事實，吾人可簡述如下：

河道初徙於西元前六〇二八年，時在周室東遷之後，諸侯稱強，作隄自利，以鄰為壑。

河道二徙於西元一一年，時在王莽篡漢後三年，天下大亂。

河道三徙於西元一〇四八年，宋室衰微，外有契丹之侵，內有夏王之變。

河道四徙於西元一一九四年，金宋利河以為險，互作攻守之具。

河道五徙於西元一四三九年，治理不得其道。

河道六徙於西元一八八五年，適值洪楊之亂。

由上觀之，河道遷徙之變，幾無不在國家多難時也。水災之原因固多，然人事不臧必，其大者。以上所述，畧就歷次大患言之耳。若細考各次之泛決，亦可得同樣之結論。黃河下游，豫，冀，魯及蘇之北部，莫非黃河淤積所成。換言之，即千萬年前，爲歷史所不可考者，黃河曾漫流於此大平原者，不知其幾千萬次也。故地勢平坦，一有沖決，任何處皆可作爲河道。試一睹前六次之遷徙圖，即可略窺一班，西薄太行，南及徐淮，莫非河道所經。可知大平原中，任何處皆有爲河道之可能也。

嘗有以七次遷徙相詢者，此誠不幸之豫測，然事實如是，亦不必諱言也。以今日之河道狀況，及國家情形言之，任何時皆有改道之可能，任何地皆有河身之危險。自七次改道至今，垂八十年。所幸下游新道（大清河故道），在昔水流尙暢，然以灣曲過多，且河底淤墊，連年決溢，幾至不可收拾。論者多謂豫省自清光緒十三年後，未常有患，河可安矣。殊不知此正新道流暢之暫時現象，爲時一久，下游淤墊，水流壅阻，不得宣洩，其爲患必矣。故吾不爲今日之豫省喜，實懷前車之懼也。鞏縣而下，平均言之，低水位時，河面已較平地高二公尺，大水之時，則五六公尺不等，河行地上，全賴隄防。內戰連年，大河南北久已凋敝。防護失時，隄薄廂敗，潰決之患，在於目前，卵巢樑燕，尤不自覺，不得不爲國人再言之也。

今日國家誠多難矣，內憂外患，俱極險惡，較之遼，金，洪楊之時，已遠過之，河之不遷幸也。但勢厲建瓴，南決則徐，淮，金陵爲魚；北決則燕，趙，天津成墟。喪亂連年，已不堪命，若再遇此巨災，欲蒙獨立國家之名，恐亦不可得也。言念及此，不寒而慄！

今日政府及社會，似已感覺河患之可畏及水利之重要，故亦提倡督促。然此不足以言治河也。東漢末年，求治甚力，詔訪徵求能治河者，然「崇空言，無施行，」爲史家所病，故不數年而徙。甚願今人能力矯此弊，不事空談，埋頭工作，不求口惠，但務實行，或可渡此難關。否則不忍言矣。古語云：「多難興邦」不禁馨香以祝之矣。　二十二年八月三日於天津

張含英先生，現任黃河水利委員會秘書長，甫自陝西歸，編者卽求其發表關於治黃河意見。張君爰以此篇見示。不幸八月十一日河水暴漲，自孟津虎牢關外漫，武陟，孟津，溫縣，廣武，滑縣，汜水相繼漫淹，同時甯澤亦遭波及。泛流奪舊道而南，災况之慘，爲近百年來所罕見。張君不幸言中，愈証明國難水患，互爲因果，天災人禍，互爲起伏，此中實有至理，非迷信可比也。當此黃河七徙之際，國人可以全體覺悟，而努力於和平統一，努力於水利建設矣！

編者誌

土木工程估價之商榷

李吟秋

估價在工程實施上爲一重要工作，但土木工程，範圍甚廣，其各種工料之數量與價值，在吾國現時，尙無確切之統計。即在外國，其刊印專書者，亦不多覯，蓋普通習慣，均視此爲包工人或工程師之一種密秘也。然實際言之，工程界之密秘甚少，有之則不可或不堪告人者也，尤以包工估價爲最。玆爲便利研究起見，分述房屋，道路，橋梁，鐵路等工程估價之通例如左。至其估價數量及價格之取材，多爲平津一帶及華北之重要工程，其中自有地方及時間之關係，未便普遍應用，惟料價一項，則悉依據最近之調查。

本篇係嘗試之作，因原題範圍過廣，罣漏遺誤之處，在所難免，如承工程同志，公開討論糾正，無任歡迎。

一、房屋建築之估價方案

房屋建築之估價，包括左列各項：

1. 材料
2. 人工
3. 工事——包括設計，製圖，監工等費，以及工具之製備與毀廢等損失。
4. 意外損失——數額估前三項百分之五至百分之八。
5. 包商利益——包商利益，乃營業上之秘密，原無法臆測，可以百分之十至百分之二十計之。

以上各項，不過予讀者以一概念，至於環境不同，目的改易，則須斟予變通，要在因地制宜，不可拘泥也。

（A）不能以單價表示者

1. 抄平（打樁訂界在內）——以地上面積計算，每百平方呎，約需木匠三人泥匠三人，每人工資七角，共計四元二角。

2. 清底——房址以內，如生長雜草，或堆存廢物，須先清除淨盡；其凸凹不平之處，亦須剷填平整，故工資不定。

3. 掘土——掘土之費，因土質而異，普通房基，少見岩石，計每十立方呎，需工資一角二至二角五；惟此項工資，又受深度支配，如不太深，可以每方五角至八角估之；岩石掘挖較難，每方約需七元，如掘坑埋樁，（6"x10"x15'-0"）每深一呎，約多費洋一角五分，但須有打樁錘。

4. 抽水——抽水之費，因水之深度，含泥多少，及抽水方法而異。

5. 填土——所掘之坑，不必盡用。不用之坑，必復以土填之，洋灰如混凝土木型周圍之空隙等。此項費用，約合掘土費之半。

6. 運土——掘坑所出之土，不必盡用，餘廢之土，須運除之，費用不定。

7. 架架——施工前所備之梯道，架台，繩桿，脚手板等須通盤估計。

（B）基礎

三七灰土——三成石灰，七成黃土，攙合均勻後，每厚十吋，錘實成六吋，，約每一·六六方實得一方。

每方基礎用粉狀白灰　一○·五至○·六方。
　　　　　　黃土　一·二至一·四方。

普通塊狀白灰，每立方呎·重五十磅。粉狀者之重·不過其半（二十至二十五斤）。是基礎一方，需用粉狀灰一千至一千五百斤，如用塊者則不過五百斤至八百斤耳。

白灰之市價：

東山白灰　　　四·五○元
西山白灰每千斤　六·○○元

灰土之工價：每方用兩工，每工六角，共計一元二角。

三七灰土基礎每方之價格

東灰　八百斤（每千斤四，五元）　洋三•六〇元

土　一方半（每方一元半）　洋二•二五元

人工……洋一•二〇元

每方共計洋七•〇五元

(C)磚活——墻厚既定，所需磚數，可就其單位面積內計之，如所用磚爲標準尺寸者，$(2\frac{1}{4}'' \times 3\frac{7}{8}'' \times 8'')$ 墻每厚一磚，其每平方呎內，約需磚七塊，茲將墻厚及所需磚數列表於左：

墻之厚度	每平方呎所需磚數
一，磚厚四吋	七
二，磚厚八吋	十四
三，磚厚十二又二分之一吋	二十一
四，磚厚十七吋	二十八
五，磚厚二十一吋	三十五

（註）以上按每平方呎計磚數，數目稍多。如面積大者，平方計算較爲相宜，其數目可酌減。

磚價

青磚　8"×4"×2"　每千價洋八•四〇元

紅磚　8"×4"×2"　每千價洋五•四〇元

工資　每千磚用八工　每工五角　共計四元

空心磚隔間墻之估價　以方爲單位

五吋空心磚　5"×5"×12"　三百塊每百以三元計——九•〇〇元

洋灰泥漿　洋灰一袋半每袋三元三角……四•九五元

沙子〇•一方，每方七元……〇•七〇元

人　工……二•六〇元

每方共合洋十七元二角五

(D)泥漿及縫抹

(1)工——此項工價，包括磚活以內，見前節。

(2)料——泥漿之主要成分爲沙。估料之法，以沙爲主，計磚每千，需沙十四立方呎，由沙與灰之比，而得其石灰之量如左：

一／三沙灰泥，需潮石灰四•七五立方呎）如用乾灰，減半。
一／四沙灰泥，需潮石灰三•五立方呎）

市上所售塊狀灰（西山灰）每千斤六元。

泥漿之內，每合以洋灰，普通多用一四十六之比例，即洋灰一成，石炭四成 沙土十六成也。

泥漿內之西河沙，每方洋七元。

抹縫料——抹縫所需之料，依墻之面積估之，計每十平方呎，需乾石灰六斤。

工——每方用一工，工洋五角。

(E)木活——房屋建築中之估價，當以木活為最難，木材始離產地，粗糙不平，形狀各異，斧鋸之加，則必有所廢，廢棄之料，必須予以詳細估計也。

木料： 木廠出品，其標準長度，由十呎至三十呎不等；然皆二之倍數。故九呎之木，可自十八呎者截而為二；而九呎二吋之板必須以十呎者截成，既廢且貴矣。

(1)木材之尺寸——以二吋遞進

2"×4", 2"×6", 2"×8"........2"×18"

3"×6", 3"×6", 3"×8"........3"×18"

4"×4" 4"×6" 4"×8"........4"×18"

6"×6" 6"×8"............6"×20"

8"×8" 8"×10"..........8"×20"

10"×10" 10"×12"........10"×20"

12"×12" 12"×14"........12"×20"

14"×14" 14"×16"........14"×20"

16"×16" 16"×18"........16"×24"

18"×18" 18"×20"........18"×26"

20"×20" 20"×22"........20"×30"

(2)木材之長度——以二呎遞進。

四呎至二十四呎——適於製板，襯板及龍骨之用。

四呎至二十呎——適於製地板，天花板，斜瓦板，隔間墻，窗架，墻脚，門窗側柱之用。

市上木材，十呎至三十二呎者極為普遍，特別長者則須訂購。

(3)木材之計算——木廠出品之尺寸，既皆正數，設此不用必廢必貴。善設計者，每於房屋之長闊，端壁之位置，立柱之長短，樓層之高矮，少加以變更，即可免去斧鋸之繁。

木材之數量以「吋」Board measure計，一百四十四立方吋為一吋。如六吋見方長十四呎之椿，共計四十二吋。其計算公式如左：

$$B.M.F. = \frac{A \times L}{12}$$

A. 表斷面積以平方吋計。

B 表長度以呎計。

(4)被蓋地板天花板等 (Sheathing, flooing Ceil-ing,)之估計。

a. 被蓋——估料之法，以所蓋之面積為主，地板加百分之十五；邊牆加百分之十七；屋頂加百分之二十二；此係就普通做法言(方向順直)。如按對角線方向裝置，則較費，須外加百分之七。

b. 地板，天花板等——方邊 Square-edged 三吋半者，加百分之二十五。

刨平有砌筍者 (Dresoed & matshed)

- 六吋地板　加百分二十
- 四吋地板　加百分三十三
- 三吋地板　加百分四十

(板厚四分之三吋至一吋半　板長皆正呎數)

所蓋面積，以板寬乘單位長度表示之如左。

寬＼塊數	一塊	十塊	五十塊
十吋屋頂	9"	7'—6"	37'—6"
四吋天花板 黃松	1 3/4"	2'-8 1/2"	13'-6 1/2"
六吋地板 黃松或白松	1 5/4"	4'-4 1/2"	21'-10 1/2"
四吋地板 樅楓或黃松	1 3/4"	2'-8 1/2"	13'-6 1/2"
三吋地板 橡或楓	1 2/4"	1'-10 1/2"	9'-4 1/2"
二吋地板 厚八分之三 楓或橡	1 1/2"	1'—3"	6'—3"
一吋地板 厚八分之三 橡或楓	7/8"	8 3/4"	3'-7 1/4"

(5)木材之市價

a. 美黃松及關東江松(做門窗用)

每千吋價洋九五.〇〇至一一〇.〇〇元

b. 杉松即白松(做板條及地板托梁用)

每千吋價洋八六.〇〇至九〇.〇〇元

19415

c. 1"×4"美松地板

每千吋價洋一一五•〇〇至一二〇•〇〇元

d. 楠材——徑四吋至六吋，長十二呎

每棵價洋一•二〇至一•六〇元

e. 榆木（做梯橙用）

每千吋價洋 一三〇•〇〇元

f. 天花板條 每捆價洋一•〇〇元

6）釘量之估計

天花板條每千 用$1\frac{1}{4}$"釘七磅

每百平方碼用$1\frac{1}{4}$"釘十磅

斜瓦板每千平方呎用 兩吋釘十八磅

被蓋每千平方呎用兩吋半釘二十磅或三吋釘二十五磅

地板每千平方呎用兩吋半釘三十磅或三吋釘四十磅

釘間柱，每千平方呎 用三吋釘十五磅

釘托梁椽子上木片 1"×$2\frac{1}{2}$" 十二吋距離

每千平方呎用兩吋半釘九磅或三吋釘十四磅

1"×$2\frac{1}{2}$" 十六吋距離：

每平方呎用兩吋半釘七磅或三吋釘十磅

龍骨或椽子：

板1"×6"
- 中心距十二吋用兩吋半釘十吋磅
- 中心距十六吋用二吋半釘十二磅

板2"×6"
- 中心距二十四吋用四吋釘三十五磅
- 中心距六十吋用四吋釘一十四磅
- 中心距七十二吋用四吋釘十磅

板3"×10"
- 中心距三十六吋用六吋釘三十一磅
- 中心距四十八吋用六吋釘二十四磅
- 中心距七十二吋用六吋釘十六磅
- 中心距九十六吋用六吋釘十二磅

釘長	額外率	釘間距離	每磅數目
六吋(60D)	一	二吋	一一
四吋(20D)	一	六吋	三一
三吋(10D)	〇•〇五	九吋	六九
二吋半(8D)	〇•一〇	十吋又四分之	一〇六
二吋(6D)	〇•二〇	十一吋又三分之二	一八一

釘之市價。平均每百磅價洋十五元

(7)木潛工資之估計

a鋸工——鋸工以鋸開之面積計算。每百平方呎由一元

角至二元

b.門 { 帶夾木 3'—6"×7'—3" 每付工洋三•〇〇元
帶玻璃 3'—6"×7'—3" 每付工洋三•五〇元 }

c.窗—3'—8 1/2"×5'—10" 八孔窗每付工洋三•八〇元

d.按地板，每百平方呎工洋二•〇〇至二•五〇元

e.釘天花板條每百平方呎工洋一•三〇至一•五〇元

f、釘板條(墻上)每百平方呎工洋一元

g.釘亞鉛頂，每百平方呎五角

h.釘瓦頂，每百平方呎工洋一元三角

以上價目，包括龍骨之鋸工及釘工在內。

i.做 King Post Truss，長三十呎，每架六元至八元，鐵活在內。

J,做 King Post Truss，長十呎至十二呎，每架三元至四元，鐵活在內。

k,鋸齒形頂架，長二十三呎半，每架六元，鐵活在內。

l.梯道每套二十元，鐵活在內。

m.撫闊架，每間約需二元。

(待續)

公路運輸之汽油問題與我國油市之近况

陸桐

汽油(Gasoline)爲近代最便利之燃料，工業上及交通上咸採用之。我國年來各省公路事業發展以來，汽油燃料之消耗，每歲價值約銀兩千萬兩。其他軍事用油，如飛機坦克車等，以及各工廠用量，當亦不在少數。徒以我國油礦雖多，均未開採，所用概自外來。故晚近國內實業大家，多處探驗油田；而工業製造專家，亦埋首試驗汽油代替用品，以謀補此漏卮，而維國防。但在國油未曾採發之先，與夫木炭代替汽油，煤氣代替汽油，酒精代替汽油，未能充分應用之前，尚難立即屏棄舶來之品；是以汽油之講求不能不加以注意也。

(一)汽油之產生 汽油爲石油之一種。當提煉用蒸溜器蒸溜之時，溫度不高，即行蒸出之油，謂之揮發油，爲無

色，易流動，富爆發性，而易引火之液體。其次爲燈用油，係帶黃色之液體，外有綠色之螢光。第三溫度增高而蒸出之油曰重油，爲黏稠之液體，或白色臘狀之固體。最末曰瀝青，爲蒸溜最後殘渣，成黑色固體。揮發油又因蒸溜時所受溫度不同之故，又生各種不同之揮發油，汽油乃其一。大約普通石油百斤，汽油爲百分之十，燈用油爲百分之八十，殘渣爲百分之十。

(二)汽油之牌號　我國現在所用汽油，概爲英商亞細亞公司，美商美孚公司及德士古公司與蘇聯所出汽油。茲將其牌號畧列如下：

產油公司		亞細亞	美孚	德士古	蘇聯
品	上等	金殼牌	汽車牌	德士古牌	大華牌
質	次等	銀殼牌	美孚牌		光華牌

除以上四公司外，尚有其他公司汽油，要皆出品無多，品質太雜，每不適用。

(三)汽油之選擇　汽車給養之費用，以汽油爲最大。如汽油品質不良，則車機壽命短促，修理需時，營業虧損。殊不經濟。茲將汽油優劣之關係列表如下：

類別	比重	蒸發点	引火点	用油	爆發力	修理費	車機壽命
優良汽油	低	低	低	省	快而強	少	長
劣等汽油	高	高	高	較費	慢而弱	多	短

看以上表列，自以優良汽油爲宜。我國現在所用汽油，多稱金殼牌汽油較佳，但往者蓄牌優良汽油，日久天長，因採取地位不同，或成份稍劣；而前者劣等汽油，近日成色，或稍優良，故只以牌號爲去捨，殊非評油定質優劣之良好標準，勢必實地試驗爲宜。

試用汽油方法，可在營業汽車中，選一完善汽車，將各牌汽油，在同一車輛分期試用之。駕駛者亦須同屬一人(因各人技術不同，難免差異)。每期試用時間，最少爲一月。季節以秋冬任選一季爲宜。因汽油之蒸發点與爆發力與季節溫度有關。夏季雨天路濘，每加侖行駛里程，難免有差。司機者每日須填一試用紀錄表，以資參考。今將該表擬之如下：

民國　年　月　日第　號車試用　牌汽油紀錄表

一、天氣及溫度
二、本日行駛公里數
三、本日載重（乘客人數或載貨噸數）
四、共用汽油若干加侖
五、平均每加侖行駛公里數
六、本日乘客人數（或載重噸數）乘以行駛公里數等於延人里若干（或延噸里若干延人里須化為噸數）
七、使用機油若干
八、火星塞及汽缸洗滌次數炭質重多少
九、修理狀況
十、特異摘要

司機某某報告

按上紀錄，試行一月之後，再估統計表如下：

試用某牌汽油總報告

一、本月平均天氣及溫度狀況
二、共行延噸公里
三、共用汽油若干加侖
四、共用機油若干加侖
五、炭質共有重量
六、修理費用
七、平均每加侖汽油行若干延噸里
八、平均每加侖機油行若干延噸里
九、平均每延噸里修理費用
十、每加侖汽油之延噸里除以每加侖汽油價格即等於每延噸里之汽油費
十一、每加侖機油價格除以加侖噸里即等於延噸里之機油費
十二、修理費除以共計延噸里即等每延噸里之修理費
十三、每延噸里之汽油費加以每延噸里之機油費每延噸里之修理費等於平均每延噸里之總數

各牌汽油試用完結之後，再將各牌試用總報，彙集作一總報告統計，以比較之。如此而行，則可得整密之考績，是選擇汽油不患無標準矣。

綜上討論結果，選擇佳良汽油，有如下列各点：

一、比重輕（須為優良品質比重度數），富揮發性。」

二、蒸發点須在冰点能蒸發者，引火点低。

三、色純潔而透明，炭質少，爆發力速而強。

四、新牌汽油未得有試驗報告以前，須自行試用，考查結果適宜後方可採用。

(四)其他 聽油爲鉛鐵皮裝置，普通約稱五加侖，實際只有四•八加侖。(蓋聽易感熱，汽油自易膨脹，公司方面，爲防危險計，常不灌滿，特留空隙，以免爆炸。) 公司送油，每百加侖按二十聽計，實則有油僅九十六加侖，尙欠四加侖。故購油之家，宜向公司要求補足，以免此莫明其妙之損失。

此外，我國所用汽油概自外來，自宜先爲預購，庶免缺乏，致誤行車。此皆汽車企業家所應注意者也。

(五)英美與蘇聯在華汽油之角逐 我國所用汽油，以前概爲美孚及亞細亞兩家供給，嗣後又有德士古汽油問世，三家攻守同盟，協定價格，不准抬抑，橫行當世。供給全世界百分之八十五之消耗；我國用品，只得令其壟斷。自中俄復交後，蘇聯火油大批入口。經理公司，南有光華，北有大華，廉價出售，於是美孚亞細亞德士古，聯合陣

綫爲之衝破。汽油市價，一再狂跌，從前每加侖一元五角上下，近日只售五角有奇。我國半載工夫，省價何止千百萬餘元。然此乃紅白帝國主義者之火併，非爲世界大同，而甜愛吾華民族也。他日紅白諒解，則我國受害，更不知若何也。言念及此，不寒而慄。望我人士國全有以覺悟。

(六)我國汽油消耗之驟增 再查我國汽油入口，有如潮湧。其始也僅於清光緒三十二年起，至民國元年進口額，當不過四十萬加侖，但至民國二十年，竟增加爲二千九百八十萬加侖，而在去年進口則已增至三千萬加侖。則此二十年工夫，增加計有七十五倍之多。其原因，不外消費方面，有下列兩大途逕：

1，近年各省汽車路競相敷設；據最近估計全國汽車約在三萬九千餘輛左右。

2，近年國內各省航空事業日形發展，國防上，商運上飛機之添置積極進行。他如都市汽車，亦月有益增。

(七)我國油礦之蘊藏 △國內汽油之消耗如此，而汽油公司之操縱又如彼，則國人對此，急宜奮起抵禦。歷代

替物品難以一時充分發展，而我國油礦到處皆有，隨地可取。爲我國經濟計，國防計，自應上下一心力促開發成功。茲略錄我國油田如下：

（甲）陝西　陝西油田，自唐代即已發現，其散佈之廣，油苗之衆，當推爲我國第一。該省東自延川，延長，宜川等縣，西至延吉，安塞膚施，甘泉，鄜縣，中部宜君等縣，皆有油苗露出，由岩石流出者共有三十五處。延長一縣，即有石油面積一千方里，油田六十三處。自晚清迄今，官辦，商辦，時作時輟，卒未著何成績，仍待開發。

（乙）四川　川省石油蘊藏亦甚富，最著者爲自流井，蓬溪，射洪三處，濱田面積雖不廣大，然儲量可列世界第四位。如開採有效，可供全川之用。

（丙）新疆　新省油礦區爲庫車，烏蘇，迪化，塔城諸縣，油泉噴發或流出者四五十處，前清設局開採，無利停辦，後由民間自由採取難以發達。有油井三四十座，其年產額多者不過二三十噸。

（丁）此外西康，滿洲，蘊藏亦均豐富，貴州，湖南，熱河，吉林等省，亦有油田發現，但未經鑽探，不能確悉油量多寡。

總計以上我國產油區域，不下十數餘省，果能一一開發成功，雖不能執世界市之牛耳，然各色油料之充足，亦爲一大富源，即國防上亦能解決一問大題也。

世界汽油產量

（紐約英亞社通訊）據此間公布，年來世界產油總計，一九二九年爲一•四八四•〇〇〇•〇〇〇桶，一九三〇年，一•四一〇•〇〇〇•〇〇〇桶，一九三一年一•三六九•〇〇〇•〇〇〇桶，去年則爲一•三〇〇•〇〇〇•〇〇〇桶，同年美國所產祇爲七八九•〇〇〇•〇〇〇桶，較之一九三一年，約減百分之八，較之一九二九年，則減百分之二十一•五，樊尼蘇拉，去年所產之總數爲一二二•五〇〇•〇〇〇桶，亦較一九二九年較少百分之十一•羅馬尼及波斯去年各產四五•〇〇〇•〇〇〇桶，波斯產量與一九二九年較，則不增不減，羅馬尼則較一九三一年減少一•〇〇〇•〇〇〇桶，荷蘭印度之產量，較前年減少四〇〇〇•〇〇〇桶•墨西哥在一九二四年，計產一四〇•〇〇〇•〇〇〇桶，一九二九年則爲四五•〇〇〇•〇〇〇桶，而去年則竟減至三三•〇〇〇•〇〇〇桶，蘇聯一九三二年產量爲一五四•〇〇〇•〇〇〇桶，較之一九二九年約增百分之五十五，按上述數字，去年全年各產量最大者，首推美國，其次則爲蘇聯云。國

中華書局出版

社會政治參考書

書名	著者	冊數	定價
社會學概論	陳翊林	一冊	七角
社會主義的理論與實際	周佛海	一冊	一元
社會問題總覽	李達	一冊	一元二角
社會問題概觀	周佛海	二冊	八角
社會問題綱要	劉炳藜	一冊	六角
人口問題	吳應圖	一冊	二角半
歐洲政治思想小史	高一涵	一冊	五角
近代政治思想史畧	鍾挺秀 李卓	一冊	一元二角
最近世界各國政黨	顧樹森	精裝一冊 並裝四冊	五元 四元
盧騷民約論	馬君武	一冊	五角
市行政學綱要	董修甲	一冊	三元
殖民政策	吳應圖	一冊	三角半
華盛頓會議小史	周守一	一冊	一元五角
國防與外交	謝彬	一冊	一元
中美關係紀要	蔣恭晟	一冊	四角
中德外交史	蔣恭晟	一冊	四角
中國喪地史	謝彬	一冊	四角
國恥史	蔣恭晟	一冊	一元二角
收入及郵貧政策	馬君武	一冊	八角

教育參考書

書名	著者	冊數	定價
教育心理學大意	廖世承	一冊	八角半
教育心理學	廖世承	一冊	一元四角
學習心理學	朱鈞定 夏承楓	一冊	六角
個性論	舒心城	一冊	二角
幼稚之意義	王克仁	一冊	一角
幼稚園課程研究	唐毅	一冊	三角
兒童與教材	鄭宗海	一冊	一角
設計教學法精義	曹芻	一冊	一元二角
初等教育設計教學法	沈有乾	一冊	四角半
導爾頓制概觀	舒新城	一冊	八角
導爾頓制討論集	舒新城	一冊	四角
導爾頓制研究集	舒新城	一冊	八角
個別作業與導爾頓制	舒新城	一冊	一元二角
葛雷式學校組織概觀	芮佳瑞	一冊	三角
施行新學制後之東大附中	廖世承	一冊	一元二角
青年職業指導	王文培	一冊	四角
中學訓練問題	陳啓天	一冊	一角半
教育通論	舒新城	一冊	八角
教育原則	余家菊	一冊	五角
法國教育概覽	周太玄	一冊	二角
中學以上作文教學法	梁任公	一冊	三角半
教學觀察法	施仁夫	一冊	三角
圖書館簡說	蔡瑩	一冊	一角半
近代教育家及其理想	唐毅	一冊	六角
美國教育徹覽	汪懋祖	一冊	八角半
美國鄉村教育概觀	古楳	一冊	三角
學校教育指導法	杜定友	一冊	八角
家庭教育與兒童	徐松石	一冊	四角半
教育概論	莊澤宣	一冊	一元二角
收回教育權運動	舒新城	一冊	六角
中國新教育概況	舒新城	一冊	一元二角
近代中國留學史	舒新城	一冊	一元四角
幼稚教育概論	張宗麟	一冊	四角
兒童心理學	葛承訓	一冊	一元五角
兒童心理與興味	葛承訓	一冊	三角
教育行政大綱	常導之	二冊	二元
比較教育	常導之	一冊	一元

天津北馬路本局電話二局二二三三

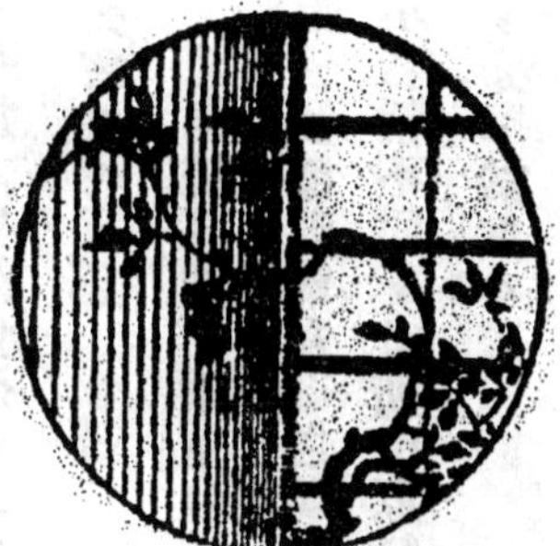

調查

北平之建築業

北平市社會局

北平自遼金元而後，明清兩代皆建都於斯。至今所留遺之宮殿塔寺及城垣壇廟，具可推見當時營造法式，并可據以上溯唐宋以前之規制。元雖由朔漠入主中原，其營建宮闕，實仿汴京而大備。明初因之，縮北而拓南。清沿明制，并專設工部，主管宮殿園囿壇廟陵寢之工程。凡屬設計估料，均由部中樣房（北平此時有善作房屋模型之匠師雷姓，夙有家傳，俗呼曰樣子雷。）算房辦理。當時有四大廠商（興隆廣豐等家，今已無存。）承辦官工。所著匠師，系出冀州，諸作皆備，各擅專長。及庚子後，歐風東漸，各項建築競效西式。所有營建古法，漸歸消滅。近因外人崇尚北平舊式建築（瑞典國地質學家赫定氏，以中國學術團體協會，西北科學考查團外國團長，兼中國地質調查所事，往來蒙古伊犁者四十年，嗣復遊熱河之避暑山莊，見附近寺廟，歎其雄麗，意欲擇其一部，移建於美國芝加哥博物院，因貿之美國商邊狄克，邊氏好奇，雄於貲，慨然許之，旋以移建過費，且不易拆運，乃選取熱河普陀宗乘寺誦經亭，商同我國在北平之建築家梁衛華氏，從事仿建。將此亭量度拍照，所有天花斗拱，各項彩畫佛像，遂一寫成稿本，并在平與梁氏訂立承造合同，於民國十九年八月開工，將各細件，在華工作，期以三個月為限，其餘重大部分，在美建造，酌帶華工數人前往，於是年十月底，即已將此亭各細件仿造竣事，裝運赴美。）每有大規模修造，復趨

19423

重斗科式之屋頂（普通房屋，皆兩披起脊，宮殿上頂，則四披起脊，其四面老檐之下，皆有交叉之木牙子，名曰斗科，自檐際至枋木，分行層層排列，其層數約分為三五層至七九層，鉤心鬥角，極見玲瓏，飾以彩色，更覺輝煌，（犀牛式之台座（宮殿台基，形如犀牛一仰一合，）酌取中西建築優点，相互并用。如美國人在平新建之協和醫院，輔仁大學，及燕京大學，又國立北平圖書館，皆於舊有特色中，參以最新式之科學方法，堪稱藝術之改進。本市東城寶珠子胡同，立有營造學社（朱啟鈐氏所創設。）對於北平歷史建築之法式圖樣，搜集綦詳。且具有大同觀念，東西人士所著述及講演，無不兼收并蓄。用資研究。至關於建築各廠商之團體組織，在從前乾嘉年間，曾有魯班會。今於木業公會外，二十年四月復成立北平市建築業同業公會。

建築事業，係集合各行工匠而成，統名之為土木瓦石銅鉄油漆雕飾彩畫之屬。詳細劃分，則各因建築之形式大小名稱不同，其所需原料亦異。茲專就木石磚瓦銅鉄油漆，分舉於次。

一、木材　本市木材，以紅白松為最多，約估十分之七。美松次之，日本松又次之福建松及杉木為最少。再次則為本地榆楊木。紅白松以遼寧安東縣為集中地，裝船運至天津，從前本市木廠，多自往安東買貨，近則惟到天津批買。至言銷場，凡木市梳廠桌椅鋪建築木廠，以及各住戶建築，俱向生料廠批買。，概按寸計價。以一方寸八尺長為寸之單位。例如一寸厚一尺寬八尺長即作為十寸。普通以二百寸為最多數。所有現行之價，紅松每百寸約價洋十一元，白松每百寸約八元，福建松每百寸約七元五角，杉木每百寸約十八元，東陵松每百寸約七元五角，美國松每百寸約十三元（東陵松因尺碼小，不合用，銷路不廣，其所以尺碼小之故、因彼處轉運不易，不能運大尺碼之木材。）日本松銷路最少，統詳木材業。

附記　本市建築木料，向以老黃松為極品。然所謂老黃松者，皆係舊料，從未見有新出之老黃松。東陵松雖與黃松相近，究不及黃松之堅緻耐久。傳聞北平未建都時，北平一帶全屬森林，即全屬黃松。前明建都於此，即就地取材，將此森林盡行砍伐，作為建築宮殿及各樓地閣房屋之用。民間建築，亦即相沿用此。日久，此地黃松遂至種絕。蓋由建都而後，不能培植森林，他處土宜，較此地為遜，即有森林，亦難得此佳植。

二、石材　建築中有完全以石質為主體者，如寶塔牌坊橋梁皆是。此外如台基，柱礎，角柱，角石，階條，門鼓，石欄杆，過門石，腰綫石，挑簷石，滾墩石，街心石，滯漏石，滴水石，長身柱子，長身欄板，石柵欄門，兩山條石，約數十種，亦佔建築中之大部分。北平附近，石材豐富。茲分平西平北平東三方面縷述如左。

平西涿縣房山縣周口店，石窩甚多，產粗細白石（一名漢白玉，）作碑碣建築之用，文石（一名渣石有麻點），青白石（一名艾葉青，）螺旋石，作普通建築之用。

平北產豆青石（作台階之用）紅沙石作磨碾之用，）豆渣石（不及平西所產之佳）馬牙石（作料器及釉之用平西亦有。）

平東三河密雲等縣產各種花石，如晚霞（亦名白英，）黃豆瓣，黑豆瓣，竹根，雪浪，龜紋，各種名稱，不可備舉。近來多將此花類石，鋸成版片，作嵌墻嵌地柱及桌椅之用。又有黑石，大嶺玉（其色與玉相彷彿，并透光，）亦建築所用（與石材業互參）

以上各種石材，如欲鋸成版片，須用寶砂。此種寶砂，性質堅硬，居鑽石之次。茲附述其產地及價值於下。

寶砂產於西陵（屬易縣）及山順德。在五年前，運來北平每百斤一元四角五，現因運費及捐稅加重，每百斤需四元二角餘。（此種寶砂，不獨為鋸石片必需之品，如玉器行及鐵工廠，皆所必需。）

又與石材相連屬之各種土質，用途亦廣。一、砑子土，產於北平西。為作鋼磚琉璃瓦及磁磚之用。二、銀土，產於平西房山縣，設有銀土工廠。為印銀花紙及劇場銀刀所塗銀質等類之用。三、五色土，產於平西及東北。為硝皮與刷牆之用。四、又有一種化石，性質甚軟，產於平北。其用途一則鑲花為屏扁及玩物之用，一則以其粉作藥品（如六一散之類，）化粧品，及工業化學用品。

三，磚瓦　平市磚瓦，有東窰（齊化門外）南窰（永定門外）之分。其磚有方磚，舊城磚，新城磚，停泥磚，從刃磚，大沙滾磚，小沙滾磚，大開條磚，小開條磚諸名稱。中以舊城磚爲最大。以停泥磚質爲最細。以沙滾磚質爲最粗。東窰土質堅細，作出之磚，能隨意磨砍，不至崩碎。南窰則否。其瓦有頭號筒瓦，二號筒瓦，三號筒瓦，板瓦，貓頭羊尾巴滴水諸名稱，亦以東窰所出爲佳。又永定門外爲家堡，有泰來機器磚窰，專燒各色洋磚式瓦，頗稱優良。唐山啟新洋灰公司，及唐磁公司，能仿造洋式大小鋼磚，及地溝所用鋼沙管，與鋼沙汽水管。新式建築，多採用之。至琉璃瓦爲北平獨具之特色，昔爲宮殿所專用。平西門頭溝琉璃渠村有琉璃官窰，現爲趙姓所經營，號曰西窰（窰內所用土質，名曰高力泥，他處土塊，剖開皆黃色，此高力泥之土塊中，含有黑星，若細沙然。）東直門外有馬姓開設一窰，亦燒琉璃瓦，惟出品較次。

四、銅鐵油漆　銅鐵一項，在建築中佔最要部分，從前有以銅鐵修造碑亭佛殿者。又舊式宮殿房屋，如銅鐶鐵葉釘頭鐵絲網（重樓綺閣防雀所用），需用銅鐵亦多。西式建築，如鐵梁鐵筋汽管水管以及窗欞門所用荷葉鎖鑰，更形需要。惟我國所產銅鐵原料雖佳，以製造不精，平市新式建築，遂多用舶來品，間有用本國各鐵廠仿造者。至油漆一項，本爲我國物產。平市所用油漆，向由南省運來，有桐油與退光漆龍罩漆等名稱。其最著名者，爲福建漆。近因日本出有鷄牌喇叭牌等油漆，在內地暢銷。上海天津青島等處國商設有油漆公司，其牌號亦甚多。

北平爲故都，歷代皆有大建築。除繪圖設計估工算料，悉有定程外。其一切作法，在土木瓦石各匠師徒相傳。歷久未替。本市營造學社，近搜集各匠師之手鈔小冊數十種，有題爲工程做法者，有題爲大木分法小木分法，或某作分法者，有題爲營津大木做法者。各冊內容，悉是算例。間附有歌訣。簡法別法，頗似建築學之各公式。社中已彙編爲營造算例，分次即行。其中如木土之舉架出擔，土作之刨槽打夯，瓦作之發券瓷瓦，石作之各式厚薄長短寬狹，皆有折算定法，不及備錄。始就平市瓦木工作中之物色，擇要言之。一雕刻之精巧。如各舊府邸，室內門窗四周，另用楠木花梨木等。雕成牡丹芙蓉蓮榴玫瑰蘭菊等花，珍瓏剔透。黏附其上，且各花光澤可鑑。二磨磚之光細。舊稱磨磚對縫。將磚邊之內，砍槽灌漿，使內部結合，外表不見勾抹之痕，望之異常美觀，且能耐久。三、搭架之奇物。普通平房建築，搭架自易爲力。建造宮殿廟宇，重樓叠閣，搭架雖高，亦不足爲奇。惟有凌空建築（如舊式之寶搭，新式之煙筒等），高度愈增，面積愈小，搭架稍不合法，便即發生危險。平市之搭材作，夙具心傳，以善搭高架著名。他處無此殊能。至油漆彩畫，就現時普通應用之作法述於下。

一大紅柱子做法　將木材刮平，先上脂油漿一道，再加粗灰一道。俟其乾，再加細灰一道。乾後用磚磨光，再用桐油猪血磚末合成之細膩子抹平，再上生桐油一道，或數道。若要披蔴、再加蔴一道，壓蔴灰一道，細膩子一道，上生油若干道。若要貼金，加全膠油一道，貼大赤金成做。若用紅色，於細膩子上墊樟丹油一道再加銀硃油若干道。若要於柱上描畫花草，則用惟金立粉（凸起之油粉）成做。若不描畫花彩，外罩光亮油一道成做。

一架海托檁枋托頭做法　各木刮平後，所有墊底法，與柱子做法同。惟自抹細膩子後，即着各種顏色地。再於地上用立粉交圈。於圈心外，畫各種煙雲包袱陰陽萬字錦眼等。於圈心內，畫各種山水人物花卉草虫樓台殿閣等。

其餘門窗坎框，做法相同。至匾額對聯，分油漆兩作。有專用油者，有專用漆者。

又窰作內，琉璃瓦之釉質配合，窰工均守秘密。據考古家言，漢代之瓦，僅在瓦頭着釉。自唐代始於瓦之全身着釉。彼時顏色尚綠。北宋後方製各色琉璃瓦。今北平故宮大殿之瓦，皆作橘黃色。其他各色，僅用於寢殿樓閣，以及禁城外之諸殿。茲將營造法式（宋李明仲著）及琉璃誌（孫廷銓著）所載琉璃製法，分列於後，以資參考。

營造法式內云，凡造琉璃瓦等之制，藥以黃丹，洛河石，和銅末，用水調勻。又云，凡合琉璃藥所用黃丹闕，炒造之制，以黑錫盆硝等入鑊，煎一日爲粗扇，出候冷，擣羅作末，次日再炒，磚蓋罨，第三日炒成。又云，造琉璃藥料，每黃丹三斤，用銅末三兩，洛河石末一斤。又云，其錫以黃丹十分一加分每里錫一斤，用密駝僧二分九釐，硫黃八分八釐，盆硝二錢五分八釐，柴二斤一十一兩。

琉璃誌內云，琉璃者，石以爲質，硝以和之，礁以鍛之銅鐵丹鉛以變之。非石不成，非硝不行，非銅鐵丹鉛則不精。三合然後生。白如霜，廉削而四方，馬牙石也。紫如英，扎扎星星，紫石也。棱而多角，其形似瑛，凌子石也。白者以爲幹也。紫者以爲輭也。凌子者以爲瑩也。是故白以爲幹，則剛。紫以爲輭則斥之爲薄而易張。凌子以爲瑩，則鏡物有光。硝，柔火也，以和內。礁、猛火也，以攻外。其始也，石氣濁，硝氣未澄，必剡而爭，故其火烟漲而黑。徐惡盡矣，性未和也，火得紅。徐性和矣，精未融也，火得青。徐精融矣，合同而化矣，火得白。故相火齊者，以白爲候。其辨色也，白五之，紫一之，凌子倍紫得水晶。進其紫，退其白，去其凌子，得正白。白三之，紫一之，凌子如紫，加少銅及鐵屑焉，得梅蕚紅。白三之，紫一之，去其凌子，進其銅，去其鉄，得藍。法如白焉，鈞以銅磧，得秋黃。法如水晶，鈞以壽碗石，得映青。法如白加鉛焉，多多益善，得牙白。法如牙白加鐵焉，得正黑。法如水晶加銅焉，得綠。法如綠退其銅加少磧焉，得鵝黃。凡皆以燃硝之數爲之程。

以上所述各法，皆屬舊式。近時平市各建築、大多盡用新式，如鐵梁洋灰鉄筋及人字架諸作法，類習爲風尙。而位置結構，由三合四合諸直角形，一變而爲曲折之構造者，亦屬不少。且石作有改用機製者（如北平府前街華隆商行工廠。）其機器，有鋸機（鋸石片所用，其鋸條係鋼質），有磨邊兼掀邊機，有轉盤磨平機，有磨光機（將砂盤嵌入轉動處，令其磨光，再用蔴繩鉛繩見光復用見光化學藥料磨之，使其光滑，）有起稜機。又另有刻花機，有鏇平機。所出貨品，視人工爲精。至彩畫，亦間有採用西洋畫法。

建築業資本，多屬流動性質。平市工務局訂有限制章程，如報一千元資本之本廠，其承攬工程有在數千元者，須聯合數家，方許其呈報建築。工人工資普通行規，分大小工，大工九角，小工七角，土作畧少。能報建築之木廠，共約一百六十餘家。入木業工會者四十餘家。未入會者尙有二百餘家。四百家共有工人約二萬餘人。惟此等工人多係包做工程臨時所招集者。

建築業務，隨市面之榮枯爲進退，現在北平市面，尙稱安謐，雖少大規模之建築，普通營造及修改，尙資維持。其關於機製石材事業，并能行銷津滬，間有大批交易。

建築材料之舶來品，關於木材，有美松及日松。關於石材，有德國砂磚，美國及那威砂。關於銅鐵油漆，有外來之五金雜件，有日本油漆，有德國顏料。其中以五金及砂之競爭爲最烈。砂有砂與砂磚之分，銷於北平者據行中人云，年約數十萬元。砂在五年前，每磅六角，現漲至九角。砂磚在前數年每塊三元，現漲至七八元。至五金之屬，凡屬新式建築，幾無不用舶來品。其餘如美之松，日之松與油漆，德之顏料，近因金價昂貴，銷路尚不甚暢。此外則有人在平市成建築公司，承攬建築者。如德人之龍虎公司，包修各處工程，時有所聞。又如國立北平圖書館，於建築時，所聘顧問爲協和醫院建築師安那氏（審定圖樣爲朱啓鈐氏，監造爲梁術華氏。）其開始徵募圖樣，得首獎者，爲丹麥人莫律蘭工程師。承造者爲天津復新建築公司。各項設備承造者，爲天津美豐機器廠。又發電廠爲德商喇特瑪哈承做，書庫之鋼架爲由倫敦鋼廠所購入。是物質之上製造，與學術上之研究，在我國建築中，實感缺乏。以言競爭，最宜注意。

建築乃表現人類進化之特徵，如宗教，如文化，如政治，如民風，如藝術，無一不可由建築物尋其真相。我國開化最早，歷朝建置，宏偉精麗，幾無倫匹。徒以數千年來，道器分途，賤視工匠，成爲積習。主管官吏，不屑實地研求營建結構之原理，算經致用之法程。所定工程則例，於術語算法，悉行刪汰。而各項匠作，又以術有專門，轉相口授，只期適用，不廣流傳，甚或秘以自矜。由是我國建築特色，以乏成文法及有系統之專書與圖解及公式，如此絕學，遂至瀕於廢墜。今欲爲振興建築業起見，約有三端。

一，設立專科　我國建築，向以宮殿廟宇爲本位。每日興作，始聚各藝術家設計營建。所得成績，僅由私人著述，或匠作傳授，略可窺見，不能成爲專門學術。亟應採用科學方法，在國立專門及大學中，設立建築專科，講求中外建築學術，並搜羅各地著名建築物之圖片。招集北平名工宿匠，凡有一技專長，靡不細加討究，推尋原理，著爲法式。從此人材蔚出，學有系統，發皇國粹，闡揚文化，胥萃賴於是，建築業之振興，猶其餘事。

二，創辦專廠　建築材料，當隨時世以演進。主幹部分，由木石而趨於鋼鐵。裝置部分，由板拙而趨於精巧。在在皆須有科學之製造，方能供其需要。亟應就建築材料中擇要創辦專廠，俾精品日多，無庸仰給外人。建築前途，方臻極境。

三，減輕稅運 木石鋼鐵，如設有專廠製造，必須向外推銷，乃足以期發展。如美之木材，意大利之石材（上海營石材業者八九家，其中有三家，專銷意大利石材）以極笨重之物，遠隔重洋，尚可銷我國，由其稅運之費，較我內地爲輕也。就此返觀，欲使國產材料，經製造後得以暢銷，應由輕減內地稅運始。

（完）

我國之水泥工業

藍士琳

引言

水泥（Cement有人譯作士敏士，或水門汀，或洋灰）爲現代工業之必需品。舉凡鐵路，公路，橋樑，房屋以及其他土木工程，都要用牠，甚至造船也要用牠。據一九二七年統計，世界各國每個公民『消費』之水泥量，美國爲一•四六桶，比國爲兩桶，丹麥爲一桶，挪威爲〇•八桶，法國爲〇•七桶，日本爲一三一•六磅，我國則僅爲三磅而已。我國建設事業之落後，即此可見一班。

現在中央及各省政府都在努力舉辦建設事業，水泥之用途，當然日見擴大。可是我國水泥工業之現狀怎樣？這種工業之敵人怎樣？水泥在我國之供求情形怎樣？這種工業將來怎樣？恐怕有許多人還不明白。特草是篇，以供留心建設事業者之參考。

我國水泥工業之現狀

我國水泥工業均係商辦；其由政府舉辦的，在先只有廣州士敏士廠一家茲將各廠近況，分述如下：

啓新洋灰公司

該公司之工廠，設在河北省之唐山，北寧路附近，距天津七十四英里，秦皇島九十一英里。該公司成立之初，很難收集充分的資本，以增加其產額，但到後來却能接辦設在湖北之湖北水泥公司，因此增加資本至七百萬元，每年產額增至六十萬桶，至民國十一年則已增至一百四十萬桶了。該公司近已增加資本至一千四百萬元，以期擴充工廠，增加產額至一百七十萬桶。

該公司工廠之緊接鄰近地方，富有石灰石。所用石膏爲量不大，但係舶來品，每担約值十二三元。

該公司所出水泥，製置於袋或鐵桶，每件計重三百七十五磅。商標爲馬牌。因爲質料優美，在國內各處，均有銷路。

湖北水泥公司

該公司原名大冶泥廠。址設在湖北之大冶，於前清宣統三年建立，裝有德國機器。開辦後幾年，頗受損失，乃併入啟新洋灰公司，改名華記湖北水泥公司。現在該公司之資本係完全由啟新洋灰公司接濟的。

該公司廠址附近，富有適用的石灰石，粘土及石膏。所用煤炭，每噸需銀十兩之多。

該公司自改組後，並未擴充產額。每日所出水泥約計六百桶。商標係塔牌。由該公司漢口分店經手，行銷於湖北，江西及揚子江上游其他地方。

廣州士敏土廠

該廠設在廣州東郊的廣九鉄路終点之對江的地方。該廠於前清光緒三十三年，由政府設立。民國成立後，由廣東當局接收。至民國十年，交由私人經營，每年納稅三十六萬五千元。民國十二三年間，廣州附近發生戰事，廠乃停辦。至民國十六年，又交振興公司經營。近來則由廣東省政府管理。

該廠共有八個直窰，每日產額約五百五十桶。商標為獅球。行銷於本地市場。處廠所用石灰石係來自離廠十六英里的花縣，粘土用則購自一個鄰近的島嶼，所用的石膏係船來品。

華商水泥公司

上海華商水泥公司，於民國十年由劉鴻生創立。當時資本為一百二十萬元，至民國十七年四月增至一百五十萬五千一百元，至民國二十年四月則增至一百六十三萬八千六百元。廠址在上海黃浦江邊，離龍華車站不遠的地方。

該公司之工廠，裝有德國機器，用去五十萬元以上。所用的石灰石，係來自浙江湖州之陳灣山，離廠二百英里之遙。粘土來自松江之佘山。石膏則係船來品。石灰石之採掘及運輸，每噸計需五角。

民國十八年以前，該公司每日平均可出水泥一千二百桶，至民國十九年，則增至一千六百桶。裝置係用鉄桶，木桶或袋子。商標為象牌，以江浙為重要銷場。

中國水泥公司

該公司之工廠，設在京滬鉄路線上的龍潭，離南京不遠。創辦時的資本為一百萬元。由外籍專家裝置德國機器，起初只有五十密達的窰一個，每日可出水泥五百桶。

至民國十七年，該公司增加資本至二百萬元，購買前屬無錫太湖水泥公司之機器，并建築新廠。此後每日可出的水泥，乃增至二千五百桶。

該公司除去水泥之外，尚出快泥一種。商標爲泰山牌。行銷於長江各省。石灰石及粘土之產地離廠不遠。運輸有鐵路及運河，甚爲便利。因此該公司之營業極爲發達。

致敬水泥公司

該公司之工廠，設在濟南附近之梁家莊。在那裏有很豐富的粘土，石灰石及煤炭，資本爲二十萬元。廠內裝有德國機器。每日產額爲二百五十桶，大部份係在當地銷售。

西村士敏土廠

鐵道部以粵漢鐵路之建築，需用水泥很多，而廣州士敏土廠所出水泥不足以應需求，乃建議由廣東省政府建築新廠。這種計劃之完成，早在民國十八年。預定資本爲港幣一百九十三萬五千四百二十元。是年五月定購丹麥機器，其發電廠能發電一千五百啓羅瓦特，旋轉窰每日可出水泥二百噸。預計每年需用石灰石十萬噸，粘土兩萬噸，石膏兩千噸，及煤炭兩萬三千噸，每年可出水泥三十九萬六千桶，計值三百三十萬元左右。石灰石很容易取自莊縣，黏土也很容易取自小北江河裏。

衆志洋灰公司

東三省人民爲抵制日本人所辦的小野田水泥會社大連支社在東三省之活動起見，曾經擬定在吉林之九站建築水泥廠。預定資本爲一百五十萬元。希望每年可出水泥一百五十萬桶。已聘德籍專家爲工程師；該工程師曾在啓新洋灰公司服務有年。機器將用丹麥製的。

自民二十「九一八」以後，東三省爲日本所佔據，該公司之計劃縱使已經實現，也無法達到目的，可痛熟甚。

綜上言之，我國水泥工廠，雖有八家，但是廣州西村士敏土廠尚未完成，衆志洋灰公司縱使成立，也無法達到其所抱的目的，而成績卓著的啓新洋灰公司之唐山工廠，這次受日僞聯軍之侵掠，損失當然很大，這樣一來，能夠完全地工作的水泥廠，只剩五家了。

我國水泥工業之勁敵

東鄰的日本，無論在政治上或經濟上，都是我們底敵入。茲就水泥工業言之，日本人在我國境內已設有水泥廠兩所，在緊接福建的台灣又設有一所。這三所水泥廠，便是我國水泥工業之勁敵。茲分述如下：

山東水泥公司　該公司原係德國人所有的。廠址設在山東之滄口，離青島不遠。歐戰發生以後，日本乘機奪取膠洲灣，該公司亦爲日本所奪取。該公司現屬日本 Santo Kakyo 會社所有，資本爲日幣一百萬元。廠內裝有日本製的老式直窰一個。每日可出水泥三百桶。差不多完全在山東銷售。

小野田大連社　小野田（Onoda）水泥會社是日本底水泥會社中最大的一個。該會社之總社設在日本，而在我國之大連（現爲日本佔據）設立支社。這個大連水泥廠，建於民國元年。資本爲日幣三千一百萬元，每年所出水泥，在民國十二年已由三十萬桶增至六十五萬桶，至民國十七年則增至一百五十萬桶。據我們所知，民國十八年，該廠實際所出水泥爲一百三十一萬五千四百四十一桶。

淺野台灣支社　淺野（Asano）水泥會社，也是日本著名的水泥會社之一。該會社共有五個水泥廠，每年可出水泥三十萬桶，商標爲船牌及扇牌。香港及菲律賓是淺野水泥之兩個主要的銷場。

以上三家水泥廠，都是日本所有的。此外我國水泥工業之勁敵，還有三個。

青州水泥公司　該公司 Green Island Cement Co. 是英國人所有的，在香港註冊。該公司有水泥廠兩所：一個在香港對面的九龍，還有一個在澳門之青州，離香港約有四十英里之遠。在青州的水泥廠，建於前清光緒八年（一八八六），爲該公司最初所建的水泥，該公司之所以名青州者，即由於此。當時的資本爲三百萬元。

青州廠有五個直窰，其機器有英國製的，每日平均可出水泥約四百桶。

九龍廠有兩部份，一部份是老式的，所裝的是直窰；另一部份是新式的，裝有四個施轉窰，各長八十英尺，所用的引擎和機器是英國製的。每日可出水泥約兩千桶。新廠正在建築中，需費三十五萬磅，預計每年可出水泥一百二十萬桶，其快硬泥一項，一年可由六百萬噸增至九萬噸。

海防水泥公司

該公司（Haiphong Cement Works）是法國人所有的，在安南之海防，有兩個水泥廠。其最初的一廠，係光緒廿五年（一八九九）開辦，每日可出水泥兩千桶。新廠建於民國十二年（一九二三年），其出產額未詳。但是新舊兩廠總計每年可出水泥約九十萬桶，這是已經曉得的。該公司所出水泥是輸出的，其中一部份行銷於我國，印度，香港及菲律賓羣島。

河行洋灰公司

該公司（Ho Hong Cement Company）之水泥廠，設在海峽殖民地之新加坡附近。所用原料有珊瑚和黏土，前者得自離廠六英里的暗礁。機器是美國製的。每日可出水泥五百桶。

水泥在我國之供求情形

據最近調查，我國各水泥廠之產出總額每年約計二百八十萬桶，其中二百五十萬桶是賣得出去的，其係三十萬桶則存在貨棧裏頭。茲將民國九年以來，啓新等六廠所出水泥，額列表如下：

廠名＼年份	九年	十年	十一年	十二年	十三年	十四年
啓新	六〇〇、〇〇〇	六〇〇、〇〇〇	一、四〇〇、〇〇〇	一、四〇〇、〇〇〇	一、四〇〇、〇〇〇	一、四〇〇、〇〇〇
華記	二〇〇、〇〇〇	二〇〇、〇〇〇	二〇〇、〇〇〇	二〇〇、〇〇〇	二〇〇、〇〇〇	二〇〇、〇〇〇
廣州	二〇〇、〇〇〇	二〇〇、〇〇〇	二〇〇、〇〇〇	——	——	二〇〇、〇〇〇
華商	——	——	四〇〇、〇〇〇	一九九、六三五	三六三、六三三	三七八、四二一
中國	——	——	——	——	二八〇、〇〇〇	九〇、〇〇〇
致敬	——	——	——	——	——	——
總計	一、〇〇〇、〇〇〇	一、〇〇〇、〇〇〇	二、二〇〇、〇〇〇	一、七九九、六三五	二、二四三、六三三	二、二六八、四二一

十五年	一、四〇〇、〇〇〇	二〇〇、〇〇〇	二〇〇、〇〇〇	三六四、四四四	二二〇、〇〇〇	—	二、三八四、四四四
十六年	一、四〇〇、〇〇〇	二〇〇、〇〇〇	二〇〇、〇〇〇	三一八、五一三	二三〇、〇〇〇	—	二、三四八、五一三
十七年	一、四〇〇、〇〇〇	二〇〇、〇〇〇	二〇〇、〇〇〇	三八五、〇七六	二五〇、〇〇〇	—	二、四三五、〇七六
十八年	一、四〇〇、〇〇〇	二〇〇、〇〇〇	二〇〇、〇〇〇	三六三、六四四	四八〇、〇〇〇	三五、二〇〇	二、六七八、八四四
十九年	一、四〇〇、〇〇〇	二〇〇、〇〇〇	二〇〇、〇〇〇	三五一、一一一	五五〇、〇〇〇	三五、二〇〇	二、七三六、三一一

上列的數字（指桶數），除上海華商，中國和致敬三家係實際的出產額外，其餘都是照每年可能的出產額來計算的，實際上究竟有沒有這許多，還是一個疑問。就照這樣來計算，我國現在的水泥產額，每年至多也不過二百八十萬桶罷了。

茲就輸入的水泥言之：歐戰以前，由各國輸入的水泥之半數係日本貨，其餘則來自香港，安南，德國及俄國。在歐戰期間，日本水泥之輸入我國者更形踴躍，至民國十七及十八兩年，竟增至該國水泥貿易總額百分之六十五以上，但是近來幾年，香港對華的水泥輸出已增加不少了。

茲將民國十五年至民國十九年來自香港等處的水泥之分量及其值計列表如下：

地名	類別＼年份	十五年	十六年	十七年	十八年	十九年
香港	總担數	二三一、一一五	七五四、一二二	一、一四一、八八四	一、三三五、一二三	一、五六一、七五七
香港	計值銀兩	二二六、〇二六	八〇三、六二〇	一、二九九、七三六	一、六〇〇、三五三	一、九五四、二六四
澳門	總担數	二八、二六〇	八四、七八七	二二三、〇三五	二三四、三三三	二四七、〇六八
澳門	計值銀兩	二八、二六〇	八四、七八七	二五八、〇三四	二六八、〇一六	三二〇、九四八
安南	總担數	三六四、四七一	八一、八五三	二〇二、一二六	二二三、三四四	一七〇、五〇三
安南	計值銀兩	三四九、四二〇	一一七、三一七	二四一、〇九七	二八四、六七九	三三九、六〇四
朝鮮	總担數	一六二、九一四	八八、三九五	七二、一七三	三三三、三七八	八七、二七八
朝鮮	計值銀兩	一六六、五〇一	一二〇、三五五	八四、五六三	三四一、八六八	二三九、〇一四
日本及台灣	總担數	一、五九七、六九〇	八七三、七二八	五四三、五六五	七五五、一五五	九四二、三一四
日本及台灣	計值銀兩	二、六一〇、六九七	九〇〇、七〇二	六二〇、二五八	八六三、一九三	三、〇九四、八〇八

從上面泥表看來，日本及台灣和朝鮮輸入我國的水泥，此其他任何一處輸入的都多得多。但是每年由外國輸入的水的總共有多少呢？我們且看下列的數字：

年份	總担數	計值海關兩
十五年	二、四一六、九四八	二、四三六、〇八五
十六年	一、九一五、五三三	二、〇九五、〇一八
十七年	二、二八〇、五〇九	二、七〇〇、六〇九
十八年	二、八三二、八五七	三、四〇六、八一四
十九年	三、〇四四、八三九	三、八四〇、四九七

註：表內數字係據海關報告的。

這樣看來，我國自己出的水泥每年約有二百八十萬桶，小野田水泥會社大連支社每年可出水泥一百五十萬桶，山東水泥公司每年可出水泥十餘萬桶，每年由各處輸入的水泥還三百萬担左右，總共每年消費的水泥約計五百萬桶。換言之，即我國自製的水泥之供給，不足以應需求。年來各省都在提倡或舉辦建設事業，水泥之需求必因之增加，供給亦因之愈形不足，這是一個極重要的問題。

註：以上各節之資料，係採自Cement Industry in China一篇。原文係英文，作者未署名，載在 Chinese Economic Journal 第十卷第一期。

我國水泥工業之將來

據上論結，我國水泥工業便有下列幾個問題，急待解決：

(1)我們自己辦的水泥公司，雖有八家，除吉林泰志和廣州西村不計外，只有六家。這六家之中，啟新一家又因唐山被敵佔據，大受損失。這是廠數太少的問題。

(2)我們所有的六家水泥廠，每年出產總額至多不過二百八十萬桶。而小野田水泥會社大連支社一家每年便可出一百五十萬桶。這是規模太小的問題。

(3)我們自製的水泥，每年雖有二百八十萬桶，但是賣得出去的只有二百五十萬桶，其餘三十萬桶，則存在貨棧裏頭。而外國水泥却源源而來。這是運銷不當的問題。

(4)製造水泥的主要原料，不外粘土，石灰石和石膏三種。但是石膏一項，多係採用外貨，每年漏巵爲數不小。這是原料問題。

（5）我國底敵人——日本人——在我國境內，設立水泥廠兩家。牠們底出品，都在我國銷售。這種情形，不獨我國水泥工業之本身，大受其害，并且以多量的金錢，購買牠們底水泥，不啻助長日本帝國主義之力量，因此增重我們之壓迫。這是我國存亡問題之一。

（6）日本人在台灣設立的淺野水泥會社台灣支社，英國人在我國的九龍和青州設立的青州水泥公司，法國人在我國隣近的海防設立的海防水泥公司，以及新加坡附近設立的河行洋灰公司，都以我國爲牠們底出品之主要市場之一。我國底水泥工業，當然要受牠們底威脅。這是我國水泥工業之外患的問題。

以上個問題，都是很重要的問題。但是淺野，青州，海防和河行這幾家底水泥廠，不是設在國外，便是設在我國權力一時尙達不到的租借地，我國除不買他們底水泥或加以關稅的限制之外，沒有別的對抗的方法。日本人在我國設廠製造水泥，係根據馬關條約之規定（其他國家在所謂「最惠國」的條件之下，也享有這種特權）。在這個條約未取銷以前，或有新的條約加以限制之後，我們除不買他們底水泥之外，也沒有力的對抗方法。

但是我們自已出的水泥，既不足以應需求，如果我們再不買日本等國之水泥，那麼我國底建設事業，必受相當的影響。所以我國水泥工業之將來，還是要靠我們積極的進行，不能專靠消極的抵制。這是我們應該明白認識的。

依據上述的理由，我國水泥工業之將來如何，須看下列的辦法能否做到而定：

（甲）消極方面

（1）我國各種建設事業之需用水泥者，除萬不得已外，不得採用外國水泥，尤其是日本底水泥。總期我國自已出的水泥，能夠完全銷售，不致積存。關於這一層，我國中央或各省政府，不妨明令規定，如政府所屬機關違背這種規定的，應按其情節，加以懲辦。

（2）我國中央政府對於外國水泥之傾銷，如有妨碍我國水泥工業之發展的時候，須酌量情形，加徵傾銷稅；或於普通稅則中，對於水泥一項，提高稅率，藉以保護我國之水泥工業。

（乙）積極方面

(1)我國原有水泥工廠，應設法擴充，擴大其產額。尙未完成的西村士敏土廠，應設法完成之。其他地方，應視需求情形，酌量添設。總期我國所出水泥，能夠供給自己的需求。

(2)石膏是我國固有的東西。如湖北應城，每年所出的石膏，計値一百萬桶以上。浙江衢縣和建德之間，最近發現極大的石膏鑛。(見二十二年六月十日杭州新聞)其他各省，諒亦不少。我們爲發展我國水泥工業計，須盡量開發各地的石膏鑛；并謀運輸的便利，藉以減輕運費。

此外如運輸問題也是値得注意的問題。如廣東之拱北，江門，汕頭，三水，瓊州，北海等處，每年所銷的水泥不下一百五十萬担，約佔我國水泥輸入總額之半。祇因運輸困難，以致啟新等家之水泥，不能運來，外國水泥遂乘隙而入。所以發展交通和發展我國水泥工業是有聯帶關係的。(其他工業亦然)。還有一個成本問題，也是値得注意的。如日本水泥，每桶輸華費用計關稅三元一角，統稅六角，送力三角，加上水脚等等，總計約五元左右，而市上之日本水泥每桶僅售五元七角五分，與其所耗費用，相差不遠，至於成本則幾乎置諸度外。我國水泥以成本較大，每桶售價總在六元以上。(見二十二年六月十四日晨報)。這樣一來，我國水泥自然要受打擊了。這種情形，固然是由於日本水泥之傾銷而起，我們不妨加徵傾銷稅以限制之；但在積極方面，我們也有設法減低成本之必要。

總之，水泥在我國的需求是日見增加的。我國水泥工業目前雖不發達，所出尙不足以應需求，并有強勁的敵人存在，但是牠底將來是很有希望的，只要我們能夠努力去保護他和發展牠。

附列中外水泥區別表於后，以供國人參考。

國籍	名稱	廠址	商標
中國	啟新洋灰公司	河北唐山	馬牌
中國	華記湖北水泥公司	湖北大冶	塔牌
中國	廣州士敏土廠	廣州	獅球牌
中國	上海華商水泥公司	上海龍華	象牌
中國	中國水泥公司	江蘇龍潭	泰山牌
中國	致敬水泥公司	山東濟南	
日本	山東水泥公司	山東滄口	
日本	小野田水泥會社大連支社	大連	龍牌
日本	淺野水泥會社台灣支社	台灣	扇牌 船牌
英國	青州水泥公司	青州及九龍	青州牌 黑驢牌
法國	海防水泥公司	安南海防	黑龍牌
未詳	河行洋灰公司	新加坡	

譽滿人間之趙縣大石橋

煒若

(一)石橋之歷史

安濟橋，一名大石橋，在河北省趙縣城南五里許之洨河上，據縣志所載係隋代名匠李春所造（西元六一〇年左右，距今已一千三百餘年），碑碣殘毀無存，其詳已不可考。

(二)石橋之工程

石橋完全以青石塊砌成，呈拱形，僅一大孔，石塊厚一呎一吋，長三呎二吋，高三呎四吋，作尖楔狀，積砌成拱，石縫更用巨鐵連鎖之，橋寬三十二呎，共石拱二十八排，中間大車路寬十一呎四吋，兩旁行人道各寬八呎四吋，中路與行人道間有界石，高約半呎，橋旁護以石欄，雕工極細，其東面者稍有破損，近以混凝土補築之，此外全橋仍極完好，橋堍兩端距離二六〇呎，坡度甚小，橋孔長一一五呎六吋，拱矢二十四呎，現洨水河身完全淤平，尚復如是，則舊年河水暢流時其高大可以想見也。

(三)石橋之神話

此橋工程奇偉，流俗遂謂必出神人之手，歷代巧匠，首推魯班（即公輸子），乃神其說以為係彼一夕造成，謂欄且係玉質，八仙中之張果老曾策驢過其上，周世宗宋太祖微時亦均推手車過橋，好事者更鑿驢迹車轍於行人道上，以「古橋仙跡」為縣境名勝第一，編為歌謠，製為劇詞（小放牛劇中有之），流傳既久，而趙州大石橋之名遂得譽滿人間矣，此外「朝野僉載」書中，更有關於石橋神話一則，茲與縣志之果老騎驢事並錄於左，

趙州志云，「安濟橋在州南五里洨水上，一名大石橋，乃隋匠李春所造，奇巧固護，甲于天下，上有獸迹，相傳是張果老倒騎驢處，按果老隱中條山，得長生秘術，則其偶過于此，亦或有之，後人欲神其說，因為之附會

云。」

朝野僉載云，「趙州石橋，其工磨礱，密緻如削，望之如初月出雲長虹飲澗，上有勾欄，皆石也，勾欄並爲石獅子，龍朔中高麗間諜者盜二石獅子去，後復募匠修之，莫能相類者，天后時，默啜破趙州，欲南下，至石橋馬跪地不進，但見一青龍臥橋上，奮迅而怒，默啜乃遁去。」

(四)洨水之形勢

洨水一名童水，又名鹿泉水，又名井陘水，爲古綿蔓水舊瀆，源出河北省獲鹿縣西南之井陘山，東流歷欒城趙縣寧晉入寧晉泊，爲滏陽河支流，舊時頗稱巨川，近年淤積殊至河身不復可辨，民國六年大水，曾一度行駛小船，其後雖經夏秋霖潦，而乾涸如故，遂亦無科學之記載，直一廢河耳。

趙縣舊志云，「洨水凡有四泉，一在蓮花營，一在絳北村，皆獲鹿南境，二泉東流十餘里而合，其二泉在寶姬村西北石牛港，東行二百餘步而合，又三里餘與前二水合迤邐南行，包欒城趙州達清漳入于海，」又云，「洨水自梁家莊導流，至平同村有金水台普達河來入之，至欒城梅家村西有沙河來入之，至郭家莊西有金水入之，至宋村西有豬龍河入之，至大石橋有冶河自欒城來入之，」所載雖與現時形大異，惟可知當年洨水確係巨川，又當趙州爲南北交通之要道，此其所以有此石橋之重要偉大建築歟。

(五)石橋之價値

中國古代於工程上殊多貢獻，觀此橋而益信，在千載以上，成此偉大之建築，能與科學原則吻合，寧非至可驚人之事，且其刻石極工，雄偉中兼秀美，尤爲不可多得，故此橋不但在科學上有甚高之價値，而美術方面亦有不可磨滅之點，唐宋以來題詠甚多，李鄄有安濟橋銘曰，「九津九星橫河中，天下有道津梁通，石穹隆兮與天終，」推贊備至，橋之南端有關帝閣，其匾額爲明嚴嵩所書，字大約四尺見方，極生動，與石橋名勝，相得益彰，惟嚴之署名，早爲好事者所毀去，蓋惡其爲人也。

河北省各縣農礦調查

大興 位於北平市之東。北部多小山，東南全係平原，有孫河鳳河流其境。

▲**農林** 全縣有地一千八百餘頃，農產物以玉蜀黍，大豆，小麥，小米為大宗，年產額約一百餘萬石，除本地自用外，尚可運銷境外。造林以柳白楊及德國槐為多。縣境剛河地方最宜造林。

▲**鑛產** 鑛產為紫鹼一種，產量不多。

宛平 位於北平市之西，多小山。永定河流經境內，為患最重。

▲**農林** 全縣有地一千四百餘頃，農產物以玉蜀黍，小麥，小米等為大宗，年產額各一萬七千餘石，不敷本地之用，運銷境外者，惟花生一種，年產額約二十萬斤。造林以柳桑等樹為多，桑峪村一帶，宜植桑樹。豐台鎮產各種花木甚夥。

▲**鑛產** 鑛產以煤為多，石墨，石子鑛次之。縣境第一二五六七八九等區均有煤礦，以六九兩區礦苗最多豐富，十八多用舊法採掘，用機器者不多見，現有中英合辦煤鑛公司在彼開採，每年全縣產量超過二十萬噸以上，八區有銅鑛苗未開採。

三河 縣北多小山，南部為平原。境內有錯河，間河，鮑邱河。

▲**農林** 全縣有地二千九百五十四頃八十五畝，農產物以玉蜀黍，高粱為大宗，小米小麥次之，每年產額約十餘萬石，足敷本地之用，運銷境外者，年約一萬餘石。石佛兆一帶，有劉李徐雷龐各家之叢林，產菓甚富。

▲**鑛產** 縣境無大鑛產，惟七區華山之石，可供雕刻，土山之白土，可為塗墻及製煤鑪之用，每年運銷平津一帶，為額頗鉅。

密雲 扼平熱大道之咽喉，為軍事之要地。全境多山，少平原。有潮河白河過境。

▲**農林** 全縣有地六百一十二頃十六畝，農產物以小米，高粱，玉蜀黍為大宗，小米年產三萬六千餘石，高粱萬餘石，玉蜀黍六千石，均不敷本地食用，歷年恃熱河興隆

山之食粮，輸入接濟。山中富森林，以杏棗梨三木爲多，年產杏扁五千餘斤，小棗約五百餘石。農家副業爲蜂蠶，年產蜂蜜得一千二百餘斤，絲約八千斤。藥品方面，產益母膏，年約萬斤。

▲鑛產　縣境金屬鑛有金銀銅鐵數種，蘊藏不甚豐富。現在二道灘之金鑛，已有人開採。

平谷

境內多山，山谷間有平地，故曰平谷，泃河流貫縣境，頗饒灌溉之利。

▲農林　全縣有地四百七十七頃餘，農產物以棉花等爲大宗，棉花年產約三十二萬五千斤，足敷本地之用，運銷平津者平均有百分之八十，所產小子棉，絨長質良，彈性極大，俗稱平谷花。花生產約五萬斤。其他雜糧僅足食用。山中多林木，年產各項水菓約七十萬斤，核桃約十萬斤，柿子約二十萬斤。蕭家院有椿樹山場，有振華蠶業試驗場，試養山蠶。

▲鑛產　縣境無鑛產，惟第二區小嶺土出白土粉，可以粉飾牆屋，染衣服及製造粉筆。

通縣

位於北平市之東，全面積爲三千三百七十方里。境內有北運河，箭杆河，凉水河經過。

▲農林　全縣有農田一萬二千餘頃大宗農產物爲玉蜀黍高粱豆麥小米等項。豐年約產小麥十七萬石，高粱十二萬石，玉蜀黍五十七萬石，小米六萬四千石，豆二萬四千石，棉花六萬二千餘斤。林區二十餘頃，有楡楊槐柳等樹九萬七千三百餘株。苗圃三處，約地十畝—試種洋槐楓梓等樹。縣境有漁塘兩處，共有漁戶十三家，每年獲魚約五千八百餘斤。

武清

位於天津之北，面積爲四千八百二十萬方里。全境爲最低，有北運，龍鳳，永定三河流過。

▲農林　全縣有農田七千四百二十餘頃，大宗農產物爲玉蜀黍高粱小米麥豆棉花等項。年產小麥二十五萬石，玉蜀黍二十萬石，高粱二十八萬石，小米二萬五千石，豆七十五萬石，棉花六七百萬斤。南部多森林，汶沽港造林巳達兩萬畝以上，西境產柳桿。縣境漁業頗發達。

香河

全縣面積爲一千三百六十二方里。

▲農林　全縣有地一千七百七十餘頃，農產物以麥穀類豆棉花爲大宗，年產小麥八萬四千石，玉蜀黍十六萬八千石，高粱一萬四千石，小米十萬五千石，豆七萬石，棉花三十一萬斤。手工業以葦蓆柳器爲大宗。

懷柔

全縣面積爲一千七百九十二方里。東北兩面多山，有白河小泉河過其境。

農林　全縣有地一百七十九頃餘，農產物以小米，玉蜀黍，豆，麥，芝蔴，花生爲大宗，年產小麥二十萬斤，玉蜀黍二百三十萬斤，高粱五萬六千斤，小米九十萬斤，豆八十萬斤，除花生運銷境外，其餘不敷本地之用。山中多林木，年產杏仁一萬五千斤，葛條若干斤。山茶（俗名烏葉）二萬斤，柿餅二萬餘斤，鮮果十餘萬斤，胡桃二十萬個，栗子十餘萬斤。

霸縣

縣境全係低原，平坦無山。大清河過縣境，可以通舟。全縣面積共二千七百一十九方里。

▲農林　全縣有地二千六百三十頃餘。全縣土質約分三種，西北部地勢較高，土多沙城，不宜灌溉，東南部形勢極窪，土多粘質，東部地多沙質，利於造林。農產物以高粱玉蜀黍小米小麥豆類爲大宗。每年產額小麥一萬三千三百，小米三萬六千餘石，玉蜀黍四萬五千餘石，高粱四萬餘石，豆類二萬六千餘石，除境內自用者外，運銷境外者約佔百分之八十。東部宜林，堂二里鎮有造林面積約十餘頃，此外各地林業以棗木爲多，年產小棗十五萬餘斤。

固安

縣境平坦無山。有永定，大清，牡牛，太平諸河流經境內，除大清外，餘不通航，永定宜有水災。

▲農林　全縣有地九百一十五頃餘。農產物以小麥玉蜀黍小米黃黑豆高粱芝蔴等項爲大宗，每年產額約四十二萬三千餘石。其運銷平津者豆類約六七萬石，芝蔴約三千石，花生約十萬石。境內第一區及各沙土地種柳木甚多，其物產爲柳枝，伏天所產者爲白柳，可以編箱，秋天所產者爲青柳，可以製器，爲縣內手工業之一，亦一特產也。

礦產調查

晉省鐵礦

晉省平定，昔陽，盂縣三縣鉄礦豐富，土法煉鉄事業極為發達，爐渣堆積如山，惟因運輸不便，脚價太貴，致貨棄於地，殊覺可惜，民國後，保晉公司在陽泉成立，用新法製煉，此項事業，稍且改進基礎，近來本省當局建設計劃，以興修鉄路，開發煤鐵，鉄鑛為省首要任務，故實業廳特派曹餐斌赴平定，壽陽，盂縣，昔陽，和順等五縣調查出產及運銷情形，且報告頗為詳盡，茲節錄如次。

▲區礦，平定產鉄區，在南北鄉，南鄉如立壁，西鄉等二十餘村附近地帶，距陽泉車站在二十里至五十哩之間，礦區南北長約二哩，東西寬約三哩，北鄉如楊樹溝，千畝坪等四十餘村，距陽泉車站自五里至四十五里之間，礦區南北長約八哩，東西寬約三哩，盂縣鉄礦，產於縣治東南鄉，與平定北鄉之鐵礦，本為一脉，東南昇，西南昇等二十餘村，距陽泉車站四十五里至六十五里，其區域東西南北長寬均有三哩，昔陽縣鐵礦區在北鄉，與平定南鄉為一脉，黄龍涎，應石坪等十數村，皆距陽泉車站五六十里，礦區東西寬約二哩，南北長一哩。

▲礦質，礦質以赤鉄礦為多，間亦有褐鉄礦，有黑紅褐棕等色澤，含雜質甚多，最佳者含鐵在百分之五十以上，其成礦之原因，蓋由太古時代之含鉄礦泉，帶有腐爛植物之酸性，流入地層之空洞及裂縫內，漸起化學作用，凝成鐵礦，礦層距地面自七八丈至二十餘丈不等，該三縣蘊藏之鐵礦，以平定為最富，盂縣次之，昔陽更次之，成分以平定北鄉及盂縣為佳，平定南鄉次之，昔陽又次之精華所在，為平盂交界一帶。

▲產量，平定北鄉產鐵區域面積，為五億〇一百八十一萬一千二百平方呎，因礦脉為結核形，且土人巳開採有年，礦層之厚，平均約三呎，含礦量以百分之一二估計，約得鐵礦量二百一十九萬六千八百二十四噸，平定南鄉亦按前法計算，約得鐵礦量七十三萬二千二百七十四噸，盂縣東南鄉，約有一百〇九萬八千四百二十一噸，昔陽北鄉約有二十四萬四千〇九十一噸，統計鐵礦產量約四百二十七

爲一千六百一十噸，以含鐵百分之四十七計算，約合淨鐵二百萬噸，若有百分之二，則產量爲二倍，倘達百分之五，自當有五倍之產量也。

▲採開，平盂昔三縣開採鐵礦之人，與設置鐵爐之戶，向爲分業，截然兩事，每當農暇之時，土人結夥開礦，每一人作人力一股，坑口所在地主，亦作一股，採出之礦石，售價若干，按股均分，因售礦地點不一，故售價亦無一定，如在採礦處就近處出售者，每萬斤可售十七八二十餘元，倘運往他處，則每萬斤可售三四十元，最多亦不過五十元，其坑道之深，自七八丈至二十餘丈不等，高低寬狹亦無定，大概有礦處，坑道較爲高大，無礦處則甚狹小，土人開採時，率用鐵楨，鐵鑽，鐵錘，與炸藥等物，再用轆轤汲出。

▲製鍊，製鍊有土法及新法兩種，（一）土法，即土人設置鐵爐鎔鍊，先將鐵礦碎爲小塊與煤末相和，置於方爐內化之，鎔化後，當即鑄成鐵鎬，茶壺，火爐，爐菌及農具等，或以方爐製出之塊狀生鐵，置於條爐內炒之，則成熟鐵，可造鐵條，車瓦，鐵釘，鉄鍬，釜，刀等物，大半聚集於平定之河底村，及盂縣之青城鎭，故該二地爲鉄貨之惟一銷售塲，凡晉北及綏遠等西北各縣商人，皆雲集收買，或以駝騾馱載，或以大車運輸，（二）新法，即保晉鉄廠所用之法，規模雖小，尙稱完備，鉄礦碎塊與焦炭石灰混合，置於鼓風爐內鎔化即製出生鉄，亦可鑄成水泵，洋爐等器，若以生鉄用爐炒之，即成熟鉄，諸成品多售於各大煤窰及各大小工廠，其生鉄則銷售於太原石莊之間。

▲計劃，就上述情形觀之，平，晉，盂爲三晉鉄礦豐富之區，當局擬利用該地生鉄，創設大規模鍊鋼廠，因陽泉爲正太路大站，距出產焦炭地域甚近，燃料較爲便宜，又有保晉鉄廠之輔助，故廠址决設陽泉，年前當局曾派鄭恩三赴德考察，已將半載，聞鄭氏即可返國進行籌備，同時並測定由陽泉起，北經平定，盂縣，直達陽曲縣黃土寨之輕便鉄路線，全長計約二百三十里左右，不久即開始修築，以利運輸云。

魯省煤礦

魯省煤炭礦產，蘊藏極富。魯南沿津浦線已經開採者，有嶧縣，泰安，萊蕪，賈縣，鄭城，等處。其規模較大者，當推中興公司。在魯東沿膠濟路者有章邱，博山，淄川等處，以魯大公司為其中巨擘。各地礦商開採之歷史，有遠在百數十年者。其開採手續，率皆墨守成法，不知改良。官廳對之，亦聽其自行消長。實鑒於年來魯省煤業之蕭條，積極從事調查各地煤礦之出產量，以作謀求根本救濟之張本。其二十年度煤炭之出產量，在二百萬噸以上。業已調查完竣。二十一年度亦正著手趕辦。茲將二十年度魯省各鑛區煤炭之出產量分誌於下。

▲魯南　凡在魯南部沿津浦路線及附近數十百年里內者，概稱之為魯省南部礦區。以其範圍之大小定次序之先後：（一）中興公司十礦區在嶧縣之棗莊，每年出煤七十六萬二千六百八十一噸。（二）賈汪華東公司，礦區界乎蘇魯兩省之間。茲就在縣境內二十二社莊出產額數計算每年在約八萬八千餘噸。（三）華寶公司，礦區在泰安沈禹村，每年出煤一萬一千一百五十餘噸。（四）華豐公司，礦區在寧陽盗縮村，每年出煤六萬八千七百一十九噸。（五）振興公司，礦區在萊蕪八里溝，係分季開採，每年出產煤炭約四千七百九十八噸。（六）天成公司，礦區在萊蕪南治，亦係分季開採。每年出煤二千二百七十三噸。（七）豐裕公司，礦區在萊蕪南下冶，分季開採，每年出煤四百二十餘噸。（八）東興公司，礦區在萊蕪顏莊，分季開採，每年出煤三百四十餘噸，（九）昌利公司。礦區在萊蕪潘家溝，分季開採，每年出煤四千六百四十七噸。（十）裕民公司！礦區在費縣大探沂，出煤三千七百五十噸。（十一）大成公司，礦區在郯城窩南頭村，分季開採，出煤約九百噸。

▲魯東　魯東東部沿膠濟路及附近數十百里內，經營煤炭業者，第一當首推（一）魯大公司。礦區在淄川之黌山，出煤三十二萬四千六百八十餘噸。（二）東興公司，礦區在淄川之梁家店子，出煤二千三百七十餘噸。（三）裕通公司，礦區在淄川之油房後，出煤二萬六千四百餘噸。（四）華東公司，礦區在博山園子溝，出煤三萬一千四百餘噸。（五）同興公司，礦區在傅上之馬道地，出煤五萬零四百六十餘噸。（六）博東公司，礦區在博山黃家大窪，

19447

出煤八萬六千五百零八噸餘。（七）大成公司，在博山後池瑪家池，二萬五千七百十一噸餘。（八）大東公司，在博山田家林，分季開採，出煤四千五百餘噸。（九）永昌公司，在博山杏花天，分季開採，出煤六千五百餘噸。（十）永和公司在博山蔣家林，出煤二萬七千二百七十餘噸。（十一）吉成公司，在博山長珧池青沙嶺，出煤達三萬九千一百一十餘噸（十二）悅升東公司，在博山松林後西山根出煤達零五千餘噸。（十三）振業公司，在博山偏坡地出煤達九千九百八十餘噸。（十四）久豐公司，在博山安上莊核桃窪分季開採，出煤達五千餘噸。（十五）增新公司，在博山房家坡煤九千百九十餘噸。（十六）中興公司在博山殷家溝出煤二萬一千二百餘噸。（十七）博平公司。在博山房家地，出煤二萬零九百餘噸。（十八）福源公司，在博山西河，出煤一萬七千餘噸。（十九）旭華德記，在章邱官莊出煤五萬五千二百餘噸。又旭華公司，在章邱天尊院，出煤七千七百餘噸。（二十）福康公司，在章邱文祖鎮小青山，出煤一萬四千二百餘噸。（二十一）惠元公司，在章邱陳家林，出煤一萬四千餘噸。（二十二）惠豐公司，在章邱三元莊，出煤一萬零四百餘噸。

以上為省東南兩部煤炭出產，總額二百餘萬噸以上。

西北礦產

西北各省蘊藏礦產極豐，但皆漫無調查，社會甚少知其詳，且近年以來，因西北社會經濟之破產，各種事業均形凋敝，採礦事業，需極大之資本，更須經長久之經營，始有利可圖，陝甘寧青各省，凡採金，銅，石油，鹽等，均有極大之蘊藏，茲將各方之採集，調查各地各種礦產之產量產地，及開採狀況如下，關心西北礦業者，當可明其梗概。

▲煤鑛，甘肅東部為黃土及紅色地層分布之區，煤層鮮有露出，惟皋蘭之阿干鎮，華亭之安口窰，開採稍盛，隴西沿祁連山北麓，東至武威，西至酒泉，煤層露頭分布不斷，山丹一縣，開採稍多，餘均土人散採，寧夏賀蘭山東麓，南自衛東，北經寧夏至定口，煤系分佈連綿不絕，現由小窰開採者，有中衛之上河，沿單梁山，減滯山，平羅之武箕溝，靈武之磁窰堡等處，年產共計不過三千噸，上述各煤田，除河干鎮為侏羅紀，餘均屬石炭二層紀，煤質多屬烟煤，惟以需要不亟，出產甚少，無礦業足述，隴南

煤產地，有靜寧，會寧，榆林，平涼，隴西等處，產出甚少，煤質恐受炭質甚劇。

▲金鑛，甘肅金鑛，以祁連山一帶爲主，可分四區，一，沿大通河之鎮光灘，屬永登縣，二，湟水流域之西寧巴戎等處，三，敦煌縣南山，四，酒泉張掖，中以鎮光灘，及敦煌爲最重要，前數年全省產額，約至一萬七千兩以上，近額不詳，但仍爲西北重要礦產，似無疑問。

▲銅鑛，甘肅銅鑛尙少淸晰之調查，光緒末年總督升允派員至古浪縣之哈西灘，建立銅廠，嗣砂產不繼，搬運困難，復開採青海西寧碾伯(原屬甘肅之老鴉峽)慈利寺藥水泉及本省靖遠之猪嘴啞吧等銅鑛，鑛產較旺，又因不接近燃料，遂遷銅廠於永登屬窰街煤炭山之麓，宣統三年七月開工化煉，每日需鑛石二十四萬斤，可產銅二萬斤，但鑛石不能供給，遂又添置挖鑛機器，並設輕便鐵道，以利鑛石運輸，鼎革後停工，現久已廢棄。

▲石油，甘肅油產地，西部與新疆線索，東部與陝北相連，已知油苗產地，西部有祁連山北麓，永昌酒泉，以至玉門，敦煌，東部有鎭武，靈武，固原，華亭一帶，農民間有在露頭處淘取者，無礦業之可言，油質分滯於陝西累岩層中(侏羅岩)不可謂不廣，油田之價値，尙待此後之研究，玉門西一百九十里赤金堡，位祁連山陰，石油河一帶，有油泉四十一個，開採後旺者十五個，夏季之間，工人掏油，年產可一二萬斤，石油河東四十里之白楊河，石油滯有官非開採油泉六個，年產可千金。

▲其他鑛產，永登，武山，淸水，武威，產鉛銀礦，咸縣有隴南鐵廠，爲首辦開採數處，年產鐵二千噸，現狀不詳，徽縣，西固，寧夏縣產鐵，武都產雄黃礦，甘肅鹽地有武都，臯蘭之岩鹽，江水，靖遠，永登，民勤，高台之池鹽，西河漳縣之井鹽，寧夏之沙漠中，鹽池亦夥(與綏遠相似)鹽池縣之花馬池最著，又寧夏磴石產自然城，與綏遠產域區隔河相對，產出亦盛，臯蘭山丹永昌高台華亭有粘土，產陶瓷器。

(完)

會務報告

八月份聚餐

八月廿三日下午六時半在法租界國民飯店聚餐，到二十六人。

史靖寰（李寶瑞代表） 李書田 孫桂元 張錫周 滑德銘 王華棠 劉其修 榮舞笙 張雨人 張度 和春芳 高鏡瑩 雲成麟 杜聯凱 呂金藻 劉家駿 王鑫 宋瑞瑩 李吟秋 劉錫彤 魏元光 姚文林 張蘭閣 張潤田 來賓二人

餐後李書田君主席致詞介紹李賦都君講演「黃河問題與水工試驗」，王華棠講演「黃河上游之水利」。李君在德國年餘，專門研究黃河問題，曾作多種試驗，頗有心得。王君係新自西北視察黃河歸來，對於上游水利情形知之極詳。刻正值黃河爲患慘重之時，兩君講演極能引起聽衆之興趣（講演詞均將登入本刊）。散會時已十時半矣。

第八次執行委員會會議記錄

時間　八月廿三日下午十時半

地點　國民飯店

出席委員　李書田　張錫周　李吟秋　魏元光　呂金藻　王華棠

主席　李書田　記錄　王華棠

一、開會

二、討論事項

（一）整理歷次議決案切實執行

（二）決于九月十七日假北洋工學院延接室舉行第一屆年會。會程如左：

1. 開會如儀（上午九時）
2. 主席致詞
3. 會務報告
4. 討論提案
5. 報告第二屆執行委員選舉結果

6.新執委就職

7.午會宴—講演

8.散會

十一時散會

附錄

本會建議河北省教育廳創設高中程度之農工學校一案，業已函請教廳查照。關於擬請各會員分工作本省工業資源調查，及調查全省境內各工廠現狀等案，亦均發出。茲將各原稿分錄於後。

河北省工程師協會致教育廳函稿

逕啓者：查國家要政，在於建設，建設之進行，應由農村入手。當此農村經濟破產之時，必先復其經濟力量，始得以言建設。惟建設與恢復農村經濟之實行，胥有賴於專門人材。河北省此項人材甚感缺乏，此次本省普通考試，本會委員數人，曾參與襄閱試卷，所有建設及農業行政人員，其成績在七十分以上者竟無一人。程度過差，且多未習工程科目，建設前途，殊爲黯淡。本會同人，蒿目時艱，難安緘默，爲求發展本省建設事業起見，擬請劃撥經費，

設立農工科高中學校各一所，授以有關農工建設各項課程，養成普通建設行政人材，以濟時需，而利要政。相應函請

查照辦理爲荷。此致

河北省政府教育廳

河北省工程師協會敬啓　二十二年八月　日

擬編河北省經濟資源調查引目啟事

竊維國勢衰弱，由於生產落後，生產落後，又因資本缺乏。現時明達，咸韙是說。查資本固爲啓發實業促進生產之基本原素，然不知經濟資源之所在，即擁有巨資，向欲舉辦生產事業者，亦無從措手。歐美各國深明乎此，故對於經濟資源之調查與統計，無不應有盡有，極爲詳盡，備作企業者之南針。其負責調查者，或爲政府機關，或爲社會團體，俱各有極詳密之組織。

吾國素稱地大物博，究竟地如何大，物如何博，向無負責機關，作有確切之調查與統計。以致國人之企業者，每向外人所組織之考查機關，探詢眞象。此種情事，實爲吾國經濟界之奇恥大辱，而極應糾正者也。

我協會同仁，身懷技術，心存濟世，對於此種關係重要之資源調查，何容漠視。擬請稍抽餘暇，分工合作，或就工作所在地，或憑記憶所及，將本鄉農工礦產，凡有科學方法啓發之價值者，不拘方式，盡量敍述，作爲報告，寄交本會，審核彙編成册，以備製成本省經濟資源調查引目。一俟本會資金充裕，再行組織特別委員會，按照引目所及，詳爲實地之調查，而資補充，以期完成河北全省經濟資源錄，供獻於社會。是不僅裨益經濟之發展，即吾同仁之工作前途，亦將利賴之焉。

河北省工程師協會啓謹　二十二年八月　日

請求調查國貨工廠情形啟事

逕啓者：本會鑒於近年洋貨輸入激增，其害及我國工業基礎，及立國命脈，影響至爲重大。是以提倡國貨，實爲當務之急。而製造國貨之各廠，尤應急爲調查，以資宣揚。復查我省新式工業，發軔已三十餘年，其間以遭遇兵災，匪患，苛捐，雜稅及工潮等等不幸事件，而夭摧之工廠，又不知凡幾。即現今能存立之寥寥數廠，亦多在千辛萬苦，風雨飄搖之中。我會式會員，不少飽嘗個中風味之人，撫今思昔，亟應將各工廠，正在遭遇之苦況，作一切實調查，以便利用機會，向當道建議救濟之策，冀可保存我省工業不絕如縷之命脈。爰擬定調查

19455

格式，隨函寄上，即請
台端，就其所知，或轉送住在地工廠，查明填就，寄還，以便刊印成册，而備參考，是爲至荷　此致
會員
先生

河北省工程師協會謹啓　二十二年八月　日

附調查表格式一紙

河北省工程師協會調查國貨工廠情形表

(一)工廠名稱	
(二)廠址	
(三)創辦人	

(四)資本額

(五)創立時期

(六)工人數目

(七)出品名稱及途用

(八)產量（每日及每年平均數）

(九)原料來源

(十)出品銷路

(十一)可抵制或代替那種舶來品

(十二)將來擴充計劃

(十三)營業狀況

(十四)所遭遇困難

(甲)原料方面

（乙）運輸方面

（丙）製造方面

（丁）營業及管理方面

（十五）其他

調查員

中華民國二十二年　月　日

註：上表務請詳細分別填註，如以地位有限，即請按照以上程序編訂爲荷。

專載

華北產業之發展與金融之關係

（經濟學社在青島舉行年會中演說詞）

周作民

我經濟學社本屆年會，鄙人以從事實務之身，承邀講演經濟問題於諸專家之前，奚啻班門弄斧。惟外察世界大勢，內審吾邦國情，非有適應環境之經濟政策，不足以圖存，祗以平日經營華北事業較久，先就華北情形略述管見，以為商榷。

統制經濟

查世界文明各國，無論其經濟制度之為資本主義，或社會主義，對於其產業，莫不施以計劃的統制，已毋俟贅言，惟統制經濟，不自今日始，察其發達之段階，在昔各國經濟政策，已皆有統制之作用，蓋其產業有由國家以發展資本主義，而干涉保護者，如德國是，有雖採自由主義而實則亦由政府施以保育政策者，如英國是，有由產業團體自為統制，政府又進而干涉保護者，如美國是，又有自政府保育主義，轉為自由經濟主義，又進為政府統制主義者，如日本是，然此猶非整個的統制，洎乎時代之進展，有統盤計劃之新經濟統制，遂以發生，義國之法西斯經濟，德國之萊輯斯計劃經濟案，英國自由黨之改造案等皆是，而蘇俄之五年計劃，尤其著焉者也，吾國產業幼稚，資本薄弱，各國比以生產過剩，而圖擴充消費之政策，自難同日而語，故今日我國經濟問題之焦點，在如何調節其固有之生產，以保持均衡，進而增殖其生產效用，以求自給耳。

華北地位

振興中國之產業，華北宜特加注意，以言乎重工業，煤鐵爲基本工業，我國鐵藏尙難稱爲豐富，惟就太平洋西岸而言，則佔其首位，而其重要礦區，除東北外則多在華北，煤藏占世界之第四位，華北產煤，亦占全國產量之強半，晉省儲量尤富，以言乎輕工業，酸鹹爲化學工業之基礎，其工廠皆設於華北，其餘棉織業，天津青島兩地，已佔全國百分之十三，麵粉業亦屬全國之次席，而小麥及棉花產地既廣布華北，魯產小麥品質，堪爲加拿大匹敵，靈寶產棉，又可與美花比擬，則華北農產，亦屬重要，華北產業，在全國經濟上地位之重要，雖如前述，然其現狀，多形不振，揆厥原由，或以天災人禍，或以外貨傾銷，或以經營不善，或以技術欠精，或又以資本未充，不一而足，而協進產業之金融機關，亦應負其責，蓋德國所謂『銀行即產業』一語，不能不滋愧矣。

國家統制

値玆國難嚴重，四省淪陷，強鄰逼處，已迫戶庭，不自開發其資源，振興其產業，以致民衆生活發生困難，其影響所及，政治上社會上，均易發生不良之變化，發展華北之產業，金融界固有其輔助之責，然欲適應現代計劃經濟之趨勢，及抵禦經濟侵略之橫行，自非由國家依各種產業之重要性，分別採用，直接或間接統制不爲功，尤宜及早先爲適當準備，以利進行，議者或謂國家之統制，非有善良之政府，轉恐因以摧殘產業固也，惟政府之摧殘產業，初不囿於統制與否，徵諸往事，久已顯然，且政府縱無統制，而各業有待於政府之保護者，比比皆是，如絲茶紡織糧食及運輸等業之籲請政府救濟，其例匪鮮，竊謂國家之統制，倘由政府與各業團體以充分之誠意，協力進行，當於產業之發展，必有相當之效用。以今日華北之產業狀況，及其環境，尤爲必要。

華北工業

甲、重工業，一，煤，山西一省之儲煤量，爲一二七、一一五、零零零、零零零噸，佔全國總儲量百分之五十八強，其次河南河北山東，亦皆爲產煤重要省分、計豫儲量爲七、四四九、零零零、零零零噸，冀爲二、八二八、零零零、零零零噸，魯爲二、五三零、零零零、零零零噸，按諸統計，竟有百分之五十六強，屬於外人，直接間接經營者，全國煤斤之進出口，關册所示，每年出超數量，最近三年平均一百七十萬噸，爲數不謂不鉅，然多係撫順及開灤礦產之煤，與純粹華礦殊鮮關係，華商煤礦生產量，僅佔全國產量百分之四十三左右，且業務多未能發展，生產數量益見減少，二，鐵，我國鐵礦之分佈以東北爲最多，約占全國之半數，華北一帶，則察省有儲量九一、六四五，零零零噸，冀省三二、零零零、零零零噸，魯省二九、零零零、零零零噸．豫省四、零零零、零零零噸，共一五七、零四五、零零零噸華北現由國人經營之鐵礦，厥惟宣之龍烟，豫之宏豫，灤之永平，惜皆未籌備完成，龍烟礦務局，以政治及其他環境關係，中途停頓，惟有廢鑪巋然獨存於石景山及礦產仍埋藏於烟龍各山耳，上述華北基本工業之煤鐵，其現況乃如此，若不亟圖補救，尙何發展產業之足言。乙、輕工業，一，酸鹼業，酸鹼業皆爲基本工業，民六始有塘沽永利製鹼公司之成立，十有三年間，屢蹶屢起，煞費經營，二，紡織業華北紡織業生產力，約占全國五分之一，紗錠約共四十九萬餘枚線錠約共一萬四千餘枚布機約共二千餘架每年用花一百萬擔左右出紗廿八萬包，出布一百餘萬疋，今除一二廠外，多形不振，考其原因政治影響管理及技術人才缺乏，及外貨貶價傾銷均有之，近來津廠，每出紗一包，多則虧蝕三十餘元，少亦數元，現象甚危，三，麵粉業以濟南及天津爲中心，冀省晉魯豫秦五省粉廠，共二十六家，而濟有十家每日出粉能力，約共三萬七千餘包，津有六家，每日出粉約可二萬四千餘包，以北人麵食者較衆，供不應求，向來滬廠日出十一萬包，銷路半在華北，近則天津一埠，洋粉充斥，滬津廠粉同受壓迫，最近俄粉且由某洋行以每包一元七角之廉價，銷於津埠，聞其最低銷數爲二百五十萬包，津廠前途，深受影響，四，毛織業，華北地方毛產豐富，品質亦良，產地雖遠及西北者，而其集散則在津埠，故毛織業之發興亦最早，現有毛織工廠，計清河北平大同煙台各一家，而平津地毯工業大小共數百家，惟以資本薄弱，技術幼稚，組織未精，而未克充分發展，以上就其犖犖大者言之，其他如精鹽製紙業，製胰業，針織業，火柴業，水泥業，皮革業玻璃業等，亦皆有相當地位，然因政治經濟及技術上之種種關係，而多欠繁榮可勝扼腕。

華北農產

(一)棉花，我國產棉居世界第三位，常年約在七百萬担以上，據最近中華棉業統計會公布，二十二年全國棉產第一次估計棉田面積三九、一五七、四四零畝，棉產額一零、七三四、四五一担，較二十一年增二百萬担，華北冀魯晉豫秦五省棉田占一七、四九三、九五七畝，皮棉產額占五、一二四、七九零担，以品質言，御河棉可紡十六支以上之紗，西河棉富有彈性，適於毛棉交織之用，東河棉纖維細長適於中等紗之紡織，靈寶棉且為華棉最佳者之一，惟往往以品質退化，優劣不齊，紗廠之紡細紗仍然多用外棉，全國各埠每年印棉進口約二百萬担，美棉約一百萬担，全國華洋合計一百三十廠，用花八百八十除萬担，華北之華紗廠十八家，用花亦達百萬担，是所消費之中棉仍不在少數，若能改良品種，暢利運輸，或可漸謀自給，(二)小麥，小麥為製麵之用，我國產量額豐，首推東三省，其次則黃河流域，魯產硬麥，品質尤佳，堪敵加拿大之產，就華北當年產量觀之，魯為六千一百六十一萬担，冀為二千七百五十六萬担，晉為六百八十九萬担，豫為五千四百零八萬担，其計一萬五千餘萬担，而據金陵大學農業經濟之調查，北方農民對於小麥量之出售，估小麥總產量百分之四十三自用量佔百分之五十七，是其供給數量，亦頗可觀，惟小麥之對外貿易，民十二以前每年均係超出，(自三十餘萬擔至八百餘萬担)十一年以後概為入超(自百餘萬擔至千餘萬担不等十八年入超幾達二千萬担，)雖因全國粉廠用麥歲逾萬萬擔，(民二十用一萬零五百餘萬担，)然亦以華麥品質不齊，運不輸便，價格又不見低廉，故為洋麥所傾銷，則提倡改進又豈容緩，(華北產業與金融平昔之關係一節從略)

統制必要

甲．國家統制之必要？一，產業立國之必要，各國近因資源資本勞力三者之過剩，肯由政府統制其產業，我國物質之根本的供給，尚形不足，未可與先進國相提並論，然吾國生產不足，若非以國家之公力統盤籌劃，視各種產業之重要性如何，加以直接或間接之統制，則恐幼稚之產業，日益衰落，終至無以立國，華北重要各產業狀況，既如前所述，則統制尤爲必要矣。二，補充產業團體權能上之必要，吾國產業團體之組織及權能，尚難控制全業，關於生產方法之改良，質量之品定，原料之供給，消售之共進，價格之妥協等事，均囿於法律上之權限及習慣上之機能，未克措注咸宜，故非國家加以間接之統制，不能收控制之效。三，擴充產業組織上之必要，華北各種重要產業，資本短絀，規模狹小，技術未精，已成通病，如欲應時代之需求，非有計劃的組織，不能適於環境，全由政府主持，恐難集事，四，調節勞工上之必要，我邦經濟制度，既非社會主義，亦未躋於資本主義，勞力之需給，自宜由政府權衡本國經濟狀況，酌定適當之制度，足以資調節而維產業。

國家準備

乙統制之準備及進行，一，國家統制之準備進行，現代之統制經濟，雖爲資本主義國家及社會主義國家所同採，藉以達社會的任務，然依其統制主體之本質如何，而其統制目的，不少懸殊，吾國經濟狀況與社會主義資本主義，兩不相侔，故其統制主體以華北而言，即現行行政制度，似亦可以運用統制，惟爲便利計劃之進行，宜先組設委員會，羅致經濟專家及行政產業金融各界重要份子，對於統制之實施程度及方策，預爲研究，而加以準備進行焉，比年以來，每議一政舉一事，莫不設立委員會，今亦首議及此，得毋視爲虛應故事乎，惟計劃經濟之實施，宜有常設經濟參謀機關，主持一切，故此項委員會，實未可以已也，茲述委員會應行準備及進行各事如左，一，研究統制內容，子，如何增殖生產，丑，如何消費其增殖之生產品，寅，如何分配其生產品，二，研究國家應行直接統制或間接統制之產業及其方案，以資進行，三，研究何種產業，應由國家補充該業團體之統制力，使其自行控制全業、四，研究中小工業團體，如何促進組設，五、研究勞工如何爲適應產業現狀之調節，六，研究關稅統稅及製造獎勵金制之如何厘定，以保護產業抵禦傾銷，七，擇要編製各產業之精密統計，以爲樹立運用計劃經濟之根據，八，訓練人才以備運用計劃經濟之需。

二，產業團體自為統制之準備，進行產業

產業備準

行產業之發展，匪獨特政府之統制，事業界亦宜各自聯合，共策進行，我國各業公會及聯合會之組織，比年漸臻發達，然每以環境及習慣上之關係，對於企業之統制，未克實行，今以時代之要求，各產業團體，有代國家間接統制之責，縱政府不為統制，各業為自謀發展及生存計，亦宜及時準備進行，其方法如左，(一)各產業未設同業公會者，宜準備組設，其已設者，對於各該公會之固有組織及權能宜有適當之規定，以謀促成生產質量，銷方法，原料供給及價格等項協定之實行，(二)各業公會對於統制計劃，有須政府補充權力者，應請由政府核辦，其有需資金之接濟，宜請由金融機關酌量接助之。

三，金融界贊助統制之準備進行，銀行之

金融準備

援助產業，為其天職，產業果臻於昌盛，銀行亦隨以繁榮，已不待言，而華北產業之不振，銀行固有未能盡其職責之處，亦因前所歷述之政治經濟技術上種種原因，致銀行艱於充分援助，倘國家對於產業有適當之統制，各產業團體亦有自行統制之相當辦法，則銀行亦當益圖貢獻，其宜準備進行事項，試畧述如左，(一)對於國家直接統制與間接統制之各產業，銀行宜有適當準備，以應其資金之需要，(二)銀行同業宜聘請專家籌設專部，對於各種產業應為精密之調查，以備助長前項統制之參考，(三)銀行同業宜為適應統制經濟之需要，對於金融上之兩項業務，酌籌改進辦法，以上各端，誠能依次准備分別進行，則華北產業之前途，庶可統盤籌劃，以期發展是否有當，尚乞指改。

(完)

金華橋

天津金華橋原在大胡同南口，是時南運河尚未裁灣取直，係於庚子後兩宮回鑾時所建，需費約十五萬元。現該橋移設于北大關，移設費五萬元，由省庫撥給。

國道工程標準及規則(鐵道部公佈)

第一條　全國國道之修治，應遵照本規則辦理。

第二條　國道路幅之寬，定為三十公尺。

(甲)國道鋪砌面之寬度，不得小於六公尺。

(乙)國道平坦面之寬度，規定如下。在堤上者，其鋪砌面之兩邊，應有如寬三公尺之路肩。在坎內者，其鋪砌面之兩邊，應有如寬一·五公尺之路肩。在山旁者，其坎邊應有寬一公尺半之路肩，其堤邊應有三公尺之路肩。

第三條　在隧道內之國道，其鋪砌面之兩邊，應有各寬一公尺之路肩。在橋面上之國道，其鋪砌面之兩邊，應有各寬一公尺之人行道。

第四條　前條所述之鋪砌面寬度，於經過曲線時，應照下列情形增加之：

凡曲線半徑小於一〇〇公尺者加寬二公尺。

凡曲線半徑大於一〇〇公尺，但小於一五〇公尺者，加寬一·五公尺。

凡曲線半徑大於一五〇公尺，但小於二〇〇公尺者，加寬一公尺。

凡曲線半徑大於二五〇公尺，但小於三〇〇公尺者，加寬〇·五公尺。

凡曲線半徑大於三〇〇公尺者，不加寬。

第五條　國道路面，須超過該地通常水面五公寸以上。

第六條　國道之最大縱坡度，定為百分之八，但遇特殊情形，如經山林區域時，此項坡度，得由鐵道部酌量增加之。

第七條　路坎兩旁，應修剪至適宜於該處土質之斜坡，除屬特殊黃土(loess)外，應用一·五與一比之斜坡為標準。因特性黃土，兩旁垂直，較傾斜更為穩固。硬石路坎兩旁，亦宜垂直。

第八條　路提兩旁，應以一·五與一比為最小坡度。土質因天然之下沉而成為更斜之坡度者，亦可採用之。

硬石路堤之兩旁，應用一與一之比爲最小坡度。

第九條 國道路面，應分爲種類如下：

甲種 不透水之碎石（即馬克當）路面

乙種 礫石路面

丙種 沙泥路面

丁種 泥土路面

前項（甲）凡築道路，除甲種路面外，非經鐵道部允准後，不得採用他種路面。

前項（乙）各種路面之建造，須遵照鐵道部所定之標準說明書辦理。

前項（丙）鐵道部於必要時，得將路面施用適當規定之柏油材料。

第十條 國道上之直視線，不得短於一百二十五公尺，但遇多山區域時，得由鐵道部酌量改短之。

第十一條 平曲線之半徑，不得小於一百公尺，但遇特別情形時，得經鐵道部允准後改小之。

第十二條 背向兩曲線之間，應置一長六十公尺以上之直線以連接之。

第十三條 國道平曲線之超高度，應具有長十五公尺之轉高距離，半在直線之上，半在曲線之上，最大超高度應照下列公式計算：

$\frac{812}{R}$＝每公尺舖砌寬度應超高之公分數

公式內R＝平曲線之半徑

第十四條 平曲線之起點及訖點，距離橋或隧道之兩端，至少三十公尺。

第十五條 縱坡度之改變在千分之五或千分之五以上時，其兩端直線，應用一豎曲線以連接之。所有凸豎曲線之半徑，不得小於一千公尺。所有凹豎曲線之半徑不得小於三百五十公尺。所有豎曲線，應與連接兩端之直線相切。

第十六條 在平面地上之路坎，至少於二公尺深之路堤，其兩旁應置洩水明溝。

第十七條 遇必要時，地下排水溝渠，亦應置備，

第十八條 橋梁及涵洞之計劃，須以承載一萬五千公斤

重之汽車之準則。（見附錄）

第十九條　國道橋梁跨過鐵路者，不得用木料或其他引火之材料建造之。

第二十條　國道橋梁跨過鐵路者，其軌頂與橋底之豎距離，不得小於六公尺七公寸。

第二十一條　國道橋梁跨過橋梁曲線時，其跨度應加長，以適合鐵路曲線之曲度。其軌頂與橋底之豎距離，亦應加高，以適合鐵路路軌之超高度。

第二十二條　鐵路橋梁跨過國道者，其國道路面之前高点與鐵路橋底之豎距離，不得小於四公尺七公寸五公分

第二十三條　在國道路旁，或由崗坡流下，及橫過國道之溝渠等處所蓄之水，均應置涵洞以宣洩之。所有涵洞之大小，應於詳測該處所包含之排水面積後決定之，並應足夠宣洩計算所得最大之流水量。

第二十四條　隧道內之縱坡度，不得小於千分之五，應由一端斜至另一端，或由中央向兩端傾斜。

第二十五條　隧道內應置反射燈，以免危險。

第二十六條　國道兩旁，除路坎外，均應栽種樹木。所栽之樹，須距離舖砌路面之邊二公尺，并須在舖砌路面與明溝之中央。又兩旁寬三公尺之路肩上。須將草植滿。

第二十七條　下列各處，應置護欄，以免危險。

（一）橋梁兩端之翼牆，

（二）較大涵洞之兩旁，

（三）峻急斜度之路旁，

（四）灣曲路面之路旁，

（五）傍山臨水之路旁，

（六）過高路堤之兩旁。

第二十八條　在曲線過銳或斜坡過峻之交叉路上，均須豎立警告標誌。上述標誌，須遵照鉄道部規定製造，以歸一律。

第二十九條　本規則內各條，如遇必須變通之處，應呈候鉄道部核准施行。

第三十條　本規則如有未盡妥善處，得由鐵道部隨時修正之。

第三十一條　本規則自公布日施行。

工程標誌及規則附錄

(一)靜重

凡計算橋梁及他種建築之靜重，應用左列之單位重量：

泥土及沙　每立方公尺一九〇〇公斤

水泥混凝土及磚　每立方公尺二四〇〇公斤

木料(已施或未施防腐劑)每立方公尺九五〇公斤

鋼　每立方公尺七八五〇公斤

石塊，石礫，瀝青　每立方公尺二一〇〇公斤

(二)活重

(甲)凡計算橋面縱梁及橫梁，每平方公尺之路面，須能承載四百公斤之均佈載重，或照下列(丙)項之貨車計算。

(乙)凡計算桁梁，或鈑梁其跨度在三十公尺或以下者，每平方公尺之路面，須能承載三百五十公斤之均佈載重，其跨度在六十公尺以上者，每平方公尺二百五十公斤，其跨度在前二者之間者，則須以比例得之。

(丙)凡標準貨車，須重一萬五千公斤，其輪底距離為四公尺二公寸五公分。後輪佔重百分之八十，前輪佔重百分之廿。貨車之全長應為六公尺七公寸五公分，其後輪上伸出之長度為一公尺七公寸五公分。在前輪上伸出者為七公寸五公分。計劃時，當照路面上所能盡量幷列之貨車輛數，以計算應力。

(三)衝擊力

(甲)木料建築

衝擊力可以不計及

(乙)水泥混凝建築

衝擊力應照活重百分之廿五計算。

(丙)鋼質橋梁

$$衝擊力=P\left(\frac{300}{0.30L+300}\right)，$$

式中之P為活重應力，L為跨度上之載重距離，以公尺計。此即在該桿發生最大活重應力者。

度量衡公制折合表

吳 承 洛

（工程週刊一卷三期）

中華民國度量衡標準

1 公尺（Meter）	＝3市尺
1 公升（Liter）	＝1市升
1 公斤（Kilogram）	＝2市斤
1 公里（Kilometer）	＝2市里 ＝1000公尺
1 平方公尺（Sq. m.）	＝9平方市尺
1 公畝	＝100平方公尺 ＝ $\frac{3}{20}$ 市畝
1 市畝	＝666 $\frac{2}{3}$ 平方公尺 ＝6000平方市尺
1 公頃	＝15市畝＝10,000平方公尺
1 立方公尺（cu. m.）	＝9立方市尺 ＝1000公升
1 公噸（metric ton）	＝1000公斤 ＝20市担

美英制折合（1）長度

1 英寸（in.）	＝2.54公分（cm.）
1 英尺（ft.）	＝0.3048公尺（m.）
1 碼 （yd.）	＝0.9144公尺（m.）
1 英里（mile）	＝1.609公里（km.）
1 海里（nauti）	＝1.853公里（km.）
1 量鏈（Surveyor's Link）	＝0.2012公尺（m.）

（2）面積

1 平方英寸（sq. in.）	＝6.452平方公分（sq. cm.）
1 平方英尺（sq. ft.）	＝0.0929平方公尺（sq. m.）
1 平方碼（sq. yd.）	＝0.8361平方公尺（sq. m.）
1 英畝（acre）	＝4.041平方公尺（sq. m.）
1 平方英里（sq. mile）	＝2.590平方公里（sq. km.）
1 圓釐（Circular mil.）	＝ 5.067×10^{-6} 平方公分
1 平方量鏈（sq. surveyors Link）	＝0.04047平方公尺（sq.m.）

(3) 體量

1 立方英寸 (cu. in.)	=16.39立方公分 (cu. cm.)
1 立方英尺 (cu. ft.)	=0.02832立方公尺 (cu. m.)
1 立方英碼 (cu. yd.)	=0.7646立方公尺 (cu. m.)
1 英品 (pt.)	=0.5682公升 (l.)
1 英夸 (qt.)	=1.136公升 (l.)
1 英加侖 (Imp. gal.)	=4.546公升 (l.)
1 英桶 (bushel)	=36.37公升 (l.)
1 美品 (pt.)	=0.4732公升 (l.)
1 美夸 (qt.)	=0.9464公升 (l.)
1 美加侖 (U. S. gal.)	=3.785公升 (l.)
1 美桶 (bbl.)	=119.2公升 (l.)
1 英畝英尺 (acre-ft.)	=1234立方公尺 (cu. m.)

(4) 衡重

1 格林 (gr.)	=0.0648公分 (g.)
1 盎斯 (oz.)	=28.35公分 (g.)
1 英磅 (lb.)	=0.4536公斤 (kg.)
1 英担 (cwt.)	=50.80公斤 (kg.)
1 英噸 (ton)	=1016.1公斤 (kg.)
1 美噸 (Short ton)	=907.2公斤 (kg.)

(5) 衡重(珍品Troy Weight.)

1 格林 (gr.)	=0.0648公分 (g.)
1 盎斯 (oz.)	=31.10公分 (g.)
1 英磅 (lb.)	=0.3732公斤 (kg.)
1 卡金 (carat)	=15.55公分 (g.)
1 卡鑽石 (carat)	=0.2053公分 (g.)

(6) 密度

1 磅每英尺 (lb./ft.)	=1.448公斤每公尺 (kg./m.)
1 磅每碼 (lb./yd.)	=0.496公斤每公尺 (kg./m.)
1 磅每立方英寸(lb./cu. in.)	=27.68公分每立方公分 (g./cu. cm.)
1 磅每立方英尺(lb./cu.ft.)	=16.02公斤每立方公尺 (kg./cu. m.)
1 磅每立方碼 (lb./cu. yd.)	=0.5933公斤每立方公尺 (kg./cu. m.)
1 磅每平方千分英寸每英尺(lb.-/Sq.mil.ft.)	=2.936公斤每立方公尺(kg./cu cm.)
1 磅每平方圓千分英寸每英尺(lb/cir. mil. ft.)	=2.306公斤每立方公分 (kg./cu. cm.)

(7) 壓力

1 磅每平方英寸 (lb./sq. in.) ＝0.07031公斤每平方公分 (kg./sq. cm.)
1 磅每平方英尺(lb./sq. ft.) ＝4.883公斤每平方公尺(kg./sq. m.)
1 英噸每平方英尺 (long ton/sq. ft) ＝10.94公噸每平方公尺 (kg/sq. m.)
1 美噸每平方英尺 (short ton/sq. ft.) ＝9.765公噸每平方公尺 (kg./sq. m.)
1 英寸水高 (in. of water) ＝2.54公分每平方公分 (g./sq. cm.)
1 英尺水高 (ft. of water) ＝30.48公分每平方公分 (g. sq. cm.)
1 英寸水銀高 (in. of mercury) ＝34.53公分每平方公分 (g./sq. cm.)
1 大氣 (Atmos.) ＝1.033公斤每平公分 (kg/sq. cm)

(8) 工能

1 英尺磅 (ft. lb.) ＝0.1383公斤公尺 (kg. m.)
‖ 0.324×10^{-3} 公熱單位 (kg. cal.)
1 英熱單位 (B.t.u.) ＝0.252公熱單位 (kg. cal.)
＝0.2928瓦特小時 (watt-hr.)
1 英熱單位磅 (B. t. u./lb.) ＝0.556公熱單位每公斤 (kg. cal./kg)
1 馬力小時 (H. P. Hr.) ＝2.737×10^5公斤公尺(kg. m.)
＝641.2公熱單位 (kg. cal.)

(9) 工力

1 馬力 (H. P.) ＝746瓦特 (watt)
＝4564公斤公尺每分鐘 (kg. m./min.)
＝76.06公斤公尺每秒鐘 (kg.m. /sec.)
＝10.70公熱單位每分鐘 (kg. cal./min.)
1 鍋爐馬力 (Boiler. H. P.) ＝9804瓦特 (watt)
＝8447公熱單位每小時 (kg. cal./hr.)
1 英熱單位每小時(B. t. u./hr.) ＝0.2928瓦特 (watt)
1 英尺磅每秒鐘(ft.-lb/sec.) ＝1.356瓦特 (watt)

(10) 熱度

1 度佛氏 (F°) ＝$\frac{5}{9}$度攝氏 (C°)
X佛氏度數 (F°) ＝$\frac{5}{9}$(X－32)攝氏度數(C°)

英商一大紙行

上海九江路六號

電話一〇三八五

專營

- 藍晒圖紙布
- 奧速立達晒圖紙布
- 透明紙布
- 密格紙布
- 繪圖紙
- 複印紙
- 複印機
- 複印臘紙

樣本價單函索即奉

19472

黃河橋之今昔

爲我國一最大建築之平漢路黃河鐵橋，本月十一日竟因河水暴漲出險，石堤沖潰，橋墩動搖，平漢交通完全阻斷，平漢鐵路管理委員會委員長何競武氏適因視察路政涖平，聞訊即夜趕往黃河北岸視察，並督工搶護，現河水已稍退落，客車可用盤渡河，何氏返北平翌日將視察結果詳陳鐵道部長顧孟餘氏報告，並繪製藍圖說明，一併呈報鐵道部，請設法協助，重建新橋，記者昨日往訪何氏，比承詳談黃河鐵橋過去之情形，比次出險狀況及重修新橋之重要，至爲詳盡，爰記於次。

鐵橋之過去

黃河鐵橋自建築迄今，已逾三十餘年，原爲一種便橋，長有一百零二孔，因中間有兩孔於昔年爲馮玉祥作戰時炸毀，移一零一，一零二，兩孔補充，故現在祇有一百孔，橋脚長十四公尺半，河底泥沙實達五十公尺，故橋脚離真正地面尚有三十六公尺，是即當年建築之時，爲省工費及求速成，所貽今日之害，路局方面因知橋身薄弱，故於三十年來所有重大之機時車，俱禁止通過鐵橋，即平常車行橋上，速率亦甚遲慢，現任平漢北段橋工段段長之義人羅伯拉氏，即係當時造橋之工程師，故對於彼手造之鐵橋維護備至，三十年來雖歷經軍事轟炸，俱能脫去危險，而尤以自民九保險年限屆滿之後，更無日不小心翼翼，以防不測也。

鐵橋與黃河

鐵橋架於黃河南北兩岸，南端緊近芒山，故河岸不易變遷，北岸緊沁河口下游十華里之平地，由沁河口至北岸橋脚，原築於護岸石堤(石堤之後方一二華里復築有民堤)，路局爲保護石堤，每年投以蠻石，計三十年來所投之石達十餘萬公方，因此北岸上游始終未曾變遷，河身遂亦始終束縛於鐵橋之下，不若中牟以下南北兩岸每年有出險之患。

顧本年黃河水勢之大，實爲近百年來所僅見，由上游順流沖來之房屋樹木船隻咸注於橋下，擠住橋脚，致橋身因受影響，大半動搖，河床原分南北二流，此次大水於數小中由一孔至五十八孔忽成淤灘，急流大溜束縛於五十八至一百孔之間，因水勢既急，遂將北岸上游之石堤冲塌無遺，餘波且直侵民堤，沿岸一帶居民爲分水勢，竟將602公里鐵道挖成九孔，以致平漢鐵路交通立時中斷，然民堤極爲薄弱，幸不久下游南北兩岸俱决（關封清縣），侵入石堤之水，立時消落，否則倘該民堤一經冲破，則大水由詹店新鄉衛輝（由衛河）順流而下，黃河從此改道，亦未可知也（按黃河北岸，塘沽水準面爲八十六公尺，詹店較北岸低九公尺，新鄉較詹店又低十餘公尺，衛輝低新鄉又十餘公尺，由衛河改道經天津入海，確屬可能）。

現在秋汛已屆，設河水再行猛漲，北岸路堤首當其衝，即河不改道，河身亦將略向北移，現在之黃河橋必將廢棄，須另建新橋於詹店附近，且此後河流隨時仍有變遷，而工程亦將十倍於今日，故爲今之計，橋可壞，而拱護堤之兩岸，使河身不致變遷，實爲當前之急務也。

冲壞之情形

北岸上游石堤，現已冲塌，無論如何困難，非立時設法興築不可（估計需蠻石六萬公方，裝運二百五十列車，現時平漢路之車輛尚不能勝任），鐵橋自十一日出險，迄現時止，仍未脫危險時期，水來水退，俱甚迅速，歷年來所拋當橋下鞏固脚橋之蠻石計十八萬公方，業已冲去三分之二，餘石無多，橋水頭復往下淘，於是由五十八孔至八十二孔之橋墩俱形搖動，現至少需拋蠻石一百列車，方臻安全，預計一星期內可以投畢，如照現在之水勢不生變化，最近即可以小機車牽引，勉強通車，惟爲鞏固橋起見，仍須繼續投石二百列車，方稱妥善，但所耗時間及工費均於路局路收影響甚距。

重建之計劃

現在之鐵橋既係急造之便橋，事實上仍必須就地重建，原先建橋之時，本有每年存儲一定款額之計劃，俾於保險期限屆滿時建築新橋，在民八以前曾儲款數百萬元，當時重建新橋開標爲美金五百萬元，但其後儲款竟爲北京政府移作別用，致重建計劃不能實現，十三年以後，又年年遭逢軍事，鐵路元氣大傷，現以路局全部財產逐年折舊，已屬無法維持，故在三五年內路局決不能儲款造橋，故時橋之命運縱無意外，至多亦不過五年，而新橋造成，則需時亦須三年也，現路局一面計劃施工補救，早日恢復照常通車，一面已由工務處中外工程師積極編造重建新橋計劃，但現秋汛將屆，在投石未畢以前，尚不敢保橋之安全也。

平漢路爲我國鐵路之一幹線，萬一中斷，其影響於國防交通者至距，現當美棉借款成功及與國聯技術合作成立之時，願急喚起政府及社會人士注意，設法由政府協助平漢路局正式造一新橋，實爲國防上及建設上不可忽視之事也。

西北踏查日記

煒若

民國廿二年夏，應太原經濟建設委員會之邀，與劉君子說吳君仲滋張君曉如赴西北視察黃河水利，經冀察綏晉寧陝六省，歷六十餘日，數年來之宿願得償，彌可樂也。途中聞見，拉雜書此，不但聊誌鴻爪，或亦可供有志西北者之參考歟。

六月六日

上午九時自津出發。乘北寧車，座客寥寥，空闊清靜。午刻抵平，塘沽簽約後，市面又呈繁榮，惟各重要路口，猶多堆置沙袋，使人作慘痛之廻憶。至友人處假托爾斯泰小說集一部，以備旅途消遣。下午三時登平綏車，日來察局緊張，閱報知沿路檢查極嚴，頗多留難，故有戒心。車守王君係熟識，邂逅相逢，備極歡洽，據云，沿途極平靖，雖有檢查，但僅注意軍人，與普通旅客無碍，此係平包通車，尤為安全，幸勿過慮。予聞之乃大慰。到南口後路基坡度太陡，機車移置列車後尾，推之上行，山峽中風景絕幽，群峰牙錯，軌道腸廻，立據前車端，攝影數幀，胸襟極暢。抵青龍橋，已暮色蒼然，而隱約間猶可見詹公銅像，巍立於車站山側，公之堅苦卓絕，誠不可及，環顧中國今日泄沓之風，實不禁慨然于懷。中央駐軍登車畧事詢查，繼即開行，經八達嶺山洞．長城即在其上，關隘天險，邊塞鎖鑰，為通蒙古之咽喉，自平綏路成，中外人氏，耳此世界無上巨工者，莫不登此一覽其雄姿，惟國事蜩螗，金甌既缺，冀北長城，已非我有，瞻念前途，誠使人不忍于言。晚讀托爾斯泰小說，十時入睡。

六月七日

六時醒來，已距大同不遠。倚窗外望，岡巒起伏，田地土質疏鬆，禾稼若有若無，樹木纖細而高，此地高出海面在一千公尺以上，氣候涼爽如秋，田間農夫均著棉衣，惟在臥車中不之覺耳。六時三刻抵大同，車站在縣城北四里，入城時先穿經小城，周六里，除教會所辦醫院外，空曠無人居，駐軍操練場也。北門城樓為西式樓房。尚稱壯偉，催經國民軍與晉軍戰後，已殘毀不完。到縣政府，聞人尚在歷鄉，縣長方臥病，晤科長李君，形貌灰敗，蓋黑籍中人也。略談當地情形後，下榻西街靖安旅館，稍憩由店役作嚮導，遊觀九龍壁，壁外護以木欄，故尚完好，其高大與北平者相埒，鱗爪生動，彩色燦爛，壁前有池，俗稱旱時以水潑壁，可得大雨，傳係明代王府所在，不可考矣。繼遊華嚴寺，俗稱上寺，遼代所建，入門有崇台，高兩丈餘，上築大雄寶殿，宏偉壯麗，為雁北所罕覯，惜殿脊琉璃瓦為國民軍砲火所毀，雖經補修，殊極簡陋，未免大煞風景耳。午在久勝樓用飯，俗謂係美龍鎮劇中李鳳姐賣酒處，實女招待發祥地也。旅館以北，曰鹵池，為民衆娛樂所在，與北平之天橋天津之三不管相同，汚濁不堪，而熱鬧特甚，飯後曾一往遊。繼出東門，有玉河源塞外，清流縈迴，四時不涸，西岸有鐵牛一，俗傳舊時有四，為鎮水四怪，嗣以風水日衰，相繼遁去，今所餘者據士人云，設非其角破裂，則亦不能獨留也。河東高阜，有眞武廟，後殿側廡供南天門劇中曹福塑像，相傳其凍斃處在大同東南山中，後世嘉其忠義，乃奉之如神，雖云迷信，實亦勸善之意爾。

大同自古為燕晉重鎮，且為遼金西京所在，宮室建築，規模宏備，近雖年代久遠，而四牌樓鐘鼓樓等偉大建築巍然猶存，徘徊瞻望之餘，尚可想見當時之繁榮氣象，將來同蒲路成，此地發展，當不可量，現俗謂大同有三多，（係指轎車灰塵廁所三者而言，）行見其將成過去矣。

（待續）

金鐘橋

天津金鐘橋原在河北，賈家大橋，因原來木橋損壞，復以東車站與河北一帶運輸貨物，必須經過各租界，對於商人甚感不便，嗣於光緒三十三年改建鉄橋，需費十四萬兩，由省庫撥給。

工程消息

一月來黃河之水患

今年黃河水患，六七月間尙小，本月中旬，水勢特大。陝豫冀魯皖蘇以及綏遠，均遭其害。成災之慘，實屬罕見。茲將此一月間之河水變化及政府與民衆處置之情形與步驟，略誌如下，以便追想；痛定思痛，尙望水利專家努力改善。現在秋涼水殺，下月月終，當不致再成如此慘痛之紀錄也。　記者識

八月一日鄭州電，黃河水仍漲。一日陝州漲三尺，水頗凶猛，滎陽民埝塌陷數十丈，經河務局連夜堵塞，脫離危險。惟溫縣方面，危險尙大。

又開封電，一日陝州黃河激增三尺，聲勢洶湧。

二日濟南電，今日黃河上下游均漲，洛口水位三十公尺一寸五，較去年最高水位高二分。今日陝州來電，黃河自上月陷（三十日）起至今，陡漲一公尺八寸二分，預料三日內該水到魯，當局飭令嚴防。

三日濟南電，魯黃河因陝州水漲影響，連日三游均猛漲不已，險象橫生。

四日開封電，三日夜，汴北黑岡口二十堡石垻水勢猛漲，沖刷三丈餘，情勢異常危急，翌晨始搶定。

又濟南電，魯黃河下游仍猛漲，洛口水位達三十公

尺三。

六日濟南電，爲黃河上中游水落，已無危險。聞因冀省長垣縣北岸被匪掘挖之故。

七日開封電，冀黃河五日在長垣濮陽間決口，豫滑縣境被淹三百餘村。

八日鄭州電，冀境黃河在長垣濮陽決口，災奇重。豫溫縣孟縣滎澤鄭州等處稍漲，黑柳崗柳園口等處仍在降落中。

九日開封電，陝州黃河九日漲五公尺五寸，爲十數年來所未有。溫縣境沿堤十餘里盡成澤國。

十日漢口電，九日黃河上游山洪暴漲，河道因泥塞，水勢被阻，冲出兩岸，南北岸路軌被淹，積水尺餘。南北快車被阻兩岸。

十一日鄭州電，黃河十一晨在蘭封小徐莊故道決口，水流大量向東南流，高與堤平，危急一時，河水陡落一丈二尺，已無危險。

十二日濟南電，據報冀長垣縣黃河北岸十一日午又決數口，口門各寬數里，附近村莊，一片汪洋。同時南岸第一段三分莊亦決口，口門三十餘丈。十一日午夜一時河水陡漲六七尺，北岸石頭莊又決四口，最大者寬五里餘，水勢洶猛，奔騰漫溢。長垣濮陽等縣災情實重。同時南岸第一段三分莊廟莊地方漫溢成口，初數丈，刻已五十餘丈，愈冲愈大，水頭高丈餘，至魯境尚高七八尺。目前水勢多半偏南，爲黃河水上中下如流均落水。

又漢口電，平漢路局報稱十日下午四時黃河鐵橋河道水勢陡漲，橋梁第一空至二十九空，水勢洶湧湍急，橋墩受水勢之冲刷，七十七空及七十八空橋墩冲向東斜，斜度約二公寸，形勢危殆。現河水深處達八十六公尺，且有增無減危險萬分。

又鎮江電，蘇皖豫三省電商聯合防水。

十三日鄭州電，黃河水十二日無大漲落。黃河鐵橋因水大流急，損壞至巨，設水勢不落，再稍延長，有全部冲去危險，日內水位如恢復常態，須大修理，方可通車。

又開封電，蘭封新堤決口，寬百五十尺，由興集以北村莊全覆沒，淹斃千餘人。

十四日開封電，陝州黃河復落三公寸，黑崗成隱伏狀態，埧未復陷。

又鄭州電，由汜水東至廣武，西至鞏縣盡成澤國，勢仍汹汹。

又徐州電，專員署十四日據蘭封電黃河水已沿皖入淮，該處水低落尺餘。

又鄭州電，黃河流轉變，沙灘中含煤塊百之五，村民雲集灘內，裸體取煤，就流淘洗，日間共約得煤塊數萬斤。據云，煤係由濟源西山中被水冲入者。現廣武山迤東保和寨西桃源一帶危險仍未減，以姜家廟爲最危險，水距堤只尺許。廣武縣長已招工千餘人，親自督飭搶險，幸未決漫。上游北岸孟縣數村被巨波捲入洪流，農具漂流，經鐵橋東流者甚多。

十五日南京電，十五日行政院會議，討論魯、皖、蘇、豫各省府先後電陳黃河暴漲，請飭籌堵築施放急賑案，決議(一)着陝、豫、冀、魯、皖、蘇、各省府聯合防堵，並籌賑濟。(二)呈請國府，飭黃河，導淮兩委員會會同各該省政府，切實辦理，(三)由財部在前經決定撥交揚子江防汛委員會款內將未付之款先行酌量移撥。黃河水利委員會定九月二十五日在開封省府宣誓就職。李儀祉已通知魯、冀、豫、晉、陝、綏、寧、甘、青、九省建設廳長，屆時至汴出席。

又，近以黃河暴漲，迭接各省府報告災況，行政院自不能不妥籌救濟辦法；但以黃河水利會隸屬國府，行政院不能直接指揮，于搶險及救護事宜，辦理甚感不便，將請中央將該會改歸行政院直轄。

又開封電十四夜北岸水勢陡變，直射開、陳。下汛，盤震天地，經民衆搶堵，未生危險。現該處來索麻袋五千，擬由柳園裝船，以備萬一。十五晨中牟上汛十堡四埽護岸石場陷四丈，祥符下汛十九、二十兩堡北岸嫩灘塌陷，面積寬長均有二里許。大溜北移，民夫正赶修各缺埽，蘭封故道水落九尺。

十六日開封電，十六日下午三時許，黑崗大溜忽淹南岸，勢頗洶猛，致一二三人字俱均冲陷，經搶護六時始築一俱，餘在赶拋磚石中。滑縣縣長電省振會稱，黃河灌注一二三四五六七八各區水面積五十餘里，深丈或數尺不等，村莊被淹六百餘，全塌二百餘，水勢有漲無減，村區盡成澤國，老弱飽魚腹，少壯攀樹登屋，因救生船少，相繼落水殞生。

又徐州電，豐縣縣長楊良十六日電稱，黃水抵碭山雨塞水頭寬一里，深五尺，後路寬五里。職現督工塞堤，並催沛縣速協同搶險。

又電，魯曹縣決口，潰及碭山，徐警備部派員同余專員督率民夫軍警萬餘人，十六日起，日夜赴徐北舊黃河堤搶險。

又漢口電，平漢售直達車票，惟於黃河南北岸用盤渡方法渡過。

十七日，濟南電，黃河長垣石頭莊決口，十六日夜十二

時水流抵壽張城南。下流水勢洶湧，寬四五十公尺，深一公尺六七寸，附近一片汪洋。魯西水災重大。

又徐州電，黃水入朝陽湖，沛縣危急，縣長督民搶險。

又電，魯西黃水入豐縣，由豐鳳華山東流入沛，徐州環城故堤，西起臥牛山，東至雞嘴垻，長十餘里，共決七口，軍民搶險中。

又濟南電，魯主席電請中央籌請急賑。

十八日開封電，十七日深夜黑崗祥符中汎第二道磚石壩首埽十八丈，掛十八大柳椿加包蔴袋，如出水面。十八日滎澤汎五壩二垻，水勢洶湧，大溜頂冲，漲三寸九，刻正搶護中。陝州水勢十八日漲一公寸。

又徐州電，十八日晚沛城大沙河出險，水深丈餘，田廬被淹，尤以距沛城城四十里之龍潤集水勢最大。微山湖水漲二尺，逆流至韓莊朝陽湖水亦漲，沛城危險。豐縣鹿樓大川樓已有紅色黃水漫流

，城甚急。兩縣民衆逃難者甚多。碭山水落二尺，北折入豐沛，故徐東運河漲二尺，砲車礙莊均有水。

又濟南電，據河務局所接報告，黃河北岸石頭莊決口，水入魯境後，直趨東北濮、范、壽張、陽穀四縣均成澤國。刻循北岸大堤南來，奔騰不已，過壽張之蕭寺到東阿縣境。十八晚抵陶城埠，仍將入黃河本身。菏澤水仍圍城，交通阻塞，電報不能送達，城武亦被水圍城，一片汪洋。鉅野縣長報告，黃河十七晨一時由劉長潭入鉅野境，午到城西卡屯，深五公寸，寬六七里，刻正率民夫挖溝，將其引入洙水河，以免災區擴大。壽張縣長莊守忠十七日電稱，水勢浩大，田禾淹沒，星夜做成措施，加緊防搶。范縣長周鈞英十七日電稱，倉上莊西首前壩之浪窩兩處出水，已搶守穩固，刻又加調民夫二千三百人搶險，金堤以南水寬面積已達四十餘里，平地水深二公尺，一片汪洋，船隻往來，鄉村房屋倒坍，哀聲遍野，請咨賑委會賑救民命。河務局長張連甲除分別電復加緊防守外，十八日晨五時親由濟赴上游范縣黃河北岸視察，督飭搶險，下午五時已到該地。

十九日南京電，國府十九日令黃淮兩委會着陝豫冀魯皖蘇等省聯合防堵，並籌賑濟，由財政部在前決定撥交揚子江防汛會六十萬元內，將未付之款先行移撥。

又南京電，行政院令黃河水利委員會召集陝豫冀皖魯六省府代表開黃河防汛會議。

又徐州電，沛縣大沙河水四溢出岸，經兩縣民衆搶堵，水流已傾注入昭明湖，轉入微山湖，現徐屬豐沛兩縣水已漸殺，蘇北不至泛濫。微山湖水量近來陡增，未出岸。沿沛河兩岸民房田地，淹沒甚多，災況甚多。

又濟南電，冀河決口水循魯境北岸，金堤奔騰下注，范縣壽張陽穀各縣河套人民田廬皆殃及。且水漲不已，金堤或與水平，或出水二三公寸不等。現此水又由上游陶城埠流入正河，水勢驟漲，壹莊十九日早晚共漲一尺二寸，水位五十八公尺，洛口漲一公寸七，水位二十八公尺九寸八，黃莊形勢已極危險，如再出險，則魯西豫東受害更慘。張連甲現仍在上游督工，今電省府報告沿途視察范縣門虎莊姬樓壽張定竹口蓮花池堤頂，幾與水平，已飭縣長會同段汎督民夫搶加子埝，然水再漲，則危險。內政部派許室農定二十一日來魯，自上游起沿河視察云云。

二十日南京電，黃河防汛會議，定二十八日在京舉行；水利會已致電六省派員參加。

又電，魯黃河上游范縣壽張一帶水勢飛漲，驚耗迭傳。迄十九夜，水已超出堤面七八寸，二十日達一尺以上，幸加築子埝，竭力支持。此次上游水漲原因有三：(一)因石家莊決口水到陶城埠，仍流入黃河。(二)因陝州水漲不已，來源太旺。(三)因連日陰雨。所幸南岸二分莊決口之水尚未到達，倘該水由分水龍王帳過姜溝，仍入黃河，則漫決無疑。洛口水亦飛漲，一時數漲。十九，二十

兩日猛漲一公尺七寸九分，水位三十公尺六寸，超過今年及去年最高水位。該地大堤最高三十一公尺五寸，倘再漲九公寸，必漫淹濟南。河務局預備加築子埝，以防意外。

又太原電，黃河暴漲後，晉南永濟縣已漫溢出岸，沿河一帶，人畜死傷，田禾損失無數。大慶關全村房屋沖塌半數以上，風陵渡河局街已成池沼，龍頭東站被水沖為河道灘地，秋禾棉花已完全陷沒。各該地人畜財產損傷難以數計。

又濟南電，韓及聞承烈等視察黃河到洛口視察水勢，並乘汽車赴楊家莊北店子視察。沿途見黃水下注，澎湃奔騰，飛漲不已，堤岸危殆，令人驚駭。因楊家莊有一潛堤，已與水平，當令速為防堵。午後五時過洛口返濟。韓令手槍旅到洛口協助防守。韓及民政廳長李樹春電沿河齊河東惠民濟陽長清利津濱縣蒲台平陰東阿壽張濮縣范縣歷城各縣長，速督率民夫守護各縣境域，否則出險惟各縣長是問。聞上游壽張范縣十九晚最危險，張

連甲深夜電話報告民廳長李樹春，李轉報韓，二十日已稍緩和。

又電，韓接蔣電，豫魯水災綦重，極深憫念，除轉電代爲請賑外，希將水勢情形，隨時電報。又顧祝同電韓，再詢魯境各口潰決情形，口門深寬，及水流趨勢。韓接電後即分條詳復，並建議組設冀豫蘇魯四省黃河下游整理委員會，請顧首先提倡主持。

二十一日濟南電，二十一日河水又暴漲，洛口陡漲一公寸八分，水位三十公尺七寸八，上游官莊漲一公尺二寸，大馬家漲八公寸七分，各段險工危急萬狀。東阿陶城埠水仍漲，工情尤急，幸子埝高出水面七八尺。張連甲刻在陶督工。冀長垣南岸決口之水，二十一日午後三時已由荷澤曹縣流抵濟寧金鄉嘉祥魚台一帶，災區益大。城武建設督察員孫維屏電建廳，縣境諸河漫溢，平地水深三尺。

又徐州電，二十晚嘉祥鉅野來電，黃水注嘉祥，增漲不已，恐流蘇北豐沛，希防範。又電，黃水到鉅野，勢猛，東西北郵件不通。城北謎莊徐官屯間，因皂王河洙水河決口，鄆城電報不通。各河水滿四溢，有此流勢。

又電，余專員據田光壁二十日由嘉祥電告，東明決口，在二森莊，水勢洶湧，高十餘丈，寬五十丈，分三股東下。(一)由東北入皂王河東下，(二)入洙水河，經鉅野嘉祥，現嘉鉅兩縣危急(三)入萬福河，經曹縣單縣，將注入微山湖運河，沿湖蘇北各縣水患仍難免。

又濟南電，韓復渠電注，略稱准豫主席劉峙十七日電請鈞院簡派大員，馳駐汴鄭，召集會議，就近督率辦理修守堤防賑濟災民等事，職意此時似宜由蘇，皖，豫，魯，冀等省設立黃河下游整理委員會，即以簡派之大員爲委員長，由沿河各省各指派一員駐會，相機籌議，進行較爲便利，業經分電豫主席劉峙蘇主席顧祝同徵求同意。事關數省人民生命財產之救濟，究應如何辦理，請鑒核施行。

又南京電，國府二十一日令黃河水利委會暫歸行政院指揮監督，以便統一指揮。黃河委會副委員長王應榆，秘書長張含英，二十一晨飛濟，與魯省府接洽防汛會事，然後飛魯西蘇北一帶視察。行政院對黃河泛濫甚重視，已定二十八日召開防汛會議。二十一日已電蘇豫魯豫陝冀六省，屆時派員參加。邵鴻基王平政定二十二晚北上，分赴陝豫，視察災情。

又鄭州電，省委員萬舞二十日自滑縣到鄭定二十一日返汴。據談長垣決口，河水灌注滑縣境，五六七三區爲最慘，共被淹五百餘村，水深丈餘，淹斃者難統計，刻收容所十五處，辦理急賑，積水正在設法疏洩中。

二十二日濟南電，王應榆張含英晤韓後，提商中央刻將揚子江防汛費五十萬元撥作治黃之用。若以之救治全河，杯水車薪，無補於事，擬以之修黃河入海口門及蘭封銅瓦廂故黃河道兩處之堤。因入海口無堤，河水隨便漫流，淤積泥沙，水量宜洩因

難，實爲決口最大原因。銅瓦廂無堤，決口之水沿舊黃河直入淮，再入江，江淮必淹沒，故急須修堤。以工程計，入海口堤需款百萬，銅瓦廂堤需款四十五萬。若以兵士帮同民夫修築，可省半功倍。即以三十萬交韓負責修入海口堤，其餘二十萬除測量沿河重要地點用萬元，開防汛會費用千元外，餘三十萬交劉峙負責，商同蘇皖兩主席，以三省之力助修銅瓦廂堤，韓深贊同。王張已電蔣汪報告，並電告劉峙，一面另電中央，由各省分別籌款救濟災民，修堵決口。

又濟南電，韓復榘前於中央頒布黃河水利委員會組織大綱時，曾電反對會址設於西安，請另於豫，魯兩省擇一適中地點以期控制全河。此次冀，豫，魯三省黃河決口，更證明會設西安之不便，故主張由蘇，皖，豫，魯，冀等省組織黃河下游整理委員會。韓電汪，請汪將行政院會議決財部應撥揚子江防汛委員會六十萬內未付之款移撥賑黃河災者撥下，以救災黎。並電劉峙顧祝同，請一

中央請求。荷澤水淹估全縣五之四，被災人三十萬。

又開封電，省振會列舉此次黃河暴漲事實，再請中央將黃河水利委員會地址擇設魯豫。

二十三日濟南電，魯黃河上游范壽一帶水均落，惟中下游猛漲不已，洛口二十二日晚迄二十三日午漲至水位三十一公尺一寸，距堤頂僅差四公寸，危險萬分。附近及楊莊一帶護石及埝埝隨漫隨搶，手槍四營幫同民夫拚守，未出巨險。午後洛口水落一公寸。長清董家橋小民埝突漫決，水流低，堤根正拚命搶護，中游董寺亦出漏洞，在搶護中，張連甲已抵下游長福鎮督工搶險，韓令建設廳將汽車任河務局調用運料。

又電，韓復渠以此次黃河爲患，目前堵築及辦理急賑，需款固亟，但將來對於根治黃河，亦非鉅款不能統籌舉辦，已電中央請將棉麥借款撥給魯省一部，作爲治黃基金。聞紳商各界，亦將組織團體向中央同作此請。

又開封電，二十三日中牟上汛埧場陷八丈，柳園口對面陳橋汛大溜梟岸，形勢甚危。李協二十三日午過汴赴京，在站詢陳汝珍此次水漲經過及防堵近況。劉峙通令各縣，徵求全省人士對防汛疏濬意見。監察院委員邵鴻基到汴，查勘水災。

又濟南電，王應榆，張含英定二十四晨返京。北平華洋義賑會電韓，已派美人吉禮德來魯，勘災放賑，韓復電歡迎。

又南京電，黃河水利會籌備主任許心武談，本年黃患，已超出光緒十三年大水之紀錄。李儀祉早欲來京，因爲病困，滯留西安。此因防汛會議舉行在邇，故負病成行，二十四日上午當可到京。此次防汛會議參加者凡六省，兩委員會。討論要點凡三：(一)各方對治黃計劃供獻甚多，究以何者爲經濟而有利，須待共同決定。(二)防汛工作事關急要，亟須將防汛會組織成立。(三)大水發生後，政府甚爲注意，各省呼援電如雪片飛來，政府雖決撥揚子江防汛會之五十萬，充本會防汛之需，仍不免杯水車薪，究將如何籌劃，亦待解決。

又歸化電，包頭北境亦遭水患。四區大樹灣等村，以黃河水漲，沿河大水出岸田禾全淹沒，民間房舍淹倒者不計其數。現在人民無處安身，均逃至荒野高阜之處，暫爲棲身。黃河以南二十餘里水深數尺，盡成澤國。又兼山水相連，草地全被水佔，牲畜無處放喂，人民燒吃全無，東逃西散。包頭縣政府向省府請振。

又濟南電，教廳長何思源奉韓命，二十三日晨九時偕孫桐崗乘機飛魯西視察災情，下午一時返濟。據談由濟沿黃河北岸經壽張范縣濮縣鄄城過河經荷澤東行，過鉅野鄆城回省，共經七縣。在各縣均抵飛，以紅布裹石擲下傳單。單共五種，大致告以主席派余等視察水災，備急賑，省府已籌大宗賑糧陸續散發，並電請中央撥欵賑災，從速救治下游水患。壽張東西南三面水圍，西望水天相連，濮范兩縣水寬皆二十餘里，荷澤亦北東西三面二圍，惟水稍有落勢，鉅野四面水圍，趙王河北黃河南盡一片汪洋，所幸水在城外，各城內均無水。黃水順趙王河入湖，河內外皆水，壽，鄄，荷，范，濮，鉅六縣災最重，濟寧荷澤間汽車路被水漫，兩旁樹行僅見其稍，統計淹沒約三千村，被淹人口約二百萬，荷澤五十萬人有四十萬在水中。定二十四晨再飛曹縣城武單縣魚台金鄉一帶視察。

二十四日濟南電，二十四日魯黃河下流飛漲不已，洛口續漲一寸二分水位達三十一公尺一寸二分，距堤頂僅差三公寸八分，勢極危殆。搶堤隨塌隨搶。東阿茂王莊河水倒灌，入大清河。將將家滯東南民埝衝開，水入縣境勢極洶猛，堵防無效，數百村盡成澤國。全鄉沙河已見黃水，猛漲不已。單縣八里河長約十餘里，竟有決口七八處，向外溢流，勢頗危殆。平陰長途電話線阻，因長法肥城境三十餘里黃水漫溢數十里。

又電，二十四日午後二時半何思源孫桐萱乘機沿黃河南岸飛曹縣單縣一帶視察災情，五時返濟。

又南京電，行政院令飭財部撥十萬元充防護江南海塘經費。

又電，李儀祉發表談話，謂黃河大水，為近五十年來所未有。秋汛從來即暢旺，須至霜降後，方可希望無事。故以後災情是否不致擴大，誠不敢必。水利會現着手辦理事項，為(一)王應榆乘機勘查災區狀況，現正在濟與魯當局籌議救治辦法。(二)召集六省防汛會議。預料對經濟善後辦法，如技術的及財政的必有圓滿解決。(三)實施堵塞決口。因秋汛如何尚難逆料，所有漫決處所，應從速堵塞並修築倒塌堤坝，已派許心武主持辦理。本會成立目的，不僅以辦救災工程自足，俟此治標工作告一段落後，即將從事於根本工作之導治，用期永久。

二十五日濟南電，二十四日晚濟南大雨，洛口黃河續漲，險工迭出，連夜搶護中。

又濟南電，魯西荷澤壽張等十八縣災民代表韓季夫‧陳翰軒‧孫介人‧王子愚等電中執委會各委員及林，汪，于，孫，蔣，何，略稱，魯西水災突來，沿河地方盡成澤國，受患區至十數縣，遭劫生靈數百萬，死者順流，生者無歸。幸省府分別派員前往散放急賑，中央亦派員蒞魯籌劃救濟，忍痛待命。惟災民等遭此慘劫，追原禍始，情難緘默。自冀省長垣決口，深虞水患入魯，一夕數驚，但決堤出於土匪，無可奈何。乃無獨有偶，豫主席劉峙公然派隊一旅，至蘭封以護堤為名，決堤大灌，蘭封河堤即當夜決口。洪水橫流，灌注魯西荷壽范觀曹單鄆鉅濮鄄曹屬十數縣及濟寧一帶，並東阿東平等處，水勢奔騰，驟成巨災。且南趨徐淮，將循故道，致人民嘆恨，全國駭驚，報紙喧騰，人言藉藉。似此方面大員弄兵決口，以鄰國為壑，視民命為戲，真歷史奇聞，民族敗類，即共黨土匪亦不若此。以衣租食稅之長官，擁兵理民之領袖，其為共匪所不為，數百萬衆，悉蒙其禍，如不懲治，紀綱掃地，災民身受其禍，罔識忌諱。伏乞政府念河工要政，速申法紀，以肅官邪，而平民氣。

又電，二十五晨迄午，洛口又猛漲一公寸八分，水位三十一公尺三寸 距堤頂僅二公寸。附近及楊莊北店子一帶堤頸漫坍，水溜洶猛，危急萬分。李樹春已由洛口回濟。張連甲二十五晨三時由下游大馬家赶同洛口督工，晝夜搶護，並加修子堤，以抗大水。省賑務會及省府政務會議，二十五晨可在省府開會，大致議決以十萬元購辦賑衣，由省府賑務會各撥五萬元，另由省府及賑務會各撥二萬元續辦急賑，計共十四萬元。一面將全省下級黨部黨費一律暫停三月，移以賑災。凡未遭水災各縣，各於丁銀每兩加徵三角，以資賑災。韓對魯西水災，決以全力辦善後，如中央撫辦法，以去留力爭。

又鎮江電，蘇省府二十五日電六省防汛會，提案六件，請編入議程，其內容(一)擬請查照民國二十年江淮水災成案，呈請中央設立國府救濟水災委員會，辦理黃河工賑，統一事權案，(二)善後工程應先堵築冀豫魯泛決各口案，(三)請疏通漫決積水案，(四)請撥款搶修下游漫水湖河堤岸案，(五)擬請於黃河水利委員會加入蘇省委員案(六)成立黃河下游整理委員會案。

二十六日開封電，甘省府電劉峙稱，因遭半年來未有之大雨，黃河陡漲四公尺水勢洶湧，請嚴加防備。

又南京電，黃河防汛會出席代表已定十四人，提案已收到數十條。

又濟南電，荷澤縣長孫則讓電稱，荷澤水災詳情，由東明二分莊漫溢，植貫縣西北兩部，分注鉅，鄆，鄄各縣，深六七尺，淹沒二千二百方里，一千二百餘村，災民三十餘萬。

又徐州電，據參謀本部航空測量員朱思玉趙敬賢王應東，宥(二十六日)語記者，余今晨由汴來徐，汴垣外人昨接得報告，謂黃河上游徑(二十五日)突猛漲三丈，向下游汎來，形勢極嚴重，豫魯蘇各省黃河流域恐遭大患。某外人通知汴省府急謀緊急預防，現決定擬一面搶堵黃河南岸險要提埝，一面預備用蔴包屯城以俟。如黃河到達汴北岸，即鳴砲為號，全城人民總動員，一致赴城北搶險築堤。惟城外難以防範，城外西人住宅，聞已商准劉主席，必要時遷入城內省府避難云云。

又電，韓復榘偕濟市長聞承烈兵工局長趙竹貢赴洛口一帶視察。

二十七日南京電，黃河防汛會各省出席代表均已到京報到，定二十八日晨在導淮會開幕禮，會期定兩日。該會決俟防汛會完結，下月一日正式成立。許心武二十七日晚赴汴督工搶堵各決口，據稱下游堤防工程處共分五區。

又徐州電，黃水竄故道，六塘河，鹽河告急，灌雲沭陽兩縣正督民夫搶河堤，俾引運入海。

又南京電，黃河南岸各縣，僅以浸水農田論，計荷澤有一萬千餘頃，距野二千餘頃全鄉二百餘頃，高縣萬餘頃嘉祥二百餘頃。

二十八日南京電，黃河水利會為防止黃患，特召集六省黃河防汛會議，二十八日晨九時在導淮會禮堂開幕。出席代表黃河會委員長李儀祉，副委員長王應榆，秘書長張含英，蘇代表建廳長董修甲，魯代表建廳長張鴻烈，皖代表江世輝，豫代表河大校長張廣輿，冀代表河務局長孫慶澤，陝代表傅慎齋，導淮會代表總工程師須愷暨各省列席者二十餘人。由主席指定須愷張鴻烈五人為審查提案委員。下午一時由須愷召集審查提案會議，將各省提案審查完竣，下午三時半召集大會，討論提案完竣，六時半散會。二十九日晨續開大會一次，討論經費籌措方法及施工預算。閉幕後各代表首途返省，遵照決議施行。

又濟南電，二十八日洛口落二公寸二分，水位三十一公尺，附近及楊莊裴莊一帶依然水大溜急，埽壩坍陷不已。張連甲住堤上督搶。長清董橋民埝決口堵好。李升屯落一公寸七分，水位五七尺五寸六，下游水未落，溜急奔瀉，危險萬狀。齊東禹王口埽坍陷，沖去蔴袋千餘，搶護轉安。恐日內甘肅所漲四公尺到濟，仍有大險。魯西水災救濟會電中央，請速撥距款賑災。賑委員會電韓主席，已將黃河水災專案呈行政院，請撥款賑災。

二十九日南京電，黃河六省防汛會議自位(二十八)晨開幕，至晚六時半即將各方提案討論完竣。對修堤堵口等工程計劃均經決定。並議決呈請行政院撥款千萬元，為修堤決口經費。魯省代表張鴻烈，豫代表張廣輿，又魯建廳技正孔令瑢李士林等，復於艷(二十九日)集會商討草擬修堵兩省決口預算問題，將經費用途支配列表，併呈行政院，以便早日款興工。

又濟南電，冀河務局長縣慶澤到濟，談石頭莊決口三十一處，現尚有十六口流水，堵口需三十萬元。惟新淤河灘，高出大堤一尺半，如不培高大堤，則即漫淹冀南豫北，如由劉莊漫溢，則不惟淹曹州，且有改道危險。大堤培五尺高，寬五丈，需百餘萬元。冀無此財力，決赴中央報告。決口處人畜死於泥沙中者難以數計。河務局用船十七條，專救逃至山頂樹上者，已逾四千餘人，逃至堤頂萬餘，此僅稱石頭莊附近者。

又徐州電，汴水，黃河上游水勢暴漲蘭封考城一帶水又激增，一股沿故道東流，勘(二十八日)夜抵碭山，黃河故道水陡增二尺，民衆驚惶。

又南京電，二十九日行政院一二二次會議，關於內財兩部報告奉交審查黃河水實急賑一案，審查結果，(甲)賑濟方法，宜分作三部份：第一為急賑，第二為工賑，第三為黃河水利工程。尤以急賑為目前刻不容緩之舉。(乙)關於急賑款項暫定為二百萬元至三百萬元，其籌款方法，參照民國二十年水災成案酌量辦理。(丙)關於舉辦工賑與黃河水利工程計劃及其應需款項，由黃河水利委員會會同全國經濟委員會從速詳細擬定辦法，呈院核定施行，當否請鑒核案。議決，由行政院組織黃河水災救濟委員會，餘修正通過，送中政會云。

三十日南京電，中政會陷(三十日)晨八時開三七二次會議決決，准行政院設立黃河救濟委員會，急賑經費定為四百萬元。

又電，昨日行政院第一二三次會議，黃河水利會委員長李儀祉報告，黃河暴漲沿河省份受災面積約一萬五千六百零六方里，受災人數為一百一十四萬八千四百八十人。魯冀豫三省黃河兩岸堤線總長一千三百八十基羅米達，其修築費加高培厚計需洋四百五十五萬元，修復埽坝計需洋六百一十萬元，共計一千零六十五萬元。

又南京電，許寶農視察黃河水災後，電京報告，謂蘭封故道口小堤決口，舊河槽被淤塞甚高，現口門寬三百公尺，深一二三尺不等，水不甚流，如不再漲，當無大害，惟甘肅敬(二十四)又漲四公尺，預計即將到豫，形勢仍嚴重。

三十一日濟南電，曹州天主教總司鐸德人萬賓來談二分莊決口，被災面積，東明長八十里，寬五十里，淹七百餘村，荷澤長七十里，寬六十里，淹九百餘村慘狀為六十年來所有。決口原因，由於豫防河不力。考城決口亦分兩股，由曹州南北匯南陽湖，寬約三十里。災區耕牛只十元一頭，船渡一人索四十元。石頭莊決口，水奪正流三分之一。災區人多賣女為生。時疫發生，死亡相繼，急需醫藥品。余意治黃最好多開支渠，水大時入運河，旱時灌溉，此際辦理，可以工代賑。

又濟南電，黃河水世(卅一日)稍降落。河務局接陝州電告，河水猛漲五寸三分，計水程四五日可到魯。河局已飭嚴防。

各省水災

陝西

(西安通訊)連日陰雨，演成極大水災，茲據三原來人談，有本市柴家什字某車夫，於本月二十日田耀縣南返，中途在某鎮休息時，忽崖背洪濤驟至，土窰塌倒，將窰中同歇之本市齊院門樂院門騾車二輛，並車夫二名，一併淹埸無踪，此車夫急跨騾背，始得逃脫性命，然騾在水中，亦僅露脊背及頭頸在外，至所御之車，則竟由後院漂至前院，水勢之驟猛可知，至水退後，狼狽回省，道經三原橋底村時，則橋面已盡入水中，隱約認橋樑上石柱而行，又見該處駐軍，正在河中結連數船，阻撈上流流來之人畜屍具及物件，據述流來人屍，除沖過及未撈獲者外，竟撈出一千餘具之多，可謂慘矣，刻省賑會以該縣災情過重，據呈報後，即於昨日委張繼賢前往查勘，以便舉辦急賑云。八月。

貴州

（廣州通訊）黔省自兵燹後，近日又告水災，省府已設立賑災委員會，辦理散賑事宜，查此次黔災，由於入夏以來，霪雨不止，連月山洪暴發，黔北之遵義，桐梓，湄潭，鳳泉，黔東之松桃，江口，思南，省溪，沿河，印江，婺川各縣，災情尤重，田禾畜牧漂流殆盡，難民流離，誠前此未有之浩刼，日昨黔省王家烈，已將災情電告二十五軍駐粵辦事處主任王節之，暨駐粵代表張蘊良，請就近向粵省府及此間慈善機關請賑，王張等刻已分頭向省政府及省港團體接洽，粵省政府因分令所屬各廳，酌撥款項，以資匯賑云。

河北

冀省永定河，前因伏汛水位暴漲，津縣境雙口鎮水沒堤頂，漫溢成災，而雙口鎮迤南各村，幸早在桃花口與王秦莊之間，私築阻水土埝一道，並經該地之軍民晝夜搶護，未遭巨害，惟近來該河水勢又漲，駭浪驚濤，備極洶猛，加以該埝埝底，早被上次溢出積水浸溼，遂於昨晨，桃花口及雙口鎮兩處土埝，突被沖決，淹沒十餘村，而北運河與永定河之間將熟之莊禾，盡付東流，秋收無望，狀極可慘，該管第四區長張西園，昨將潰決情形，隨即報告津縣府云。

鐵路工程近聞

修建包寧路

（歸化二十一日電）傅作義呈汪，請指定棉麥借款興修包寧鐵路，振興河套水利，實行河岸造林，擴充綏省牧畜，請修包寧路呈文列舉四大利益，末謂於棉麥借款中劃定確數若干，專以興修該路，並飭令鐵部尅日興工，限期完成，百年富強之基，西北數省之利，均於是賴，振興河套水利，濬疏各渠工程，約需四百萬元，因黃河流沙爲患，上下游須植樹，實業部已擬在五原安北一帶培植長三百里寬二百里之森林，需洋一百七十二萬，經營全綏各地牧畜場，計需百五十萬元，茲事體大，非綏省財力所能擔任，請由借款內酌撥建築云。

隴海鐵路

（西安三十一日電）邵力子，楊虎城，朱紹良，鄧寶珊，三十一日聯名電請中央，根據國聯技術合作辦法，或廢發棉麥借款，迅速完成隴海路，略謂隴海鐵路關係西北國防暨甘陝兩省人民生計，至為重要，歷年因路款無着，工程進行異常遲滯，現潼西段正在修築，轉瞬即可通車，西蘭段工巨費繁，設非預籌的款，竊恐畏難中阻，觀成更將無日，目前黨國開發西北，鞏固邊防，皆應以發展交通為前提，陝甘兩省災後救濟，建設進行，其須隴海路剋期完成，始能轉運物資，徐圖調濟，務懇鈞座積極主持，限期展修云。

首都輪渡

（南京）鐵道部建築之京浦間首都鐵道輪渡引橋工程，大都竣工，現正裝置跳板與鐵柱上部之昇降電動機，以及靠船碼頭外端繫纜船尾之浮躉工程，預計下月間可以蕆事，頃悉該輪渡長江號渡船，日前由滬駛京，已於前日下午安抵下關，停泊於輪渡碼頭，烟囱高聳，國旗飄揚，與兩岸之紅藍引橋，相映之下，甚為壯觀，茲據工程處某要員述其概況，略記如次，據謂該項渡船長三百七十二英呎，闊五十八英呎六吋，船身分兩層，艙面鋪軌道三股，相距十二英呎，每股長約三百英呎，後端備有移車台，台上備機車一輛，可以左右移動，以接連任何軌道，供裝卸車輛之用，所有機件室，旅客室，船員辦公室及廚房等，俱在船之下層，船身之左右前後，裝有水櫃，其蓄水量可以隨時增減，使渡船於裝卸時，得以保持其平穩也，該渡船可載四十噸之貨車一列，（共二十一輛每股道裝七輛）其載活重一千二百噸時（機車重量尚不在內）吃水為九英呎九吋，如滿載後，船面軌道高出水面十二英呎，當載重一千二百噸時，在靜水內行駛之速率為十二又四分之一海哩，船空時與滿載時，吃水相差為三十三英吋，通車後，過江與裝卸車輛時間，僅需四十分鐘，全部船價為英金八萬零二十五鎊云。

同蒲鐵路

（太原訊）同蒲經便路原介南段，以年底決行通車，故各項工作，均甚積極，太原總站及榆次太谷介休各大小站，站台均告完成，即將從事建築房舍愛至該段路基已分別築就，惟太原至榆次段土方工程，因修築多感困難，當局近復派兵士一團，協助工作，太原至徐溝縣屬桃園堡修築橋樑材料，預定於本月月底運齊，即刻已運到四分之三，共千九百大車，以洋灰木料缸管為大宗，橋樑需要工料鐵料等亦甚夥，計洋灰二千八百桶，分水椿千三百根，美松三百九十餘條，俄松八百四十根，榆木椿帽百塊，榆木底座百塊，榆木托樑木一千四百四十九根，橋枕木七百九十九根，松木護輪木九百六十，四根松木蔴繩木九百六十根，松木擋土板，松木襯塞板扁鐵，水斗，杠子，松筐，蔴繩，鐵鍬，鐵鎬，鏈，抬石架，滑車，脚手板，大撬桿，小撬桿，螺栓，方頭釘，釘子鉛棣，臭油，椿尖，椿尖釘等各若干，現當局以南一段應運材料，已餘無幾，即令修築輕便鐵路運輸隊，開始運輸南二段桃園堡至祁縣東觀鎮所需材料云。

粵漢鐵路

六月一日中英庚款董事會常會，通過借撥鐵道部完成粵漢路款四百七十萬鎊，擔保品計為全國鐵路客車收入，及貨車附加，又粵漢路廣韶段及自韶關至粵邊段之收入，及平漢全路收入，其中三百五十萬鎊為現款，一百二十萬鎊另發行公債，茲畧錄其大意如下。

中英庚款管理會發表，鐵部完成粵漢路借款總合同修正通過，俟手續備齊即簽字，內容（一）數額四百七十萬鎊，（二）擔保品五項，甲，粵漢路廣韶段營業收入之第二次擔保，乙，由韶至湘粵交界處一段營業收入之第一次担保丙，首都輪渡營業收入之第二次擔保。第一次擔保本身借用中英庚款。丁，鐵部直轄國有各路客貨運價之第一次擔保，戊，平漢營業收入之第二次擔保，董事會為明瞭各擔保品情形，得隨時派員查該，鐵部並於短期間將擔保品收入之一部，存入董事會指定之銀行（三）董事會為保障借款，將派總稽核一人審核粵漢全線收支事宜。

天津市政

計劃繁榮

本市自經中日戰事起後，市場蕭條，商況愈下，自塘沽協定，人心略安，市面亦漸形活動，然元氣大傷，雖覓外強中乾，無可諱言，據市府參事王韜對記者談稱，謂本府爲繁榮市面，一切計劃，刻正在研究中，務使從根本方面解決，近南市特二區諸處，雖添設夜市，皆屬一種治標辦法，特三區範圍甚廣，侯家后昔曾爲繁盛之區，現均呈冷落狀態，亦擬設法整頓，關於修造馬路，爲市政建設中最要工作，現因市庫支絀，擬擇其重要馬路，先行修理，以後次第修理其次要馬路，所用石碎，因由唐山運來，近日頗感缺乏，俟灤東交通完全恢復後，擬設法多運，每日至少亦須三四百方，始足敷用，則將來每日可多修馬路，市容亦日見整頓云。

西河建橋

天津市西河建橋一節已誌本刊，茲悉該會加緊工作，已分向各機關調借人員，協助測量，定於九月一日開始工作，至探驗橋基工程，業已擬妥規章，於下月初登報招請投標云。

灤河護岸工程

灤河發源熱省，流經冀東遷安盧龍灤縣樂亭諸縣入海，兩岸素無堤埝，河防由縣民自守，向無河務局管理，前雖一度成立，旋以經費關係，又行撤銷，至去歲閻芬溝地方，因河水沖刷沙岸，致潰漫溢，爲災最重，省建廳爲鞏固該河河防計，擬自該河灤縣縣城西南角至閻芬溝地方，修築護岸工程，並堵築閻芬溝決口，估計需款約十萬元左右，令由灤縣政府轉令各村莊，就地籌款，並由建廳派技正滑德銘，前往督工修築，因當時各村只籌得工款三萬餘元，致護岸工程僅自縣城西南角作起，經北城東城止，即行中止，尚有二分之一未做，原定今歲繼續修築，嗣以灤東戰事被敵佔領，一切陷於停頓，致今年初夏該河水漲，無人整理水患甚烈，刻失地業已收復，諸事就緒，省方以灤東災民待賑孔急，而修築灤河護岸及決口工事，亦待續辦，以工代賑，誠屬一舉兩得，現正由省建廳籌劃繼續開工辦法，關於一切工程經費則由華北戰區救濟委員會撥付，聞將來興工後，此項工程，可容納災民一萬人左右云。

陝西災區鑿井

（西安通訊）建設廳派第三科科長趙寶山，前往華洋義賑會，權商災區鑿井灌田辦法，經新聞記者於會後往訪趙氏，承告開會討論情形甚詳，茲誌於后，

19495

趙談，陝省連年荒旱，民不聊生，本廳為謀根本救濟起見曾有鑿井灌田計劃之擬定，且因經濟困難，未能積極進行，除本廳自組之鑿隊，及分派鑿井技士，回縣自動實施外，所有災區鑿井計劃，迄今仍在停頓中，前為積極推進，特與華洋義賑會，訂立借款合同，刻此項合同，已經該會總會認可，今日斯會，即係討論今後進行方針，結果甚為圓滿，決定下列辦法九項，(一)鑿井區域已定先由武功扶風與平郿乾醴泉等縣着手，(二)開工日期定八月十五日，雙方務於短期內將各項事宜，準備妥善，以便如期掘鑿，監察員由華洋義賑會指派之，(三)支款方法新組織之兩隊，共三十二人，每月需洋五百，連同建廳各隊工作，合計每月可鑿井十二眼每眼按照原訂辦法，支洋百元，二次共需洋一千七百元，(四)支款手續由建廳刻一「華洋義賑會建設廳開鑿災區灌田水井事務所」長方圖章各一，每逢領款期限，除在條據上蓋長方圖章外，並蓋主管人私章，以資憑證，(貸款手續另訂之)，(五)支款日期，每月二日發給前月薪工，貸款隨時付給收據，以清手續，所有報銷，歸華洋義賑會派員負責辦理，(六)添增工友，華洋義賑會擬添增工友八名，加派各組練習，以期增進工作效率，所有開支，由華洋義賑會員負責，(每名月支洋十二元，(七)發款手續，每月二日雙方負責人携款前往鑿井區域發給之，並隨時查驗掘鑿成績，報告於總會及建設廳，(八)各種用品，如明鹿皮鐵，小鐵皮軟鉛絲等，以後由上海華洋義賑總會購備，以免中飽之意，(九)向外交涉，由監察員代表華洋義賑會辦理，如遇重大事件，須由雙方負責人會議後，再進行之，以上所述，即今日會議之大概情形，深望新聞界，多多鼓吹提倡，俾本廳鑿井計劃，得以順利完成，談至此，記者即告辭而出。

綏新汽車試車

(歸化三十日電)綏新長途汽車試車，原定二十九日晨開行，因阻雨未行，三十日晨雨霽，汽車七時開行，省府派汽車一輛，隨行保護，共汽車六輛十九人，新聞記者亦隨行，除載貨八千斤郵件三包外，因初次試車，僅售二客票。

國聞社云，據歸化三十日電訊，綏新長途汽車公司一行汽車五輛，三十日由綏開車探路，計下月十二日可抵迪化。綏省傅主席以此舉關係西北交通綦鉅，倘遭失敗，嗣後發達西北事業必受影響，故事前予公司以充分協助，迨開車實現，特派秘書高伯玉向沿途各關卡軍隊接洽照料，並派衛兵五人持械護送，所有旅費及一切用度，均由省府自備，同時因人數稍多，恐礙公司營業，特專由省府自備汽車乘坐，不擾及公司分毫，該車已於三十日晨四時開行，臨行時並由傅親爲攝影。

(綏遠特訊)綏新長途汽車公司試行通車，籌備了許多時日，幾次決定了試車日期，始終未能實現，最近又決定於本月二十九日晨五時實行試車，綏遠省府以新綏商務關係，多方助力，並且分別電請甘寧省府及沿途各地當局駐軍，予以保護，聞該公司在籌備期間，綏新兩省政府因切身利害的關係，都用了十分的力量從旁協助，予該公司以便利，就是蔣委員長及內政部鐵道部也爲力不少，並且佈告沿途軍警予以保護，蔣委員長的布告尤爲剴切，並且說這件事情是民衆的責任，所以更應格外維護，綏省主席傅作義因爲綏遠商務全仗着新疆，寧夏兩處貨物來維持，所以贊助尤力，第一次試車除派員隨行外，並擬派汽車一輛同行，以便與新省聯絡，共謀商務的發展。

總之，這件事不久便有實現的希望了，這誠然是西北交通上的一大轉變，值得國人注意的一件事，在這試車行將實現的時期，僅先將該公司對於旅途設備和通新路程以及運費等項介紹如次。

沿途設備

第一次試車，因沿途設備未能周全，故不搭乘客，只運汽油及少許貨物，沿途的廠站，則用蒙古包，因建築房舍，則磚瓦木石均感難困也。記者奉社命赴新，承該公司招待，允隨第一次車出發，於二十五日由平啓程來綏，除沿途經過情形，隨時詳紀報告於讀者外，茲先將該公司所定通新路程及客貨運費分別誌後。

通新路程

該公司所採赴新途程，係沿內蒙之北部，即以往駝運之北路，但有兩段因沙或水的關係，所以稍有變更，茲誌經過地點如下，由綏遠，經五川，召河，白靈廟，羊腸子溝，至黑沙士爲第一站，由黑沙士經烏尼烏蘇，往南繞行，經松稻里，人頭山，赴海牙阿馬圖，仍返原來駝行道路，再西經銀根，至鄂且爲第二站，由鄂且經合拉烏里根，撓告烏拉布根至察汗黠力素爲第三站，再西經大井至波力套拉蓋，因東河西河間之額爾濟納河（亦稱弱水）積沙沒脛，不便通行，故決北行繞經居延海之北部，再南行至火燒井子，經條湖，鹽池，明水爲第四站，西行經梧桐泉子，鴨子波，梧桐窩子，廟爾溝，黃路港至哈密爲第五站，由哈密經頭堡，三堡，三道嶺，瞭墩，一碗泉，車轂轆泉，七角井子，頭水，大石頭，三個泉，木壘河，老奇台，古城子，孚遠，三台，滋泥泉子，阜康，古牧地而至迪化。

◎汽車運費

新綏長途汽車公司初次通車時暫定客票價及貨物運費簡章，（一）客票，每客一位由綏遠搭車至二里子河票價大洋一百八十元，哈密二百九十元，古城子三百二十元，迪化三百三十五元，每人准帶行李五十觔，過此則按貨物每斤之運費計算收費，搭客食物由公司代備不另收費，搭客票價應於起行之前一次交清，其由迪化古城子哈密二里子河等處搭車至綏遠者，票價一切仍舊，但票價必須預先匯遠津綏兩處商號照交，（二）貨物運費，貨物每華觔由綏遠運至二里子河應取運費大洋四角，哈密六角，古城子八角，迪化九角，此項運費應於起運貨物之前先期交付，惟載運之貨物沿途經過各處關卡應納稅捐各款，應由貨主擔任，必須於貨物起運時先期將款交本公司，以便屆時代爲繳納，其由迪化古城子哈密二里子河等處交運貨物至綏遠者，其運費一切均照舊，但運費必須雙方預爲匯遠津綏兩處交收，（三）凡關於違禁物品本公司槪不承運，（四）本公司之運輸詳章，俟正式通車後另行分別規定公佈之，新綏長途汽車股份有限公司謹訂，廿二年八月十二日。

七省公路計劃

（京訊）全國經濟委員會公路處對於蘇浙皖豫贛鄂湘七省公路，訂定聯絡辦法後，已於本年二月起，開始興築，正氣社記者晤該處負責人員談，該項公路，共計長二萬二千餘公里，核定經費爲一萬萬，除由經委會担任四千萬元外，其餘六成，由七省政府分担，該處定在三年內，將七省幹路，聯絡完成，以利交通，茲以年來天災人禍，工作不免遲緩，江西匪區，業由軍事委員會蔣委員長分令各剿匪軍隊，依照原定路線，分任築路工作，以利軍行，惟該項經費，仍由經委會撥發，現在豫省築就公路，已達一千餘里，蘇浙二省，京滬，京蕪，及蘇嘉等綫，均已開始通車外，所有京建杭徽二路，本年底亦可全部完成，七省公路之橋樑，刻已築就，俾完成第一步工作，最近期內，並須召集七省公路會議，以期早日完成云。

浙皖公路

浙皖兩省建設廳，前奉蔣軍事委員長令趕築浙皖邊境公路，並限於年內同時通車，以利防務，浙省建設廳奉令後，業已設立屯建壽路工程處，現正建築土方，積極進行：預計十一月底可築至皖省邊界，一面並約安徽建設廳從速修築，安徽建設廳長兼公路局長劉貽燕，曾親自到杭，對於浙省代築之昱霞段工程經費，及兩省通車事宜等，與浙省建設廳有所商洽，并聞皖省自徽州至遂安一段公路，已由兩皖公路局派員測量，積極籌辦，限於十一月底完成，俾浙皖實行通車云。

雲南昭通開辦電廠

滇北昭通素稱富饒，惟電廠猶付缺如，殊屬不便，客歲該地人士鑒於市面日趨繁榮，電廠之設，不容或緩，於是組織民衆實業公司，創辦電廠向上海萬泰洋行定購電機引擎鍋爐以及幫浦等附件全套，積極進行，該地交通不便，運輸困難，故機件均採用輕便式，現該項機件大部已運抵昭通，惟昭城僻處滇北，裝置者類多裹足不前，幸中國聯合工程師本其已往之經驗，及其大無畏之精神，毅然擔任，據該公司總工程師柴君語記者，謂本公司裝置工程師楊君工匠等，已於上星期首途赴滇，到達後即將動工，不久定可大放光明，根據本公司派往柳江揚州湘潭溧陽各電廠裝機工程之成績，此番昭通裝置，確有十二分把握云云。

美慶汽車公司

修理廠

本廠專門修理各式汽車，電自行車，凡各種機器，電瓶裝電，噴漆補帶，並製各式車輪，修理迅速，取價低廉。

零件部

經理美國各名廠，各種汽車零件，內外皮帶，電瓶瓦圈，及一切橡皮材料，汽油機器油，零整批發，以及汽車附屬品，無不應有盡有，並經理德國愛奇噴漆材料，及買賣各種舊車。

出賃部

本公司備有新式轎車多輛出售，及結婚花車，顏色美麗，車身宏大，迅速穩固，坐位舒適，尚有載重貨車，專備運貨搬家，價廉克已，如蒙賜顧，請電通知

附設

臨城汽車學校，備有詳單

開設法租界二號路新菜市東　電話二局三九七五

雜俎

雪廬漫鈔

藥野山人

都江堰工

施千祥，福建福州進士，嘉靖中，官按察司僉事，提督四川水利。值周相去蜀後，凡周所未竟者，施皆竟之。其言曰，事貴有序，功貴因時，鑄鐵之功，易於鑿石，且要焉，盍先之，徐謀其後。乃檄崇寧令劉守德，灌令王來聘，謀鑄鐵牛。其費則檄出公儲之應修堰者，經費處置甚悉。蜀王聞而賢之，命所司助鐵萬斤，銀百兩，時庚戌二月矣。春水始發，急切不能興工，衆懼焉。施曰，『今即不及事，不可以爲來歲計乎？』，毅然爲之，而劉令及張判王令亦力爲之助。凡所需不數日咸集。以是月二十四日入冶，一晝夜中成牛二，各長丈餘，首合尾分，如人字形，以其銳迎水之衝，高與懷嘴等。復立鐵樁三株於牛之下流，以固魚嘴之石，下則仍竹籠也。勒銘於牛首曰，『問堰口，準牛首。問堰底，循牛趾。堰隄廣狹，順牛尾。水沒角端，諸堰豐。須稱高低，修減水。』坯治之日，民環而觀者億萬，歡聲震山谷間。父老皆合掌曰，此吾子孫百世利也。是役，計鐵七萬斤，及工費共用銀七百兩。高韶陳鎏記其事。是時各州多堰工舊逋，千祥下令後，民樂輸之，除費外，尚有贏餘。水次居民，代急湍爲磨碓，以規水利，施不禁，而薄稅之，復歲得八百金，以作每年堰費，不更取諸民矣。

劉守德官崇寧知縣時，周副使，施僉事，先後治堰，用鐵牛。守德於是晝夜勤事，移石浚沙，就堰口上三丈許，製竹兜，竹笆，以欄江流，而後鑿江至底，密植柏樁三百餘株，堅築以土，與樁平，橫鋪栢木於樁上，甃以石板，石長幾丈，厚幾二尺，鎔鉄爲錠以鈐之。更鑄鐵版爲底，作牛模其上，請僉事弼李順慶府通判張仁度，灌縣知縣王來聘，誓告江神，及李冰祠，命鑄工分擛大鑪十一座，鼓韝於牛模旁，旋於土臺之上化鐵而瀉於槽，以注模內。

更用大鍋五十餘，陸續鎔鐵添注，凡用鉄六萬七千斤，而二牛成。鉄板鐵錠，用鐵五千斤。其將事成功者以守德爲最。（歷代都江堰功小傳）

飛車鐵路

志怪，肱國民能爲飛車，從風遠行，至於豊州，傷破其車，不以示民。十年，西風至，復使給車遣歸。案互見括地圖玉海七十八，引曰「湯時，奇肱民能爲車，從風遠行。湯時西風久，奇肱至於豫州」。西人製造氣船，疑即此類。四國日記，三日，『聞英美人擬合製氣船，可從空中來往。茲閱新報，稱該公司會議，須集英金二萬磅興工製造。該船但用兩人駕駛，其底與洋船一式。船身用礬石之類，質雖輕而堅靱，價又便宜。船旁張兩翼如氣球傘。拾遺記，成王六年，然邱國獻比翅鳥，越鐵峴，汎沸海。鐵峴削礪，車輪皆剛金爲輞，沸海如煎。汎時以銅薄册』。案剛金爲車，馳驅鐵道，此鐵路之權輿也。以銅薄册，汎遊沸海，此鐵艦之濫觴也。外洋無國不興鐵路鐵艦，以爲自古未聞，孰知周已有之，特其法不傳耳，殆亦效湯之焚飛車乎？（格致精華錄）

古之「摩登」

汴京閨閣粧抹凡數變。崇寧間，少嘗記憶作大鬢方額。政宣之際，又尚急把垂肩。宣和以後，多梳雲尖巧額，鬢撑金鳳，小家至爲剪紙襯髮，膏沐芳香，花韡弓屣，窮極金翠，一襪一領，費至千錢。今聞□中閨飾復爾，如瘦金蓮方，瑩面丸，遍體香，皆自北傳南者。（楓窗小牘）

今時婦女作假髻，塡髮于額上，其勢如將頹之墻。嘗考唐時婦人妝，有名時世頭。白太傅時勢妝歌，「圓鬟無鬢堆髻樣」。亦有作時勢者，權德輿詩云，「蓄鬢愁眉時勢新」。元微之都國人妝束詩云，「人人總解爭時勢」。不知其狀于今日何如？（談助）

冉子幾何

憲問冉求之藝，案今西算幾何之術，實本於冉求藝經（？）家語子貢曰，『好學博藝，冉求之行也。是冉子之藝，聖人稱許之，外尤見推於同學。藝指六藝，以禮樂射御書數爲斷。但下言文之禮樂，則此篇藝字，當舍禮樂而言。伐齊之役，冉有用矛。子適衛，冉有僕。孔訂六經，躬侍贊修，則能射御書可知。但古人訓詁，有以小名代大名者，冉子所長止舉九數言，即其例。國語魯語，貪欲無藝，此藝字縛指算言，無藝猶言無算也。曾子問地圖，孟子知日至，聖門多通算，得冉子而三矣。必知幾何為冉子所傳者。藝林餘話曰，西洋有算書名幾何，冉求所造，中國無之，猶楞嚴經如番僧語，今在中國，而西域無之。柔遠記十六曰，幾何原本一書，西洋人歐几里所作，其學有傳，出自冉有。後中國喪失，流傳泰西，彼土智士，得而專精，用以推步。使俄草，七日，法博物院有光賢冉有夫子神位，不知何以獨列此間。闕其紀載，蓋一千八百年前於中國一廟中得之者。噫聖門所稱藝士，幾何原本即夫子所手裝者，今其靈爽豈其隨之西渡，故歐洲之創造乃能日精一日耳？（格致精華錄）

清季初倡新學，聲光化電，為士林口頭禪，尤好將今比古，其意謂西洋科學僅吾先哲之餘唾耳。當時士大夫極端崇古愛國，故往往流於附會。上述「冉子曾著幾何原本」，即其一例。庚子以後，西學漸盛，士大夫浸染於歐風美雨中，凡飲食起居以至言語書翰，均尚洋化，甚且妻亦洋女。再過數年，恐又誤認栢拉圖梭格拉底為吾六經之祠矣。人心變化，殊可危亦可哀也。山人誌。

薊縣古閣

薊縣獨樂寺內觀音閣，高逾城垣，自城外十餘里，即可望見。建於遼統和二年，為中國木建築存於今日之最古者。廢曆三月，為此寺廟會之期，屆期縣民赴會者，扶老攜幼，遐邇咸集，為縣之聖地。近由營造學社法式主任梁君思成，親往勘察，證明確為遼代建築物。其自敘赴薊勘察之大略曰，「翻閱方志，常見遼宋金元建造之紀載，適又傳聞閣之存在，且偶得見其照片，一望而知為宋元物。平薊間長途汽車，每日通行，交通尚稱便利。二十年秋，遂有赴薊計劃，行裝甫竣，津變爆發，遂作罷。至二十一年四月，始克成行，實地研究，登檐攀頂，逐步測量，速寫攝影，以紀各部特徵。歸來整理，為寺史之考證」。梁君勘察發明之功，自不可沒。而河北一省向百多事之邦，兵革之禍，無代無之，以區區一閣，竟能保存至九百五十年之久，為河北省博得建築史上一頁之光榮，亦云幸矣。茲將梁君對於此寺考證原文錄於次。

獨樂寺爲薊縣名刹，其創建年代無考。相傳建於唐初，嗣後代有修葺，早非舊日規模。惟寺之觀音閣，仍遼代故物。閣建於遼聖宗統和二年，去今（民國二十一年）已九百四十八年，爲我國已發現木建築中之最古者。在建築史上之地位，極爲重要。統和二年，爲宋太宗雍熙九年，北宋建國第二十四年，上距唐亡僅七十七年。唐文藝之遺風，尚未全靡，而下距營造法式之刊行，尚有百六十年。此閣之年代及形制，皆適處唐宋二式之中，實爲唐宋間建築形製蛻變之關鍵，謂爲唐宗間式之過渡式樣可也。其最大之特徵，則爲與燉煌壁畫中所繪唐代建築相似。其殿閣或單層，或重層，簷出如翼，斗栱雄大。而此閣所呈現象，與清式，宋式，均不同。與唐式則極相似，蓋因其木質之構架，仍屬唐式故也。茲將其構架中之柱，斗栱，梁枋三項特殊之點，分述如左。

觀音閣之柱頗肥短，較清式所呈現象爲穩固。閣之上中二層，柱雖更短，而徑不考，故知其長與徑不相牽制，不若清式之有一定比例。此外柱頭作圓形，柱身微側向內，皆爲可注意之特徵。

唐宋建築之斗栱，以結構爲主要功用，雄大堅實，莊嚴不茍。明清以後，斗栱漸失其原來功用，日趨弱小纖巧，每每數十攢排，列簷下，幾成純粹裝飾品。觀音閣之斗栱，高約柱高一半以上，全高三分之一，較清式斗栱合柱高四分或五分之一，全高六分之一者，其輕重自可不言而喻。而其結構與清式宋式皆不同，其種別之多，尤爲後世所罕見。

觀音閣梁枋之用法，尚爲後世所常見，皆爲普通之梁，無複雜作用。其與後世制度最大之區別，乃其橫面之比例。梁之載重力，在高度，而其寬度之影響較小。今科造梁之制，大畧以高二寬一爲適宜之比例。清制高寬爲十與八或十二與十之比。其橫斷面，幾成正方形。宋營造法式所規定，則爲三與二之比，較清式合理，而觀音閣則爲二與一之比，與近代方法符合。豈吾儕之科學知識，日見退步耶？

此外於結構方面，更有最大之發現，則木材之標準化是也。清式建築皆以『斗口』爲單位，凡梁枋之高寬闊深之修廣，皆受斗口之牽制。制至繁雜，計算至難，致使建築者，無由發揮其創造。古制則不然，以觀音閣之大，其用材之制，梁枋不下千百，而大小只六種。此種極端標準化，於材料之估價，及施工之程序上，皆使工作簡單。結構上重要之不同也。

姜女祠

山海關外數里，有姜女祠，祠前有一土邱。相傳為姜女墳，望夫石在其側。俗傳姜女為杞梁妻，始皇時，因哭其夫而崩長城。乾隆謂其事雖不經，然節義有可尚者，因題姜女祠，望夫石，各一首。題姜女祠云，『淒風禿樹吼斜陽，尙作悲聲弔國殤。千古無心誇節義，一身有死為綱常。由來此日稱姜女，盍道當年哭杞梁。長見秉彝公懿好，訛傳是處也何妨。』題望夫石云，『執役當是為護邊，隕城堅節孟姜傳。牧兒遺火咸陽燼，片石贏他滄海田。』乾隆之前，康熙過姜女詞，亦有題詩云，『尊朝海海望夫還，留得荒祠半仞山。多少征人埋白骨，獨將大節說紅顏。』似較乾隆之詩為勝也。

盛京典制備攷，言姜女廟在寧遠城西南一百八十里，祀秦時貞婦許氏孟姜。內有宋文天祥聯句云，『秦皇安在哉，萬里長城築怨。姜女未亡也，千秋片石銘貞。』乾隆八年，御書『芳流遼水』匾額，即懸廟內。

醫巫閭山

北鎮醫巫閭山，高十餘里，週圍二百四十里。虞舜封十有二山，以醫巫閭山為幽州之鎮。此北鎮之名，所由來也。明給事中周祚，有遊醫巫閭山記云。嘉靖九年九月，至觀音閣。觀音閣者，醫巫閭之勝也。岳岫萬狀，盡出天山。登且觀，謝子曰，『吾觀其山之穴，岭焉，窊空焉，洞洞焉，其風氣所出乎？』寇子曰，吾觀其山之土，穹如，隆如，墳如，磐如，熇熇如，㷣㷣如，其物類由產乎？』周子曰，『吾觀其山之形，陝爾，崟爾，嶄嶄爾，崒嵂爾，亢結爾，開而磅礴爾，聚而輪囷爾，其封守攸藉乎？』

明太常寺丞蔡珪，閭山詩，『幽州鎮山高且雄，倚天萬仞蟠天東。祖龍驅之不肯去，至今鞭血餘殷紅。崩崖暗谷森雲樹，蕭寺門橫入山路。誰道營邱筆有神，只得峰巒兩三處。我方萬里來天涯，陂陀繚繞間風沙。直教眼界增明秀，好是嵐光日夕佳。』又有七絕一首云，『西風絕境撫孤松，千里川原四望通。但怪林梢看鳥背，不知身到白雲中。』

康熙北鎮廟碑文，有云，『醫巫閭屹東北，為幽巨鎮。昔虞帝封十有二山，此其一也。穹崇磅礴，靈瑞所鍾，實蘊王氣，以壯鴻圖。禋嶽瀆諸神，并垂祀典。朕省方問俗，嘗過其境，望其佳氣，鬱鬱葱葱，上插霄漢，下瞰蓬瀛。懸瀑飛流，喬松盤蔚，知其所以保障而迎休者，蓋有素矣。」

康熙并有過廣寧望醫巫閭山詩，詩云：「名山插霄漢，朵朵青芙蓉。迤亘數十里，隱見千百重。超遙不可極，黛色堆奇峯。窈窕復岧嶢，鬱鬱多蒼松。中有桃花洞，杳靄常雲封。萬古鎭幽州，秩祀同岱宗。盼望生引領，瞻顧停六龍。何時一登覽，盪滌疏心胸。」

閭山觀音閣有七景，曰聖水盆，曰斛蚪碑，曰桃花洞，曰呂公岩，曰道隱谷，曰雲巢松，曰曠觀亭。

乾隆遊醫巫閭山，詠道隱谷云：「深谷棲遲可樂賢，路遙偶來訪林泉。東舟潛志讀書處，逐鹿成圖豈恝然。」又詠聖水盆云，「垂巖迸水落緜緜，冬不凝冰事匪奇。應爲仙家修養法，將臨玉女洗頭時」。又詠曠觀亭云，「飛來一笠冠嶒岏，海水天雲入曠觀。奇蹟無窮留宇內，路應探遍故應難。」

千山勝蹟

千山爲遼寧省第一名景，距遼陽六十里，峯巒秀麗，樹木葱鬱。明御史程啓充遊千山記云，千山去遼平六十里許，秀峯疊嶂，綿亙數百千重，蔥蘢蓊鬱，時有佳氣，如海市然。先至沙河，渡河過釣魚台，台高三十尺。逾台西南，沿流而上，有溫泉，瑩潔可鑑，浴之甚適。西折入山，數里抵祖越寺。步自山門，渡木橋，去登萬佛閣。閣倚山腰，崇十餘丈。乃循東山，望螺峯，捫太極石，入岩洞。洞高不滿丈，深倍之，廣半深，俯瞰萬佛閣，已在下方矣。前山有亭曰覽。乃遵故道，迤東而南，入龍泉寺，去之大安。大安違龍泉西可八九里，迂東而南，乘十里，所步三之一，懸崖怪石，後先抱挹，撫孤松，瞰深壑，奇花異卉，錯雜如繡。行復里餘，隍堂中開，諸山羅列，高爽恢曠，視他寺爲最，西峯空洞倚天，箭中峯，山海泥茫，決眥無盡。峯之東有羅漢洞，高寒襲人。過西嶺，至雙井，一在樹下，一在亂石間，泉甚甘冽。數息，抵仙人台，台本峭壁，高數仞，西遇斷崖，其深莫測。匍匐而上，上有石枰，九仙環奕焉。自仙人台尋香巖寺，下入磎穽，石齒嚙足，荊棘塞路。乃下平峪，至寺前，視山崗，兩浮圖相向爭峙。遂由香巖再往祖越，取道石橋，宿南村農家。

回望諸峯如在天上矣。下又云，茲山之勝，宏闊秀麗，奇怪幽閒，險絕孕結，磅礴盤據，態狀變幻不可述。置之中州，當與五岳等，其博厚尤過之。余至湯崗子多次，即文中所謂有溫泉之地。惜未能乘便一探千山之勝，至今引以爲憾。

千山附近有溫泉，在今南滿路湯崗子驛。明劉琦千山溫泉詩。沸水騰波數尺深，蘭湯空朕費黃金，日新久負盤銘在，今日臨池得洗心。程啓充詩，溫波虛石竇，蒸沸欲飛汗，世已譏同浴，人今苦索瘢，熱中吾豈敢，潔已意何難，既濟時觀物，滄浪歌未闌。唐皋句，浴餘能愈疾，吾欲約吾儕。徐景嵩句，自憐多病客，不是濯纓儕。唐徐二子皆明正法嘉靖間人。吾國固早知溫泉之能療痼疾矣。

海城縣志載。湯谷溫泉在城東北四十五里，地名湯崗子，有溫泉，其熱如沸，可以療疾。從前僅茅舍數椽，引流爲池，供人沐浴而已，自歸日人經營後，園亭花木，點綴極佳。有對翠閣淸林館玉泉館龍泉別墅諸勝，中外人士，多往遊觀。夏日則爲避暑地，比之北戴河焉。海邑士人，李飛萬撰湯谷溫泉詞曰，別墅麗芳膔，花柳繽紛，湯泉春暖起氤氳，浴德澡身和所尚，三沐三薰，童冠喜溫文，五六同羣，風乎翠閣挹淸芬，相與咏歸相樂樂，點也欣欣

瀋陽鼓樓

瀋陽原名瀋州，遼金時所置，因在瀋水之陽而得名，元改瀋陽路，明改瀋陽衛，迨淸太祖自東京遷都，定名盛京，民國成立復改承德爲瀋陽。

瀋陽城內有鐘鼓兩樓。順治元年之芒碭碣載，天啓二年，之謙爲盛京守民，有王姓女悅鐘氏之子不遂，因相約縊死樓上。鐘情之情，感乎鐘樓。又載，太祖每征還，必于鼓樓下賞罰將士，以示鼓勵也。